機器學習設計模式
資料準備、模型建構與 MLOps 常見挑戰的解決方案

Machine Learning Design Patterns
Solutions to Common Challenges in Data Preparation, Model Building, and MLOps

Valliappa Lakshmanan, Sara Robinson,
and Michael Munn 著
賴屹民 譯

O'REILLY

目錄

前言

本書適合誰？

介紹性的機器學習書籍通常把重點放在探討機器學習（ML）是什麼，以及如何使用它，然後解釋由 AI 研究室提出的新方法的數學公式，並教導如何使用 AI 框架來實作那些方法。然而，這本書匯整了關於「為什麼」的經驗談，它們是老練的 ML 實踐者用機器學習來解決實際問題時，經常採取的招式和技巧的基礎。

我們假設你已經知道機器學習和資料處理了，本書不是機器學習的基本教科書，如果你是資料科學家、資料工程師或 ML 工程師，而且想要找到實際介紹機器學習的第二本書，本書是為你而寫的。如果你已經知道這些基礎知識，本書將介紹一系列的概念，你（ML 實踐者）可能已經認識其中的一些概念，並且為它們取名字，以便有信心地使用它們了。如果你是電腦科學學生，打算進入業界工作，這本書將充實你的知識，為你做好投入職場的準備，協助你了解如何建構高品質的 ML 系統。

本書不介紹什麼

這本書是專門寫給公司的 ML 工程師的，不是學術界或業界研究室裡面的 ML 科學家。

我們故意不討論活躍的研究領域，例如，本書很少談到機器學習模型架構（例如雙向編碼網路、專注機制，或短路層），因為我們假設你將使用現成的模型架構（像是 ResNet-50 或 GRUCell），而不會自行編寫圖像分類或遞迴神經網路。

以下是我們刻意保持距離的幾個具體領域，因為我們認為這些主題比較適合學校的課程與 ML 研究員：

ML 演算法

例如，我們不討論隨機森林與神經網路之間的差異，這是介紹性的機器學習教科書的主題。

基本組件

我們不討論各種類型的梯度下降優化函式或觸發函式。我們建議使用 Adam 與 ReLU，因為根據我們的經驗，其他的選項改善的性能非常有限。

ML 模型架構

如果你要做圖像分類，我們建議你使用現成的模型，例如 ResNet，或是你在閱讀這本書時最流行的模型。請把設計新的圖像或文本分類模型的工作留給專門處理這些問題的研究人員。

模型層

你不會在這本書看到摺積神經網路或遞迴神經網路，它們都沒有進入本書的資格——首先，它們是基本組件，其次，它們有現成作品的可用。

自訂訓練迴圈

在 Keras 裡面呼叫 `model.fit()` 就可以滿足實踐者的需求了。

本書只討論機器學習工程師在公司的日常工作中使用的模式。

以資料結構為例，雖然大學的資料結構課程都會深入研究各種資料結構的實作，且資料結構研究員必須學習如何以正式的方式表達它們的數學屬性，但實踐者比較務實，企業的軟體開發者只要知道如何有效地使用陣列（array）、鏈結串列（linked list）、對映（map）、集合（set）和樹狀結構（tree）即可。本書是為務實的機器學習實踐者而作。

範例程式

我們會用機器學習（有時用 Keras/TensorFlow，有時用 scikit-learn 或 BigQuery ML）和資料處理（用 SQL）來展示如何實作我們所討論的技術。書中的程式碼都被放在 GitHub repository（*https://github.com/Google CloudPlatform/ml-design-patterns*）上，你可以在那裡找到完整、可運作的 ML 模型。我們強烈鼓勵你試著執行那些範例程式。

與本書討論的概念和技術相較之下，程式碼沒那麼重要，我們希望無論 TensorFlow 和 Keras 發生了什麼變化，主題和原則都應該維持成立，而且，舉例來說，我們可以輕鬆地更改 GitHub repository，加入其他的 ML 框架，同時保持本書的內容不變。因此，如果你的主要 ML 框架是 PyTorch，甚至是 H20.ai 或 R. Indeed 等非 Python 框架，本書也同樣可以提供豐富的資訊，我們也歡迎你用你喜歡的 ML 框架實作本書介紹的模式，並將它們貢獻給 GitHub repository。

如果你有技術問題，或關於範例程式的使用問題，可寄 email 至 *bookquestions@oreilly.com*。

本書旨在協助你完成工作。一般來說，除非你更動了程式的重要部分，否則你可以在自己的程式或文件中使用本書的程式碼而不需要聯繫出版社取得許可。例如，使用這本書的程式段落來編寫程式不需要取得許可。出售或發表 O'Reilly 書籍的範例需要取得許可。引用這本書的內容與範例程式碼來回答問題不需要我們的許可。但是在產品的文件中大量使用本書的範例程式，則需要我們的授權。

我們感激你列出內容的出處，但不強制要求。出處一般包含書名、作者、出版社和 ISBN。例如：「*Machine Learning Design Patterns* by Valliappa Lakshmanan, Sara Robinson, and Michael Munn (O'Reilly). Copyright 2021 Valliappa Lakshmanan, Sara Robinson, and Michael Munn, 978-1-098-11578-4.」。如果你覺得自己使用範例程式的程度超出上述的允許範圍，歡迎隨時與我們聯繫：*permissions@oreilly.com*。

本書編排方式

本書使用下列的編排方式：

斜體字（*Italic*）

　代表新術語、URL、email 地址、檔名，與副檔名。中文以楷體表示。

定寬字（`Constant width`）

　代表程式，也在文章中代表程式元素，例如變數或函式名稱、資料庫、資料類型、環境變數、陳述式，與關鍵字。

定寬粗體字（**`Constant width bold`**）

　代表應由使用者親自輸入的命令或其他文字。

定寬斜體字（*`Constant width italic`*）

　應換成使用者提供的值的文字，或由上下文決定的值的文字。

這個圖案代表提示或建議。

這個圖案代表註解。

這個圖案代表警告或注意。

誌謝

沒有眾多 Google 同仁的慷慨相助就無法完成這本書，尤其是 Cloud AI、Solution Engineering、Professional Services 與 Developer Relations 的同事們。感謝他們讓我們觀察、分析和質疑他們在訓練、改善和作業化 ML 模型時遇到挑戰時的解決方案。感謝我們的經理，Karl Weinmeister、Steve Cellini、Hamidou Dia、Abdul Razack、Chris Hallenbeck、Patrick Cole、Louise Byrne 與 Rochana Golani 在 Google 裡培養我們開放的精神，讓我們自由地整理這些模式，並出版這本書。

感謝 Salem Haykal、Benoit Dherin 與 Khalid Salama 校閱了每一個模式與每一章。Sal 指出了我們遺漏的細節，Benoit 縮小了我們主張的範圍，Khalid 則告訴我們相關的研究，你的付出讓這本書可以這麼好。感謝你！ Amy Unruh、Rajesh Thallam、Robbie Haertel、Zhitao Li、Anusha Ramesh、Ming Fang、Parker Barnes、Andrew Zaldivar、James Wexler、Andrew Sellergren 與 David Kanter 審閱了符合他們的專業領域的部分，並且讓我們知道近期的發展將會如何影響我們的建議。Nitin Aggarwal 與 Matthew Yeager 公開手稿，並提高了它的清晰度。特別感謝 Rajesh Thallam 提供第 8 章的最後一張圖的設計雛型。當然，任何錯誤都是我們造成的。

O’Reilly 是科技書籍的首選出版商，我們的團隊的專業能力充分說明了這一點。Rebecca Novak 教我們將引人注目的大綱放在一起，Kristen Brown 沉著地管理著整個內容的開發，Corbin Collins 在每個階段都給我們提供了有益的指導，Elizabeth Kelly 在製作期間開心地和我們共事，Charles Roumeliotis 緊盯著編輯的細節。感謝你們所有人的協助！

Michael：感謝父母一直信任我，鼓勵我發展興趣，無論是學術還是其他方面。當你受到這種緊密的關愛時，你也會如此感激。Phil，謝謝你在我寫這本書時，耐心地忍受我的時程安排。現在，我終於可以好好地睡一覺了。

Sara：Jon——你是成就這本書的主因。感謝你鼓勵我寫這本書，感謝你總是知道如何讓我開懷大笑，感謝你欣賞我的怪性格，感謝你相信我，尤其是在我不相信自己的時候。我的父母，感謝你們從第一天起就是我最大的粉絲，並且從我有記憶開始，就一直鼓勵我熱愛科技和寫作。感謝 Ally、Katie、Randi 與 Sophie 在這個不確定的時代裡，一直帶來光明和歡笑。

Lak：我是在機場候機時，接受這本書，想著我可以開始編寫它的，COVID-19 讓我的工作大都是在家裡完成的。感謝 Abirami、Sidharth 和 Sarada 寬容地讓我再次坐下來寫作。接下來可以在週末帶你們去更多地方玩了！

我們三人將本書的版稅 100% 捐贈給 Girls Who Code（*https://girlswhocode.com*）組織，它的使命是培養大量的女性工程師。為了確保人工智慧模型不會繼承人類社會既有的偏見，在機器學習中，多樣性、公平性和包容性尤為重要。

第一章

為何需要機器學習設計模式

在工程學科中，設計模式描述的是常見問題的最佳實踐法和解決方案。它們將專家的知識和經驗整理成所有實踐者都可以依循的建議。本書匯整的機器學習設計模式是我們與數百個機器學習團隊合作的過程中觀察到的模式。

什麼是設計模式？

模式的概念，以及「將經過驗證的模式分門別類」的做法起源於建築領域的 Christopher Alexander 和另五位作者合著的書籍 A Pattern Language（Oxford University Press, 1977），他們在這本極具影響力的書裡整理了 253 種模式，並且這樣子介紹它們：

> 每一種模式都提出一個在我們的工作環境中反覆出現的問題，並且說明該問題的核心解決方案，讓你可以無數次地使用同樣的解決方案，而不需要重新摸索。
>
> …
>
> 在敘述每一個解決方案時，我們會提供解決問題所需的關係基本領域（essential field of relationships），但是會用一種極為廣義且抽象的方式，如此一來，你就可以自行解決問題，並且用你自己的方法、根據你的喜好以及當地條件調整它。

例如，在建構住宅時，Light on Two Sides of Every Room 與 Six-Foot Balcony 是考慮人類起居瑣事的兩種模式。想一下在你家裡，你最喜歡的房間，與最不喜歡的房間長怎樣。你最喜歡的房間是不是有兩面牆有窗戶？你最不喜歡的房間呢？ Alexander 這樣說：

> 雙面採光的房間可減少了人和物體周圍的眩光，可讓我們看到較複雜的東西，最重要的是，它能讓我們看到人臉一閃而過的表情細節…

為這個模式命名可以防止設計師不斷重新發現這個原則。然而，為特定的地點設計兩處採光則和建築師的技術有關。同樣地，陽台應該設計成多大？ Alexander 建議的面積是放得下 2 張（不搭配的！）椅子和一張邊桌的 6 英尺 ×6 英尺，或是如果你想要同時擁有遮陽和曬太陽的空間，則是 12 英尺 ×12 英尺。

Erich Gamma、Richard Helm、Ralph Johnson 與 John Vlissides 將這種想法引入到軟體，他們在 1994 年出版的 Design Patterns: Elements of Reusable Object-Oriented Software（Addison-Wesley，1995）裡面列出 23 種物件導向的設計模式：包括 Proxy、Singleton 和 Decorator 等模式，為物件導向領域帶來持久的影響。Association of Computing Machinery (ACM) 在 2005 年將年度 Programming Languages Achievement Award 頒給作者群，以表彰他們的成果「對程式實踐法和程式語言設計」造成的影響。

建構生產環境的機器學習模型已經逐漸成為一門工程學科，它們利用已經被研究環境證實的 ML 方法，並將它應用於商務問題上。隨著機器學習日益成為主流技術，利用經過試驗和驗證的方法來解決反覆出現的問題對實踐者來說非常重要。

我們在 Google Cloud 裡面的工作直接和顧客接觸，這個工作有一個好處是，它讓我們可以接觸來自世界各地的各種機器學習和資料科學團隊和開發者。與此同時，我們每個人都與 Google 內部團隊緊密合作，解決最新的機器學習問題。最後，我們有幸與 TensorFlow、Keras、BigQuery ML、TPU 和 Cloud AI Platform 團隊合作，這些團隊正在推動機器學習研究和基礎設施的民主化，這些經驗都讓我們獲得相當獨特的視角，並整理這些團隊的最佳實踐法。

這本書匯整了 ML 工程常見問題的設計模式和可重複使用的解決方案，例如，Transform 模式（第 6 章）強制拆開輸入、特徵和轉換方法，並且持久保存轉換方法，以簡化將 ML 模型遷移至生產環境的過程。類似地，第 5 章的 Keyed Predictions 模式可以大規模地發送批次預測，（例如）供推薦模型使用。

在每一種模式中，我們會描述它可以處理的問題，然後介紹各種解決方案、那些解決方案的優缺點，以及在這些方案之間進行選擇的建議。這些解決方案的程式是以 SQL（如果你正在使用 Spark SQL、BigQuery 等進行預先處理和其他 ETL，它很好用）、scikit-learn 和 / 或採用 TensorFlow 後端的 Keras 寫成的。

如何使用本書

本書將我們從許多團隊觀察到的模式分門別類，有些案例的基本概念已經為人所知很多年了。我們不會宣稱自己發明或發現這些模式，與之相反，我們希望提供一個通用的參考框架和一組工具給 ML 實踐者使用。如果這本書可以為你和你的團隊提供一組詞彙，讓你們可以討論已經在 ML 專案中直覺地使用的概念，我們就認為我們已經成功了。

我們不期望你按順序閱讀這本書（不過你可以！），而且預計你會先瀏覽一下這本書，再比較深入地閱讀其中一些章節，並且引用這些概念來和同事溝通，當你遇到好像看過的問題時，再回頭參考這本書。如果你打算跳著看，我們建議你先看第 1 章和第 8 章，再研究各個模式。

每一個模式都會簡短地敘述問題、提供一個典型的解決方案、解釋為何該解決方案有效，以及關於權衡取捨和替代方案的多部分（many-part）探討。我們建議你在閱讀探討的部分時牢牢記住典型解決方案，以便進行比較和對比。我們在介紹模式時，會展示典型解決方案實作的部分程式。你可以在 GitHub repository 找到完整的程式碼（*https://github.com/GoogleCloudPlatform/ml-design-patterns*）。我們強烈建議你在閱讀模式敘述時仔細地閱讀程式碼。

機器學習的術語

因為今日的機器學習實踐者可能有不同的專業領域，包括軟體工程、資料分析、DevOps 或統計等，不同的實踐者使用術語的方式可能有細微的差異。在這一節，我們來定義貫穿全書的術語。

模型與框架

機器學習的核心，就是建立「可從資料中學習的模型」的程序，這一點與傳統的程式設計不一樣，在傳統的程式設計裡，我們會編寫明確的規則來告訴程式如何行動。機器學習**模型**是從資料中學習模式的演算法。舉例來說，假設我們是一家搬家公司，需要為潛在客戶估算搬家成本。在傳統的程式設計中，我們可能會用 if 陳述式來解決這個問題：

```
if num_bedrooms == 2 and num_bathrooms == 2:
  estimate = 1500
elif num_bedrooms == 3 and sq_ft > 2000:
  estimate = 2500
```

可想而之，當我們加入更多變數（大型家具的數量、衣物的數量、易碎物品等等），並嘗試處理邊緣案例時，這個問題會變得多麼複雜。更重要的是，提前詢問客戶所有這些資訊可能會導致他們放棄評估。與之相反，我們可以訓練一個機器學習模型，根據公司服務過的家庭的資料來估算搬家成本。

這本書在範例中主要使用前饋神經網路模型，但我們也會使用線性回歸模型、決策樹、分群模型等。**前饋神經網路**（通常簡稱為**神經網路**）是一種機器學習演算法，它有很多層，每一層都有很多神經元，負責分析和處理資訊，然後將資訊發送到下一層，最後一層會產生一個預測作為輸出。儘管神經網路與我們腦中的神經元不一樣，但是由於節點之間的連接情況，以及它們有從資料進行類推並且產生新預測的能力，兩者經常被拿來相比。有超過一個**隱藏層**的神經網路（除了輸入與輸出層之外的神經層）屬於**深度學習**（見圖 1-1）。

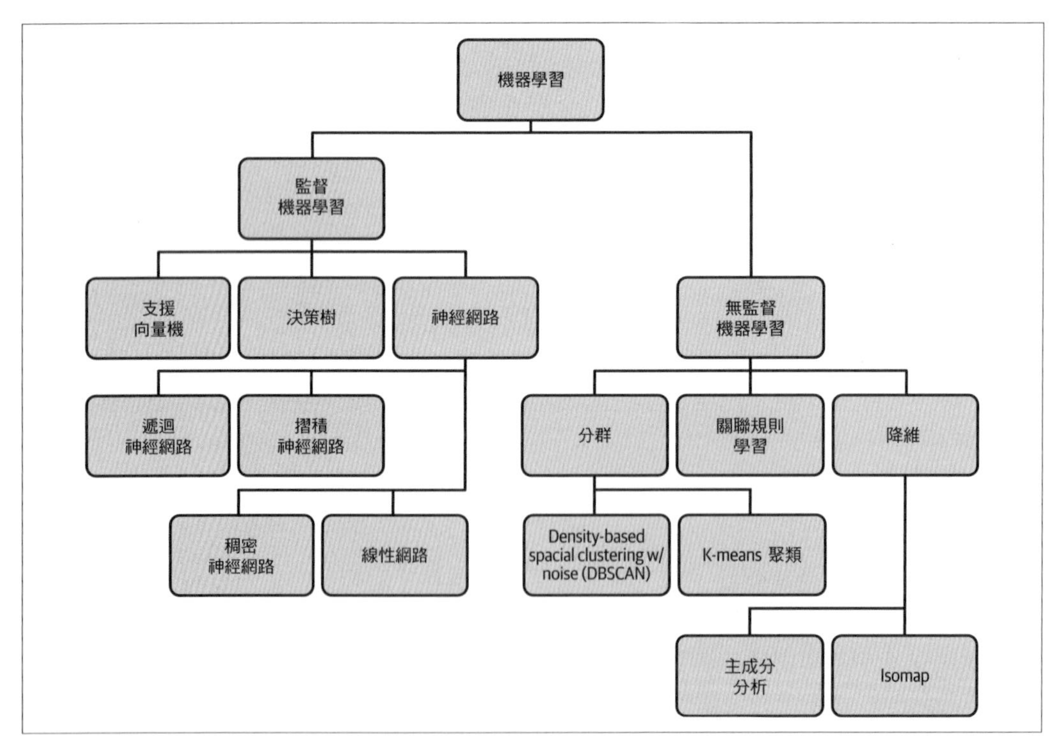

圖 1-1　各種機器學習類型，以及各種類型的例子。注意，雖然這張圖中沒有提及，但 autoencoder 這類的神經網路也可以用在無監督學習上。

不管機器學習模型在視覺上是如何呈現的，它們都是數學函數，因此可以用數值軟體包（numerical software package）從頭開始實現。然而，業界的 ML 工程師比較喜歡使用開源框架，這些框架旨在提供直觀的 API，方便大家建構模型。我們的大多數範例將使用 *TensorFlow*，它是 Google 製作的開源機器學習框架，並且把重心放在深度學習模型上。我們將在範例中使用 TensorFlow 程式庫的 *Keras* API，你可以用 `tensorflow.keras` 匯入它。Keras 是更高階的神經網路建構 API。Keras 支援很多後端，我們將使用它的 TensorFlow 後端。在其他範例中，我們將使用 scikit-learn、XGBoost 和 PyTorch，它們是其他的流行開源框架，提供了協助你準備資料的工具，以及用來建構線性模型和深度模型的 API。機器學習正持續變得更易用，有一種令人期待的發展是我們可以用 SQL 來表示機器學習模型，我們將以 BigQuery ML 為例，尤其是在我們想要結合資料的預先處理和模型的建立時。

只有一個輸入和輸出層的神經網路是機器學習的另一個子集合，稱為**線性模型**。線性模型以線性函數來表示它們從資料中學到的模式。決策樹是一種機器學習模型，它使用你的資料來製作帶有不同分支的路徑子集合。這些分支可以近似你的資料產生的各種結果。最後，聚類模型可尋找資料的不同子集合之間的相似性，並使用這些找出來的模式來將資料分組到聚類（cluster）裡。

機器學習問題（見圖 1-1）可以分成兩種類型：監督學習和無監督學習。監督學習處理的是你預先知道資料的基準真相標籤的問題。例如，這可能包括幫一張圖像標注「貓」標籤，或者幫一位嬰兒標注出生時 2.3 kg 的標籤。你會將這些標注好的資料傳給模型，希望它能夠學會足夠的知識來標注新的案例。在**無監督學習**中，你事前不知道資料的標籤，你的目標是建構一個可以找出資料的自然群組（稱為 *clustering*）、壓縮資訊內容（**降維**）或發現關聯規則的模型。本書的大部分內容將集中在監督學習上，因為在生產環境中的機器學習模型大都是監督模型。

採取監督學習的問題通常可以定義成分類或回歸問題。**分類**模型會幫你的輸入資料指定一個（或多個）標籤，這些標籤來自一組分立的、預先定義的類別。分類問題的例子包括確認照片中的寵物品種、標注文件，或預測一項交易是不是詐騙。**回歸**模型則是為你的輸入指定連續的數值。回歸模型的例子包括預測一趟自行車旅程的持續時間、公司未來的收入，或產品的價格。

資料與特徵工程

資料是任何機器學習問題的核心，當我們談到**資料組**時，我們指的是用來訓練、驗證與測試機器學習模型的資料。資料大部分都是**訓練資料**：在訓練程序中傳給模型的資料。**驗證資料**是從訓練組保留下來的資料，在每一個訓練 *epoch*（或跑過一遍訓練資料）之後，用來評估模型的表現。我們用模型處理驗證資料的表現來決定何時停止訓練回合，或選擇**超參數**，例如隨機森林模型裡的樹數量。**測試資料**完全不會在訓練程序中使用，其用途是評估訓練好的模型的表現如何。機器學習模型的性能必須用獨立的測試資料來評估，而不是訓練或驗證組。在分開資料時，讓全部的三個資料組（訓練、測試、驗證）都有相似的統計屬性也非常重要。

根據模型的類型，用來訓練模型的資料可能有許多種形式，我們將數值與分類資料稱為**結構性資料**。數值資料包括整數與浮點值，分類資料包括可分成有限組別的資料，例如汽車的型號或教育程度。你也可以將結構性資料想成通常可在試算表中找到的資料，在這本書裡，我們會交互使用**表格資料**和結構性資料。另一方面，**無結構資料**包括無法整潔地表示的資料，通常包含自由形式文本、圖像、視訊和音訊。

數值資料通常可以直接傳給機器學習模型，其他資料則需要先做各種**資料預先處理**，才能送給模型。這個預先處理步驟通常包含調整數值尺度，或將非數值資料轉換成模型可以理解的數值格式。預先處理的另一種說法是**特徵工程**。我們會在本書中交換使用兩種說法。

隨著資料經歷特徵工程程序的每一個階段，我們會用各種名稱來稱呼它。**輸入**是資料組被處理之前，在它裡面的一欄，**特徵**是它被處理**之後**，在它裡面的一欄。例如，時戳可能是輸入，特徵可能是星期幾。為了將資料從時戳轉換成星期幾，你必須做一些資料預先處理。這個預先處理步驟也可以稱為**資料轉換**。

實例就是你想要傳給模型來進行預測的項目。一個實例可能是測試資料組裡的一列（不含標籤欄）、你想要分類的圖像、或是你想要送給情緒分析模型的文本文件。模型收到實例的一組特徵之後會計算預測值，為了讓模型有計算能力，我們要用**訓練樣本**來訓練模型，訓練樣本的每個實例都有一個**標籤**。**訓練樣本**是傳給模型的資料組裡面的一個（列）資料實例。在時戳用例中，完整的訓練樣本可能包含「星期幾」、「縣市」和「汽車型號」。**標籤**是資料組裡面的輸出欄，也就是你的模型預測的項目。**標籤**可能指的是資料組裡內的目標欄（也稱為**基準真相標籤**），也可能是模型的輸出（也稱為**預測**）。上述的訓練案例中的樣本標籤可能是「行車期間」——在這個例子中，它是代表分鐘的浮點值。

當你整理好資料組並決定模型的特徵之後，**資料驗證**就是計算資料的統計數據、理解綱要（schema）、評估資料組以找出漂移（drift）和訓練 / 伺服傾斜（training-serving skew）等問題的程序。評估資料的各種統計數據可以幫助你確保資料組裡面的每個特徵都被平衡地表示。在無法收集更多資料的情況下，理解資料的平衡可以協助你設計出處理這種情況的模型。了解綱要的工作包括為每個特徵定義資料類型，以及找出值不正確或缺漏的訓練樣本。最後，資料驗證可以找出可能影響訓練和測試組品質的不一致狀況。例如，或許訓練資料組大多數的樣本都是**工作日**樣本，但測試組主要是**週末**的樣本。

機器學習程序

典型的機器學習程序的第一步就是**訓練**，也就是將訓練資料傳遞給模型，讓它能夠學習識別模式的過程。在訓練之後，下一步是檢驗模型處理訓練組之外的資料時的表現如何，這個步驟被稱為模型**評估**。你可能會進行多次訓練和評估，執行額外的特徵工程，以及調整模型的架構。當你滿意模型的表現之後，你可能希望讓模型提供服務，讓別人可以用它來進行預測。我們用**伺服**（*serving*）來代表將模型部署成微服務，來接受外來的請求，並且回傳預測。伺服基礎設施可能位於雲端、在內部部署或在設備上。

向模型傳遞新資料，並使用它的輸出稱為**預測**。預測可以代表用尚未部署的本地模型產生預測，也可以代表從已部署的模型取得預測。對已部署的模型而言，我們稱之為線上（online）和批次（batch）預測。以接近即時的方式取得樣本的預測結果稱為**線上預測**。線上預測強調低等待時間。另一方面，**批次預測**是以離線的方式為大量的資料產生預測。批次預測花費的時間比線上預測更久，適合用來預先計算預測（例如推薦系統），以及分析模型對大量新資料樣本所做的預測。

預測這個詞比較適合用來代表預測未來的值，例如預測騎自行車的時間，或預測會不會放棄購物車。在圖像和文本分類模型的案例中，預測比較不直覺。ML 模型觀察一則文字評論之後輸出正面情緒並不是真正的「預測」（因為它不是未來的結果）。因此，你也會看到有人用**推理**（*inference*）來代表預測。雖然這裡使用統計術語推理（inference），但它其實與「reasoning」無關。

通常，收集訓練資料、進行特徵工程、訓練和評估模型的流程是與生產管道分開處理的。若是如此，當你認為你有足夠的額外資料，可用來訓練新版本的模型時，你就要重新評估你的解決方案。若非如此，你可能要不斷接收新資料，並且要立刻處理那些資料，才能將它們發送給模型進行訓練或預測，這個情況稱為**串流**（*streaming*）。為了處理串流資料，你必須採取一個多步驟的解決方案，來執行特徵工程、訓練、評估與預測。這種多步驟的解決方案稱為 ***ML 處理管道***（*pipeline*）。

資料與模型工具

我們將使用各種 Google Cloud 產品，它們提供許多解決資料和機器學習問題的工具。這些產品只是實作本書介紹的設計模式的選擇之一，此外還有其他工具可用。本書使用的所有產品都是無伺服器的（serverless），這是為了讓我們更關注機器學習設計模式的實作，而不是它們背後的基礎設施。

BigQuery（*https://oreil.ly/7PnVj*）是企業資料倉庫，它的設計是為了使用 SQL 來快速分析大型的資料組。我們將在範例中使用 BigQuery 進行資料收集和特徵工程。在 BigQuery 裡面的資料會被做成 Dataset，一個 Dataset 可能有多個 Table。我們的許多範例都使用 Google Cloud Public Datasets（*https://oreil.ly/AbTaJ*）的資料，它是 BigQuery 代管的免費、公開的資料組。Google Cloud Public Datasets 包含上百個不同的資料組，包括自 1929 年以來的 NOAA 天氣資料，Stack Overflow 的問題和解答，GitHub 的開源程式碼，出生率資料，等等。我們將使用 BigQuery Machine Learning（*https://oreil.ly/_VjVz*）（或 BigQuery ML）來建立一些範例的模型。BigQuery ML 是使用 BigQuery 所儲存的資料來建構模型的工具。我們可以使用 BigQuery ML，以 SQL 對模型進行訓練、評估和產生預測。它支援分類和回歸模型，以及無監督聚類模型。我們也可以將訓練好的 TensorFlow 模型匯入 BigQuery ML 來進行預測。

Cloud AI Platform（*https://oreil.ly/90KLs*）包含各種可在 Google Cloud 上訓練和伺服自訂機器學習模型的產品。我們將在例子中使用 AI Platform Training 和 AI Platform Prediction。AI Platform Training 是讓你在 Google Cloud 上訓練機器學習模型的基礎設施。藉由 AI Platform Prediction，你可以使用 API 來部署訓練好的模型，並且用它們產生預測。這兩種服務都支援 TensorFlow、scikit-Learn 和 XGBoost 模型，以及用其他框架建構的模型的自訂容器。我們也會使用 Explainable AI（*https://oreil.ly/lDocn*），它是用來解釋模型預測結果的工具，可處理部署在 AI Platform 上面的模型。

角色

組織裡有許多與資料和機器學習有關的工作角色。接下來我們將定義一些本書經常提到的角色。本書主要針對資料科學家、資料工程師和 ML 工程師，所以我們從這些人開始談起。

資料科學家（*data scientist*）專注於收集、解釋和處理資料組。他們對資料進行統計和探索性分析。由於這些工作與機器學習有關，資料科學家可能也會從事資料收集、特徵工程、模型建構等工作。資料科學家經常在 notebook 環境中使用 Python 或 R 來工作，通常是在組織裡第一個做出機器學習模型的人。

資料工程師（*data engineer*）專門處理組織資料的基礎設施和工作流程。他們可能協助管理公司如何接收資料、資料處理管道，以及如何儲存和傳輸資料。資料工程師負責製作資料相關的基礎設施和處理管道。

機器學習工程師的工作與資料工程師類似，但是他們處理的是 ML 模型。他們接收資料科學家開發的模型，管理圍繞著模型的訓練和部署的基礎設施和操作。ML 工程師協助建構生產系統來處理模型的更新、模型的版本控制，和提供給終端用戶的預測。

公司的資料科學團隊越小，團隊就越敏捷，就越有可能讓同一個人扮演多個角色。如果你屬於這種情況，當你看完上面的三個角色之後，很有可能會認為自己屬於這三個角色。你可能通常以資料工程師的身分開始進行一項機器學習專案，並建構資料處理管道來將資料的接收作業化。然後，你會轉換成資料科學家角色，開始建構 ML 模型。最後，你會戴上 ML 工程師的帽子，將模型投入生產。在較大組織裡的機器學習專案可能有相同的階段，但是每一個階段可能會由不同的團隊負責。

雖然研究科學家、資料分析師和開發者也可能建構和使用 AI 模型，但本書的重點讀者不是這些工作角色。

研究科學家主要負責發現和開發新的演算法，以推進 ML 學科。ML 學科可能包含機器學習的各種子領域，例如模型架構、自然語言處理、計算機視覺、超參數調整、模型可解釋性等等。與這裡討論的其他角色不同的是，研究科學家的時間大部分都用來建構雛型和評估 ML 的新方法，不是建構 ML 生產系統。

資料分析師會評估資料並取得見解，然後整理這些見解，讓組織的其他團隊使用。他們往往使用 SQL 和試算表來工作，並使用商務智慧工具來將資料視覺化，來分享他們的發現。資料分析師與產品團隊密切合作，以了解他們的見解如何協助解決商務問題和創造價值。資料分析師的重點是找出既有資料的趨勢，並從中獲得見解，但資料科學家的重點是使用這些資料來產生未來的預測，以及將產生見解的過程自動化或擴大其範圍。隨著機器學習日益民主化，資料分析師可以提升自己的技術，成為資料科學家。

開發者負責建構可讓終端用戶使用 ML 模型的生產系統。他們經常參與特定 API 的設計，那些 API 可讓用戶透過 web 或行動 app 以友善的格式查詢模型並回傳預測。這項工作涉及在雲端托管的模型，或在設備上提供服務的模型。開發者會利用 ML 工程師製作的模型伺服基礎設施來建構 app 與用戶介紹，以顯示預測給模型用戶看。

圖 1-2 是這些角色在一個組織的機器學習模型開發過程中合作的情況。

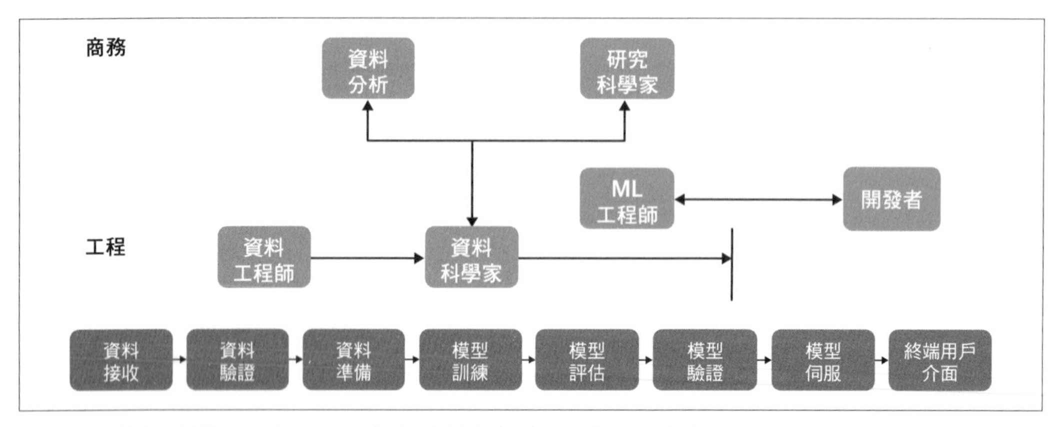

圖 1-2　與機器學習有關的工作角色與資料有很多，這些角色會在 ML 工作流程中合作，從資料接收，到模型伺服與終端用戶介面。例如，資料工程師負責資料接收和資料驗證，並與資料科學家密切合作。

機器學習常見的挑戰

為什麼我們需要一本關於機器學習設計模式的書？在建構 ML 系統的過程中，你會遇到各種影響 ML 設計的獨特挑戰，身為一位 ML 實踐者，了解這些挑戰可協助你為本書介紹的解決方案建立一個參考框架。

資料品質

機器學習模型的可靠性取決於訓練它們的資料。如果你用不完整的資料組、用選擇不當特徵的資料，或不能準確代表模型使用者的資料來訓練機器學習模型，那些資料將會直接反映在模型的預測上。因此，機器學習模型通常被稱為「garbage in, garbage out」。在此，我們提出資料品質的四個重要成分：準確性、完整性、一致性和及時性。

資料準確性包含訓練資料的特徵以及這些特徵的基準真相標籤。了解資料的來源和資料收集過程的潛在錯誤可以幫助你確保特徵的準確性。當你收集資料之後，你一定要進行徹底的分析，以找出打字錯誤、重複的項目、表格資料中的數值不一致、缺漏的特徵，以及任何其他可能影響資料品質的錯誤。例如，訓練資料組裡面的重複會導致模型為那些資料點錯誤地分配更多的權重。

準確的資料標籤和準確的特徵一樣重要，模型只會用訓練資料裡的基準真相標籤來更新它的權重以及將損失最小化，因此，訓練案例有不正確的標籤會產生具誤導性的模型準確度。例如，假設你要建立一個情緒分析模型，而且有 25% 的「正面」訓練案例被錯誤地標注為「負面」，你的模型會錯誤地認為哪些情況應視為負面情緒，並且直接反映在它的預測中。

說到資料**完整性**，假設你正在訓練一個模型來識別貓的品種。你用一個龐大的貓照片資料組來訓練這個模型，做出來的模型能夠以 99% 的準確率將照片分成 10 種分類（「孟加拉」、「暹羅」等等）之中的一個。然而，當你將模型部署到生產環境中時，你會發現用戶除了上傳貓的照片來分類之外，許多用戶也會上傳狗的照片，並且對模型的結果感到失望。因為這個模型只學會辨識 10 種不同的貓品種，這就是它所知道的一切。這 10 個品種基本上就是該模型的整個「世界觀」。無論你送給模型什麼，你都可以想像它會將它歸入這 10 個分類中的一個，它甚至可以對一個看起來一點都不像貓的照片充滿信心地這樣做。此外，如果訓練資料沒有「不是貓」的資料和標籤，你的模型就不可能回傳「不是貓」。

資料完整性的另一個層面是確保訓練資料含有每一種標籤的各種呈現方式。在貓品種檢測例子中，如果所有的照片都是貓臉的特寫（close-up），模型就無法正確地辨識貓的側面照片或全身照片。以表格資料為例，如果你要建構模型來預測特定城市的房地產價格，但訓練樣本只有面積超過 2,000 平方英尺的房屋，那麼你的模型就無法正確地處理較小的房屋。

資料品質的第三個層面是資料**一致性**。在處理大型的資料組時，大家通常將資料收集和標注工作交給同一組人員處理。為這個程序設計一套標準可確保整個資料組的一致性，因為參與其中的人員都難免在這個過程中引入他們自己的偏見。如同資料完整性，資料不一致性可以從資料特徵與標籤中發現。舉個不一致特徵的例子，假設你用溫度感測器來收集大氣資料。如果每一個感測器都是用不同的標準來校正的，它們會導致不準確和不可靠的模型預測。不一致也可能是指資料格式。如果你要描述位置資料，有些人可能會將完整的街道地址寫成「Main street」，而另一些人可能將它縮寫為「Main St.」。測量單位，如英里和公里，在世界各地也可能不同。

關於標籤不一致，我們回到文本情緒案例。在這個案例中，當人們標注訓練資料時，不一定會一致同意什麼是正面的，什麼是負面的。為了解決這個問題，你可以讓多位人員標注資料組的每一個案例，然後讓每一個項目都使用最多人選擇的標籤。注意標注人的偏見，並設計一個系統來應對它，可確保整個資料組的標籤維持一致。我們將在第 7 章，第 333 頁的「設計模式 30：Fairness Lens」探討偏見的概念。

資料的**即時性**指的是從事件發生到它被加入你的資料庫之間的時間。舉例來說，如果你在收集應用程式紀錄（log）裡的資料，一個錯誤紀錄可能需要幾個小時才會出現在紀錄資料庫裡。對記錄信用卡交易的資料組而言，從交易發生到它被回報至你的系統可能要花一天的時間。為了處理即時性，你可以盡量記錄特定資料點的資訊，並且在將資料轉換成機器學習模型的特徵時，確保這些資訊能夠反映出來。更具體地說，你可以追蹤事件何時發生以及它何時被加到你的資料組的時戳。然後，在進行特徵工程時，你可以相應地考慮這些差異。

再現性

在傳統的程式設計中，程式的輸出是可再現且有保證的。例如，如果你寫了一個將字串倒寫的 Python 程式，你可以確定輸入單字「banana」一定會輸出「ananab」。類似地，如果程式有 bug，導致包含數字的字串被錯誤地倒寫，你可以將這段程式送給同事，期望他們能夠用相同輸入重現錯誤（除非這個 bug 與持有不正確的內部狀態的程式、架構上的差異（例如浮點精度）或執行上的差異（例如執行緒）有關）。

另一方面，機器學習模型有內在的隨機元素。在訓練時，ML 模型的權重的初始值會被設成隨機的值。在訓練過程中，當模型反覆從資料中學習時，這些權重值會收斂。因此，用相同的資料來訓練相同的模型程式會在不同的訓練回合中產生稍微不同的結果，這就帶來了再現性的挑戰。雖然你將一個模型訓練到 98.1% 的準確率，但是重複地進行訓練不保證能達到相同的結果，所以我們很難在不同回合的實驗之間進行比較。

為了解決再現性的問題，我們通常設定一個隨機種子值讓模型使用，以確保每次訓練時，都採用相同的隨機值。在 TensorFlow 裡，你可以在程式的開始處執行 `tf.random.set_seed(value)` 來做這件事。

此外，在 scikit-learn 裡，許多可以洗亂資料的函式都可以設定隨機的種子值：

```
from sklearn.utils import shuffle
data = shuffle(data, random_state=value)
```

請記住，在訓練模型時，你必須使用相同的資料和相同的隨機種子，以確保在不同的實驗中得到可重複的、可再現的結果。

在訓練 ML 模型的過程中，你必須固定幾個元素才能確保再現性：所使用的資料、用來產生訓練和驗證資料組的拆分機制、資料準備和模型超參數，以及批次大小、學習率排程等變數。

再現性也適用於機器學習框架的依賴項目。除了手動設置隨機種子之外，框架也在內部實作了一些隨機元素，會在你呼叫函式來訓練模型時執行。如果這個底層的實作在不同的框架版本之間發生變化，我們就無法保證可重複性。舉個具體的例子，如果某個框架版本的 `train()` 方法呼叫 13 次 `rand()`，同一個框架的新版本呼叫 14 次，在不同的實驗使用不同的版本會造成稍微不同的結果，即使使用相同的資料與模型程式碼。在容器裡運行 ML 工作負載，並且使用標準化的程式庫版本，有助於確保可重複性。第 6 章會介紹一系列讓 ML 程序可以再現的模式。

最後，再現性可能是指模型的訓練環境。通常由於大型的資料組和複雜性，許多模型都需要用大量的時間來訓練。我們可以藉著使用資料或模型平行化之類的分散式策略來加速（見第 5 章）。然而，這種加速可能會在你重新執行這些利用分散式策略來訓練的程式碼時額外遇到可重複性問題。

資料漂移

雖然機器學習模型通常代表輸入與輸出之間的靜態關係，但資料可能會隨著時間而大幅改變。資料漂移是當你想要確保機器學習模型可以與時俱進，並且讓模型的預測可以準確地反映它們所處的環境時必須克服的挑戰。

例如，假設你要訓練一個模型來將新聞標題分類為「政治」、「商業」和「技術」等類別。如果你用 20 世紀的歷史新聞文章來訓練和評估模型，它可能無法很好地處理現在的資料。在現代，我們知道標題有「智慧型手機」的文章很可能與科技有關，然而，用歷史資料訓練的模型不認識這個詞。為了解決漂移問題，我們必須不斷更新訓練資料組、重新訓練模型，以及修改模型分配給特定輸入資料群組的權重。

我們來看一個沒那麼明顯的例子，它是在 BigQuery 裡的 NOAA 強烈風暴資料組（*https://oreil.ly/obzvn*）。如果我們訓練一個模型來預測特定地區發生風暴的可能性，我們就要考慮天氣報告隨著時間的過去的變化（*https://github.com/GoogleCloudPlatform/ml-designpatterns/ blob/master/01_need_for_design_patterns/ml_challenges.ipynb*）。從圖 1-3 可以看出，自 1950 年以來，有紀錄的強烈風暴的總數一直在穩步增加。

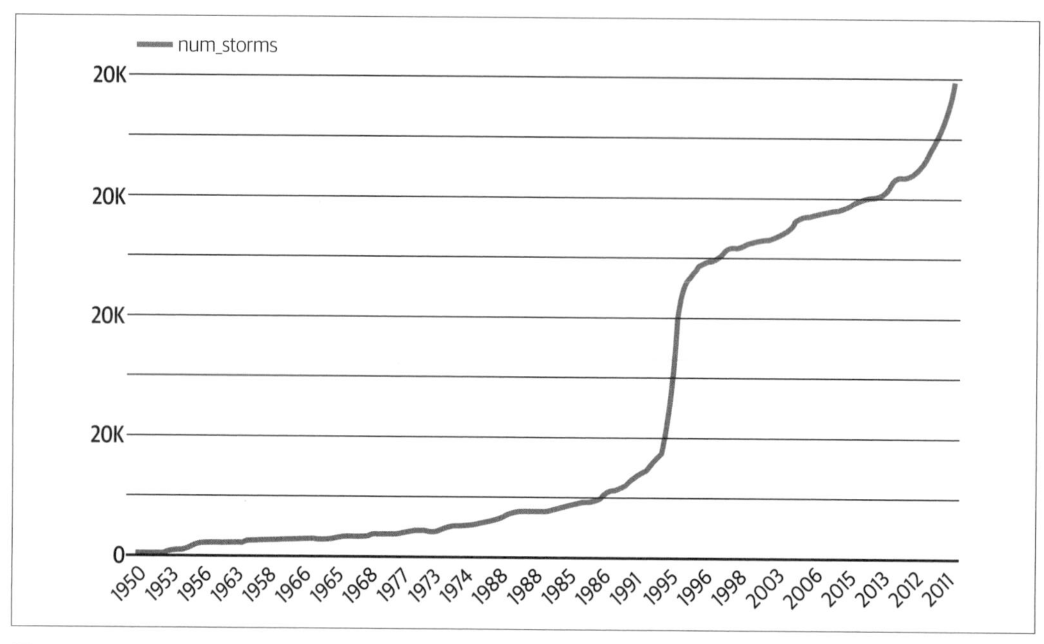

圖 1-3　逐年的強烈風暴數量，來自 NOAA 從 1950 至 2011 記錄的資料。

從這個趨勢可以看出，用 2000 年之前的資料訓練模型，並用它來預測今日的風暴將產生不準確的結果。除了被回報的風暴總數增加之外，我們也必須考慮可能影響圖 1-3 的其他因素。例如，觀測風暴的技術會隨著時間而改善，最明顯的是自 1990 年起開始使用的氣象雷達。在特徵方面，這可能意味著較新的資料包含了每個風暴的更多資訊，而今日資料中可用的特徵在 1950 年可能還沒有被觀測到。探索性資料分析可以協助辨識這類的漂移，而且可以讓你知道該用哪段時間的資料來訓練才對。如果資料組的特徵會隨著時間的推移而改善，第 258 頁的「設計模式 23：Bridged Schema」提供一種處理這種資料組的方法。

擴展

典型的機器學習工作流程的許多階段都有擴展方面的挑戰。你可能會在資料收集與預先處理、訓練和伺服方面遇到關於擴展的挑戰。當你為機器學習模型接收和準備資料時，資料組的大小將決定解決方案所需的工具。資料工程師的工作通常是建構能夠擴展為可處理數百萬行資料組的資料處理管道。

在訓練模型時，ML 工程師要負責為特定的訓練工作決定必要的基礎設施。取決於資料組的類型和大小，模型的訓練可能會非常耗時、計算成本很高，需要使用專門為 ML 工作而設計的基礎設施（例如 GPU）。例如，訓練圖像模型所使用的基礎設施通常比完全用表格資料來訓練模型更多。

在模型伺服的背景下，支援一組資料科學家從模型雛型獲得預測所需的基礎設施和支援每小時要處理數百萬個預測請求的生產模型所需的基礎設施完全不一樣。開發者和 ML 工程師通常負責處理與模型部署相關的擴展挑戰和伺服預測的請求。

如果不考慮組織的成熟度，本書中的大多數 ML 模式都是有用的。然而，第 6 章和第 7 章的一些模式會用不同的方法來處理復原力（resilience）和再現性方面的挑戰，在它們之間的選擇通常取決於具體用例，和你的組織消化複雜性的能力。

多個目標

雖然負責建構機器學習模型的團隊通常只有一個，但是在同一個組織裡面的不同團隊可能會分別以某種方式來使用模型，這些團隊難免對於成功的模型該如何定義有不同的想法。

為了理解這種情況在實務中如何發生的，假設你正在建構一個從照片中認出瑕疵品的模型。身為資料科學家，你的目標可能是盡量降低模型的交叉熵損失。另一方面，產品經理可能希望減少被錯誤分類並發送給客戶的瑕疵品的數量。最後，管理團隊的目標可能是增加 30% 的收入。優化每一個目標的原因都不一樣，在組織內平衡這些需求可能是一個挑戰。

身為資料科學家，你可以將產品團隊的需求轉換到模型中，例如設定偽陰性的代價是偽陽性的 5 倍。因此，在設計模型時，你應該優化 recall 而不是 precision 來滿足這一個需求，如此一來，你就可以在產品團隊的優化目標和你的目標（將模型的損失最小化）之間找到平衡點。

當你為模型定義目標時，你一定要考慮組織裡的每個團隊的需求，以及每個團隊的需求與模型有什麼關係。在制定解決方案之前，分析每個團隊正在優化什麼可以協助你找到妥協的領域，讓你可以讓這些目標有良好的平衡。

小結

設計模式是匯整專家的知識和經驗來讓所有實踐者都可以遵循的方法。本書的設計模式描述在設計、建構和部署機器學習系統時常見的問題的最佳實踐法和解決方案。機器學習常見的挑戰往往與資料品質、再現性、資料漂移、擴展和滿足多個目標的需求有關。

我們往往在 ML 生命週期的不同階段使用不同的 ML 設計模式。有一些模式在建構問題框架和評估可行性時很好用。大多數的模式處理的是開發或部署層面，此外也有相當多的模式處理這些階段之間的相互作用。

第二章

資料表示

任何機器學習模型的核心都是一個數學函數，它被定義成只對特定類型的資料進行處理。與此同時，真實世界的機器學習模型需要對無法直接插入數學函數的資料進行操作。例如，決策樹的數學核心處理布林變數。注意，我們說的是決策樹的數學核心——決策樹機器學習軟體通常也有從資料中學習最佳樹的功能，以及讀入和處理各種類型的數字和分類資料的方法。然而，推動決策樹的數學函數（見圖 2-1）所處理的東西是布林變數，並使用諸如 AND（圖 2-1 中的 &&）和 OR（圖 2-1 中的 +）這類的操作。

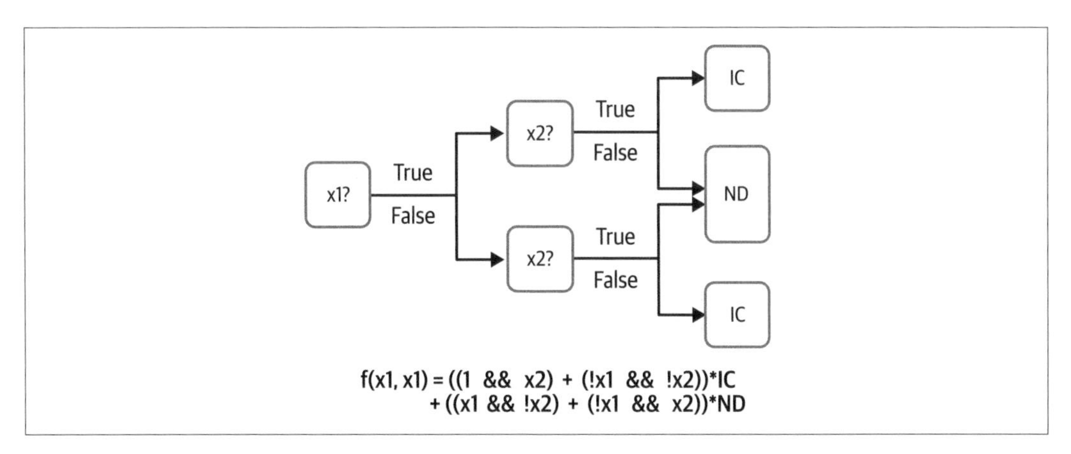

圖 2-1　判斷一位嬰兒是否需要重症監護的決策樹機器學習模型的核心是一個處理布林變數的數學模型。

假設我們用一個決策樹來預測一位嬰兒是否需要重症監護（IC）或是否可以正常出院（ND），並假設該決策樹的輸入是兩個變數，*x1* 和 *x2*。圖 2-1 是經過訓練的模型。

顯然，為了讓 *f(x1, x2)* 能夠運作，*x1* 和 *x2* 必須是布林變數。假設在將嬰兒劃分成需要或不需要重症監護時，我們希望模型考慮的兩項資訊是嬰兒出生醫院和嬰兒的體重，我們可以將嬰兒出生醫院當成決策樹的輸入嗎？不行，因為醫院既不能使用 True 值也不能使用 False 值，而且不能傳給 &&（AND）運算子。這在數學上是不相容的。當然，我們可以藉著執行這類的操作來「讓」醫院值成為布林值。

```
x1 = (hospital IN France)
```

所以當醫院在 France 時，*x1* 是 True，反之則是 False。同樣地，嬰兒的體重也不能直接傳給模型，而是要藉著進行這種操作：

```
x1 = (babyweight < 3 kg)
```

我們可以將醫院或嬰兒體重當成模型的輸入，這是一個將輸入資料（複雜的物件，醫院，或浮點數，嬰兒的體重）表示成模型期望的形式（布林）的範例。這就是我們所說的**資料表示法**的意思。

在本書中，我們使用**輸入**來代表傳給模型的真實資料（例如嬰兒體重），用**特徵**來代表模型實際操作的並且轉換過的資料（例如嬰兒體重是否少於 3 公斤）。建立特徵來表示輸入資料的程序稱為**特徵工程**，因此我們可以將特徵工程當成一種選擇資料表示法的方法。

當然，我們不想將 3 公斤的閾值這類的參數寫死，而是想讓機器學習模型藉著選擇輸入變數和閾值來學習如何創造每一個節點。決策樹是能夠學習資料表示法的機器學習模型之一[1]。本章的許多模式都涉及類似的**可學習資料表示法**。

Embeddings 設計模式是讓深度神經網路能夠自行學習資料表示法的典型例子。在 embeddings 裡，學到的表示法比輸入更密集且低維，而且可能是稀疏的。學習演算法必須從輸入中提取出最明顯的資訊，並在特徵中以更簡潔的方式來表示它。學習特徵來表示輸入資料的過程稱為**特徵提取**，我們可以將可學習的資料表示法（例如 embedding）視為自動設計的特徵。

資料表示法不一定只有一個輸入變數，例如，斜決策樹（oblique decision tree）是藉著為兩個以上的輸入變數的線性組合設定一個閾值來建立布林特徵的。如果決策樹的每一個節點只代表一個輸入變數，它可以簡化成步進線性函數。然而，斜決策樹的每一個節點可以代表「多個輸入變數的線性組合」，它可以簡化成分段的線性函數（見圖 2-2）。考量到為了充分地表示直線需要學習多少步驟，分段線性模型學習起來更簡單也更快。

1　在這裡，學來的資料表示法是以當成輸入變數的嬰兒體重、「小於」運算子，和閾值 3 kg 組成的。

Feature Cross 設計模式是這個概念的擴展版，它可以簡化多值分類變數之間的 AND 關係的學習過程。

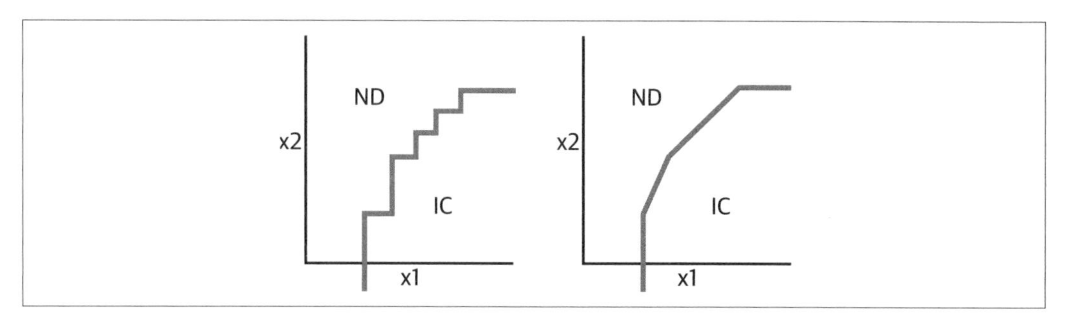

圖 2-2　每個節點只能設定一個輸入值（x1 或 x2）的閾值的分類決策樹會產生步進線性邊界函數，而每個節點可以限制多個輸入變數的線性組合的閾值的斜分類決策樹可以產生分段線性邊界函數。

資料表示法不一要依靠學習或使用固定的方式，你也可以混合兩者。*Hashed Feature* 設計模式是必然性的，但模型不需要知道特定輸入的所有潛在值。

我們到目前為止看到的資料表示法都是一對一的。雖然我們可以分別表示不同類型的輸入資料，或是將每項資料表示成一個特徵，但是使用 *Multimodal Input* 的好處可能更多，它是本章將介紹的第四種設計模式。

簡單的資料表示法

在深入探討可學習的資料表示法、特徵叉等內容之前，我們先來看看比較簡單的資料表示法。我們可以把這些簡單的資料表示看成機器學習中的常見習慣用法，雖然它們不算是模式，卻是常用的解決方案。

數值輸入

大多數現代的大型機器學習模型（隨機森林、支援向量機、神經網路）所操作的都是數值，所以如果輸入是數值，我們就可以原封不動地將它傳給模型。

為何需要調整尺度

通常，由於 ML 框架使用的 optimizer 都會經過調整，以便很好地處理 [–1, 1] 範圍內的數字，所以將數值調整到該範圍內或許有好處。

為何調整後的數值在 [–1, 1] 之內？

梯度下降 optimizer 會隨著損失函數的曲率的增加，而需要更多的步驟才能收斂。這是因為當特徵的數值相對較大時，它的導數也會趨於較大，導致權重值更新異常。更新異常大的權重值需要更多的步驟才能收斂，從而增加計算負擔。

將資料「置中」在 [–1, 1] 範圍內，可讓誤差函數更接近球形（spherical）。因此，用轉換後的資料訓練出來的模型往往收斂得更快，因此訓練起來也更快且更便宜。此外，[–1, 1] 範圍有最高的浮點精度。

我們可以用 scikit-learn 的內建資料組來進行快速測試，以證明這一點（摘錄自本書程式碼 repository（*https://github.com/GoogleCloudPlat form/ml-design-patterns/blob/master/02_data_representation/simple_data_representa tion.ipynb*））：

```
from sklearn import datasets, linear_model
diabetes_X, diabetes_y = datasets.load_diabetes(return_X_y=True)
raw = diabetes_X[:, None, 2]
max_raw = max(raw)
min_raw = min(raw)
scaled = (2*raw - max_raw - min_raw)/(max_raw - min_raw)

def train_raw():
    linear_model.LinearRegression().fit(raw, diabetes_y)

def train_scaled():
    linear_model.LinearRegression().fit(scaled, diabetes_y)

raw_time = timeit.timeit(train_raw, number=1000)
scaled_time = timeit.timeit(train_scaled, number=1000)
```

運行這段程式時，這個只有一個輸入特徵的模型改善了將近 9%。考慮到典型的機器學習模型的特徵數量，節省的資源還可以累加。

調整尺度的另一個重要原因是有些機器學習演算法和技術對不同特徵的相對大小非常敏感。例如，用 Euclidean 距離來測量接近程度的 k-means 聚類演算法最終會嚴重依賴尺度較大的特徵。不做尺度調整也會影響 L1 或 L2 正則化的效果，因為特徵的權重大小取決於該特徵的值的大小，因此正則化會對不同的特徵造成不同的影響。藉著將所有特徵都調整為 [–1, 1] 之間，我們可以確保不同特徵的相對大小沒有太大的差異。

線性調整

常用的尺度調整方式有四種：

min-max 尺度調整

將數值線性縮放，將輸入的最小值調整為 -1，將可能的最大值調整為 1:

```
x1_scaled = (2*x1 - max_x1 - min_x1)/(max_x1 - min_x1)
```

min-max 尺度調整的問題在於，我們必須根據訓練資料組來估計最大值和最小值（max_x1 和 min_x1），而它們通常是異常值，真正的資料通常會被縮小到 [–1, 1] 之內的一個非常狹窄的範圍。

裁剪（配合 *min-max* 尺度調整）

使用「合理的」值，而不是根據訓練資料組來估計最小值和最大值，可協助解決異常值的問題，將數值線性地調整在這兩個合理的邊界值之間，然後裁剪它們，讓它們在 [–1, 1] 裡面。這樣做的效果是將異常值視為 –1 或 1。

Z-score 標準化

使用以訓練資料組估算的平均值和標準差對輸入進行線性縮放，在不需要事先知道合理範圍的情況下處理異常值的問題：

```
x1_scaled = (x1 - mean_x1)/stddev_x1
```

這個方法的名稱反映了一個事實：讓調整之後的值的平均值是零，並且用標準差來進行標準化，因此訓練資料組具有單位變異數（variance）。調整後的值沒有邊界，但是在多數情況下（67%，如果底層的分布是常態的）都在 [–1, 1] 裡面。在這個範圍之外的值的絕對值越大，它就越少，但仍然存在。

winsorizing

使用訓練資料組裡的經驗分布，以資料值的第 10 和第 90 百分位（或第 5 和第 94 百分位，以此類推）為界，裁剪資料組。winsorize 之後的值有 min-max 尺度。

到目前為止介紹過的方法都會線性調整資料（剪裁和 winsorizing 在典型範圍內是線性的）。min-max 與剪裁對均勻分布的資料而言效果最好，而 Z-score 對常態分布的資料而言效果最好。圖 2-3 是對嬰兒體重預測範例的 mother_age 欄使用各種尺度調整函數的影響（完整的程式在 *https://github.com/GoogleCloudPlatform/ml-design-patterns/blob/master/02_data_representation/simple_data_representation.ipynb*）。

不要丟掉「異常值」

注意，我們將剪裁定義成：將調整後小於 –1 的值視為 –1，將調整後大於 1 的值視為 1。我們沒有直接將這些「異常值」丟掉，因為我們預期機器學習模型在生產環境會遇到這種異常值。舉個例子，50 歲的媽媽生下來的嬰兒，因為我們的資料組裡面沒有足夠數量的高齡媽媽，裁剪會將所有大於 45 歲（舉例）的媽媽都視為 45 歲。同一種處理方式也會在生產環境中使用，所以模型可以處理較年長的媽媽。如果我們直接將 50 歲以上媽媽所生的嬰兒的訓練案例全都丟掉，這個模型將無法學會反映異常值！

考慮這個問題的另一種方式是，雖然丟棄無效輸入是可以接受的，但丟棄有效的資料是不可接受的。因此，我們有理由丟棄 mother_age 為負的資料列，因為它們可能是資料輸入錯誤。如果可以在生產環境裡面檢查輸入表單，就可以確保輸入人員會重新輸入母親的年齡。但是，我們不應該丟棄 mother_age 為 50 的資料列，因為 50 是完全有效的輸入，而且我們預計當模型被部署到生產環境時會遇到 50 歲的媽媽。

注意，在圖 2-3 中，minmax_scaled 會讓 x 值在 [–1, 1] 範圍之內，但是在案例不夠多的分布兩端會保留在那裡的值。剪裁（clipped）會切掉許多有問題的值，但你必須設定正確的剪裁閾值一超過 40 歲的媽媽的嬰兒數量緩慢下降使我們難以指定硬性的門檻。winsorizing 類似剪裁，必須使用完全正確的百分位數閾值。Z-score 標準化可提升範圍（但沒有將值限制在 [–1, 1] 之間），並且將有問題的值更往外推。在這三種方法中，zero 標準化最適合 mother_age，因為原始年齡值有點像鐘形曲線。min-max 尺度調整、裁剪和 winsorizing 應該比較適合其他的問題。

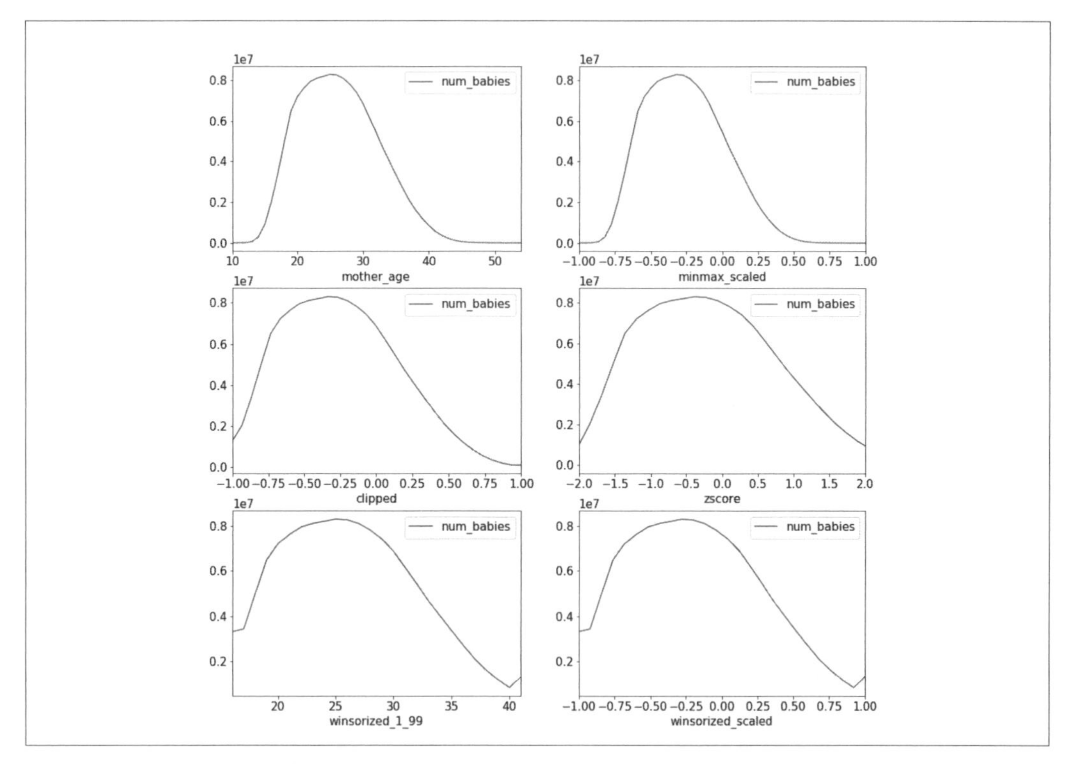

圖 2-3　左上圖是嬰兒體重預測範例的 mother_age 的直方圖，其他的圖則是各種尺度調整函數（見 x 軸標籤）。

非線性轉換

如果我們的資料是傾斜的，既不是均勻分布的，也沒有呈鐘形曲線分布呢？在這種情況下，你最好在對輸入進行尺度調整之前，先對它執行**非線性轉換**。有一種常見的技巧是先取輸入值的對數，再進行尺度調整。其他常見的轉換包括 sigmoid 與多項式展開（平方、平方根、立方、立方根等等）。如果轉換後的值變成均勻或常態分布，那就代表我們用了一個很好的轉換函數。

假設我們要製作一個模型來預測一本非小說類書籍的銷售量。模型的輸入之一是該主題在維基百科網頁上的熱門程度。然而，維基百科網頁的瀏覽量是高度傾斜的，並且占了很大的動態範圍（見圖 2-4 的左圖：這個分布高度傾向瀏覽量極少的網頁，但是最受歡迎的網頁被瀏覽了數千萬次）。藉著對觀看次數取對數，然後取這個對數值的四次方根，再對結果進行線性尺度調整，我們可以得到在期望的範圍內，而且稍微呈現鐘形的結果。關於查詢維基百科資料、進行這些轉換並產生圖表的程式碼的詳細資訊，請參考本書的 GitHub repository（*https://github.com/GoogleCloudPlatform/ml-design-patterns/blob/master/02_data_representation/simple_data_representation.ipynb*）。

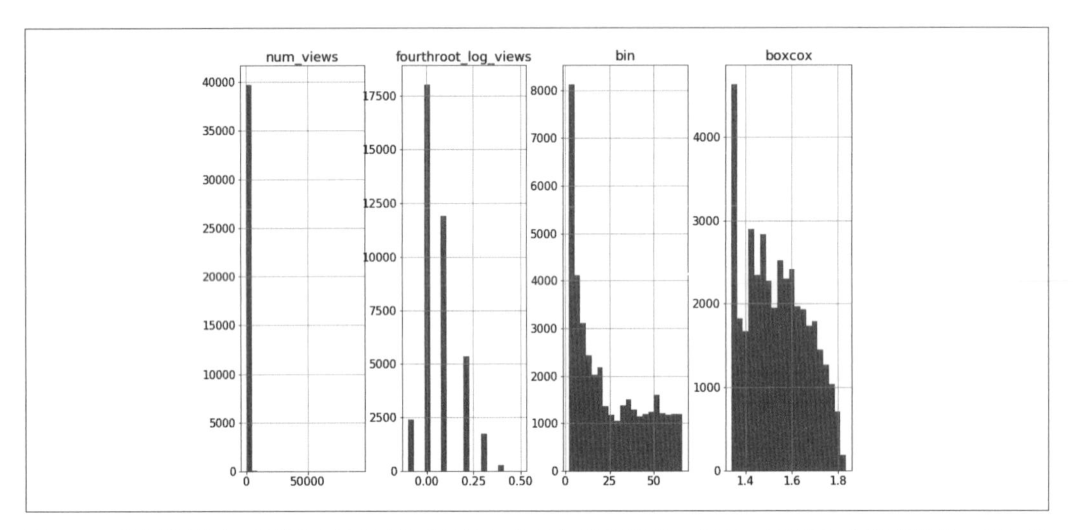

圖 2-4　最左邊的圖：維基百科網頁瀏覽量的分布是高度傾斜的，而且占了很大的動態範圍。第二張圖展示你可以藉著使用對數、冪函數和線性尺度調整，來將轉換觀看數量，以解決問題。第三張圖是直方圖等化（histogram equalization）的效果，第四張圖是 Box-Cox 轉換的效果。

我們很難設計一個線性化函數來讓分布看起來像鐘形曲線。有一種比較簡單的方法是將瀏覽數量群組化（bucketize），選擇群組的邊界來取得所需的輸出分布。選擇這些群組的原則方法是執行**直方圖等化**（*histogram equalization*），根據原始分布的分位數來選擇直方圖的長條（見圖 2-4 的第三張小圖）。在理想的情況下，直方圖等化可產生均勻分布（雖然在本例中並非如此，因為在分位數中有重複的值）。

我們可以這樣子在 BigQuery 裡面執行直方圖等化：

```
ML.BUCKETIZE(num_views, bins) AS bin
```

其中的 bin 取自：

```
APPROX_QUANTILES(num_views, 100) AS bins
```

完整的細節請參考本書的程式碼 repository 裡的 notebook（*https://github.com/GoogleCloudPlatform/ml-design-patterns/blob/master/02_data_representation/simple_data_representation.ipynb*）。

處理傾斜分布的另一種方法是使用參數轉換技術，例如 *Box-Cox* **轉換**。Box-Cox 選擇它唯一的參數 lambda 來控制「異質性（heteroscedasticity）」，讓變異數再也不依靠大小（magnitude）。在此，很少被瀏覽的維基百科網頁的變異數會比經常被瀏覽的網頁小很多，Box-Cox 會試著平衡所有瀏覽數量範圍內的變異數。這是用 Python 的 SciPy 程式包來執行的：

```
traindf['boxcox'], est_lambda = (
    scipy.stats.boxcox(traindf['num_views']))
```

接著使用以訓練資料組來估計的參數（`est_lambda`）來轉換其他的值：

```
evaldf['boxcox'] = scipy.stats.boxcox(evaldf['num_views'], est_lambda)
```

數字陣列

有時，輸入資料是數字陣列，如果陣列的長度是固定的，資料表示法非常簡單，只要壓平陣列，並且將每一個位置視為一個單獨的特徵即可。但是，陣列的長度通常不是固定的，例如，預測非小說類書籍銷售量的模型的輸入可能是各種主題的所有書籍的銷售量，輸入可能是：

```
[2100, 15200, 230000, 1200, 300, 532100]
```

顯然，在每一列裡面的這個陣列的長度會不一樣，因為不同的主題出版不同數量的書籍。

處理數字陣列的常見習慣做法包括：

- 根據輸入陣列的統計數據來表示它。例如，我們可能會使用長度（也就是該主題出版過的書籍數量）、平均值、中位數、最小值、最大值，等等。
- 用輸入陣列的經驗分布來代表它——也就是用第 10 / 第 20 / ... 百分位。
- 如果陣列是用特定方式排列的（例如，按照時間或大小順序），用輸入陣列的最後三個或某個其他固定數量的項目來代表它。如果陣列小於三個，用缺漏值（missing value）來填補特徵至長度三。

以上的所有方法都可以將長度不固定的資料陣列表示成長度固定的特徵。我們也可以將這個問題表述成一個時間序列預測問題，也就是根據前幾本書的銷售歷史來預測下一本書的銷售情況。將過往書籍銷售量當成輸入陣列就是假設預測書籍銷售量最重要的因素是書籍本身的特徵（作者、出版商、書評等等），而不是銷售量的時間連續性。

分類輸入

因為大多數的現代大規模機器學習模型（隨機森林、支援向量機、神經網路）處理的都是數值，所以我們必須用數字來表示分類輸入。

如果只是列舉可能的值，並將它們對映到一個順序尺度（ordinal scale），效果將會很糟糕。假設預測非小說類書籍銷售量的模型有一個輸入是那本書所使用的語言。我們不能直接建立一個這種對映表：

分類輸入	數字特徵
English	1.0
Chinese	2.0
German	3.0

因為機器學習模型會試著在德語和英語書籍的流行度之間進行插入（interpolate），以取得中文書籍的流行度因為語言之間沒有順序關係，我們必須將分類對映到數字，來讓模型獨立地學習這些語言的書籍的市場。

one-hot 編碼

要在對映分類變數的時候確保變數是獨立的，最簡單的方法是使用 *one-hot* **編碼**。在我們的例子裡，分類輸入變數可以使用這種對映，轉換成三個元素的特徵向量：

分類輸入	數字特徵
English	[1.0, 0.0, 0.0]
Chinese	[0.0, 1.0, 0.0]
German	[0.0, 0.0, 1.0]

使用 one-hot 編碼時，我們必須事先知道分類輸入的**詞彙表**（*vocabulary*）。這裡的詞彙表是由三個單元組成的（English、Chinese 與 German），特徵的長度是這個詞彙表的大小。

該使用虛擬編碼還是 one-hot 編碼？

從技術上講，使用 2 個元素的特徵向量就可以為大小為 3 的詞彙表提供不重複的對映了：

分類輸入	數字特徵
English	[0.0, 0.0]
Chinese	[1.0, 0.0]
German	[0.0, 1.0]

這種做法稱為**虛擬編碼**（*dummy coding*）。因為虛擬編碼是比較紮實的表示法，所以當輸入是線性獨立時，統計模型傾向使用虛擬編碼。

不過，現代的機器學習演算法不要求它們的輸入是線性獨立的，而且會使用 L1 正則化之類的方法來刪除多餘的輸入。多出來的自由度可讓框架透明地將全部的值設為零零來處理生產環境裡的缺漏（missing）值：

分類輸入	數字特徵
English	[1.0, 0.0, 0.0]
Chinese	[0.0, 1.0, 0.0]
German	[0.0, 0.0, 1.0]
(missing)	[0.0, 0.0, 0.0]

因此，許多機器學習框架通常只支援 one-hot 編碼。

有時將數值輸入視為分類的，並將它對映至 one-hot 編碼欄位很有幫助：

當數值輸入是索引時

例如，如果我們試著預測交通狀況，而且我們的輸入之一是星期幾，我們可以將星期幾視為數值（1, 2, 3, …, 7），但是將星期幾當成索引而不是連續的標度（scale）很有幫助，將它視為分類更好（Sunday, Monday, …, Saturday），因為檢索的方法不是固定的，我們應該認為一週的開始是 Sunday（像在美國那樣）、Monday（法國）還是 Saturday（埃及）？

當輸入與標籤之間的關係不是連續的時

將星期幾視為分類特徵的關鍵原因是 Friday 的交通狀況不會被 Thursday 與 Saturday 的影響。

將數值變數分組有好處時

在大多數的城市中，交通狀況取決於當時是不是週末，這一點可能因地區而異（大多數的地方是 Saturday 與 Sunday，有些伊斯蘭國家是 Thursday 與 Friday）。此時可以將星期幾當成布林特徵來處理（週末或工作日）。當你將輸入轉換成特徵時，如果輸入的種類（在此例中是七個）比特徵的種類（在此例中是兩個）多，這種轉換成為分組（bucketing）。分組通常是根據範圍來進行的，例如，我們可能會將 `mother_age` 分成在 20、25、30 等處截止的範圍，並且將這些長條（bin）視為分類，但你應該了解，這會失去 `mother_age` 的序數（ordinal）性質。

當你希望不同的輸入數字會對標籤造成不同的影響時

例如，嬰兒的體重取決於胎數（plurality）[2]，因為雙胞胎和三胞胎的體重往往比單胎更輕。因此，如果體重較輕的嬰兒是三胞胎的一位，可能比體重相同的雙胞胎嬰兒更健康。在這種情況下，我們可以將 plurality 轉成分類變數，因為分類變數可讓模型為不同的 plurality 值學習獨立的可調整參數。當然，我們只能在資料組有足夠的雙胞胎和三胞胎案例時這樣做。

分類變數陣列

有時輸入資料是分類陣列，如果陣列是固定長度，我們可以將每個陣列位置視為單獨的特徵，但是，陣列的長度通常是不固定的，例如，生育模型的輸入可能是媽媽先前的生產方式類型：

```
[Induced, Induced, Natural, Cesarean]
```

顯然，在每一列裡面的這個陣列的長度都是不同的，因為每位嬰兒的兄姐的數量都不一樣。

處理分類變數陣列的習慣做法有：

- 計算詞彙表的每個項目出現的次數，因此，假設我們的範例的詞彙表是 Induced、Natural 與 Cesarean（照這個順序），那麼上例的表示法是 `[2, 1, 1]`。現在它是一個固定長度的數字陣列了，可以壓平，並且按照位置順序來使用。如果陣列的項目只會出現一次（例如，一個人說的語言），或是特徵只代表有或沒有，但沒有數量（例如媽媽有沒有做過剖腹產手術），那麼每個位置的計數都是 0 或 1，這種做法稱為 *multi-hot* 編碼。

2 如果是雙胞胎，plurality 是 2，如果是三胞胎，plurality 是 3。

- 為了避免大的數字，我們可以用相對頻率來取代計數。此時，我們的範例的表示法將是 [0.5, 0.25, 0.25] 而非 [2, 1, 1]。空陣列（沒有兄姐的第一胎嬰兒）表示成 [0, 0, 0]。在自然語言處理中，單字的整體相對頻率會用「包含那個單字的文件的相對頻率」來標準化，以產生 TF-IDF（*https://oreil.ly/kNYHr*）（frequency–inverse document frequency 的縮寫）。TF-IDF 反映一個單字對一份文件而言多麼獨特。
- 如果陣列是用特定的方式排序的（例如按照時間順序），那就用最後三個項目來表示輸入陣列。
- 用統計數據來代表陣列，例如陣列的長度、mode（最常見的項目）、中位數、第 10 / 第 20 百分位等。

當然，計數 / 相對頻率是最常見的慣用法。注意，它們都是廣義的 one-hot 編碼——如果嬰兒沒有兄姐，他的表示法是 [0, 0, 0]，如果嬰兒有一位自然產的兄姐，他的表示法是 [0, 1, 0]。

在了解了簡單的資料表示法之後，我們來討論有助於表示資料的設計模式。

設計模式 1：Hashed Feature

Hashed Feature 設計模式可解決與分類特徵有關的三種問題：詞彙表不完整、由於基數造成的模型大小，以及冷啟動。它的做法是將分類特徵分組，並接受資料表示法產生衝突（collision）的代價。

問題

對分類輸入變數進行 one-hot 編碼需要事先知道詞彙表。如果輸入變數是書籍的語言，或預測交通狀況時的星期幾，這不成問題。

但是如果分類變數是嬰兒出生的 hospital_id 或是接生嬰兒的 physician_id 之類的東西呢？這種分類變數會帶來一些問題：

- 你必須從訓練資料提取詞彙表才能知道它。由於隨機採樣，有些醫院或醫生可能不在訓練資料裡面。詞彙表可能**不完整**。

- 分類變數有**高基數**。特徵向量長度可能從幾千個到幾百萬個不等，而不是只是三種語言或七天。這種特徵向量在實務上有一些問題。因為它們涉及太多權重了，所以訓練資料可能不夠。即使我們可以訓練模型，訓練出來的模型也需要大量的空間來儲存，因為在伺服時需要使用整個詞彙表。因此，我們可能無法在較小的設備上部署模型。
- 這種模型投入生產後，新的醫院可能會建立，新的醫生可能被聘僱。模型將無法對它們進行預測，因此需要一個獨立的伺服基礎設施來處理這種**冷啟動**問題。

即使使用像 one-hot 編碼這種簡單的表示法，你也應該考慮冷啟動問題，並且明確地為不在詞彙表內（out-of-vocabulary）的輸入保留全零（all zeros）。

舉個具體的例子，我們以預測航班誤點的問題為例。模型有一個輸入是出發機場，在收集資料組時，美國有 347 個機場：

```
SELECT
   DISTINCT(departure_airport)
FROM `bigquery-samples.airline_ontime_data.flights`
```

有些機場在整個時間段內只有一到三個航班，因此我們預計訓練資料的詞彙表是不完整的。347 已經大到足以讓特徵相當稀疏了，而且必定還會有新的機場被建造出來。如果我們對起飛機場進行 one-hot 編碼，那麼這三個問題（不完整的詞彙表、高基數、冷啟動）都會存在。

airline 資料組和 natality 資料組以及幾乎所有本書用來說明的其他資料組一樣，是 BigQuery（*https://oreil.ly/lgcKA*）的公用資料組，你可以下載它們。在寫到這裡時，它每月有 1 TB 的查詢是免費的，並且有一個沙箱可用，所以你可以免費使用 BigQuery 直到這個限制為止，不需要使用信用卡。我們鼓勵你將我們的 GitHub repository 加入書籤。例如，你可以查看 GitHub 的 notebook 的完整程式（*https://github.com/GoogleCloudPlatform/ml-design-patterns/blob/master/02_data_representation/hashed_feature.ipynb*）。

解決方案

Hashed Feature 設計模式藉著做下列的動作來表示分類輸入變數：

1. 將分類輸入轉換成唯一的字串。對出發機場而言，我們可以使用三個字母的機場 IATA 碼（*https://oreil.ly/B8nLw*）。
2. 對字串呼叫必然性（不使用隨機種子或加鹽（salt））且可移植（因此同一個演算法可以用來訓練和伺服）的雜湊演算法。
3. 將雜湊結果除以想要使用的組數，取餘數。雜湊演算法可能回傳負整數，對負整數進行模運算（modulo）也會得到負數。所以，你要對結果取絕對值。

在 BigQuery SQL 裡，我們可以這樣完成三個步驟：

```
ABS(MOD(FARM_FINGERPRINT(airport), numbuckets))
```

`FARM_FINGERPRINT` 函式使用 FarmHash，它是一種必然性、分布均勻（*https://github.com/google/farmhash/blob/master/Understanding_Hash_Functions*），而且許多程式語言都可以實作（*https://github.com/google/farmhash*）的雜湊演算法家族。

在 TensorFlow 裡，這些步驟是用 `feature_column` 函式來實作的：

```
tf.feature_column.categorical_column_with_hash_bucket(
    airport, num_buckets, dtype=tf.dtypes.string)
```

例如，表 2-1 是使用 FarmHash 將一些 IATA 機場碼雜湊化成 3、10 與 1,000 組的結果。

表 2-1 使用 FarmHash 將一些 IATA 機場碼雜湊化成各種組數

列	departure_airport	hash3	hash10	hash1000
1	DTW	1	3	543
2	LBB	2	9	709
3	SNA	2	7	587
4	MSO	2	7	737
5	ANC	0	8	508
6	PIT	1	7	267
7	PWM	1	9	309
8	BNA	1	4	744
9	SAF	1	2	892
10	IPL	2	1	591

有效的原因

假如我們以 10 組來將機場代碼雜湊化（表 2-1 的 hash10），它如何解決我們發現的問題？

輸入不在詞彙表內

就算某個只有少量航班的機場不在訓練資料組內，它的雜湊化特徵值也會在範圍 [0–9] 裡。因此，在伺服期間不會有容錯問題——當模型收到未知的機場時，會產生在雜湊組裡面的其他機場的預測，這個模型不會輸出錯誤。

如果我們有 347 個機場，並將它雜湊化為 10 組，平均有 35 個機場會得到相同的雜湊組代碼。沒有在訓練資料組裡面機場會在雜湊組裡從其他相似的 ~35 個機場「借用」其特性。當然，用缺漏的機場做出來的預測不可能是準確的（對未知的輸入做出準確的預測並不合理），但它會在正確的範圍內。

你應該平衡「合理地處理不在詞彙表內的輸入」與「讓模型準確地反映分類輸入」之間的需求，來選擇雜湊組的數量。使用 10 個雜湊組時，大約有 35 個機場會被混在一起。根據經驗，在選擇雜湊組的數量時，比較好的做法是讓每組有大約五個項目。在這個例子裡，使用 70 個雜湊組是很好的平衡。

高基數

只要選擇夠少的雜湊組數，高基數的問題就很容易解決。即使我們有數百萬個機場、醫院或醫生，我們也可以將它們雜湊化成幾百組，從而維持實用的系統記憶體和模型大小要求。

我們不需要儲存詞彙表，因為進行轉換的程式碼與實際的資料值沒有關係，並且模型的核心只處理 `num_buckets` 輸入，而不是完整的詞彙表。

雜湊確實是有損的，因為我們有 347 個機場，如果我們將它們雜湊化為 10 組，平均 35 個機場會得到相同的雜湊組代碼。但是，既然另一種方案會因為變數太寬廣，因而丟棄一些變數，那麼有損的編碼是可以接受的折衷方案。

冷啟動

冷啟動的情況類似輸入不在詞彙表內的情況。如果有新的機場被加入系統，它一開始會得到雜湊組之中的其他機場的預測。隨著機場越來越受歡迎，從該機場起飛的航班也會越來越多。只要我們定期重新訓練模型，它的預測就會開始反映新機場的誤點。第 5 章，第 212 頁的「設計模式 18：Continued Model Evaluation」有更詳細的討論。

藉著選擇雜湊組的數量，讓每個組都獲得大約 5 個項目，我們就可以確保每一組都會有合理的初始結果。

代價與其他方案

大多數設計模式都涉及某種代價，Hashed Feature 設計模式也不例外。在此的關鍵代價就是失去模型的準確性。

雜湊組衝突

Hashed Feature 的模運算部分是有損操作。當我們將雜湊組的大小設成 100 時，就是選擇讓 3–4 個機場共用一組。為了處理不在詞彙表內的輸入、基數 / 模型大小的限制以及冷啟動問題，我們犧牲準確表示資料的能力（使用固定的詞彙表與 one-hot 編碼）。這不是免費的午餐。如果你事先就知道詞彙表、詞彙表相對較小（對一個有數百萬個案例的資料組而言，幾千個是可以接受的），並且不需要考慮冷啟動時，那麼就不要選擇 Hashed Feature。

注意，我們不能為了完全避免衝突，而將組數提升到極高的數目，即使將組數增加到 100,000，機場只有 347 個，那麼至少有兩個機場會共用一個雜湊組的機率也高達 45%——這個機率是無法接受地高（見表 2-2）。因此，除非你可以容許多個分類輸入共用同一個雜湊組值，否則就不要使用 Hashed Features。

表 2-2　當 IATA 機場代碼被雜湊化成不同數量的組別時，每組的預期項目數量，以及至少有一個衝突的機率

num_hash_buckets	entries_per_bucket	collision_prob
3	115.666667	1.000000
10	34.700000	1.000000
100	3.470000	1.000000
1000	0.347000	1.000000
10000	0.034700	0.997697
100000	0.003470	0.451739

傾斜

當分類輸入的分布高度傾斜時，準確度的損失特別嚴重。考慮裝有 ORD（芝加哥，世界上最繁忙的機場之一）的雜湊組的情況。我們可以用下列程式找到它：

```
CREATE TEMPORARY FUNCTION hashed(airport STRING, numbuckets INT64) AS (
  ABS(MOD(FARM_FINGERPRINT(airport), numbuckets))
);

WITH airports AS (
SELECT
  departure_airport, COUNT(1) AS num_flights
FROM `bigquery-samples.airline_ontime_data.flights`
GROUP BY departure_airport
)

SELECT
  departure_airport, num_flights
FROM airports
WHERE hashed(departure_airport, 100) = hashed('ORD', 100)
```

結果顯示，雖然從 ORD 起飛的航班有大約有 360 萬個，但是從 BTV（伯靈頓，佛蒙特）起飛的只有大約 67,000 個：

departure_airport	num_flights
ORD	3610491
BTV	66555
MCI	597761

這代表無論實際的用途是什麼，這個模型會將芝加哥的冗長的計程車時間和天氣延誤算在佛蒙特伯靈頓的城市級機場頭上！這個模型為 BTV 和 MCI（堪薩斯城機場）進行預測的準確度會很差，因為有太多航班從芝加哥起飛了。

聚合特徵

如果分類變數的分布是傾斜的，或是組數太少，因此經常發生雜湊組衝突，在模型的輸入中加入一個聚合特徵可能有幫助。例如，我們可以在訓練資料組中找到每一個機場的航班準點的機率，並將它當成特徵，加入模型。這可以避免在將機場代碼雜湊化時失去和各個機場有關的資訊。在某些情況下，由於使用準點航班的相對頻率可能就夠用了，我們或許能夠完全不必將機場名稱當成特徵來使用。

超參數調整

由於雜湊組的衝突頻率的取捨，你可能很難選擇組數，答案通常取決於問題本身。因此，我們建議你將組數當成超參數來處理：

```
- parameterName: nbuckets
    type: INTEGER
    minValue: 10
    maxValue: 20
    scaleType: UNIT_LINEAR_SCALE
```

確保組數保持在被雜湊化的分類變數的基數的合理範圍之內。

加密雜湊

Hashed Feature 之所以是有損的操作，原因出在模運算部分。如果我們完全避免模運算呢？畢竟，farm fingerprint 的長度是固定的（INT64 是 64 位元），因此我們可以用 64 個特徵值來表示它，每個特徵值都是 0 或 1。這種做法稱為**二進制編碼**（*binary encoding*）。

然而，二進制編碼並不能解決輸入不在詞彙表內或冷啟動的問題（只能解決高基數的問題）。事實上，逐位元編碼是混淆視聽的做法。如果我們不做模運算，我們只要將 IATA 代碼的三個字元進行編碼，就可以得到不重複的表示法（因此使用長度為 3*26=78 的特徵）這種表示法的問題很明顯：以字母 O 開頭的各個機場的航班延誤特徵沒有任何共同點——這種編碼會讓第一個字母相同的機場之間產生**虛假的關聯性**。在二進制空間裡也有相同的情況。因此，我們不建議對 farm fingerprint 值進行二進制編碼。

MD5 雜湊的二進制編碼沒有這種虛假關聯問題，因為 MD5 雜湊的輸出是均勻分布的，因此產生的位元也會均勻分布。然而，與 Farm Fingerprint 演算法不同的是，MD5 雜湊不是必然性的，也不是唯一的——它是單向雜湊，會有許多意外的衝突。

在 Hashed Feature 設計模式裡，我們必須使用 fingerprint 雜湊演算法，而不是加密雜湊演算法。這是因為 fingerprint 雜湊函數的目的是產生必然性且唯一的值。如果你仔細想想，這是機器學習的預先處理函數的關鍵要求之一，因為我們要在模型伺服的過程中使用相同的函數，並得到相同的雜湊值。fingerprint 函數無法產生均勻分布的輸出。雖然諸如 MD5 或 SHA1 等加密演算法可以產生均勻分布的輸出，但它們不是必然性的，並且是有目的性地要求高昂的計算代價。因此，你不能在特徵工程的背景中使用加密雜湊，因為特徵工程要求在預測期間為特定輸入計算出來的雜湊值必須與在訓練期間計算出來的相同，而且雜湊函數不應該減緩機器學習模型的速度。

MD5 沒有必然性的原因是，被雜湊化的字串通常會被「加鹽（salt）」。鹽（salt）是加到每一個密碼的隨機字串（*https://oreil.ly/cv7PS*），這是為了確保即使兩位用戶碰巧使用相同的密碼，它們在資料庫裡的雜湊值也會不同。為了阻止使用「彩虹表（rainbow tables）」的攻擊手法，這是必要的手段，那種攻擊會使用常用密碼的字典，並且拿已知密碼的雜湊值與資料庫中的雜湊值相比。隨著計算能力的提高，現在駭客也有可能對每一個可能的 salt 進行蠻力攻擊，因此現代加密實作會在迴圈中進行雜湊化，以提升計算成本。即使我們關閉 salt，並將迭代次數降為一次，MD5 雜湊法也只是單向的，它不會是唯一的。

最重要的是，我們必須使用 fingerprint 雜湊演算法，並且需要對產生的雜湊值進行模運算。

操作的順序

注意，我們先做模運算，再取絕對值：

```
CREATE TEMPORARY FUNCTION hashed(airport STRING, numbuckets INT64) AS (
   ABS(MOD(FARM_FINGERPRINT(airport), numbuckets))
);
```

在上述程式裡的 `ABS`、`MOD` 與 `FARM_FINGERPRINT` 的順序很重要，因為 `INT64` 的範圍是不對稱的。具體來說，它的範圍介於 `-9,223,372,036,854,775,808` 與 `9,223,372,036,854,775,807` 之間（包含兩者）。所以，如果我們做：

```
ABS(FARM_FINGERPRINT(airport))
```

當 `FARM_FINGERPRINT` 剛好回傳 `-9,223,372,036,854,775,808` 時，我們會遇到罕見而且可能無法重現的溢位錯誤，因為它的絕對值無法使用 `INT64` 來表示！

空的雜湊組

儘管不太可能發生這種情況，但有一種可能性是，即使我們用 10 個雜湊組來表示 347 個機場，其中也有一個雜湊組是空的。因此，在使用雜湊化的特徵欄時，同時使用 L2 正則化可能有幫助（*https://oreil.ly/xlwAH)*），如此一來，與空組有關的權重也會趨向零。如此一來，即使有個不在詞彙表之內的機場落入一個空組，它也不會導致模型在數值上變得不穩定。

設計模式 2：embedding

embedding 是一種可學習的資料表示法，它會將高基數的資料對映到較低維的空間中，從而保留與學習問題有關的資訊。embedding 是現代機器學習的核心，而且在整個領域裡有各種化身。

問題

機器學習模型會系統性地從資料中尋找模式，捕捉模型的輸入特徵屬性與輸出標籤之間的關係。因此，輸入特徵的資料表示法會直接反映最終模型的品質。雖然處理結構化的數值輸入相當簡單，但是訓練機器學習模型所需的資料有很多種類，比如分類特徵、文本、圖像、音訊、時間序列等等。對於這些資料表示法，我們要將有意義的數值傳給機器學習模型，以便讓那些特徵符合典型的訓練範式。embedding 可以保留項目之間的相似性來處理一些截然不同的資料類型，從而改善模型學習基本模式的能力。one-hot 編碼經常用來表示分類輸入變數。例如，考慮 natality 資料組的 plurality 輸入[3]。這是一個有六種值的分類輸入：`['Single(1)', 'Multiple(2+)', 'Twins(2)', 'Triplets(3)', 'Quadruplets(4)', 'Quintuplets(5)']`。我們可以使用 one-hot 編碼，將每一種輸入字串值對映至 R6 的一個單位向量，如表 2-3 所示。

表 2-3　natality 資料組的 one-hot 編碼分類輸入案例

plurality	one-hot 編碼
Single(1)	[1,0,0,0,0,0]
Multiple(2+)	[0,1,0,0,0,0]
Twins(2)	[0,0,1,0,0,0]
Triplets(3)	[0,0,0,1,0,0]
Quadruplets(4)	[0,0,0,0,1,0]
Quintuplets(5)	[0,0,0,0,0,1]

當我們用這種方式來編碼時，我們需要六個維度來代表每一種類別。雖然六維還可以接受，但是如果我們有更多的類別需要考慮呢？

3　你可以在 BigQuery 取得這個資料組：*bigquery-public-data.samples.natality*。

例如，如果我們的資料組包含影片資料庫的顧客觀賞紀錄，而我們的任務是根據顧客戶之前和影片的互動情況，來建議一系列的新影片呢？在這個場景下，customer_id 欄可能有上百萬個不相同的項目。類似地，顧客看過的影片的 video_id 也可能有成千上萬個項目。用 one-hot 來編碼 video_ids 或 customer_ids 這種**高基數**的分類特徵，並將它當成機器學習模型的輸入，會產生不適合一些機器學習演算法的稀疏矩陣。

one-hot 編碼的第二個問題是它會將分類變數視為**獨立的**。但是，代表雙胞胎的資料表示法應該要接近代表三胞胎的資料表示法，並且與代表五胞胎的資料表示法的距離遠一些。多胞胎很可能是雙胞胎，但也可能是三胞胎。舉例來說，表 2-4 是以較低維數表示 plurality 欄的另一種方式，它可以描述這種相近程度的關係。

表 2-4 使用較低維數的 embedding 來代表 natality 資料組的 plurality 欄。

plurality	候選編碼
Single(1)	[1.0,0.0]
Multiple(2+)	[0.0,0.6]
Twins(2)	[0.0,0.5]
Triplets(3)	[0.0,0.7]
Quadruplets(4)	[0.0,0.8]
Quintuplets(5)	[0.0,0.9]

這些數字當然是隨意選擇的。但是，我們有沒有可能僅使用二維來學習 natality 問題的 plurality 欄的最佳表示法？這就是 Embeddings 設計模式解決的問題。

在圖像和文本中也會出現同樣的高基數和資料相依的問題。圖像是由成千上萬個像素組成的，它們不是彼此獨立的。自然語言文本是從數以萬計的詞彙中抽取出來的，像 walk 這類的單字比較接近 run，而不是 book 這類的單字。

解決方案

Embeddings 設計模式藉著讓輸入資料穿越具備可訓練權重的 embedding 層，來解決以較低維數來密集地表示高基數資料的問題。它可以將高維數的分類輸入變數對映至某個低維空間的實值向量。負責產生密集表示法的權重是在模型的優化階段學習的（見圖 2-5）。在實務上，這些 embedding 最終可描述輸入資料中的相近程度關係。

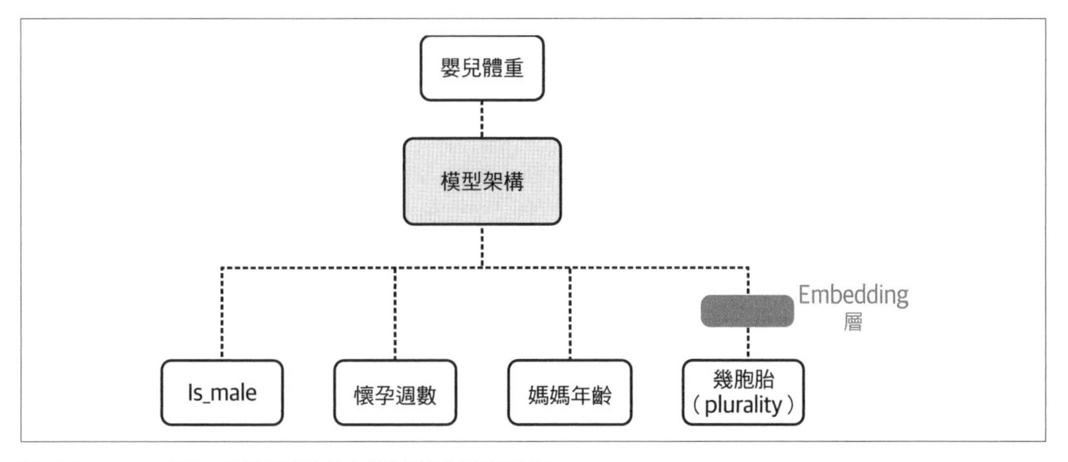

圖 2-5　embedding 層的權重是在訓練時學習的參數

因為 embedding 層用低維表示法來描述輸入資料的相近程度關係，我們可以用 embedding 層來取代聚類技術（例如顧客細分）與降維方法（例如主成分分析（PCA））。embedding 權重是在主模型訓練迴圈中決定的，因此不需要事先進行聚類或 PCA。

在訓練 natality 模型時，embedding 層的權重會在梯度下降程序中學習。

在訓練結束時，embedding 層的權重可能會將分類變數編碼成表 2-5 那樣。

表 2-5　處理 natality 資料組的 plurality 欄時，one-hot 與學到的編碼

plurality	one-hot	學到的編碼
Single(1)	[1,0,0,0,0,0]	[0.4, 0.6]
Multiple(2+)	[0,1,0,0,0,0]	[0.1, 0.5]
Twins(2)	[0,0,1,0,0,0]	[-0.1, 0.3]
Triplets(3)	[0,0,0,1,0,0]	[-0.2, 0.5]
Quadruplets(4)	[0,0,0,0,1,0]	[-0.4, 0.3]
Quintuplets(5)	[0,0,0,0,0,1]	[-0.6, 0.5]

這個 embedding 將一個稀疏的 one-hot 編碼向量對映至一個 R2 密集向量。

在 TensorFlow 裡，我們會先幫特徵建構一個分類特徵欄，然後將它包在一個 embedding 特徵欄裡。舉例來說，對 plurality 特徵而言，我們會：

```
plurality = tf.feature_column.categorical_column_with_vocabulary_list(
            'plurality', ['Single(1)', 'Multiple(2+)', 'Twins(2)',
'Triplets(3)', 'Quadruplets(4)', 'Quintuplets(5)'])
plurality_embed = tf.feature_column.embedding_column(plurality, dimension=2)
```

然後用產生的特徵欄（`plurality_embed`）取代 one-hot 編碼的特徵欄（`plurality`），當成神經網路下游節點的輸入。

文本 embedding

文本天生適合使用 embedding 層，由於詞彙表的基數（通常有數萬個單字），對每個單詞進行 one-hot 編碼是不切實際的做法。它會產生一個非常大（高維）且稀疏矩陣在訓練時使用。我們也希望在 embedding 空間裡面，彼此相關的單字的 embedding 可以互相靠近，彼此不相關的單字的 embedding 距離較遠。因此，我們使用密集單字 embedding 來對分散的文本輸入進行向量化，再將結果傳給模型。

為了在 Keras 裡實作文本 embedding，我們要先為詞彙表的每個單字建立一個分詞機制（tokenization），如圖 2-6 所示，然後用這個分詞機制來對映一個 embedding 層，類似處理 plurality 欄時那樣。

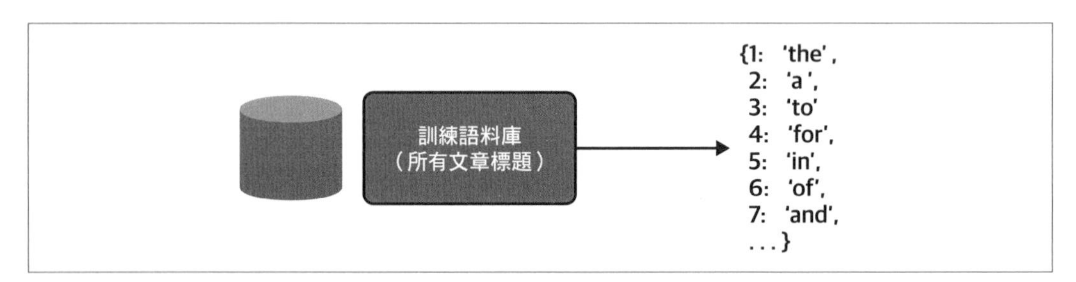

圖 2-6　用分詞機制建立一個查詢表，來將每一個單字對映至一個索引。

分詞機制是個查詢表，它可以將詞彙表裡的每個單字對映至一個索引，我們可以將它當成每個單字的 one-hot 編碼，其中，分詞的索引就是在 one-hot 編碼裡的非零元素的位置。我們必須遍歷整個資料組（假設它們包含文章的標題[4]）來建立查詢表，並且用 Keras 來完成工作。你可以在本書的 repository 找到完整的程式碼（*https://github.com/GoogleCloudPlatform/ml-design-patterns/blob/master/02_data_representation/embeddings.ipynb*）：

4　你可以在 BigQuery 取得這個資料組：*bigquery-public-data.hacker_news.stories*。

```
from tensorflow.keras.preprocessing.text import Tokenizer

tokenizer = Tokenizer()
tokenizer.fit_on_texts(titles_df.title)
```

我們使用 *keras.preprocessing.text* 程式庫的 `Tokenizer` 類別：呼叫 `fit_on_texts` 會建立一個查詢表，將標題裡的每個單字對映到一個索引。我們可以呼叫 `tokenizer.index_word` 來直接觀察這個查詢表：

```
tokenizer.index_word
{1: 'the',
 2: 'a',
 3: 'to',
 4: 'for',
 5: 'in',
 6: 'of',
 7: 'and',
 8: 's',
 9: 'on',
 10: 'with',
 11: 'show',
...
```

接下來，我們可以呼叫 tokenizer 的 `texts_to_sequences` 方法來使用這個對映。它會將輸入文本單字序列（在此，我們假設它們是文章的標題）轉換成以每一個單字的單元（token）組成的序列，如圖 2-7 所示：

```
integerized_titles = tokenizer.texts_to_sequences(titles_df.title)
```

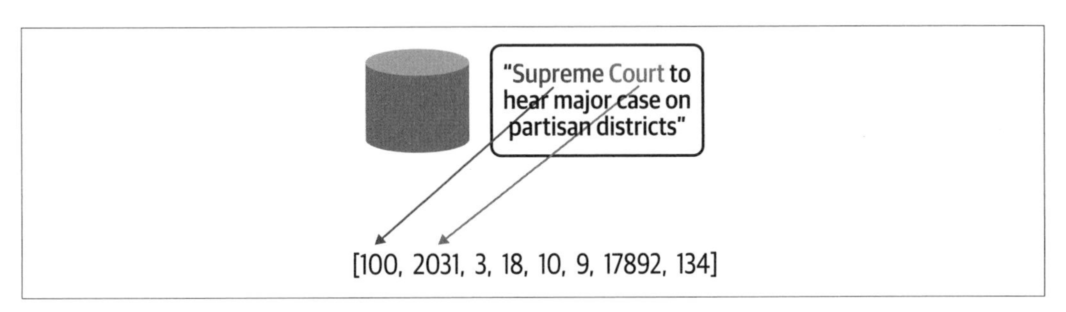

圖 2-7　使用 tokenizer 將每一個標題對映到一系列的整數索引值

這個 tokenizer 裡面有其他的資訊，稍後我們會用它們來建立 embedding 層。VOCAB_SIZE 存有索引查詢表裡面的元素數量，而 MAX_LEN 存有資料組裡面的文本字串的最大長度：

```
VOCAB_SIZE = len(tokenizer.index_word)
MAX_LEN = max(len(sequence) for sequence in integerized_titles)
```

在建立模型之前，我們必須先處理資料庫組裡的標題，我們要填補標題的元素，來將它傳給模型。Keras 在 tokenizer 方法之上提供了輔助函式 pad_sequence 來做這件事。函式 create_sequences 接收標題以及最大句子長度，並回傳一個將單元填補至最大句子長度之後，再轉換出來的整數串列：

```
from tensorflow.keras.preprocessing.sequence import pad_sequences

def create_sequences(texts, max_len=MAX_LEN):
    sequences = tokenizer.texts_to_sequences(texts)
    padded_sequences = pad_sequences(sequences,
                                     max_len,
                                     padding='post')
    return padded_sequences
```

接下來，我們要用 Keras 建立一個深度神經網路（DNN），並在裡面實作一個簡單的 embedding 層，來將單字整數轉換成密集向量。你可以把 Keras Embedding 層想成將特定單字的整數索引對映到密集向量（它們的 embedding）的機制。embedding 的維數是由 output_dim 決定的。引數 input_dim 代表詞彙表的大小，input_shape 代表輸入序列的長度。因為我們先填補標題再將它傳給模型，所以設定 input_shape=[MAX_LEN]：

```
model = models.Sequential([layers.Embedding(input_dim=VOCAB_SIZE + 1,
                                            output_dim=embed_dim,
                                            input_shape=[MAX_LEN]),
                           layers.Lambda(lambda x: tf.reduce_mean(x,axis=1)),
                           layers.Dense(N_CLASSES, activation='softmax')])
```

注意，為了取 embedding 層回傳的單字向量的平均值，我們必須將自訂的 Keras Lambda 層放在 embedding 層與密集的 softmax 層之間。平均值會被傳給密集的 softmax 層。藉此，我們可以做出一個簡單，但是會失去關於單字順序的資訊的模型，這個模型會將句子視為「一袋單字」。

圖像 embedding

雖然文本處理非常稀疏的輸入，但其他的資料型態，例如圖像或音訊都包含密集、高維的向量，通常有多個通道（channel），裡面有原始像素或頻率資訊。在這種環境中，embedding 可描述輸入的相關性、低維的表示法。

對圖像 embedding 而言，我們會先用大型的圖像資料組（例如 ImageNet）來訓練複雜的摺積神經網路（就像 Inception 或 ResNet），該資料組裡面有上百萬張圖像，可能有成千上萬個類別標籤。接下來，我們將模型的最後一個 softmax 層移除。沒有最後一個 softmax 分類層的模型可以提供輸入的特徵向量。這個特徵向量裡面有關於圖像的所有資訊，所以它實質上是個輸入圖像的低維 embedding。

類似地，考慮圖像標題生成任務，也就是為特定的圖像生成文字標題，如圖 2-8 所示。

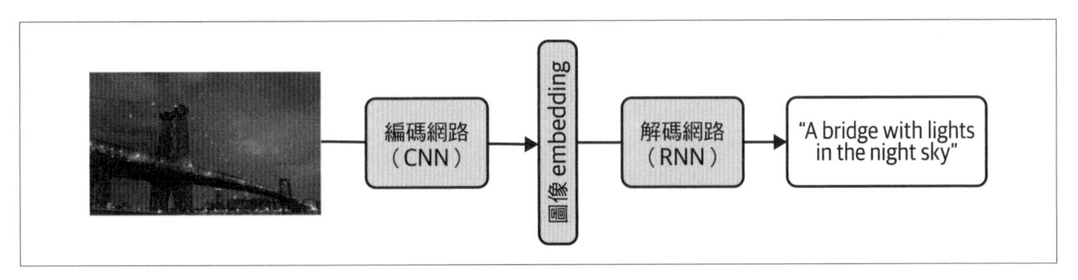

圖 2-8　對於圖像轉換任務，編碼網路會產生代表圖像的低維 embedding。

藉著使用大量的圖像 / 標題來訓練這個模型架構，編碼網路可以學到有用的圖像表示向量。解碼網路可學到如何將這個向量轉換成文本標題，如此一來，編碼網路變成一個將圖像轉換成向量的 embedding 機制。

有效的原因

embedding 層只是神經網路的另一個隱藏層，它的權重與每一個高基數維度有關，且它的輸出會被傳給其餘的網路。因此，做出 embedding 的權重是用梯度下降程序來學習的，和神經網路的其他權重一樣，這意味著向量 embedding 就是對學習任務而言最有效的特徵值低維表示法。

雖然這種改善的 embedding 最終可以幫助模型，但是 embedding 本身具備內在的價值，而且可讓我們更加了解資料組。

再次考慮顧客影片資料組。如果只採用 one-hot 編碼，任何兩位不同的用戶（user_i 與 user_j）都會有一樣的相似度。同樣的，任何兩個不同的生產胎數的六維 one-hot 編碼的內積或餘弦相似度都是零。這種情況很正常，因為 one-hot 編碼本質上會讓模型將任何兩個不同的胎數視為獨立且不相關的。對於顧客和影片觀賞資料組而言，one-hot 編碼會捨棄顧客或影片之間的任何相似性概念。但是這種結果不太對，因為兩位不同的顧客或影片之間可能有相似之處，生產胎數也是如此，與獨胎嬰兒相比，四胞胎和五胞胎對體重的影響在統計上是相近的（見圖 2-9）。

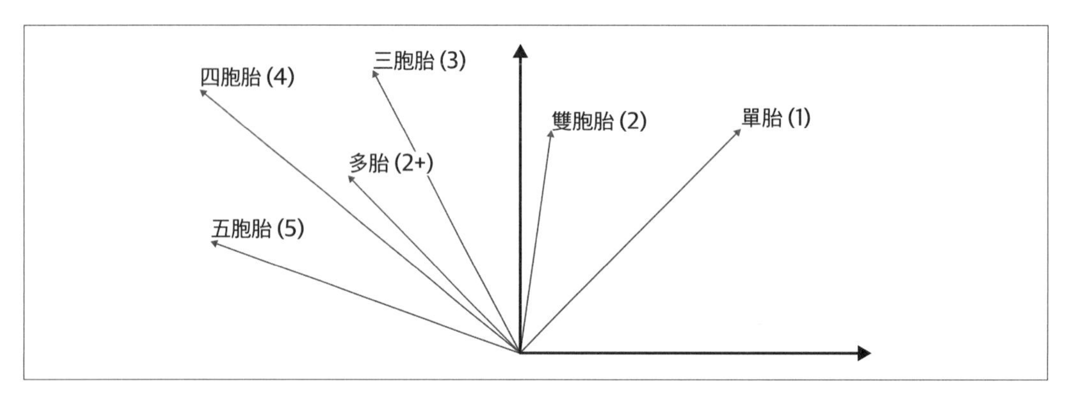

圖 2-9　藉著將分類變數塞入一個更低維的 embedding 空間，我們也可以學習不同分類之間的關係。

在使用 one-hot 編碼向量來計算胎數類別的相似度時，我們得到單位矩陣，因為每個類別都被視為一個單獨的特徵（見表 2-6）。

表 2-6　當特徵是 one-hot 編碼時，相似度矩陣只是個單位矩陣

	單胎 (1)	多胎 (2+)	雙胞胎 (2)	三胞胎 (3)	四胞胎 (4)	五胞胎 (5)
單胎 (1)	1	0	0	0	0	0
多胎 (2+)	-	1	0	0	0	0
雙胞胎 (2)	-	-	1	0	0	0
三胞胎 (3)	-	-	-	1	0	0
四胞胎 (4)	-	-	-	-	1	0
五胞胎 (5)	-	-	-	-	-	1

然而，當胎數被嵌入二維時，相似度量值就變重要了，不同類別之間的重要關係就出現了（見表 2-7）。

表 2-7　當特徵被嵌入二維時，相似度矩陣可提供更多資訊

	單胎 (1)	多胎 (2+)	雙胞胎 (2)	三胞胎 (3)	四胞胎 (4)	五胞胎 (5)
單胎 (1)	1	0.92	0.61	0.57	0.06	0.1
多胎 (2+)	-	1	0.86	0.83	0.43	0.48
雙胞胎 (2)	-	1	0.99	0.82	0.85	
三胞胎 (3)	-	1	0.85	0.88		
四胞胎 (4)	-	1	0.99			
五胞胎 (5)	-	-	-	-	-	1

因此，學來的 embedding 可提供兩個獨立類別之間的內在相似性，而且，因為它是數值向量表示法，我們可以精確地量化兩個分類特徵之間的相似性。

使用 natality 資料組很容易看出這一點，但是在將 `customer_ids` 嵌入 20 維空間時，同樣的原則也適用。對於顧客資料組，embedding 可讓我們取得與特定 `customer_id` 相似的顧客，並且根據相似度提出建議，例如他們可能都喜歡觀賞哪些影片，如圖 2-10 所示。此外，當我們訓練不同的機器學習模型時，可以將這些用戶和項目 embedding 和其他特徵結合。在機器學習模型中使用預先訓練的 embedding 稱為**遷移學習**。

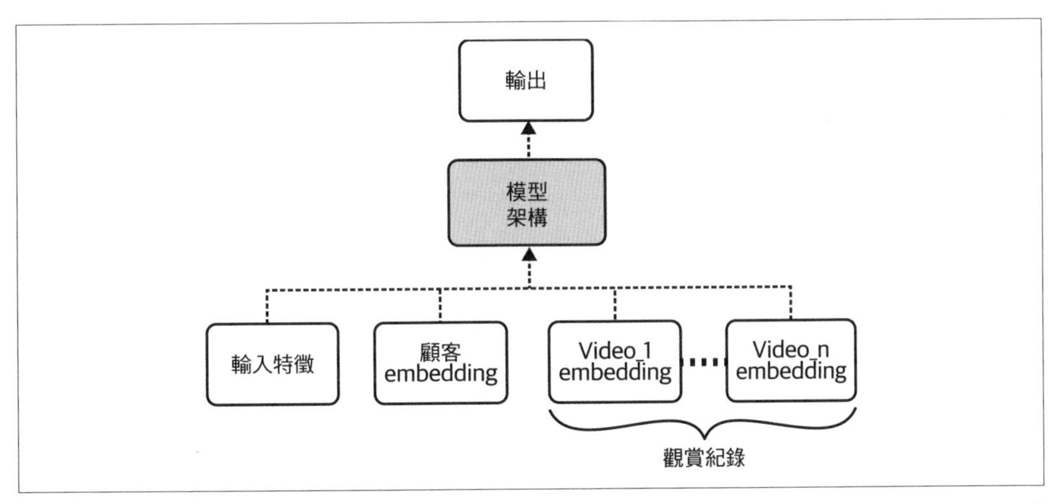

圖 2-10　藉著學習每位顧客和影片的低維、密集 embedding 向量，使用 embedding 的模型可以用較少的人工特徵工程負擔來做出類推。

代價與其他方案

在使用 embedding 時的主要代價是破壞資料表示法。從高基數表示法變成低維表示法會遺失資訊。作為回報，我們得到關於項目的相近程度和背景的資訊。

選擇 embedding 維數

embedding 空間的確切維數是作為實踐者的我們選擇的。那麼，我們該選擇大的還是小的 embedding 維數？當然，正如同機器學習的所有事項，我們會面臨取捨。表示法的資訊損失是由 embedding 層的大小控制的。當你讓 embedding 層有很小的輸出維數時，會將太多資訊擠到一個很小的向量空間，可能會丟失背景。另一方面，當 embedding 維數太大時，embedding 會失去學到的特徵背景重要性。在極端情況下，我們會回到 one-hot 編碼的問題。最佳的 embedding 維數通常是透過實驗來找到的，類似在深度神經網路層中選擇神經元的數量。

如果我們急著找出答案，有一個經驗法則是使用元素類別數量的四次方根（*https://oreil.ly/ywFco*），另一種方法是將 embedding 維數設成元素類別數量的平方根的 1.6 倍，且不少於 600 個（*https://oreil.ly/github-fastai-2-blob-fastai-2-tabular-model-py*）。例如，假如我們想要使用 embedding 層來編碼一個有 625 個不同值的特徵。根據第一個經驗法則，我們會讓胎數的 embedding 維數是 5，根據第二個經驗法則，我們會選擇 40。如果我們在做超參數調整，或許可以在這個範圍之內搜尋。

autoencoder

Inception 這個圖像分類模型能夠產生實用的圖像 embedding，它是用 ImageNet 來訓練的，ImageNet 資料組有 1400 萬張有標籤的圖像。autoencoder 可以處理這種必須使用大量有標籤資料組的需求。

圖 2-11 是典型的 autoencoder 架構，它裡面有一個瓶頸層，這一層實質上是個 embedding 層。在瓶頸之前的網路（編碼網路）會將高維輸入對映到低維的 embedding 層，在它後面的網路（解碼網路）會將那個表示法對映回去高維，維數通常與原本的一樣。模型通常是用某種重構錯誤（reconstruction error）的變體來訓練的，這可迫使模型的輸出與輸入盡可能地相似。

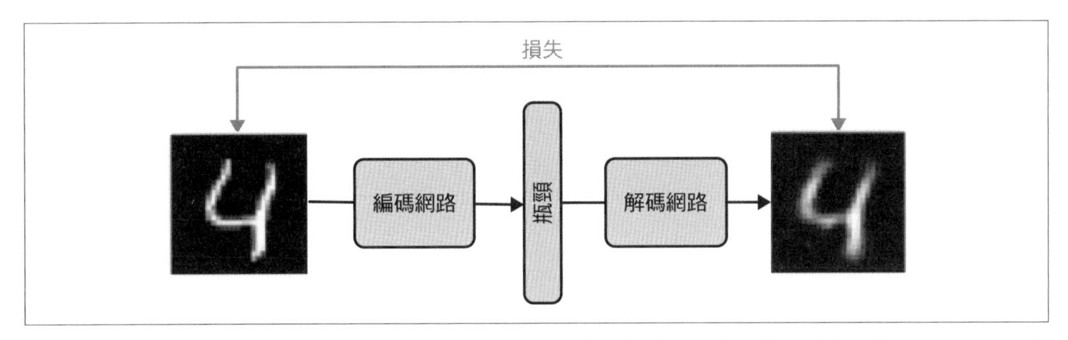

圖 2-11　在訓練 autoencoder 時，特徵與標籤是相同的，損失是重構錯誤。這可讓 autoencoder 實現非線性降維。

因為輸入與輸出相同，所以不需要額外的標籤。編碼網路會學習如何對輸入進行最好的非線性降維。類似 PCA 進行線性降維的方式，autoencoder 的瓶頸層能夠透過 embedding 實現非線性降維。

首先，作為**輔助性學習任務**，我們使用 autoencoder 將所有無標籤的資料從高基數變成低基數，然後使用輔助性 autoencoder 任務產生的 embedding 來解決實際的圖像分類問題（有標籤的資料少很多）。這可能會提高模型的性能，因為現在模型只需要學習低維環境的權重（也就是說，它需要學習的權重更少了）。

除了圖像 autoencoder 之外，最近的研究（*https://oreil.ly/ywFco*）開始用深度學習技術來處理結構性資料。TabNet 是專門用表格資料來學習的深度神經網路，可以用無監督的方式來訓練。藉著將模型修改成「編碼—解碼」架構，TabNet 在處理表格資料時扮演 autoencoder，可讓模型透過特徵轉換機制，從有結構的資料學習 embedding。

上下文語言模型

有沒有輔助性學習任務可以處理文本？像 Word2Vec 這種上下文語言模型與 Bidirectional Encoding Representations from Transformers（BERT）這種遮罩（masked）語言模型可以將學習任務變成不會缺乏標籤的問題。

Word2Vec 是一種著名的 embedding 建構方法，它使用淺神經網路和兩種技術（Continuous Bag of Words（CBOW）與 skip-gram 模型）來處理大量的文本語料庫，例如維基百科。雖然這兩種模型的目標是使用中間的 embedding 層來將輸入單字（一或多個）對映到目標單字（一或多個），來學習一個單字的上下文，但它也實現了一個輔助性的目標，能夠學會一個可以用最好的方式描述單字的上下文的低維 embedding。用 Word2Vec 學到的單字 embedding 可以描述單字之間的語義關係，因此，在 embedding 空間中，向量表示法可以保持有意義的距離和方向（圖 2-12）。

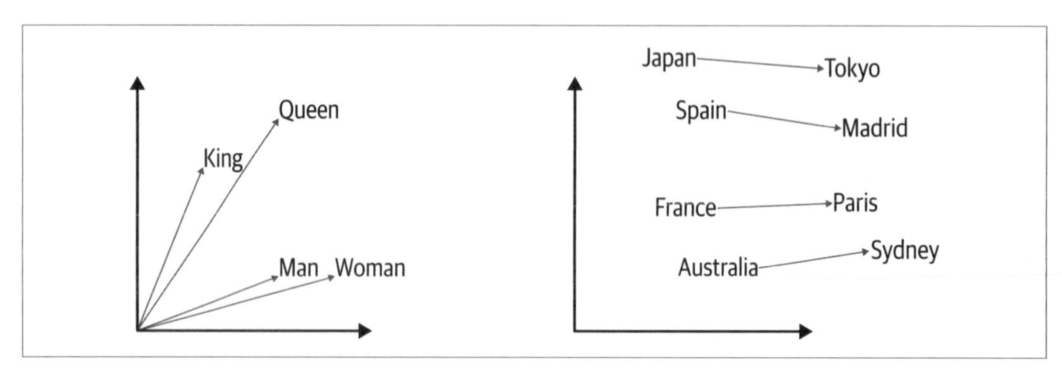

圖 2-12　單字 embedding 可以描述語義關係。

BERT 是用遮罩語言模型和下一個句子的預測來訓練的。在訓練遮罩語言模型時，我們會在文本中隨機遮蓋單字，讓模型猜測缺漏的單字是什麼。預測下一個句子屬於分類任務，讓模型預測兩個句子在原始文本中是否相連。因此，任何文本語料庫都適合當成有標籤的資料組來使用。BERT 最初是用所有的英文維基百科和 BooksCorpus 來訓練的。儘管 BERT 和 Word2Vec 學到的 embedding 都是在這些輔助性任務中學習的，但是在其他的下游訓練任務中，它們已被證明非常強大。無論單字出現在哪個句子中，Word2Vec 學到的單字 embedding 都是一樣的，但是，BERT 單字 embedding 是與上下文有關的，意思就是，embedding 向量會因為單字的上下文的不同而不同。

你可以將預先訓練的文本 embedding（例如 Word2Vec、NNLM、GLoVE 或 BERT）加入機器學習模型中，用它與結構化的輸入以及從顧客與影片資料組學來的 embedding（圖 2-13）一起處理文本特徵。

最終，embedding 可學會保留與指定的訓練任務有關的資訊。在幫圖像加上標題的案例中，我們的任務是了解圖像元素的背景與文本有何關係。在 autoencoder 架構裡，標籤與特徵是一樣的東西，所以瓶頸層的降維會試著學習任何東西，不預設哪些比較重要。

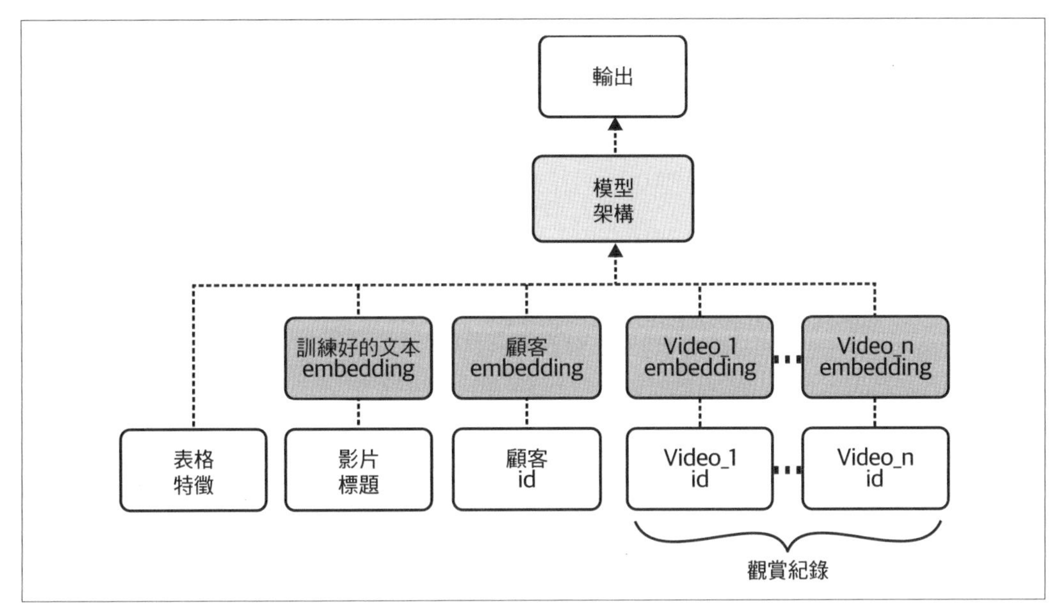

圖 2-13　你可以將訓練好的文本 embedding 加入模型來處理文本特徵。

在資料倉庫裡的 embedding

用結構性資料來做機器學習最好是在資料倉庫（data warehouse）直接用 SQL 來進行，這可以避免將資料匯出倉庫的需要，並且減輕資料隱私和安全性方面的問題。

然而，有很多問題需要同時使用結構化資料與自然語言文本或圖像資料。在資料倉庫中，自然語言文本（例如評論）是被直接存在欄位裡面的，圖像通常被存成雲端儲存 bucket 上的檔案的 URL。這些情況可以簡化稍後的機器學習程序將文本欄位或圖像的 embedding 存為陣列型態的欄位的程序。採取這種做法可讓機器學習模型更容易使用這種無結構的資料。

為了建立文本 embedding，我們可以從 TensorFlow Hub 將 Swivel 之類的預訓（pre-trained）模型載入至 BigQuery。你可以在 GitHub 看到完整的程式（*https://github.com/GoogleCloudPlatform/ml-design-patterns/blob/master/02_data_representation/text_embeddings.ipynb*）：

```
CREATE OR REPLACE MODEL advdata.swivel_text_embed
OPTIONS(model_type='tensorflow', model_path='gs://BUCKET/swivel/*')
```

然後，使用模型將自然語言文本欄轉換成 embedding 陣列，並將 embedding 查詢存入一個新表裡面：

```
CREATE OR REPLACE TABLE advdata.comments_embedding AS
SELECT
  output_0 as comments_embedding,
  comments
FROM ML.PREDICT(MODEL advdata.swivel_text_embed,(
  SELECT comments, LOWER(comments) AS sentences
  FROM `bigquery-public-data.noaa_preliminary_severe_storms.wind_reports`
))
```

現在我們可以連接這張表，來取得任何評論的文本 embedding 了。對於圖像 embedding，我們可以用類似的方法，將圖像 URL 轉換成 embedding，並且將它們載入至資料倉庫。

第 287 頁的「設計模式 26：Feature Store」有用這種方式預先計算特徵的案例（見第 6 章）。

設計模式 3：Feature Cross

Feature Cross 設計模式可協助模型學習輸入之間的關係，它的做法是明確地將每一個輸入值的組合做成一個單獨的特徵。

問題

假如我們要用圖 2-14 的資料組來製作一個可以分開 + 與 – 標籤的二元分類器。

如果只使用 x_1 與 x_2 座標，我們無法找出分開 + 與 – 類別的線性邊界。

這意味著為了解決這個問題，我們必須讓模型更複雜，或許要在模型內加入更多層。但是我們也可以採取更簡單的方法。

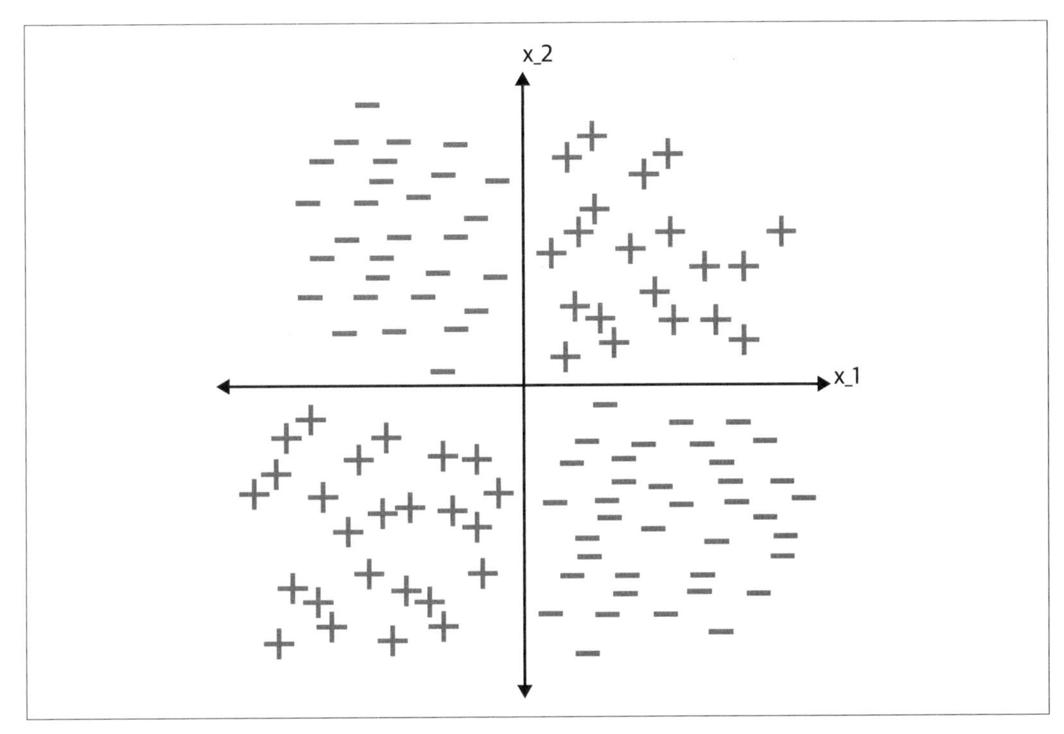

圖 2-14 這個資料組不能單憑 x_1 與 x_2 輸入來做線性分離

解決方案

在機器學習裡，特徵工程是使用領域知識來建立新特徵，以協助機器學習程序，並增加模型預測能力的過程。建立特徵叉（feature cross）是常用的特徵工程技術之一。

特徵叉是將兩個以上的分類特徵串接起來的綜合特徵，其目的是為了描述它們之間的相互作用。藉著以這種方式連接兩個特徵，我們可以將非線性植入模型，讓模型的預測能力超過每一個特徵所單獨提供的預測能力。特徵叉可以讓 ML 模型更快速地學習特徵之間的關係。雖然比較複雜的模型可以自行學習特徵叉（例如神經網路與樹），但明確地使用特徵叉可讓我們擺脫只能訓練出線性模型的困境。因此，特徵叉可以加快模型訓練速度（較便宜）並降低模型複雜度（不需要太多訓練資料）。

我們根據 x_1 與 x_2 的符號將它們分成兩組，來建立一個特徵欄。如此一來，我們就將 x_1 與 x_2 變成分類特徵了。我們將 x_1 >= 0 設為 A 組，將 x_1 < 0 設為 B 組，將 x_2 >= 0 設為 C 組，將 x_2 < 0 設為 D 組（圖 2-15）。

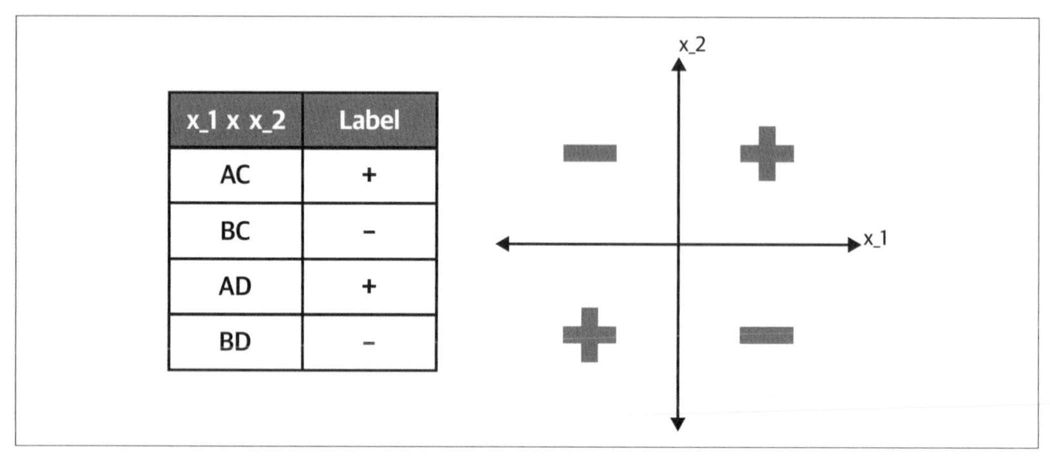

圖 2-15　特徵叉加入四個新的布林特徵。

這些組別化的特徵的特徵叉為模型加入四個新的布林特徵：

```
當 x_1 >= 0 且 x_2 >= 0 時的 AC
當 x_1 < 0 且 x_2 >= 0 時的 BC
當 x_1 >= 0 且 x_2 < 0 時的 AD
當 x_1 < 0 且 x_2 < 0 時的 BD
```

這四個布林特徵的每一個（AC、BC、AD 與 BD）在訓練模型時都有它自己的權重。這代表我們可以將每個象限視為它自己的特徵。因為原始的資料組被我們建立的組別完美地切割，A 與 B 的特徵叉能夠線性分開資料組。

但是這只是個例子，怎麼處理實際的資料呢？考慮 New York City 的黃色計程車公用資料組（見表 2-8）[5]。

表 2-8　在 BigQuery 的公用 New York City 計程車資料組預覽

pickup_datetime	pickuplon	pickuplat	dropofflon	dropofflat	passengers	fare_amount
2014-05-17 15:15:00 UTC	-73.99955	40.7606	-73.99965	40.72522	1	31
2013-12-09 15:03:00 UTC	-73.99095	40.749772	-73.870807	40.77407	1	34.33
2013-04-18 08:48:00 UTC	-73.973102	40.785075	-74.011462	40.708307	1	29
2009-11-05 06:47:00 UTC	-73.980313	40.744282	-74.015285	40.711458	1	14.9
2009-05-21 09:47:06 UTC	-73.901887	40.764021	-73.901795	40.763612	1	12.8

5　本書的 repository 裡面的 feature_cross.ipynb notebook（*https://github.com/GoogleCloudPlatform/mldesign-patterns/blob/master/02_data_representation/feature_cross.ipynb*）可以讓你更好地跟隨這裡的討論。

這個資料組包含紐約市計程車的搭乘資訊，具有諸如上車時戳、上車和下車的緯度和經度，以及乘客數量等特徵，這裡的標籤是 fare_amount，即乘坐計程車的費用。哪些特徵叉可能與這個資料組有關？

選項可能有很多個。我們來考慮 pickup_datetime。這個特徵提供關於搭乘的時間和星期幾的資訊。它們都是分類變數，當然可以用來預測計程車的價格。對這個資料組而言，考慮 day_of_week 與 hour_of_day 的特徵叉是有意義的，因為將「在星期一下午 5 點搭車」與「在星期五下午 5 點搭車」視為不同是合理的做法（見表 2-9）。

表 2-9　用來建立特徵叉的資料預覽：星期幾和一天中的第幾個小時

day_of_week	hour_of_day
Sunday	00
Sunday	01
...	...
Saturday	23

這兩個特徵的特徵叉是 168 維的 one-hot 編碼向量（24 小時 ×7 天 = 168），“Monday at 5 p.m.” 這個樣本占了一個索引表示法（day_of_week Monday 和 hour_of_day 17 串接）。

雖然這兩個特徵本身就很重要，但使用 hour_of_day 與 day_of_week 的特徵叉可讓計程車費預測模型更容易學到週末塞車會影響計程車的乘坐時間，從而影響車資。

在 BigQuery ML 裡的特徵叉

要在 BigQuery 裡建立特徵叉，我們可以使用函式 ML.FEATURE_CROSS 並傳入一個包含特徵 day_of_week 與 hour_of_day 的 STRUCT：

```
ML.FEATURE_CROSS(STRUCT(day_of_week,hour_of_week)) AS day_X_hour
```

這個 STRUCT 子句建立一對有序的特徵。如果軟體框架不支援特徵叉函式，你可以用字串串接，做出相同的效果：

```
CONCAT(CAST(day_of_week AS STRING),
       CAST(hour_of_week AS STRING)) AS day_X_hour
```

下面是 natality 問題的完整訓練範例，它將 is_male 與 plurality 欄的特徵叉當成特徵來使用，完整的程式見本書的 repository（*ttps://github.com/GoogleCloudPlatform/ml-design-patterns/blob/master/02_data_representation/feature_cross.ipynb*）：

```
CREATE OR REPLACE MODEL babyweight.natality_model_feat_eng
TRANSFORM(weight_pounds,
    is_male,
    plurality,
    gestation_weeks,
    mother_age,
    CAST(mother_race AS string) AS mother_race,
    ML.FEATURE_CROSS(
            STRUCT(
                is_male,
                plurality)
        ) AS gender_X_plurality)
OPTIONS
  (MODEL_TYPE='linear_reg',
   INPUT_LABEL_COLS=['weight_pounds'],
   DATA_SPLIT_METHOD="NO_SPLIT") AS
SELECT
  *
FROM
    babyweight.babyweight_data_train
```

我們在設計 natality 模型的特徵時使用 Transform 模式（見第 6 章）。它也可以讓模型在預測時「記得」算出輸入資料欄位的特徵叉。

當我們有足夠資料時，Feature Cross 模式可讓模型變得更簡單。使用 Feature Cross 模式來製作線性模型，並且用它來處理 natality 評估組時，得到的 RMSE 是 1.056。在 BigQuery ML 用同樣的資料組且不使用特徵叉訓練出來的深度神經網路產生的 RMSE 是 1.074。儘管我們使用一個簡單得多的線性模型，但我們的性能有了輕微的改善，訓練時間也大大減少。

在 TensorFlow 裡的特徵叉

為了在 TensorFlow 裡使用特徵 `is_male` 與 `plurality` 來製作特徵叉，我們使用 `tf.feature_column.crossed_column`。`crossed_column` 方法接收兩個引數：用來交叉的特徵鍵串列，以及雜湊組大小。我們用 `hash_bucket_size` 來將交叉的特徵雜湊化，如此一來，它的大小應該足以減少衝突的可能性，因為 `is_male` 有 3 種值（True、False、Unknown）且 plurality 有 6 種值（Single(1)、Twins(2)、Triplets(3)、Quadruplets(4)、Quintuplets(5)、Multiple(2+)），所有總共可能有 18 對 `(is_male, plurality)`。將 `hash_bucket_size` 設為 1,000 確保 85% 的機率沒有衝突。

最後，為了在 DNN 模型裡使用交叉欄，我們要將它包在 `indicator_column` 或 `embedding_column` 裡，取決於我們想要 one-hot 編碼它，還是用較低維數表示它（見本章第 37 頁的「設計模式 2：embedding」）：

```
gender_x_plurality = fc.crossed_column(["is_male", "plurality"],
hash_bucket_size=1000)
crossed_feature = fc.embedding_column(gender_x_plurality, dimension=2)
```

或

```
gender_x_plurality = fc.crossed_column(["is_male", "plurality"],
hash_bucket_size=1000)
crossed_feature = fc.indicator_column(gender_x_plurality)
```

有效的原因

特徵叉為特徵工程提供了一種有價值的手段。它們為簡單的模型提供了更複雜、更強的表達能力和更大的能力。再想想 natality 資料組裡的 `is_male` 和 `plurality` 的交叉特徵。這種 Feature Cross 模式可讓模型分別看待男生的雙胞胎和女生的雙胞胎，以及男生的三胞胎、女生的單胎，等等。當我們使用 `indicator_column` 時，模型能夠將每一個產生的交叉視為一個自變數，實質上為模型加入 18 個額外的二元分類特徵（見圖 2-16）。

特徵叉能夠配合大量的資料，雖然在深度神經網路裡面加入額外的神經層可以提供足夠的非線性來學習一對特徵（`is_male, plurality`）的行為，但是這會大幅增加訓練時間。在 natality 資料組，我們觀察到，在 BigQuery ML 使用特徵叉來訓練的線性模型和不使用特徵叉來訓練的 DNN 的表現差不多。然而，線性模型訓練起來快很多。

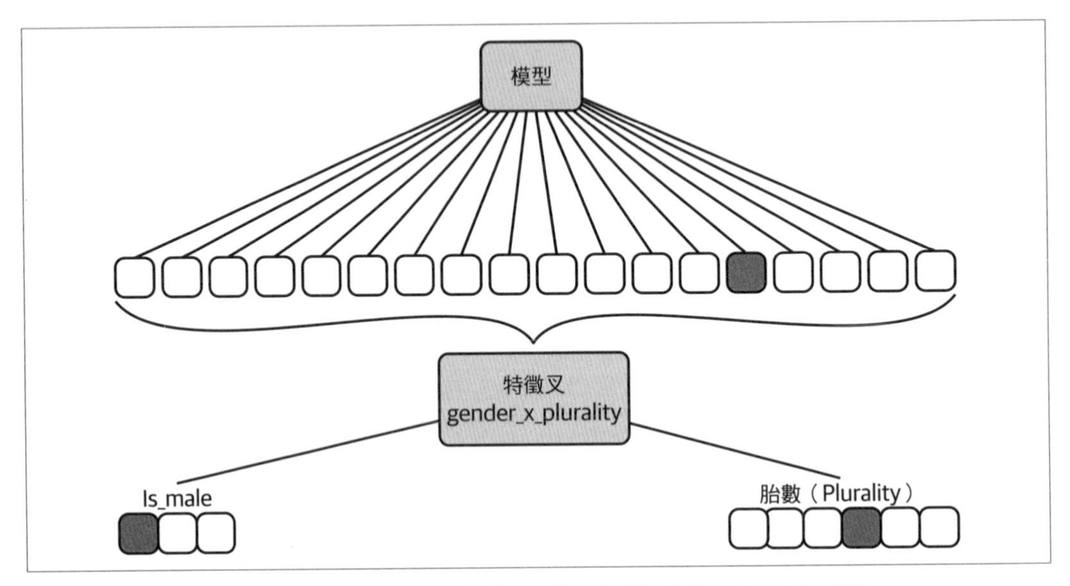

圖 2-16 is_male 與 plurality 的特徵叉在我們的 ML 模型裡額外做出 18 個二元特徵。

表 2-10 比較在 BigQuery ML 裡，使用交叉特徵 (is_male, plurality) 的線性模型和不使用任何特徵叉的深度神經網路的訓練時間與評估損失。

表 2-10 在 BigQuery ML 使用和不使用特徵叉的模型數據比較

模型類型	使用特徵叉	訓練時間（分鐘）	評估損失（RMSE）
線性	有	0.42	1.05
DNN	沒有	48	1.07

比較簡單的線性回歸在處理評估組時有差不多的誤差，但訓練時間快 100 倍。結合特徵叉與大量資料可以學習訓練資料裡面的複雜關係。

代價與其他方案

雖然我們剛才用特徵叉來處理分類變數，但是經過一些預先處理之後，它們也可以用在數值特徵上。特徵叉會在模型裡產生稀疏性，通常會與抵消這種稀疏性的技術一起使用。

處理數值特徵

我們絕不想用連續的輸入建立特徵叉。記住，如果一個輸入有 *m* 個可能的值，另一個輸入有 *n* 個可能的值，那麼，它們的特徵叉會產生 m*n 個元素。數值輸入是密集的，有連續的值。我們不可能在連續輸入資料的特徵叉裡列舉所有可能的值。

相反，如果資料是連續的，那麼我們可以在執行特徵叉之前，先將資料分組。例如，緯度和經度是連續的輸入，使用這些輸入來建立特徵叉很直覺，因為位置是由有序的緯度和經度決定的。然而，我們不使用原始的緯度和經度來建立特徵叉，而是將這些連續值分群（bin），且製作 `binned_latitude` 和 `binned_longitude` 的交叉：

```
import tensorflow.feature_column as fc

# 為緯度建立一個分組的特徵欄
latitude_as_numeric = fc.numeric_column("latitude")
lat_bucketized = fc.bucketized_column(latitude_as_numeric,
                                      lat_boundaries)
# 為經度建立一個分組的特徵欄
longitude_as_numeric = fc.numeric_column("longitude")
lon_bucketized = fc.bucketized_column(longitude_as_numeric,
                                      lon_boundaries)

# 建立經緯度特徵叉
lat_x_lon = fc.crossed_column([lat_bucketized, lon_bucketized],
                              hash_bucket_size=nbuckets**4)

crossed_feature = fc.indicator_column(lat_x_lon)
```

處理高基數

因為與輸入特徵的基點相比，用特徵叉產生的類別的基數會成倍增加，所以特徵叉會讓模型的輸入變稀疏。即使是 `day_of_week` 與 `hour_of_day` 的特徵叉也是個 168 維的稀疏向量（見圖 2-17）。

你可以讓特徵穿越一個 Embedding 層（見第 37 頁的「設計模式 2：embedding</B>」）來建立一個較低維的表示法，如圖 2-18 所示。

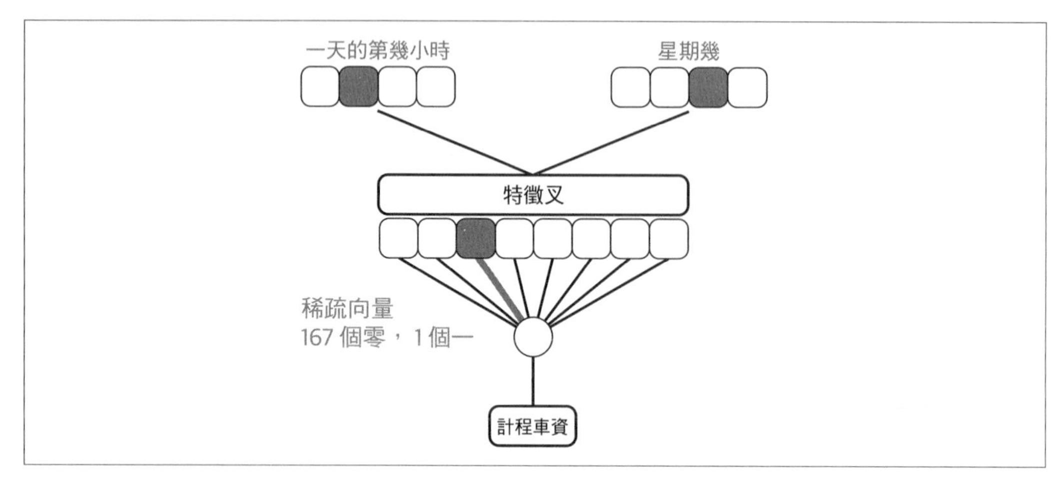

圖 2-17　day_of_week 與 hour_of_day 的特徵叉產生一個 168 維的稀疏向量。

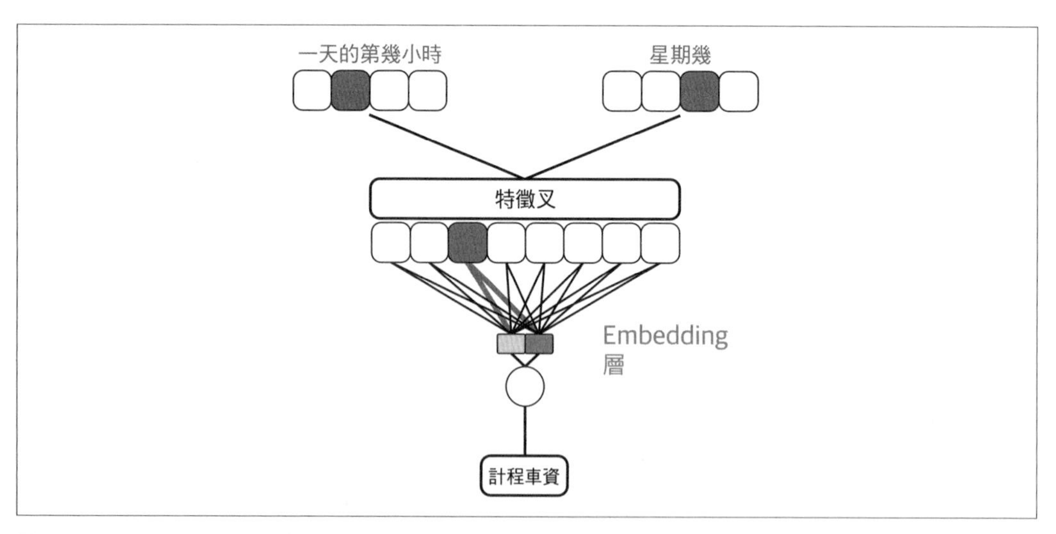

圖 2-18　embedding 層是處理特徵叉的稀疏性的好方法。

因為 Embeddings 設計模式可讓我們描述相近程度關係，讓特徵穿越 embedding 層可讓模型類推一天之中的第幾小時和星期幾的特徵叉如何影響模型的輸出。在上面緯度和經度的例子中，我們可以使用一個 embedding 特徵欄來代替 indicator 欄：

```
crossed_feature = fc.embedding_column(lat_x_lon, dimension=2)
```

需要正則化

在交叉兩個高基數的分類特徵時，我們會做出一個基數多好幾倍的交叉特徵，當然，由於一個特徵有較多類別，特徵叉的類別數量會大幅增加。如果這種情況讓個別的組別有太少項目，模型的類推能力就會被阻礙。想一下經緯度的例子，如果我們用非常精細的組別來表示緯度和經度，那麼特徵叉較會非常精確，可讓模型記得地圖上的每一個點。但是，如果模型記起來的只有少數的案例，那些記憶其實就是過擬。

為了說明這一點，我們以預測紐約的計程車資為例，使用上車與下車地點，還有上車的時間來預測[6]：

```
CREATE OR REPLACE MODEL mlpatterns.taxi_l2reg
TRANSFORM(
  fare_amount
 , ML.FEATURE_CROSS(STRUCT(CAST(EXTRACT(DAYOFWEEK FROM pickup_datetime)
                   AS STRING) AS dayofweek,
                          CAST(EXTRACT(HOUR FROM pickup_datetime)
                   AS STRING) AS hourofday), 2) AS day_hr
  , CONCAT(
     ML.BUCKETIZE(pickuplon, GENERATE_ARRAY(-78, -70, 0.01)),
     ML.BUCKETIZE(pickuplat, GENERATE_ARRAY(37, 45, 0.01)),
     ML.BUCKETIZE(dropofflon, GENERATE_ARRAY(-78, -70, 0.01)),
     ML.BUCKETIZE(dropofflat, GENERATE_ARRAY(37, 45, 0.01))
  ) AS pickup_and_dropoff
)
OPTIONS(input_label_cols=['fare_amount'],
        model_type='linear_reg', l2_reg=0.1)
AS
SELECT * FROM mlpatterns.taxi_data
```

這裡有兩個特徵叉：一個是時間面（星期幾和一天的第幾小時），另一個是空間面（上車和下車的位置）。具體來說，位置的基數非常高，而且可能有一些組別的案例數很少。

因此，我們建議同時使用特徵叉與 L1 正則化（鼓勵特徵的稀疏性）或 L2 正則化（限制過擬）。這可讓我們的模型忽略合成的特徵產生的外部雜訊，並對抗過擬。實際上，在這個資料組中，正則化稍微改善了 RMSE，有 0.3%。

6　完整的程式在本書的程式碼 repository 的 *02_data_representation/feature_cross.ipynb* 裡。

在選擇組成特徵叉的特徵時，不要將兩個高度相關的特徵組起來。特徵叉可視為結合兩個特徵來製作一對有條理（ordered）的特徵。事實上，「feature cross（特徵叉）」的「cross（叉）」代表笛卡兒積。如果兩個特徵高度相關，那麼它們的特徵叉的「跨距（span）」不會給模型帶來任何新的資訊。舉個極端的例子，假如我們有兩個特徵，x_1 與 x_2，其中 x_2 = 5*x_1。用 x_1 與 x_2 的符號來將它們的值分組並且建立特徵叉仍然會產生四個新的布林特徵。但是，由於 x_1 與 x_2 的相依性，這四個特徵中的兩個其實是空的，另外兩個恰恰是用 x_1 製作的分組。

設計模式 4：Multimodal Input

Multimodal Input 設計模式的目的是表示不同類型的資料，或表示可以藉著串接所有可能的資料表示法來以複雜的方式表達的資料。

問題

通常，模型的輸入可以表示為數字或類別、圖像或自由格式的文本。許多現成的模型都只是為特定類型的輸入而定義的——例如，像 Resnet-50 這種標準的圖像分類模型不能處理圖像以外的輸入。

為了理解多形式輸入的需求，假設我們有一個在交叉路口辨識交通違規的鏡頭。我們希望模型可以同時處理圖像資料（鏡頭）和一些關於拍照時間的參考資訊（一天的時間、星期幾、天氣，等等），如圖 2-19 所示。

當我們訓練一個輸入為自由格式文本的結構化資料模型時，也會遇到這個問題。與數值資料不同的是，圖像與文本無法直接傳給模型。因此，我們要以模型能夠理解的方式（通常使用 Embeddings 設計模式）來表示圖像和文本輸入，然後將這些輸入與其他表格[7]特徵結合起來。例如，我們可能想要根據餐廳顧客的評論文本和其他屬性來預測他們的評分，例如他們付了什麼錢，吃午餐還是晚餐（見圖 2-20）。

7 我們使用「表格資料」來代表數字和分類輸入，而不是自由形式的文本。你可以把表格資料想成你通常會在試算表裡面看到的任何東西。例如年齡、汽車類型、價格或工作時數等值。表格資料不包括自由形式的文本，例如敘述或評論。

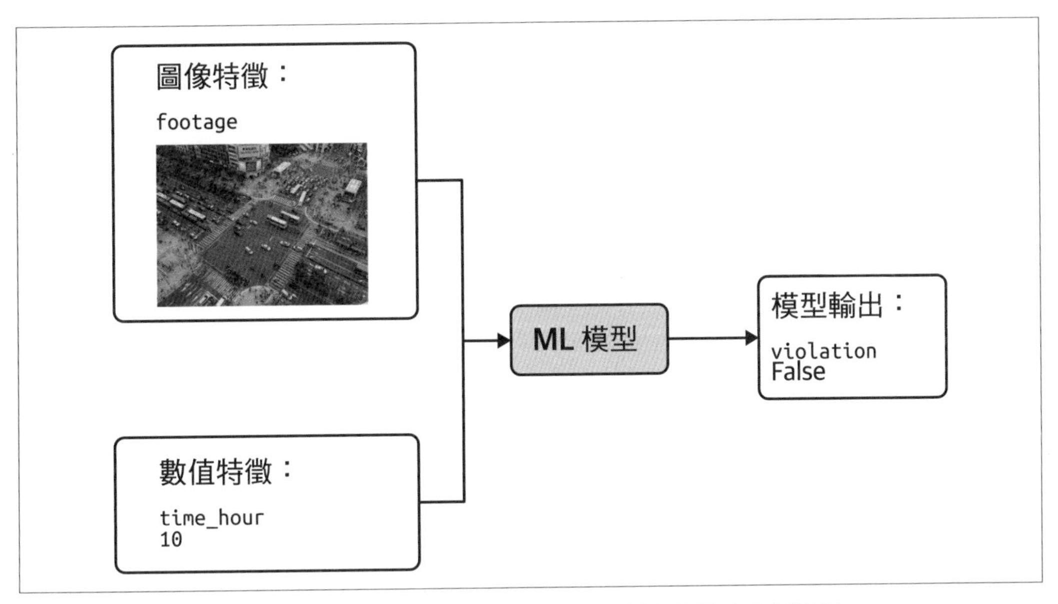

圖 2-19　這個模型結合圖像和數字特徵來預測交叉路口的影片是否代表交通違規。

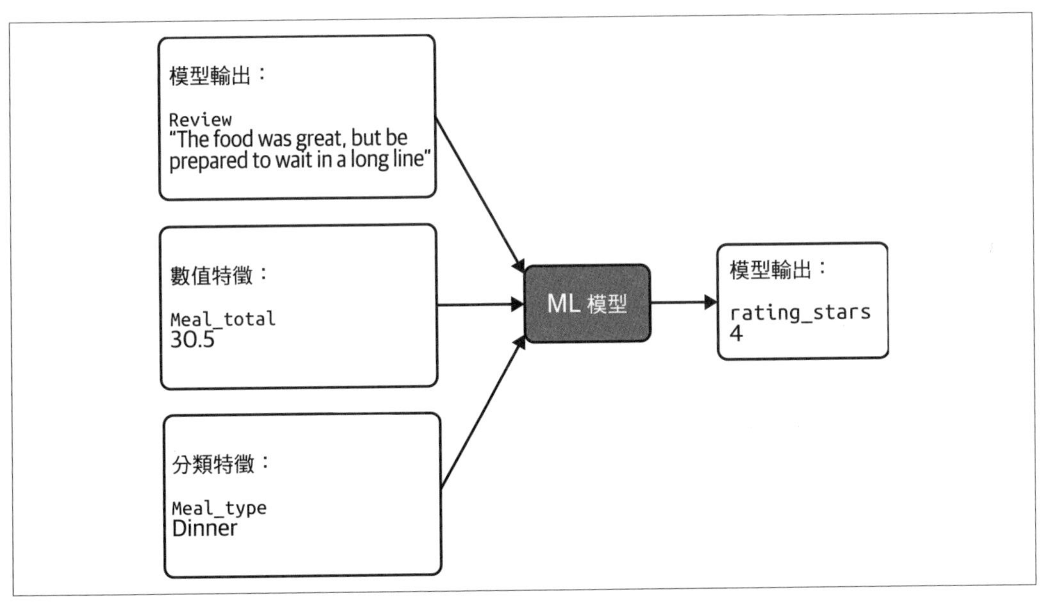

圖 2-20　這個模型結合自由形式的文本輸入和表格資料，來預測餐廳的評價。

解決方案

我們以上述的例子為例，該例子有餐廳評論文本，以及在評論中使用的餐點表格參考資訊。我們先將數值特徵和分類特徵組在一起。`meal_type` 有三種可能的選項，因此我們可以將它轉換成 one-hot 編碼，將晚餐表示為 `[0, 0, 1]`。用陣列來表示分類特徵之後，我們將它與 `meal_total` 合併，做法是將用餐價格當成陣列的第四個元素加入：`[0, 0, 1, 30.5]`。

Embeddings 設計模式經常被用來為機器學習模型編碼文本。如果我們的模型只有文本，我們可以用下列的 `tf.keras` 程式來將它表示成一個 embedding 層：

```
from tensorflow.keras import Sequential
from tensorflow.keras.layers import Embedding

model = Sequential()
model.add(Embedding(batch_size, 64, input_length=30))
```

在這個例子中，我們要壓平 embedding[8]，以便將它和 `meal_type` 與 `meal_total` 接在一起：

```
model.add(Flatten())
```

接下來，我們用一系列的 Dense 層來將那個很大的陣列 [9] 轉換成比較小的，最後輸出三個數字的陣列：

```
model.add(Dense(3, activation="relu"))
```

我們將這三個句子 embedding 數字接上去：`[0, 0, 1, 30.5, 0.75, -0.82, 0.45]`。

我們使用 Keras 的泛函（functional）API 來執行同一個步驟。在泛函 API 裡建構的神經層都是 callable，所以可以將接在一起，在開頭使用 `Input` 層 [10]。為了使用它，我們要先定義 embedding 與表格（tabular）層。

```
embedding_input = Input(shape=(30,))
embedding_layer = Embedding(batch_size, 64)(embedding_input)
embedding_layer = Flatten()(embedding_layer)
embedding_layer = Dense(3, activation='relu')(embedding_layer)

tabular_input = Input(shape=(4,))
tabular_layer = Dense(32, activation='relu')(tabular_input)
```

---

8 當我們向模型傳遞一個 30 字的編碼陣列時，Keras 層會將它轉換為一個 64 維的 embedding 表示法，因此我們將得到一個代表評論的 [64×30] 矩陣。

9 起點是個有 1,920 個數字的陣列。

10 完整的模型程式見本書的程式碼 repository 裡面的 *02_data_representation/mixed_representation.ipynb*。

注意，我們將各層的 Input 定義成它們自己的變數，因為當我們用泛函 API 來建構 Model 時，必須傳遞 Input 層。接下來，我們要建立一個串接層，將它傳給輸出層，最後傳入在上面定義的原始 Input 層來建立模型：

```
merged_input = keras.layers.concatenate([embedding_layer, tabular_layer])
merged_dense = Dense(16)(merged_input)
output = Dense(1)(merged_dense)

model = Model(inputs=[embedding_input, tabular_input], outputs=output)
merged_dense = Dense(16, activation='relu')(merged_input)
output = Dense(1)(merged_dense)

model = Model(inputs=[embedding_input, tabular_input], outputs=output)
```

現在我們有一個可以接收多形式輸入的模型了。

代價與其他方案

正如剛才所示，Multimodal Input 設計模式解決如何在同一個模型中表示**不同輸入格式**的問題。除了混合不同類型的資料之外，我們可能也想要**用不同的方式表示相同的資料**，讓模型更容易認出模式。例如，我們可能有個從 1 顆星到 5 顆星的評分欄位，並且將那個評分欄位視為數值與類別。我們將這些輸入稱為**多形式**（*multimodal*）**輸入**：

- 結合不同類型的資料，例如圖像＋參考資訊
- 用多種方式表示複雜的資料

我們先探索如何以不同的方式表示表格資料，然後看看文本和圖像資料。

以多種方式表示表格資料

為了說明如何用不同的方式來表達表格資料讓同一個模型使用，我們回到餐廳評論例子。假如我們要對模型的輸入進行評分，試著預測評論的實用性（有多少人喜歡該則評論）。作為輸入，評分可以用 1 到 5 的整數值來表示，也可以用分類特徵來表示。為了以類別的形式表示評分，我們可以將它分組。分組資料的方法由我們決定，也依資料組和用例而定。為了簡化，假如我們要建立兩組：「好」與「不好」。「好」包含 4 與 5 分，「不好」包含 3 分以下。接下來，我們可以建立一個布林值來代表評分組別，並將整數與布林接成一個陣列（GitHub 有完整程式（*https://github.com/GoogleCloudPlatform/ml-design-patterns/blob/master/02_data_representation/mixed_representation.ipynb*））。

對一個有三個資料點的小型資料組而言，它是這個樣子：

```
rating_data = [2, 3, 5]

def good_or_bad(rating):
  if rating > 3:
    return 1
  else:
    return 0

rating_processed = []

for i in rating_data:
  rating_processed.append([i, good_or_bad(i)])
```

產生的特徵是一個雙元素陣列，裡面有整數評分和它的布林表示法：

```
[[2, 0], [3, 0], [5, 1]]
```

如果我們想要做超過兩組，我們可以用 one-hot 編碼各個輸入，並將這個 one-hot 陣列附加到整數表示法。

用兩種方式來表示評分之所以有用，是因為用 1 到 5 顆星來評分的值不一定是線性增加的。4 分與 5 分很相似，而 1 到 3 分很可能代表評分者不滿意。將不喜歡的東西打 1 顆星、2 顆星或 3 顆星通常與評論習慣有關，而不是評論本身。儘管如此，在星級評分中保留更細膩的資訊仍然是有用的，這就是為什麼我們要用兩種方式來對它進行編碼。

此外，考慮範圍大於 1 到 5 的特徵，例如評論者他家和餐廳之間的距離。如果評論者開兩小時的車去餐廳吃飯，他們的評論可能比住在街對面的人更嚴苛。在這種情況下，我們可能會有異常值，因此可以幫數值距離表示法設定 50 公里之類的門檻，並且加入距離的個別分類表示法，將分類特徵分成「州內」、「國內」和「外國」。

文本的多形式表示法

文本與圖像都是無結構的，比表格資料需要做更多轉換。以各種格式來表示它們可以協助模型提取更多模式。我們將延續上一節關於文本模型的討論，看看如何用不同的方法表示文本資料。接下來，我們會介紹圖像，並研究在 ML 模型裡表示圖像資料的一些選項。

以多種方法表示文本資料　鑑於文本資料的複雜性質，從它裡面提取意義的方法有很多種。Embeddings 設計模式可讓模型將相似的單字組在一起，識別單字之間的關係，以及了解文本的語法元素。雖然用單字 embedding 來表示文本最能夠反映出人類理解語言的方式，但也有一些其他的文本表示法可以將模型執行特定預測任務的能力最大化。這一節將介紹表示文本的詞袋（bag of words）法，以及如何從文本提取表格特徵。

為了展示文本資料表示法，我們將引用一個資料組，它裡面有數百萬個來自 Stack Overflow[11] 的問題和答案的文本，以及關於每個貼文的參考資訊。例如，下面的查詢可提供被標記為「keras」、「matplotlib」或「pandas」的問題的子集合，以及每個問題收到的答案數量：

```
SELECT
  title,
  answer_count,
  REPLACE(tags, "|", ",") as tags
FROM
  `bigquery-public-data.stackoverflow.posts_questions`
WHERE
  REGEXP_CONTAINS( tags, r"(?:keras|matplotlib|pandas)")
```

下面的輸出是查詢的結果：

列	標題	answer_count	標籤
1	Building a new column in a pandas dataframe by matching string values in a list	6	python,python-2.7,pandas, replace,nested-loops
2	Extracting specific selected columns to new DataFrame as a copy	6	python,pandas,chained-assignment
3	Where do I call the BatchNormalization function in Keras?	7	python,keras,neural-network,datascience, batch-normalization
4	Using Excel like solver in Python or SQL	8	python,sql,numpy,pandas,solver

在使用詞袋（bag of words，BOW）來表示文本時，我們會將模型中的每個文本輸入想像成一袋拼字塊（Scrabble tiles），每一個拚字塊上面都有一個單字，而不是一個字母。BOW 不會保留文本的順序，但它可以檢測我們送給模型的每一段文本中的某些單字是否存在。這種方法是一種 multi-hot 編碼，其中，每一個文本輸入會被轉換成 1 與 0 的陣列。在這個 BOW 陣列裡的每一個索引都對應到詞彙表裡的一個單字。

11　這個資料組可在 BigQuery 找到：*bigquery-public-data.stackoverflow.posts_questions*。

詞袋如何工作

BOW 編碼的第一步是選擇詞彙表大小，它將容納文本語料庫前 N 個最常出現的單字。理論上，詞彙表的大小可以是整個資料組裡不同單字的數量，但是，這會產生大部分都是零的龐大輸入陣列，因為很多單字可能是專屬於某個問題的。與之相反，我們想要選擇一個足夠小的詞彙量來包含關鍵的、反覆出現的詞彙，可以為我們的預測任務傳達意義，但是也要足夠大，以免詞彙只有幾乎可在每個問題中找到的詞彙（例如「the」、「is」、「and」等等）。

模型的每一個輸入都是大小等於詞彙表的陣列。因此，這個 BOW 表示法完全忽略了不在詞彙表裡面的單字。選擇詞彙表大小沒有神奇的數字或百分比可用，你可以嘗試一些，看看哪一個在你的模型上有最好的結果。

為了說明 BOW 編碼，我們先來看一個簡化的例子。在這個例子裡，假設我們要從三個可能的標籤中，預測 Stack Overflow 問題的標籤：「pandas」、「keras」與「matplotlib」。為了簡化，假設我們的詞彙表只有這 10 個單字：

```
dataframe
layer
series
graph
column
plot
color
axes
read_csv
activation
```

這個清單是我們的**單字索引**（*word index*），我們傳給模型的每一個輸入都是個 10 個元素的陣列，其中的每一個索引對映上述的一個單字。例如，在輸入陣列裡的第一個索引是 1 代表特定的問題包含單字 *dataframe*。為了從模型的角度來理解 BOW 編碼，假設我們要學習一種新語言，而且我們只知道上述的 10 個單字，我們做出的每一個「預測」都只會根據這 10 個單字是否存在，並忽略這個清單之外的任何單字。

因此，看到問題標題「How to plot dataframe bar graph」時，我們會怎麼將它轉換成 BOW 表示法？首先，我們注意在這句話裡，有哪些單字出現在詞彙表中：*plot*、*dataframe* 與 *graph*。句子的其他單字會被 BOW 法忽略。使用上述的單字索引，這個句子會變成：

```
[ 1 0 0 1 0 1 0 0 0 0 ]
```

注意，在這個陣列裡的 1 分別對映到 *dataframe*、*graph* 與 *plot* 的索引。總之，圖 2-21 說明如何將原始文本的輸入轉換成以 BOW 和詞彙表來編碼的陣列。

Keras 有一些實用的方法可以將文本編碼成詞袋，因此我們不需要用程式在文本語料庫中識別最重要的單字，也不需要從頭開始將原始文本編碼成 multi-hot 陣列。

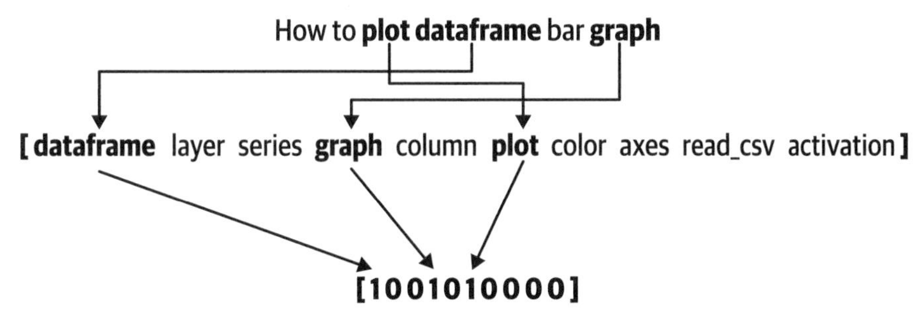

圖 2-21　原始的輸入文本→識別出現在這個文本裡的詞彙表單字→轉換成 multi-hot BOW 編碼。

表示文本的方法有兩種（Embedding 與 BOW），我們該選擇哪一種來處理特定的任務？與機器學習的許多層面一樣，這取決於我們的資料組、預測任務的性質以及我們打算使用的模型類型。

embedding 會在模型加入額外的神經層，並可以提供 BOW 編碼無法提供的單字含義資訊，然而，embedding 需要訓練（除非我們可以使用預先訓練好的 embedding 來解決我們的問題）。雖然深度學習模型可以達到更高的精度，但我們也可以試著使用 scikit-learn 或 XGBoost 等框架，在線性回歸或決策樹模型中使用 BOW 編碼。比較簡單的模型種類和 BOW 編碼很適合用來快速建構雛型，或驗證我們所選擇的預測任務可以處理我們的資料組。與 embedding 不同的是，BOW 不考慮文本文件中的單字的順序或含義，如果它們之一對我們的預測任務很重要，那麼 embedding 可能是最好的方法。

建構一個深度模型來將詞袋和文本 embedding 表示法兩者組合起來，以便從資料中提取更多的模式可能也有好處。為此，我們可以使用 Multimodal Input 法，只是此時是連接 Embedding 和 BOW 表示法，而不是連接文本和表格特徵（見 GitHub 上的程式（*https://github.com/GoogleCloudPlatform/ml-designpatterns/blob/master/02_data_representation/mixed_representation.ipynb*））。在此，Input 層的外形（shape）將是 BOW 表示法的詞彙表大小。用多種方式來表示文本的好處包括：

- BOW 編碼讓詞彙表中最重要的單字有很強的訊號，而 embedding 可以在更大的詞彙表中提供單字之間的關係。
- 如果我們的文本會切換不同的語言，我們可以為每一種語言建構 embedding（或 BOW 編碼），並連接它們。
- embedding 可以編碼文本內的單字的頻率，而 BOW 會將每個單字的出現視為一個布林值。這兩種表示法都有價值。
- BOW 編碼可以識別包含單字「amazing」的多則評論之間的模式，而 embedding 可以學會建立短語「not amazing」與「低於平均值的評論」之間的關聯性。同樣地，這兩種表示法都有價值。

從文本提取表格特徵　文本除了編碼原始文本資料之外，通常也有其他的特徵可以表示成表格特徵。假設我們要建構一個模型來預測 Stack Overflow 問題會不會有人回應。在訓練這個模型時，可能有許多與文本有關，但是與確切的單字本身無關的因素。例如，問題的長度或問號的存在可能會影響獲得答案的可能性。然而，當我們建立 embedding 時，我們通常會將單字截斷成某個長度。問題的實際長度在那種資料表示法中遺失了。類似地，標點符號經常被移除。我們可以使用 Multimodal Input 設計模式來讓這個遺失的資訊回到模型裡。

在下面的查詢中，我們將從 Stack Overflow 資料組的 `title` 欄提取一些表格特徵，以預測一個問題會不會得到答案：

```
SELECT
  LENGTH(title) AS title_len,
  ARRAY_LENGTH(SPLIT(title, " ")) AS word_count,
  ENDS_WITH(title, "?") AS ends_with_q_mark,
IF
  (answer_count > 0,
    1,
    0) AS is_answered,
FROM
  `bigquery-public-data.stackoverflow.posts_questions`
```

其結果如下：

Row	title_len	word_count	ends_with_q_mark	is_answered
1	84	14	true	0
2	104	16	false	0
3	85	19	true	1
4	88	14	false	1
5	17	3	false	1

除了直接從問題的標題提取的特徵之外，我們也可以將關於問題的*參考資訊*表示成特徵。例如，我們可以加入一些代表問題的標籤（tag）數量和它在星期幾被貼出來的特徵。然後，我們可以將這些表格特徵與編碼的文本結合起來，並使用 Keras 的 Concatenate 層將這兩種表示法傳入模型，將以 BOW 編碼的文本陣列與描述文本的表格參考資訊結合起來。

圖像的多形式表示法

類似之前關於文本 embedding 和 BOW 編碼的分析，當你為 ML 模型準備圖像資料時，也可以用許多方法來表示圖像資料。如同原始文本，我們不能直接將圖像傳入模型，必須將它轉換成模型可以理解的數值格式。我們先來討論一些常見的圖像資料表示法：以像素值、以瓷磚組（sets of tiles），以及以窗口序列組。Multimodal Input 設計模式可讓我們在模型中以多種方式來表示圖像。

以像素值表示圖像　本質上，圖像是像素值陣列。例如，黑白圖像包含從 0 至 255 的像素值。因此，我們可以在模型中，將一張 28×28 像素的黑白圖像表示成 28×28 的整數值陣列，裡面的整數範圍從 0 到 255。在這一節，我們將使用 MNIST 資料組，它是一個熱門的 ML 資料組，裡面有許多手寫數字的圖像。

使用 Sequential API。我們可以用一個 Flatten 層來表示 MNIST 圖像的像素值，Flatten 層可以將圖像壓平，變成有 784（28 * 28）個元素的一維陣列：

```
layers.Flatten(input_shape=(28, 28))
```

彩色圖像比較複雜。RGB 彩色圖像裡的每一個像素有三個值——紅、綠、藍各一。如果上述範例的圖像是彩色的，我們要在模型的 `input_shape` 加入第三維，因此它是：

```
layers.Flatten(input_shape=(28, 28, 3))
```

雖然將圖像表示成像素值的陣列對簡單的圖像而言沒有問題（例如 MNIST 資料組裡面的灰階圖像），但是當圖像有更多邊和形狀時，它就開始失效了。當網路一次收到圖像裡面的所有像素時，它很難聚焦於包含重要資訊的一小區相鄰的像素。

以瓷磚式結構來表示圖像　我們要用一種方法來表示更複雜的、真實的圖像，讓模型能夠提取有意義的細節，並理解模式。如果我們每次只向網路提供一小部分的圖像，它更有可能識別出空間性的梯度和相鄰像素裡面的邊緣之類的東西。**摺積神經網路**（CNN）是經常用來完成這種任務的模型架構。

摺積神經網路層

見圖 2-22。在這個例子裡，我們有個 4×4 網格，裡面的每一個方格代表圖像的像素值。接著我們使用最大池化（max pooling）來取出每一個網格裡最大的值，並產生一個比較小的矩陣。藉著將圖像分成瓷磚式網格，我們的模型能夠以不同層度的粗細度，從圖像的每一個區域提取關鍵的見解。

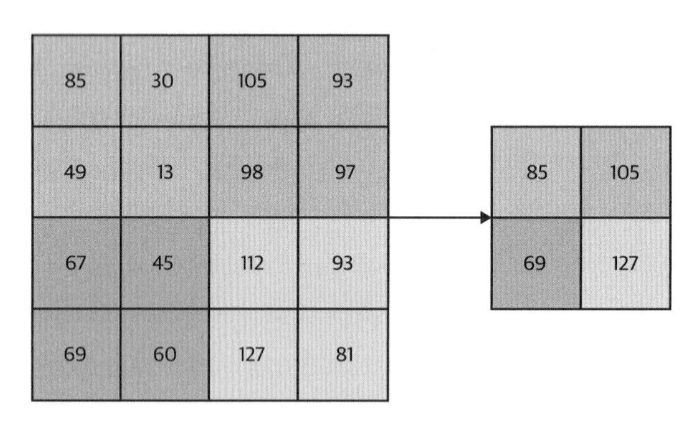

圖 2-22　在圖像資料的一個 4×4 區域進行最大池化。

圖 2-22 使用的 *kernel* **大小**是 (2, 2)。kernel 大小代表圖像中的每一個圖塊（chunk）的大小。我們的過濾器（filter）在建立下一個圖塊之前移動的空間數量（也稱為**步幅**（*stride*））是 2。因為我們的步幅等於 kernel 的大小，所以建立出來的圖塊**不會重疊**。

雖然比起使用像素值陣列來表示圖像，這種瓷磚式方法保留更多細節，但是在每一次池化之後都會失去很多資訊。在上圖中，下一個池化步驟會產生純量值 8，只用兩步就將 4 ×4 矩陣變成一個值。你可以想像，在實際的圖像中，這會讓模型偏向專注於具有重要像素值的區域，而失去可能圍繞著那些區域的重要細節。

如何將圖像分成更小的圖塊，同時保留圖像中的重要細節？我們可以讓這些圖塊**重疊**來做到。如果圖 2-22 改用步幅 1，輸出會變成 3×3 矩陣（圖 2-23）。

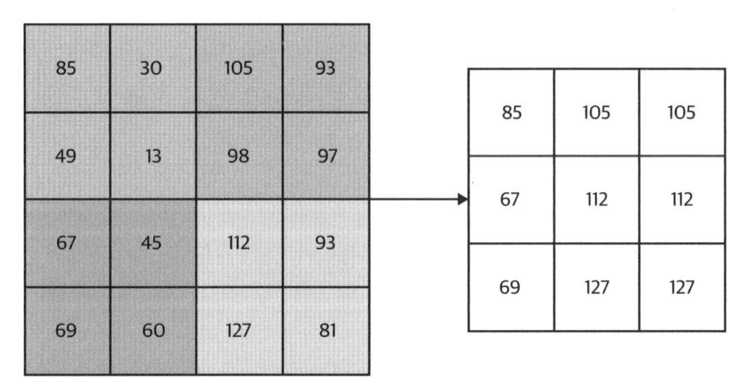

圖 2-23　在 4×4 像素網格上使用重疊的窗口來做最大池化。

接下來，我們可以將它轉換成 2×2 網格（圖 2-24）。

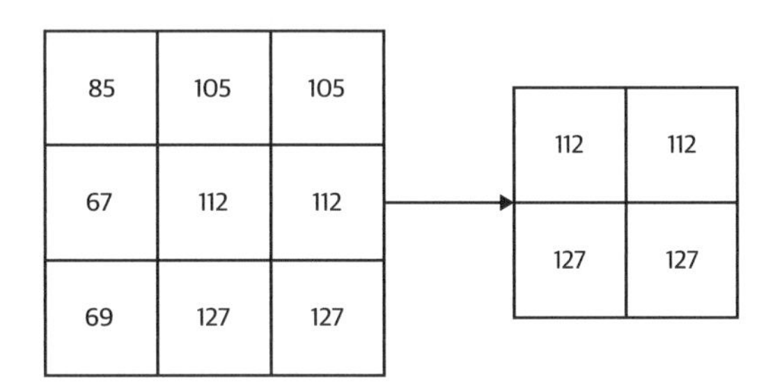

圖 2-24　使用滑動窗口與最大池化，將 3×3 網路轉換成 2×2。

最後我們得到純量值 127。雖然最後的值是相同的，但你可以看到中間的步驟保留更多原始矩陣的細節。

Keras 提供一些摺積層來讓你建構可將圖像分成更小的、窗口化的圖塊的模型，假如我們要建立一個模型來將 28×28 彩色圖像分類成「狗」或「貓」。因為圖像是彩色的，每張圖像會被表示成 28×28×3 維陣列，因為每個像素都有三個彩色通道。這是使用摺積層與 `Sequential` API 來定義這個模型的輸入的做法：

```
Conv2D(filters=16, kernel_size=3, activation='relu', input_shape=(28,28,3))
```

在這個例子裡，我們將輸入圖像分成 3×3 的圖塊，再將它們傳給一個最大池化層。建立模型架構來將圖像分成滑動窗口的圖塊，可讓模型辨識更細膩的圖像細節，例如邊緣和形狀。

結合不同的圖像表示法　此外，如同詞袋和文本 embedding，用多種方式來表示同一筆圖像資料可能有幫助。我們同樣可以用 Keras 泛函 API 來完成這項工作。

以下是使用 Keras Concatenate 層，將像素值和滑動窗口表示法組合起來的做法：

```
# 定義圖像輸入層（像素與瓷磚式表示法
# 使用同一個 shape）
image_input = Input(shape=(28,28,3))

# 定義像素表示法
pixel_layer = Flatten()(image_input)

# 定義瓷磚式表示法
tiled_layer = Conv2D(filters=16, kernel_size=3,
                     activation='relu')(image_input)
tiled_layer = MaxPooling2D()(tiled_layer)
tiled_layer = tf.keras.layers.Flatten()(tiled_layer)

# 接為一層
merged_image_layers = keras.layers.concatenate([pixel_layer, tiled_layer])
```

為了定義一個接收多模式輸入表示法的模型，我們可以將連接起來的神經層傳給輸出層：

```
merged_dense = Dense(16, activation='relu')(merged_image_layers)
merged_output = Dense(1)(merged_dense)

model = Model(inputs=image_input, outputs=merged_output)
```

圖像資料的類型在很大程度上決定了你該選擇哪一種圖像表示法，或是否使用多模式表示。一般來說，圖像越詳細，我們就越有可能使用瓷磚式和瓷磚滑動窗口來表示它們。對 MNIST 資料組而言，僅用像素值來表示圖像可能就夠了。另一方面，對於複雜的醫學圖像，我們可以藉著結合多種表示法來提高準確度。為什麼要結合多種圖像表示法？用像素值來表示圖像可讓模型在圖像中識別較高等級的焦點，例如占主導地位的、高對比的物體。另一方面，瓷磚式表示法可協助模型識別較細膩、低對比的邊緣和形狀。

同時使用圖像與參考資訊 我們在前面談到可能與文本有關的各種參考資訊，以及如何將這些參考資訊取出並表示成表格特徵，供模型使用。我們也可以將這個概念用到圖像上。為此，我們回到圖 2-19 的例子，該例子使用交叉路口的連續鏡頭來預測有沒有交通違規。我們的模型可以自己從交通圖像中提取許多模式，但模型的準確性或許還可以用其他的資料來提升。例如，可能有一些行為（例如紅燈右轉）在尖峰時刻是不允許的，但在同一天的其他時間是可以的。或者，司機可能在惡劣天氣更容易違反交通規則。如果我們從多個交叉路口收集圖像資料，那麼知道圖像的地點或許也對模型有用。

我們已經找到三個額外的表格特徵，可以改善圖像模型了：

- 時間
- 天氣
- 地點

接下來，我們來考慮這些特徵可能有哪些表示法。我們可以將時間表示成一個整數，代表一天之中的第幾個小時。這或許可以協助我們識別尖峰時刻的交通模式，例如上下班高峰期。在這個模型的背景下，知道拍攝圖像時是否天黑可能更有用。此時，我們可以將時間表示成布林特徵。

天氣也可以用不同的方式來表示，包括數值和類別值。我們可以把溫度當成一個特徵，但是在這個例子中，能見度可能更有用。表示天氣的另一種方法是使用一個指出有沒有下雨或下雪的分類變數。

如果我們從很多地點收集資料，或許也可以把它編碼成一個特徵，使用分類特徵是最合理的做法，甚至可以根據我們從多少地點收集影片使用多個特徵（市、州等）。

對這個例子而言，假設我們想要使用下面的表格特徵：

- 小時時間（整數）
- 能見度（浮點數）
- 惡劣天氣（類別：下雨、下雪、無）
- 地點 ID（有五個地點類別）

以下是這個資料組的三個樣本可能的樣子：

```
data = {
    'time': [9,10,2],
    'visibility': [0.2, 0.5, 0.1],
    'inclement_weather': [[0,0,1], [0,0,1], [1,0,0]],
    'location': [[0,1,0,0,0], [0,0,0,1,0], [1,0,0,0,0]]
}
```

接下來，我們可以將每一個案例的這些表格特徵組合成一個陣列，如此一來，模型的輸入 shape 就會是 10。第一個樣本的輸入陣列將是：

```
[9, 0.2, 0, 0, 1, 0, 1, 0, 0, 0]
```

我們可以將這個輸入傳入一個 Dense 全連接層，模型的輸出將是一個介於 0 和 1 之間的值，指出該實例是否包含交通違規。為了將它與圖像資料結合，我們使用與之前的文本模型類似的方法。我們定義一個摺積層來處理圖像資料，然後定義一個 Dense 層來處理表格資料，最後將兩者接成一個單獨的輸出。

見圖 2-25 的說明。

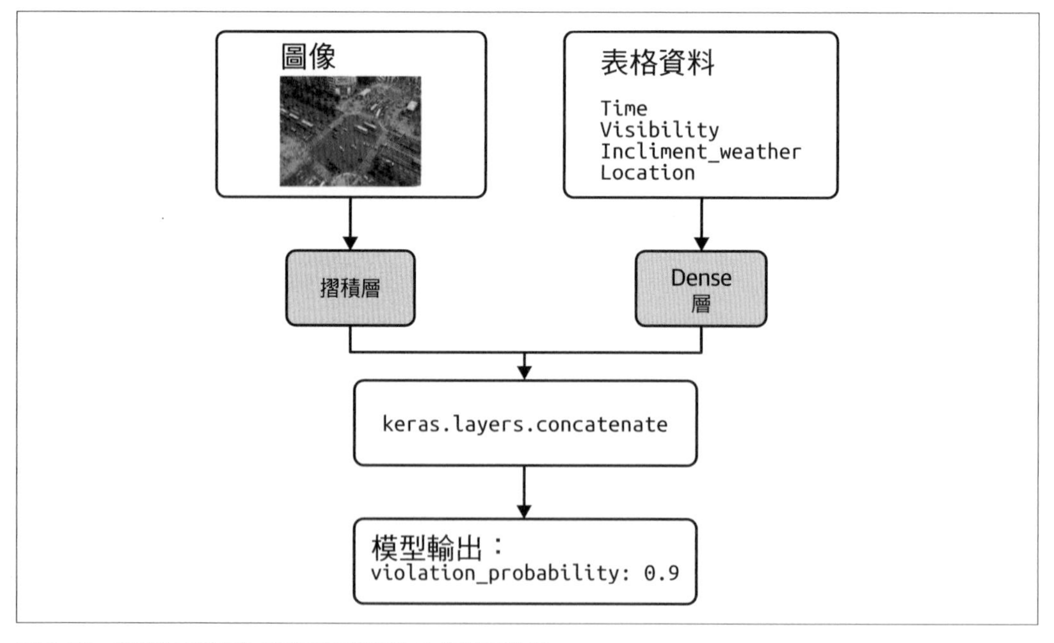

圖 2-25　連接神經層來處理圖像與表格參考資訊特徵。

多形式特徵表示法與模型可解釋性

深度學習模型本質上是難以解釋的。即使我們做出一個準確度達到 99% 的模型，我們仍然不知道模型是**如何**做出預測的，也不知道它預測的方式是否正確。例如，假設我們用實驗室裡的培養皿的照片訓練一個模型，並且得到很高的準確度分數。這些圖片也包含拍攝照片的科學家的註釋。我們並不知道模型是否錯誤地使用註釋來進行預測，而不是使用培養皿的內容。

現在有幾種技術可以解釋圖像模型，它們可以顯示模型用來預測的像素。然而，當我們在一個模型裡結合多種資料表示法時，這些特徵就會相互依賴，因此很難解釋這個模型是如何做出預測的。第 7 章會討論可解釋性。

小結

在這一章，我們學習了各種供模型使用的資料表示法。我們先討論如何處理數值輸入，以及如何調整這些輸入的尺度，來加速模型訓練時間和提高準確度。然後，我們探討如何對分類輸入進行特徵工程，特別是使用 one-hot 編碼，和使用類別值陣列。

在本章的其餘部分，我們討論了表示資料的四種設計模式。第一種是 *Hashed Feature* 設計模式，它可以將分類輸入編碼成獨特的字串。我們探索了使用 BigQuery 的 airport 資料組來進行雜湊化的幾種方法。本章介紹的第二種模式是 *Embeddings*，這是一種表示高基數資料的技術，例如帶有許多類別或文本資料的輸入。embedding 會在多維空間中表示資料，其維數取決於我們的資料和預測任務。接下來，我們討論 *Feature Crosses*，這是一種連接兩個特徵以提取關係的方法，那種關係可能不容易藉著對特徵進行編碼來獲得。最後介紹 Multimodal Input 表示法，說明如何在同一個模型內組合不同類型的輸入，以及如何用多種方式來表示一個特徵。

本章的重點是為模型準備輸入資料。在下一章，我們將關注模型的**輸出**，研究各種預測任務的表示法。

第三章

問題表示

第 2 章討論的設計模式整理了機器學習模型的各種輸入表示方式。本章將介紹不同類型的機器學習問題，並分析模型的架構如何因問題的不同而改變。

輸入和輸出的類型是影響模型架構的兩項關鍵因素。例如，監督機器學習問題的輸出可能會因其解決的問題是分類問題還是回歸問題而有所不同。最近有一些處理特定輸入資料類型的特殊神經網路層：處理圖像、語音、文本與其他有時空相關性的資料的摺積層，以及處理循序資料的遞迴網路，等等。對於這些神經層類型，目前有大量的文獻在探討諸如最大池化、注意力等特殊技術。此外，目前也有人為常見的問題設計了特殊的解決方案類別，例如推薦（例如矩陣分解）或時間序列預測（例如 ARIMA）。最後，我們可以使用一組簡單的模型和常見的習慣用法來解決更複雜的問題——例如，文本生成通常使用分類模型，它的輸出會使用光束搜索（beam search）演算法來進行後續處理。

為了限制討論範圍，並且和活躍的研究領域保持距離，我們將忽略與專門的機器學習領域有關的模式和習慣用法。我們將關注回歸和分類，並僅在這兩種類型的 ML 模型中研究問題表示模式。

Reframing 設計模式將直覺上屬於分類問題的任務當成回歸問題來解決（反之亦然）。*Multilabel* 設計模式處理訓練案例可能屬於多種類別的情況。*Cascade* 設計模式所處理的情況是：機器學習問題可以有益地分解成一系列（或串接的）ML 問題。*Ensemble* 設計模式藉著訓練多個模型，並匯整它們的回應來解決問題。*Neutral Class* 設計模式處理的是專家有不同的意見的情況。*Rebalancing* 設計模式推薦各種處理高度傾斜或不平衡的資料的方法。

設計模式 5：Reframing

Reframing 設計模式就是改變機器學習問題輸出的表示形式。例如，將直覺上屬於回歸問題的任務當成分類問題來處理（反之亦然）。

問題

建構任何機器學習解決方案的第一步都是定義問題。它是監督學習問題嗎？還是無監督的？它的特徵有哪些？如果它是監督問題，標籤是什麼？可以接受多大的誤差？當然，這些問題的答案必須根據訓練資料、眼前的任務，以及成功的指標等背景來考慮。

例如，假設我們要建立一個機器學習模型來預測一個地點未來的降雨量。從廣義上講，這是回歸還是分類任務？既然我們要預測降雨量（例如 0.3 厘米），將它視為時間序列預測問題應該很合理：根據目前和歷史上的氣候和天氣模式，在未來的 15 分鐘之內，特定區域的降雨量應該是多少？或者，由於標籤（降雨量）是一個實數，所以我們可以建構一個回歸模型。當我們開始開發和訓練模型時，我們發現（也許並不奇怪）天氣預報不像乍看之下那麼簡單。我們預測的降雨量都是錯的，因為即使特徵相同，老天爺卻有時下 0.3 厘米的雨，有時下 0.5 厘米的雨。我們該如何改善預測？要在網路中加入更多層嗎？還是設計更多特徵？或許使用更多資料有幫助？也許我們要用不同的損失函數？

這些調整都有可能改善模型，但是先等等，這個任務只能用回歸來完成嗎？也許我們可以重新定義機器學習的目標，以提高任務的表現。

解決方案

這個例子的核心問題是降雨是機率性的。對於同一組特徵，有時老天會下 0.3 厘米的雨，有時會下 0.5 厘米的雨。然而，即使回歸模型能夠學習兩種可能的降雨量，它也只能預測一個數字。

我們可以將目標重新定義成分類問題，而不是試圖將預測降雨量當成一個回歸任務。這可以用幾種方式來實現。其中一種做法是模擬離散型機率分布，如圖 3-1 所示。我們不用實值的輸出來預測降雨量，而是將輸出做成多類別分類，產生未來的 15 分鐘在某個降雨量範圍內的機率。

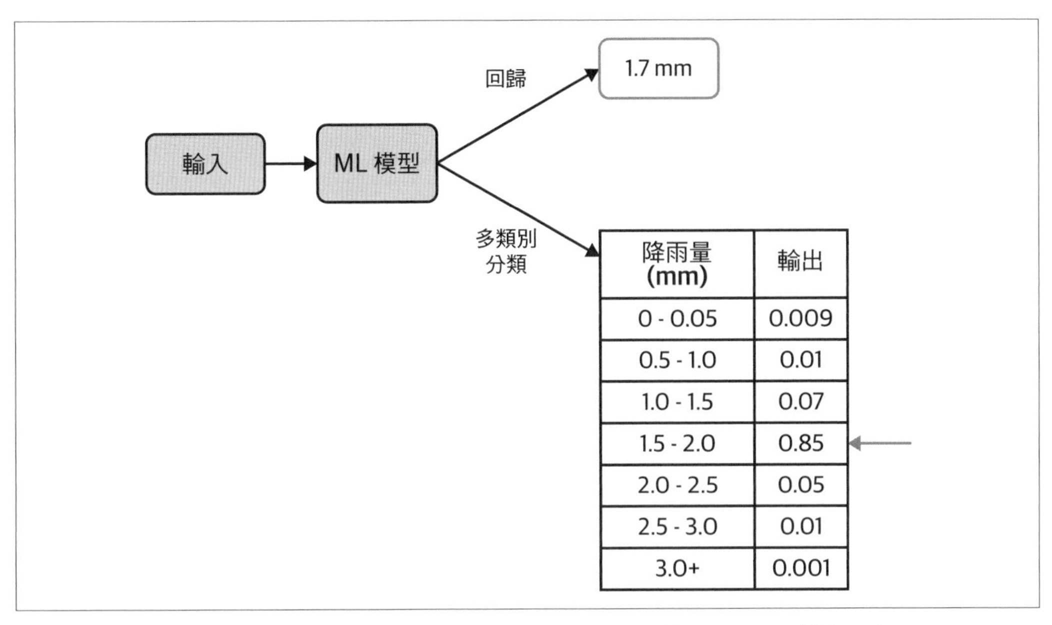

圖 3-1 不使用回歸輸出來預測降雨量，而是使用多類別分類，來模擬離散型機率分布。

回歸法與這種重新定義為分類的方法都可以提供未來 15 分鐘的降雨預測，但是，分類法可讓模型描述不同下雨量的機率分布，而不是非得選擇分布的平均值。用這種方式來模擬分布是有好處的，因為降雨量不會呈現典型的鐘形常態分布曲線，而是呈現 Tweedie 分布（*https://oreil.ly/C8JfK*），在零附近有大量的點。事實上，在 Google Research 有一篇論文（*https://oreil.ly/PGAEw*）採取這種方法，用 512 類的類別分布來預測特定地區的降雨率。當分布是雙峰的，或者當它是常態的，但有很大的變異數時，建立分布模型也有可能帶來好處。最近有一篇在蛋白質折疊結構預測領域中領先群雄的論文（*https://oreil.ly/-Hi3k*）也用 64 類分類問題來預測氨基酸之間的距離，它們的距離被分成 64 組。

重新定義問題的另一個原因是目標在另一種類型的模型之中更好。例如，假設我們要建立一個影片推薦系統。用分類問題來定義這個問題是很自然的做法，也就是預測用戶有沒有可能觀看某部影片。但是，這種定義可能會產生一個優先推薦點擊誘餌（click bait）的系統。將這個問題重新定義成「預測將會被觀看的影片片段」的回歸問題可能比較好。

有效的原因

在建構機器學習解決方案時，改變背景和重新定義問題的任務可能有所幫助。我們可以將預測的目標放寬為離散型機率分布，而不是學習一個實數。因為使用分組，所以我們會損失一些精度，但可以得到機率密度函數（PDF）的完整表達性。分類模型提供的分立式預測比嚴格的回歸模型更善於學習複雜的目標。

這種分類定義的另一個優點是，我們可以獲得預測值的後驗機率分布，它可以提供更細微的資訊。例如，假設學到的分布是雙峰的，藉著將分類問題做成離散型機率分布模型，模型就能夠捕捉預測的雙峰結構，如圖 3-2 所示。然而，如果只預測一個數值，我們就不會得到這個資訊。根據用例的不同，這可能會讓任務更容易學習，而且實質上更有好處。

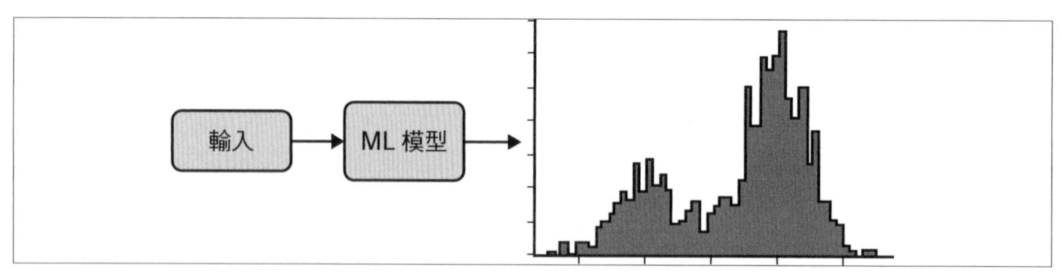

圖 3-2　重新定義分類任務並且建立機率分布模型可捕捉雙峰輸出。它的預測不像回歸那樣只有一個值。

描述不確定性

我們再來看看 natality 資料組和預測嬰兒體重的任務。由於嬰兒體重是正實值，這個任務直覺上是一個回歸問題。但是，請注意，對於一組輸入，`weight_pounds`（標籤）可能有許多不同的值。我們可以看到，對一組輸入值而言，嬰兒的體重分布（25 歲的媽媽在第 38 週生出來的男嬰）大致符合以 7.5 磅為中心的常態分布。你可以在本書的 repository 找到製作圖 3-3 的程式碼（*https://github.com/GoogleCloudPlatform/ml-design-patterns/03_problem_representation/reframing.ipynb*）。

然而，請注意分布的寬度——儘管分布的峰值是 7.5 磅，但嬰兒小於 6.5 磅或大於 8.5 磅也有不低的可能性（實際上是 33%）！這個分布的寬度指出預測嬰兒體重這個問題天生有不可減少的誤差。事實上，如果我們將這個問題定義成回歸問題，我們可以獲得的最佳均方根誤差就是圖 3-3 的分布的標準差。

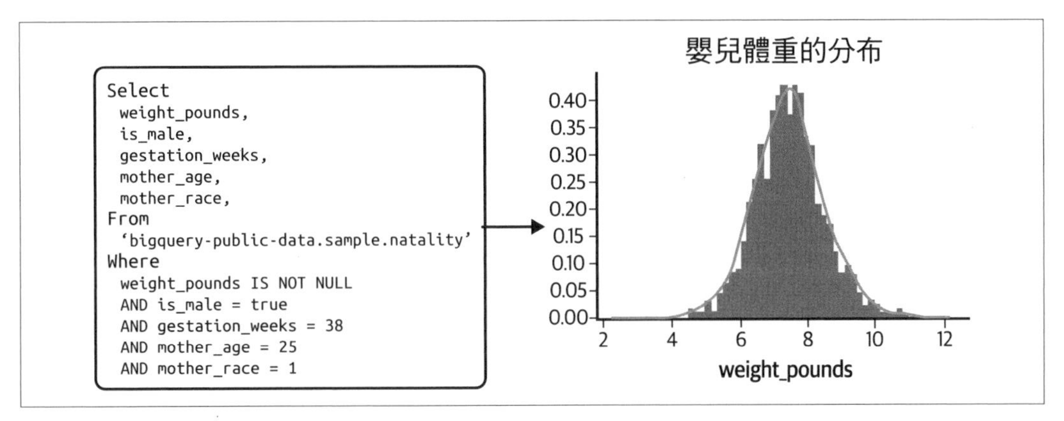

圖 3-3　用特定的一組輸入（例如 25 歲的媽媽在第 38 週生出來的男嬰）產生的 weight_pounds 變數有在某個範圍之內的值，大致符合中心在 7.5 磅的常態分布。

如果我們將它定義成回歸問題，我們就不得不將預測結果說成 7.5 +/– 1.0（或標準差是多少）。然而，分布的寬度會隨著不同的輸入組合而不同，因此學習寬度本身是另一個機器學習問題。例如，在第 36 週時，對同年齡的母親而言，標準差是 1.16 磅。在稍後討論的**分位數回歸**就是在做這件事，但是它是用非參數（nonparametric）的方式。

如果分布是多峰的，問題更應該重新定義成分類的。然而，你也應該知道，由於大數法則，只要我們取得所有相關輸入，在龐大的資料組裡面，我們遇到的許多分布將是鐘形的，儘管分布可能也有其他的形狀。鐘形曲線越寬，而且在輸入值不同時，寬度的變化越大，描述不確定性就越重要，將回歸問題重新定義成分類問題的理由就越充分。

藉著重新定義問題，我們訓練一個多類別分類模型，從訓練案例中學習離散型機率分布。這些分立的預測可以更靈活地描述不確定性，而且比回歸模型更能夠近似複雜的目標。在推理時，模型會預測這些潛在輸出的機率集合。也就是說，我們得到一個分立的 PDF，可提供任何特定權重的相對可能性。當然，在此也要小心——分類模型可能大幅失準（例如模型有太大且錯誤的自信）。

改變目標

有時將分類任務重新定義成回歸可能有幫助。例如，假如我們有一個大型的電影資料庫，在裡面，用戶會對他們看過的電影進行從 1 到 5 的評分。我們的任務是建立一個機器學習模型，為用戶提供建議。

將它視為分類任務之後，我們可以考慮建構一個模型，讓它接收 `user_id` 和該用戶看過的影片和評分，並預測接下來要推薦資料庫裡的哪部電影。但是，我們也可以將這個問題重新定義成回歸，不讓模型產生資料庫裡的電影的分類輸出，而且執行多任務學習，讓模型學習可能會觀賞特定電影的用戶的關鍵特性（例如收入、顧客細分，等等）。

重新定義成回歸任務之後，模型預測的是特定電影的用戶空間表示法。在進行推薦時，我們會選擇最接近用戶特性的電影，如此一來，我們會得到類似該用戶的用戶看過的一組電影，而不是像分類任務那樣，讓模型提供用戶喜歡某部電影的機率。

將推薦電影的分類問題重新定義成用戶特性的回歸問題，可讓我們輕鬆地調整推薦模型來推薦熱門影片、經典電影或紀錄片，而不必每次都訓練一個單獨的分類模型。

當數值表示法具備直觀的解釋能力時，這種模型方法也很有用，例如，你可以在預測時，用緯度和經度來取代城市區域。假設我們想要預測哪個城市會出現下一次的病毒爆發，或哪個紐約社區會出現房地產價格飆升，比起預測城市或社區本身，預測緯度和經度並選擇最接近該位置的城市或社區可能更加容易。

代價與其他方案

定義問題的方法應該不會只有一種，了解特定做法的優缺點或替代方案是很有幫助的。例如，對回歸的輸出值進行分組是將問題重新定義成分類任務的一種做法。另一種做法是多任務學習，使用多個預測頭（head）將兩種任務（分類和回歸）結合到同一個模型裡。在使用任何重新定義技術時，你都要注意資料的限制，或引入標籤偏誤的風險。

將輸出分組

將回歸任務重新定義成分類的典型方法是對輸出值進行分組。例如，如果模型的功能是指出剛出生的嬰兒可能需要重症監護的情況，使用表 3-1 的類別就夠了。

表 3-1　將嬰兒體重輸出分組

類別	說明
高出生體重	超過 8.8 磅
平均出生體重	5.5 磅至 8.8 磅
低出生體重	3.31 磅至 5.5 磅
極低出生體重	少於 3.31 磅

現在回歸模型變成多類別分類。直覺上，預測四種可能的類別之中的一種比預測連續的實數裡面的一個值更容易——就像預測 `is_underweight` 的二進制 0 vs. 1 目標比預測四個單獨的類別 `high_weight` vs. `avg_weight` vs. `low_weight` vs. `very_low_weight` 更容易一樣。使用分類輸出時，模型因為接近實際的輸出值所得到的鼓勵比較少，因為我們實質上將輸出標籤改成一個範圍的值，而不是一個實數。

本節的 notebook（*https://github.com/GoogleCloudPlatform/ml-design-patterns/blob/master/03_problem_representation/reframing.ipynb*）同時訓練回歸與多類別分類模型。回歸模型處理驗證組的 RMSE 是 1.3，分類模型的準確度是 67%。我們很難比較這兩個模型，因為其中一個評估指標是 RMSE，另一個是準確度。畢竟，設計決策是依用例而定的。如果醫療決策根據被分組的值，那麼我們的模型應該是使用這些組別的分類模型。然而，如果我們要更精確地預測嬰兒的體重，那就應該使用回歸模型。

描述不確定性的其他方法

在回歸裡，不確定性也可以用其他方法來描述。其中一種簡單的方法是進行分位數回歸。例如，我們可以估計想要預測的東西的第 10、20、30、…、90 有條件分位數，而不是只預測平均值。分位數回歸是線性回歸的延伸，另一方面，Reframing 可以搭配比較複雜的機器學習模型。

另一種比較複雜的方法是使用 TensorFlow Probability 之類的框架（*https://oreil.ly/AEtLG*）來執行回歸。然而，我們必須明確地模擬輸出的分布。例如，如果輸出預計會根據輸入，圍繞著平均值常態分布，模型的輸出層將是：

```
tfp.layers.DistributionLambda(lambda t: tfd.Normal(loc=t, scale=1))
```

另一方面，如果我們知道變異數會隨著平均值增加，我們可以要用 lambda 函式來模擬它。另一方面，Reframing 不需要模擬後驗分布。

在訓練任何機器學習模型時，資料都是關鍵。較複雜的關係通常要用更多的訓練資料案例才能發現難以捉摸的模式。因此，考慮回歸或分類模型的資料需求是很重要的事情，根據經驗，分類任務的每個標籤類別都必須有模型特徵的 10 倍數量，回歸模型則是模型特徵的 50 倍數量。當然，這些數字只是粗略的推斷，並不精確。然而，直覺告訴我們，回歸任務通常需要更多的訓練案例。此外，對於大量資料的需求只會隨著任務的複雜度而增加。因此，當你在考慮所使用的模型類型、在進行分類時、在考慮標籤類別的數量時，你可能必須想一下資料的限制。

預測的精確度

當你考慮將回歸模型重新定義成多類別分類時，輸出標籤組的寬度決定了分類模型的精確度（precise）。在嬰兒體重的例子中，如果我們需要從分立的機率密度函數得到更精確的資訊，我們就需要增加分類模型的組數。圖 3-4 是使用 4 組與 10 組的離散型機率分布的情況。

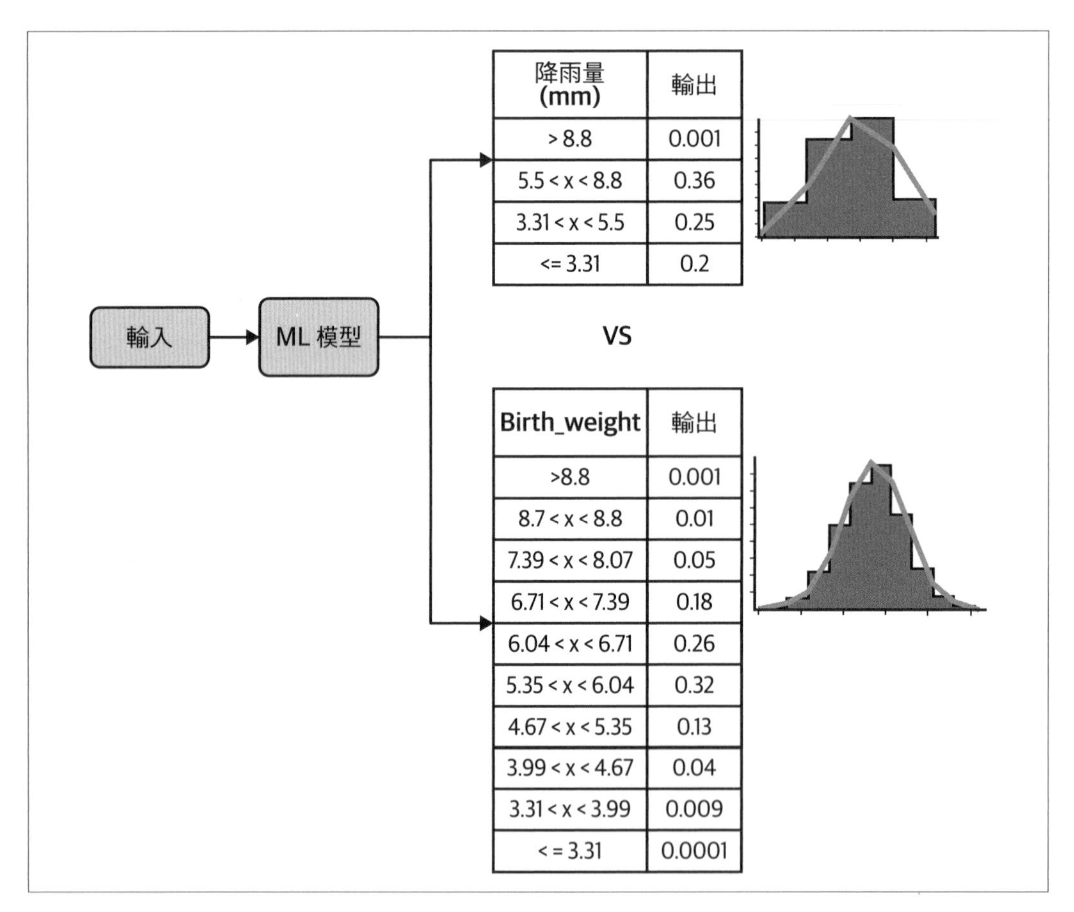

降雨量 (mm)	輸出
> 8.8	0.001
5.5 < x < 8.8	0.36
3.31 < x < 5.5	0.25
<= 3.31	0.2

Birth_weight	輸出
>8.8	0.001
8.7 < x < 8.8	0.01
7.39 < x < 8.07	0.05
6.71 < x < 7.39	0.18
6.04 < x < 6.71	0.26
5.35 < x < 6.04	0.32
4.67 < x < 5.35	0.13
3.99 < x < 4.67	0.04
3.31 < x < 3.99	0.009
< = 3.31	0.0001

圖 3-4　多類別分類的精確度是由標籤組的寬度控制的。

PDF 的清晰度意味著回歸任務的精確度。較清晰的 PDF 代表輸出分布的標準差較小，而較寬的 PDF 代表標準差較大，因此變異度較大。如果想要使用很清晰的密度函數，維持回歸模型比較好（見圖 3-5）。

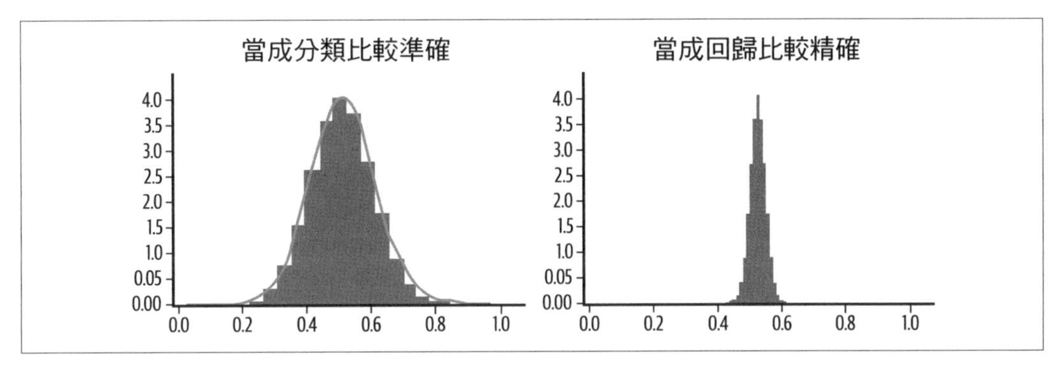

圖 3-5　機率密度函數處理一組固定的輸入值的清晰度代表回歸的精確度。

限制預測範圍

重新定義問題的另一個理由是你必須限制預測輸出的範圍。例如，有一個回歸問題的實際輸出值在範圍 [3,20] 之內。如果回歸模型的輸出層是線性觸發函數，這個模型的預測可能落在這個範圍之外。限制輸出範圍的方法之一是重新定義問題。

將最後一層的觸發函數做成 sigmoid 函數（通常與分類有關），讓它在 [0,1] 範圍內，並在最後一層將值的尺度調整為所需的範圍：

```
MIN_Y =  3
MAX_Y = 20
input_size = 10
inputs = keras.layers.Input(shape=(input_size,))
h1 = keras.layers.Dense(20, 'relu')(inputs)
h2 = keras.layers.Dense(1, 'sigmoid')(h1)  # 0-1 範圍
output = keras.layers.Lambda(
             lambda y : (y*(MAX_Y-MIN_Y) + MIN_Y))(h2) # 調整過
model = keras.Model(inputs, output)
```

我們可以驗證這個模型送出的數字在 [3, 20] 的範圍內（完整的程式見 GitHub 上的 notebook（*https://github.com/GoogleCloudPlatform/ml-design-patterns/blob/master/03_problem_representation/reframing.ipynb*））。注意，因為輸出是 sigmoid，模型實際上永遠不會到達範圍的最小值和最大值，只會非常接近它。當我們用一些隨機資料來訓練上述的模型時，得到的值會在 [3.03, 19.99] 的範圍內。

標籤偏誤

像矩陣分解這種推薦系統可以在神經網路的背景下重新定義，既可以當成回歸，也可以當成分類。這種背景的改變有一個好處是，定義成回歸或分類模型的神經網路可以納入更多的額外的特徵，不是只有在矩陣分解中學到的用戶和項目 embedding。所以這是一個很有吸引力的選項。

然而，在重新定義問題時考慮目標標籤的性質很重要。例如，假設我們要將推薦模型重新定義成分類任務，來預測用戶點擊某個影片縮圖的可能性。乍看之下，這個重新定義是合理的，因為我們的目標是提供用戶可能選擇和觀看的內容。但請小心，這種標籤的改變其實與我們的預測任務不一致。優化用戶的點擊之後，我們的模型會無意中推薦點擊誘餌，而不會推薦使用的內容。

與之相反，比較有利的標籤應該是影片觀賞時間，將我們的建議重新定義成回歸。或者，我們可以修改分類目標，預測用戶觀賞至少一半的影片片段的可能性。合適的方法通常不止一種，在建構解決方案時全面考慮問題很重要。

在更改機器學習模型的標籤和訓練任務時要小心，因為你可能會無意間將標籤偏誤引入解決方案。再考慮一下第 80 頁的「有效的原因」中討論的影片推薦的案例。

多任務學習

除了重新定義之外的另一個選擇是多任務學習，不在回歸或分類之間做出選擇，而是兩者都做！一般來說，多任務學習指的是任何一種優化不只一個損失函數的機器學習模型。這可以用許多不同的方式來實現，但是在神經網路中，最常見的多任務學習形式是透過硬參數共享和軟參數共享。

參數共享是在輸出類型不一樣（例如回歸與分類）的任務之間共享神經網路的參數。在所有輸出任務之間共享模型的隱藏層就是硬參數共享。在軟參數共享中，每個標籤都有自己的神經網路並使用自己的參數，並且透過某種形式的正則化來促使不同模型有相似的參數。圖 3-6 是典型的硬參數共享和軟參數共享架構。

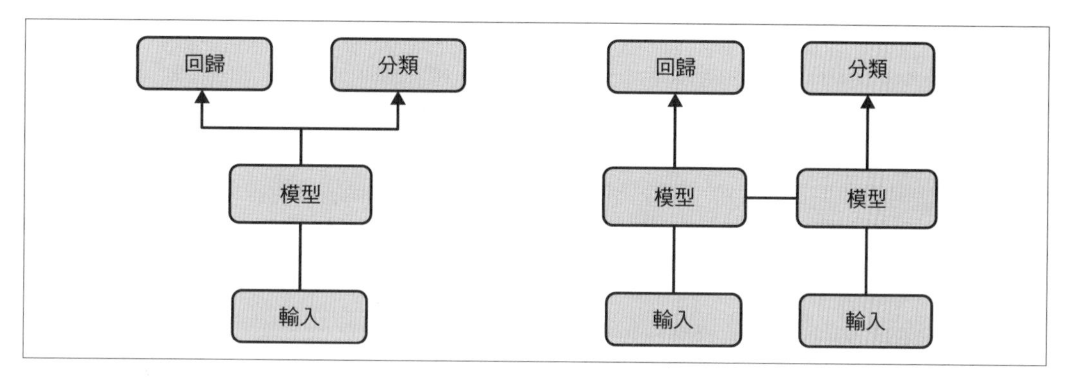

圖 3-6　硬參數共享和軟參數共享是多任務學習的兩種常見的實作。

採取這種做法的模型有兩個頭：一個預測回歸輸出，另一個預測類別輸出。例如，這篇論文（*https://oreil.ly/sIjsF*）使用 softmax 機率的類別輸出和回歸輸出來訓練電腦視覺模型來預測邊框。他們展示，比起分別為分類和定位任務訓練網路，這種做法有更好的效果。他們的概念是透過參數共享來同時學習多個任務，並將兩個損失函數的梯度更新告訴兩個輸出，產生類推能力更好的模型。

設計模式 6：Multilabel

Multilabel 設計模式處理的是為一個訓練案例指定**不只一個**標籤的問題。對於神經網路，這種設計需要改變模型的最終輸出層所使用的觸發函數，並且決定應用程式如何解析模型的輸出。注意，這種情況與**多類別**分類問題不同，在多類別分類問題中，一個案例只會被指定一個來自一組可能的類別（> 1）裡的標籤。你可能也聽過 Multilabel 設計模式被稱為**多標籤、多類別分類**，因為它要從多個可能的類別中選擇多個標籤。在討論這個模式時，我們主要的焦點是神經網路。

問題

模型的預測任務通常會幫特定的訓練案例指定一個類別。這個預測是從 N 個可能的類別中決定的，其中 N 大於 1。在這種情況下，我們通常將 softmax 當成輸出層的觸發函數。使用 softmax 時，模型的輸出是一個有 n 個元素的陣列，它裡面的所有值的總和為 1。每一個值都代表特定的訓練案例屬於該索引所代表的類別的機率。

例如，如果模型可將圖像分類為貓、狗或兔子，那麼對於特定的圖像，softmax 的輸出可能是：`[.89, .02, .09]`。這意味著模型預測圖像有 89% 的機率是一隻貓，2% 的機率是一隻狗，9% 的機率是一隻兔子。因為在這個場景之下，每張圖像**只有一個可能的標籤**，所以我們可以使用 argmax（機率最高的索引）來決定模型的預測類別。較不常見的場景是，每個訓練案例可以有**不只一個**標籤，這正是本模式想要解決的問題。

Multilabel 設計模式適用於使用所有資料樣式（modalities）來訓練的模型。就圖像分類而言，在前面的貓、狗、兔子的案例中，我們可以使用描繪**多種**動物的訓練圖像，因此它可以有多個標籤。文本模型有一些使用多個標籤來標注文本的場景。以 BigQuery 的 Stack Overflow 問題資料組為例，我們可以建構一個模型來預測與特定問題有關的複數標籤。例如，「How do I plot a pandas DataFrame?」這個問題可能被附加「Python」、「pandas」與「visualization」標籤。另一個多標籤文本分類案例是識別惡意評論的模型。對這個模型而言，我們可能想用多種惡意性質標籤來標記評論。因此，一條評論可能被貼上「仇恨」和「猥褻」的標籤。

這種設計模式也可以用在表格資料組上。假設有一個醫療資料組，每一位患者都有各種物理特徵，例如身高、體重、年齡、血壓等等。這項資料可以用來預測多種條件的存在。例如，同一位患者可能同時有心臟病和糖尿病的風險。

解決方案

若要建立可以幫特定的訓練案例指定多個標籤的模型，解決方案就是在最終的輸出層使用 *sigmoid* 觸發函數。在 sigmoid 陣列裡面的**每一個**值都是 0 和 1 之間的浮點數，而不是產生一個陣列，並讓裡面的所有值的總和為 1（就像 softmax 那樣）。也就是說，在實作 Multilabel 設計模式時，標籤必須做 multi-hot 編碼。multi-hot 陣列的長度等於類別的數量，這個標籤陣列裡的每一個輸出都是一個 sigmoid 值。

用上述的圖像案例來說明，假設訓練資料組的圖像裡有多種動物。對於一張裡面有一隻貓和一隻狗，但沒有兔子的圖像而言，其 sigmoid 輸出可能是：`[.92, .85, .11]`。這個輸出意味著，模型有 92% 的信心認為圖像有一隻貓，有 85% 的信心認為圖像有一隻狗，有 11% 的信心認為圖像中有一隻兔子。

使用 Keras Sequential API 來寫一個模型，讓它使用 sigmoid 輸出來處理 28×28 像素的圖像的程式如下：

```
model = keras.Sequential([
    keras.layers.Flatten(input_shape=(28, 28)),
    keras.layers.Dense(128, activation='relu'),
```

```
    keras.layers.Dense(3, activation='sigmoid')
])
```

這裡的 sigmoid 模型的輸出和問題小節裡的 softmax 案例的輸出的主要區別在於，softmax 陣列一定有三個總和為 1 的值，而 sigmoid 輸出有三個值，每個值在 0 到 1 之間。

Sigmoid vs. Softmax 觸發

sigmoid 是非線性的、連續的、可微的觸發函數，它接收 ML 模型中的前一層的每一個神經元的輸出，並將那些輸出的值壓縮成 0 到 1 之間。圖 3-7 是 sigmoid 函數的樣子。

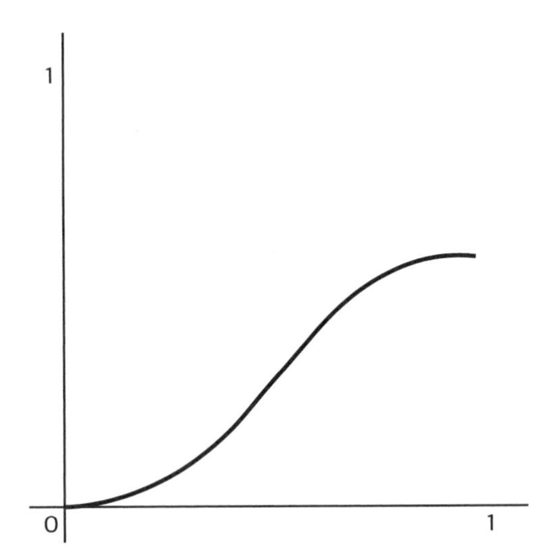

圖 3-7　sigmoid 函數

sigmoid 函數接收一個值的輸入，並提供一個值的輸出，softmax 則是接收一個值陣列的輸入並將它轉換成機率陣列，裡面的機率的總和為 1。softmax 函數的輸入可以是 N 個 sigmoid 的輸出。

在每個樣本只能有一個標籤的多類別分類問題中，將 softmax 當成最後一層可以得到機率分布。在 Multilabel 模式中，輸出陣列的和不是 1 是可以接受的，因為我們計算的是每一個標籤的機率。

下面是 sigmoid 與 softmax 的輸出陣列範例：

```
sigmoid = [.8, .9, .2, .5]
softmax = [.7, .1, .15, .05]
```

代價與其他方案

在採取 Multilabel 設計模式和使用 sigmoid 輸出時需要考慮幾種特殊情況。接下來，我們將探討如何建構具有兩種可能的標籤類型的模型、如何理解 sigmoid 結果，以及關於 Multilabel 模型的其他重要注意事項。

模型的 sigmoid 輸出有兩個類別

輸出可能屬於兩種類別的模型有兩種：

- 每一個訓練案例都只有一個類別。這種任務也稱為二元分類，是多類別分類問題的特殊類型。
- 有些訓練案例可能同時屬於兩種類別。這是一種多標籤分類問題。

圖 3-8 是這兩種分類之間的區別。

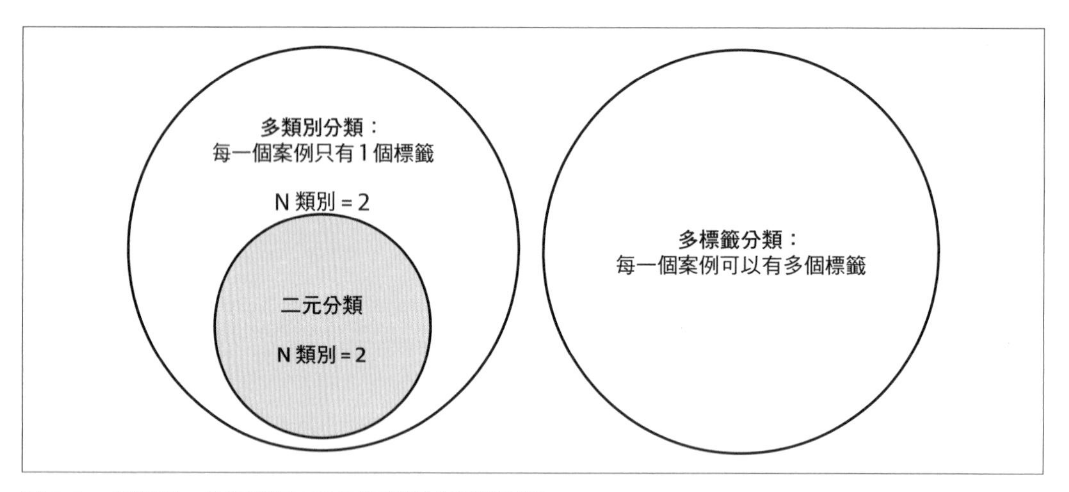

圖 3-8　多類別、多標籤與二元分類問題之間的區別。

第一種問題（二元分類）很特別，因為它是單標籤分類問題中，唯一會將 sigmoid 當成觸發函數來使用的一種。幾乎任何其他的多類別分類問題（例如將文本分類成五種可能的類別之一）都會使用 softmax，然而，當類別只有兩個時，使用 softmax 是多餘的。舉例來說，有一個模型可以預測特定的交易是不是詐騙的。如果我們在這個例子中使用 softmax 輸出，那麼虛構的模型預測可能是這樣：

```
[.02, .98]
```

在這個例子中，第一個索引是「非詐騙」，第二個索引是「詐騙」。這種做法是多餘的，因為我們也可以用一個純量值來表示它，如果使用 sigmoid 輸出，同樣的預測可以只用 .98 來表示。因為每一個輸入只能被指定一個類別，我們可以從這個 .98 的輸出推理出來，模型預測有 98% 機率是詐騙，有 2% 的機率不是詐騙。

因此，對於二元分類模型，最好可以使用 sigmoid 觸發函數來產生外形（shape）為 1 的輸出。輸出節點只有一個的模型也比較有效率，因為它們的可訓練參數比較少，所以可以訓練得更快。這是二元分類模型的輸出層的樣子：

```
keras.layers.Dense(1, activation='sigmoid')
```

如果訓練案例可能**同時屬於兩種類別**，並且符合 Multilabel 設計模式的第二種情況，我們也會使用 sigmoid，這一次是一個雙元素的輸出：

```
keras.layers.Dense(2, activation='sigmoid')
```

我們該使用哪個損失函數？

知道何時該在模型中使用 sigmoid 觸發函數之後，我們該如何選擇與它搭配的損失函數？在模型是單元素輸出的二元分類的情況下，你要使用二元交叉熵。在 Keras，我們在編譯模型時，提供一個損失函數：

```
model.compile(loss='binary_crossentropy', optimizer='adam',
  metrics=['accuracy'])
```

有趣的是，我們也讓使用 sigmoid 輸出的多標籤模型使用二元交叉熵損失。這是因為，如圖 3-9 所示，一個有三個類別的多標籤問題實質上是三個較小的二元分類問題。

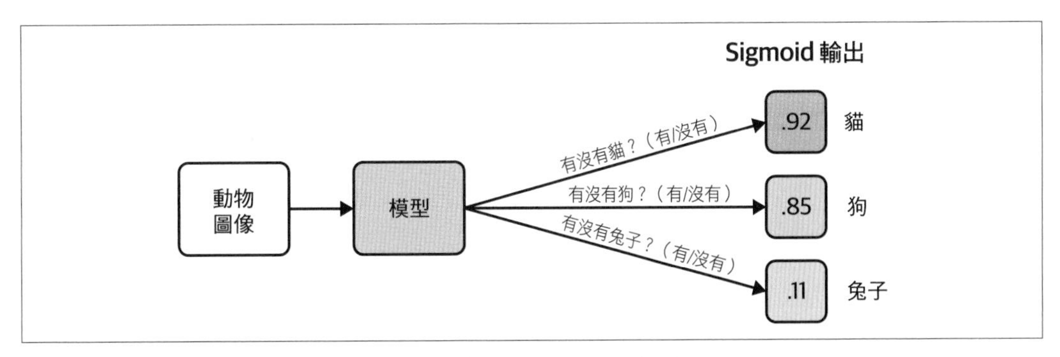

圖 3-9 將問題拆成更小的二元分類任務，來理解 Multilabel 模式。

解析 sigmoid 結果

當你從 softmax 輸出提取預測結果標籤時，只要取輸出陣列的 argmax（最大值索引）即可取得預測出來的類別。但是解析 sigmoid 輸出比較難，你不能取出有最高預測機率的類別，而是必須在輸出層裡估算每一個類別的機率，並且考慮我們的用例的機率**閾值**。這兩種選擇在很大程度上取決於模型的終端用戶應用。

這裡的閾值是我們認為一個輸入可以確定屬於特定類別的機率。例如，如果我們要做一個模型來對圖像中不同類型的動物進行分類，即使模型對於圖像裡有一隻貓的把握只有 80%，我們應該也會放心地說圖像裡有一隻貓。或者，如果我們要建立一個預測醫療狀況的模型，我們很可能希望模型的自信度接近 99% 時，才確認特定醫療狀況的存在與否。雖然設定閾值是在使用任何一種分類模型時都要考慮的問題，但它與 Multilabel 設計模式特別相關，因為我們要為每一個類別決定閾值，而且可能有不同的閾值。

我們以 BigQuery 的 Stack Overflow 資料組為例，用它來建構一個模型，讓模型用 Stack Overflow 問題的標題來預測它的標籤。為了簡化，我們限制資料組，只處理只有 5 個標籤的問題：

```
SELECT
  title,
  REPLACE(tags, "|", ",") as tags
FROM
  `bigquery-public-data.stackoverflow.posts_questions`
WHERE
  REGEXP_CONTAINS(tags,
r"(?:keras|tensorflow|matplotlib|pandas|scikit-learn)")
```

模型的輸出層長得像這樣（在 GitHub repository 有本節的完整程式（*https://github.com/GoogleCloudPlatform/ml-design-patterns/blob/master/03_problem_representation/multilabel.ipynb*））：

```
keras.layers.Dense(5, activation='sigmoid')
```

我們將 Stack Overflow 問題「What is the definition of a non-trainable parameter?」當成輸入案例。假設我們的輸出索引的順序與查詢裡的標籤一致，這個問題的輸出可能是：

```
[.95, .83, .02, .08, .65]
```

我們的模型有 95% 的把握，認為這個問題應該標記 Keras，有 83% 的把握它應該標記 TensorFlow。在評估模型的預測時，我們要遍歷輸出陣列裡的每一個元素，並決定如何將這些結果顯示給終端用戶。如果 80% 是所有標籤的閾值，我們會顯示 Keras 和 TensorFlow 與這個問題有關。或者，也許我們想鼓勵用戶添加盡可能多的標籤，並且顯示預測信心度超過 50% 的任何標籤的選項。

這種案例的目標主要是提出可能的標籤，而不是產生**完全正確**的標籤，在這種情況下，典型的經驗規則是將每個類別的閾值設為 `n_specific_tag / n_total_examples`。這裡的 `n_specific_tag` 是資料組中被貼上某個標籤的案例數（例如「pandas」），而 `n_total_examples` 是訓練組中包含所有標籤的案例總數。比起根據某個標籤在訓練資料組之中的出現情況來猜測那個標籤，這種做法可讓模型的表現更好。

若要使用更精確的閾值設定方法，你可以考慮使用 S-Cut，或優化模型的 F-measure。這篇論文有兩者的詳細介紹（*https://oreil.ly/oyR57*）。校準每一個標籤的機率通常也有幫助，特別是標籤有成千上萬個，並且你想要考慮其中的最前面的 K 個標籤時（這在搜尋和排序問題中很常見）。

如你所見，多標籤模型在解析預測方面提供更大的彈性，而且讓我們必須仔細考慮每個類別的輸出。

關於資料組的注意事項

在處理單標籤分類任務時，我們可以讓每一個類別的訓練案例有差不多的數量，來確保資料組是平衡的。對 Multilabel 設計模式而言，建構平衡的資料組的做法更是微妙。

以 Stack Overflow 資料組為例，它可能有許多同時被標為 `TensorFlow` 與 `Keras` 的問題。但也有一些關於 Keras 的問題與 TensorFlow 無關。類似地，我們可能會看到關於繪製資料的問題被同時標為 `matplotlib` 與 `pandas`，以及關於資料預先處理的問題被同時標為 `panda` 和 `scikit-learn`。為了讓模型了解每個標籤的獨特之處，我們要確保訓練資料組裡面有每一個標籤的不同組合。如果資料組的大多數 `matplotlib` 問題也被標為 `panda`，那麼模型就無法學會自己對 `matplotlib` 進行分類。為了處理這種情況，你可以想一下在模型裡面，各種標籤之間可能出現的關係，並且算一下每一個重疊的標籤組合的訓練案例數量。

當我們研究資料組裡面的標籤之間的關係時，我們也可能也會遇到多層標籤。流行的圖像分類資料組 ImageNet（*https://oreil.ly/0VXtc*）裡面有成千上萬個有標籤的圖像，通常被當成圖像模型的遷移學習的起點來使用。在 ImageNet 裡使用的標籤都是多層的，這意味著所有圖像都至少有一個標籤，而且許多圖像有那個層次結構的具體標籤。這是 ImageNet 的一個標籤層次結構案例：

animal → invertebrate → arthropod → arachnid → spider

根據資料組的大小和性質，處理多層標籤的常見方法有兩種：

- 使用壓平法，將每個標籤放在相同的輸出陣列中，不理會它們的層次，確保每一個「葉節點」標籤都有足夠的案例。
- 使用 Cascade 設計模式。建構一個模型來識別較高層的標籤。根據高層分類，將案例送到單獨的模型，以執行更具體的分類任務。例如，用一個初始模型將圖像標為「Plant」、「Animal」或「Person」，再根據第一個模型指定的標籤將圖像送到不同的模型，以指定更細膩的標籤，例如「succulent」或「barbary lion」。

壓平法比 Cascade 設計模式更簡單，因為它只需要一個模型。然而，這可能會讓模型失去關於更詳細的標籤類別的資訊，因為在資料組裡面，使用高層標籤的訓練案例自然比較多。

使用重疊的標籤的輸入

Multilabel 在輸入資料偶爾出現重疊的標籤時也很有用。假設我們用一個圖像模型來為服飾進行分類，並且請了很多人為資料組的每一張圖像加上標籤，其中一位標注者將一張裙子圖像標為「maxi skirt（長裙）」，另一位標注者將它標為「pleated skirt（百褶裙）」，雖然他們都沒有錯，但是，如果我們用這些資料來建立一個多類別分類模型，並且傳入很多張帶有不同標籤的圖像，模型可能會在進行預測時，為相似圖像指定不同的標籤。在理想的情況下，我們希望模型將這張圖像標為「maxi skirt」和「pleated skirt」，如圖 3-10 所示，而不是有時只預測這些標籤中的一個。

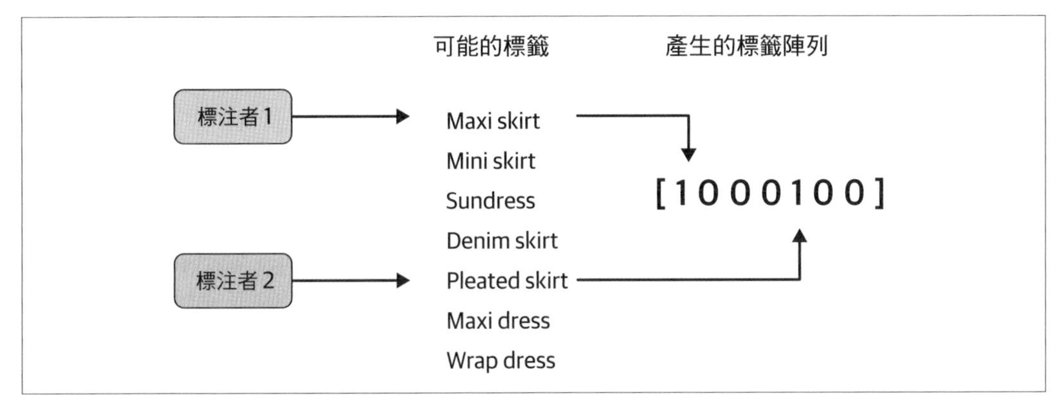

圖 3-10　在同一個項目有多種敘述的情況下，標注者建立重疊的標籤。

Multilabel 設計模式藉著允許我們為圖像指定重疊的標籤來解決這個問題。如果多位標注者在判斷訓練資料組的圖像時造成標籤重疊，我們可以設定標注者最多可以幫特定的圖像指定多少標籤，然後在訓練過程中，讓圖像使用最常被選擇的標籤。「最常被選擇的標籤」的閾值取決於預測任務和標注者的數量。例如，如果我們讓 5 位標注者判斷每一張圖像，而且每張圖像有 20 種可能的標籤，我們可以鼓勵標注者為每張圖像指定 3 個標籤，然後從每張圖像的 15 張標籤「選票」中，選出標注者投下最多票的 2 到 3 個。在評估這個模型時，我們要注意模型為每一個標籤回傳的平均預測信心，並使用它來反覆改善資料組和標籤品質。

一對其餘

處理 Multilabel 分類的另一種技術是訓練多個二元分類模型，而不是一個多標籤模型。這種做法稱為**一對其餘**（*one versus rest*）。在 Stack Overflow 的例子中，我們想將問題標注為 TensorFlow、Python 和 panda，我們為這三個標籤分別訓練一個單獨的分類模型：是不是 Python、是不是 TensorFlow，等等，然後選擇一個信心閾值，用每一個二元分類模型輸出的，而且超過閾值的標籤來標注原始的輸入問題。

一對其餘的好處在於，我們可以在只能進行二元分類的模型架構中使用它，例如支援向量機（SVM）。它也可以協助處理罕見的類別，因為模型一次只對每個輸入執行一個分類任務，並且可以使用 Rebalancing 設計模式。這種方法的缺點是它增加了訓練許多分類模型的複雜性，我們在建構應用程式時，必須讓每一個模型產生預測，而不是只有一個模型。

總之，當你的資料屬於以下的任何一種分類場景時，可使用 Multilabel 設計模式：

- 單一訓練案例可以被指定互斥的標籤時。
- 單一訓練案例可以被指定許多分層標籤時。
- 標注者會用不同的方式描述同一個項目，而且每一種解釋都是正確的時。

在實作多標籤模型時，請確保你的資料組有正確地表示重疊標籤的組合，並考慮你願意讓模型每個可能的標籤使用的閾值。在建構多標籤分類模型時，使用 sigmoid 輸出層是最常見做法。此外，sigmoid 輸出也可以用於二元分類任務，也就是訓練案例的標籤只會是兩者之一。

設計模式 7：Ensembles

Ensembles 設計模式包含一組機器學習技術，它可將多個機器學習模型結合起來，匯整它們的結果，來進行預測。Ensembles 可以有效地提高性能，產生比單一模型更好的預測。

問題

假設我們已經訓練出一個嬰兒體重預測模型，並設計了特殊的特徵，也在神經網路中加入額外的神經層，讓它的訓練組誤差接近零。太好了，你認為！然而，當我們在醫院的生產環境中使用模型，或是用保留的測試組來評估性能時，它的預測都是錯誤的。怎麼了？更重要的是，如何修正它？

沒有機器學習模型是完美的。為了更理解模型在哪裡以及為何出錯，ML 模型的誤差可以分為三個部分：不可減少的誤差、由於偏差（bias）造成的誤差，以及由於變異度（variance）產生的誤差。不可減少的誤差是因為資料組裡面的雜訊、問題的定義，或糟糕的訓練案例（例如測量誤差，或混雜因素）造成的固有誤差。顧名思義，我們對於**不可減少的誤差**幾乎無計可施。

其他兩種誤差，偏差和變異度，稱為**可減少的誤差**，我們可以在此下手，改善模型的性能。簡而言之，偏差就是模型無法充分學習特徵和標籤之間的關係，而變異度則是模型無法類推新的、沒看過的例子。有高度偏差的模型會過度簡化關係，稱為**欠擬**（*underfit*）。有高變異度的模型則是從訓練資料學過頭了，稱為**過擬**（*overfit*）。當然，任何一種 ML 模型的目標都是低偏差和低變異度，但在實務上，我們很難同時實現這兩個目標。這種情況稱為「偏差 / 變異度權衡（bias–variance trade-off）」，魚與熊掌不可兼得。例如，增加模型複雜度會降低偏差，但是會增加變異度，而降低模型複雜度會降低變異度，但是會導入更多偏差。

最近的研究（*https://oreil.ly/PxUvs*）指出，在使用現代的機器學習技術時，例如在使用大容量的大型神經網路時，這種情況是有限的。他們從實驗中發現一種「內插閾值（interpolation threshold）」，超過這個閾值時，容量非常大的模型能夠做到零訓練組誤差，處理未曾見過的資料的誤差也很低。當然，為了避免讓大容量的模型過擬，我們需要更大的資料組。

對於中小規模的問題，有沒有辦法減輕這種偏差 / 變異度權衡？

解決方案

群體（ensemble）方法是結合多個機器學習模型的綜合演算法，其目的是減少偏差和 / 或變異度，提高模型性能。總的來說，它的概念是結合多個模型有助於改善機器學習的結果。我們希望藉著建立幾種具有不同的歸納偏置（inductive biases）的模型並匯整它們的輸出，來做出一個效果更好的模型。在這一節，我們將討論幾種常用的群體方法，包括 bagging、boosting 與 stacking。

bagging

bagging（bootstrap aggregating 的縮寫）是一種平行群體方法，用來處理機器學習模型的高變異度。bagging 中的 bootstrap 指的是用來訓練群體成員的資料組。具體來說，如果子模型有 k 個，那就會用 k 個單獨的資料組來訓練群體的每一個子模型。每一個資料組都是從原始訓練資料組隨機抽樣（會替換）來建構的。這意味著，這 k 個資料組之面的每一個都有可能缺少一些訓練案例，但是每一個資料組也有可能有重複的訓練案例。我們用群體模型成員的輸出來進行匯整——在回歸任務時，使用平均值，或是在分類任務時，使用多數決投票。

隨機森林是 bagging 群體法的好例子：我們用整個訓練資料的隨機抽樣子集合來訓練多棵決策樹，再匯整決策樹的預測，產生一個決策，如圖 3-11 所示。

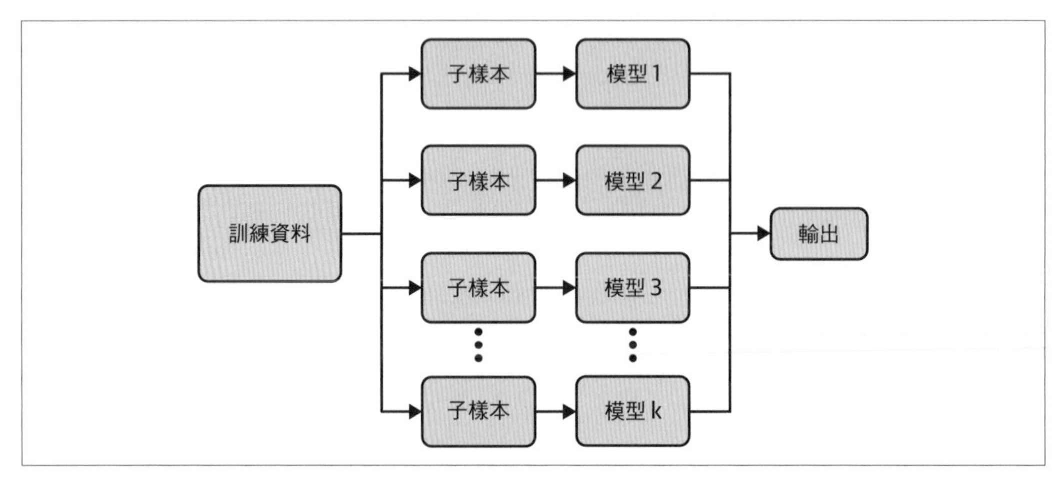

圖 3-11　bagging 很適合降低機器學習模型輸出裡的變異度。

流行的機器學習程式庫都有提供 bagging 方法。例如，若要在 scikit-learn 裡實作隨機森林回歸來預測 natality 資料組的嬰兒體重：

```
from sklearn.ensemble import RandomForestRegressor

# 建立一個有 50 棵樹的模型
RF_model = RandomForestRegressor(n_estimators=50,
                                 max_features='sqrt',
                                 n_jobs=-1, verbose = 1)

# 擬合訓練資料
RF_model.fit(X_train, Y_train)
```

從 bagging 可以看出，計算模型的平均值可以可靠且有效地降低模型的變異度。我們即將看到，不同的群體方法會以不同的方式組合多個子模型，有時會使用不同的模型、不同的演算法，甚至不同的目標函數。在 bagging 中，模型與演算法是相同的，例如，在隨機森林中，子模型都是短的決策樹。

boosting

boosting 是另一種 Ensemble 技術。然而，與 bagging 不同的是，boosting 最終會建構一個能力比單獨的成員模型更強大的群體模型。因此，比起變異度，boosting 提供了更有效的偏差減少手段。boosting 背後的概念是反覆建構一個模型群體，在這個群體中，每一個後續的模型都會專心學習前一個模型出錯的案例。簡言之，反覆地 boosting 可以改善一系列的弱學習器，用加權平均來產生更強的學習器。

我們要在開始執行 boosting 程序時選擇一個簡單的基本模型 `f_0`。在處理回歸任務時，基本模型可以單純使用目標的平均值：`f_0 = np.mean(Y_train)`。在第一次迭代時，我們測量殘差 `delta_1`，並且用一個單獨的模型來估計。這個殘差模型可以使用任何一種，但是它通常不太複雜，我們通常會使用弱學習器，例如一棵決策樹。然後將殘差模型提供的近似值加到當前的預測中，繼續執行這個程序。

經過多次迭代後，殘差會趨近零，用原始訓練資料組建立的模型產生的預測效果會越來越好。注意，在圖 3-12 中，資料組的每一個元素的殘差會隨著每一次的迭代而降低。

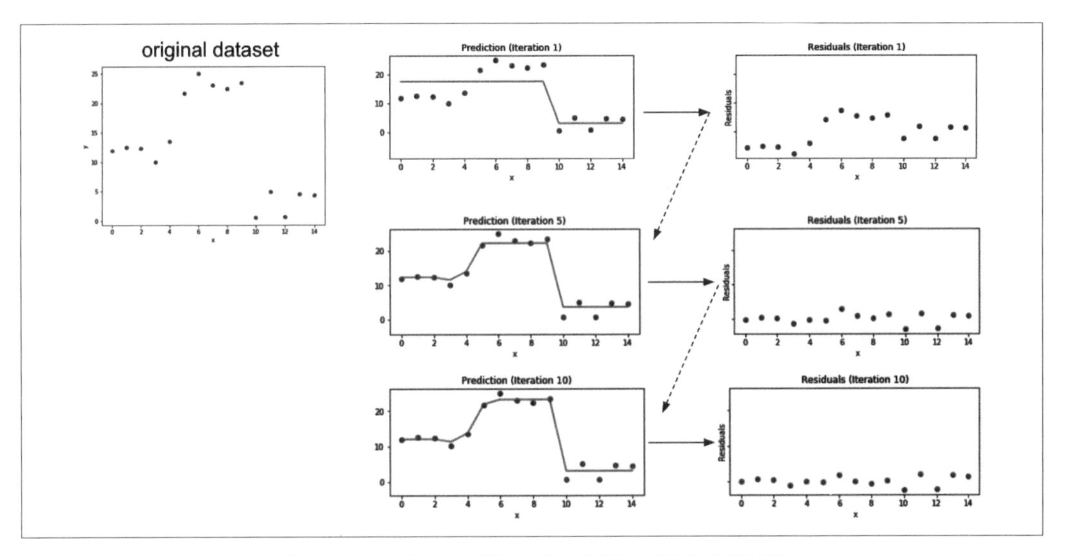

圖 3-12　boosting 可以藉著反覆改善模型的預測，將弱學習器轉換成學習器。

比較著名的 boosting 演算法有 AdaBoost、Gradient Boosting Machines 與 XGBoost，流行的機器學習框架（例如 scikit-learn 和 TensorFlow）都有容易使用的實作。

scikit-learn 的實作也很簡單：

```
from sklearn.ensemble import GradientBoostingRegressor

# 建立 Gradient Boosting regressor
GB_model = GradientBoostingRegressor(n_estimators=1,
                                     max_depth=1,
                                     learning_rate=1,
                                     criterion='mse')

# 擬合訓練資料
GB_model.fit(X_train, Y_train)
```

stacking

stacking 是將一組模型的輸出組合起來，以進行預測的群體方法。它的初始模型通常包含不同種類的模型，並且用完整的訓練資料組來完成訓練。然後，它會將初始模型的輸出當成特徵，用來訓練二級超模型，這個第二級的超模型會學習如何結合初始模型的結果，以減少訓練錯誤，它可以是任何一種機器學習模型。

為了實作 stacking 群體，我們要先用訓練資料組來訓練群體的所有成員。下面的程式碼呼叫一個函數 `fit_model`，它接受的引數有一個模型、訓練資料組的輸入 `X_train` 和標籤 `Y_train`。`members` 是一個串列，裡面有屬於群體的已訓模型。你可以在本書的程式 repository 找到這個範例的完整程式（*https://github.com/GoogleCloudPlatform/ml-design-patterns/blob/master/03_problem_representation/ensemble_methods.ipynb*）：

```
members = [model_1, model_2, model_3]

# 擬合與儲存模型
n_members = len(members)

for i in range(n_members):
    # 擬合模型
    model = fit_model(members[i])
    # 儲存模型
    filename = 'models/model_' + str(i + 1) + '.h5'
    model.save(filename, save_format='tf')
    print('Saved {}\n'.format(filename))
```

這些子模型會被當成個別的輸入，納入一個更大的 stacking 群體模型。由於這些輸入模型不會與二級群體模型一起訓練，所以我們要固定這些輸入模型的權重，將群體成員模型的 `layer.trainable` 設為 `False` 即可完成這件事：

```
for i in range(n_members):
    model = members[i]
    for layer in model.layers:
        # 讓它不可訓練
        layer.trainable = False
        # 改名稱，來避免 '唯一 layer 名稱 ' 問題
        layer._name = 'ensemble_' + str(i+1) + '_' + layer.name
```

我們用 Keras 泛函 API 來將組件拚湊在一起，來建立群體模型：

```
member_inputs = [model.input for model in members]

# 串接合併每個模型的輸出
member_outputs = [model.output for model in members]
merge = layers.concatenate(member_outputs)
hidden = layers.Dense(10, activation='relu')(merge)
ensemble_output = layers.Dense(1, activation='relu')(hidden)
ensemble_model = Model(inputs=member_inputs, outputs=ensemble_output)

# 畫出群體的圖
tf.keras.utils.plot_model(ensemble_model, show_shapes=True,
                          to_file='ensemble_graph.png')

# 編譯
ensemble_model.compile(loss='mse', optimizer='adam', metrics=['mse'])
```

在這個例子裡，二級模型是一個有兩個隱藏層的密集神經網路。透過訓練，這個網路可以學會如何在做出預測時，以最佳方式結合群體成員的結果。

有效的原因

像 bagging 這種模型平均法之所以有效，是因為整體模型裡面的個別模型通常不會在預測測試組時犯相同的錯誤。在理想情況下，每一個模型都有一個隨機大小的誤差，所以計算它們的結果的平均值時，隨機誤差會被抵消，讓預測結果更接近正確的答案。總之，這是群眾的智慧。

boosting 有效的原因是模型會在每一個迭代步驟裡，根據殘差受到越來越大的懲罰。群體模型隨著每一次迭代會被鼓勵越來越擅長預測那些難以預測的案例。stacking 有效的原因是它結合了 bagging 與 boosting 的優點。二級模型可視為較精密的模型平均法。

bagging

準確地說，假設我們訓練了 k 個神經網路回歸模型，並且計算它們的結果的平均值，來建立一個群體模型。如果每一個模型在處理每個案例時都有誤差 `error_i`，其中 `error_i` 來自變異數為 `var` 與共變異數為 `cov` 的零均值多變數常態分布，那麼群體預測器的誤差是：

```
ensemble_error = 1./k * np.sum([error_1, error_2,...,error_k])
```

如果誤差 error_i 是完全相關的（perfectly correlated），以致於 cov = var，那麼群體模型的均方誤差會降為 var。此時，計算模型的平均完全沒有幫助。另一個極端，如果誤差 error_i 完全不相關，那麼 cov = 0，群體模型的均方誤差為 var/k。所以，期望的平方誤差會隨著群體裡面的模型數量 k 而線性減少[1]。總之，平均來說，群體的表現至少會與群體裡面的任何一個模型一樣好。此外，如果群體裡面的模型有不一樣的誤差（例如，cov = 0），那麼群體的表現將明顯更好。最終，bagging 成功的關鍵是模型的多樣性。

這也可以解釋為何在 bagging 中使用比較穩定的學習器的效果通常比較差，例如 k 近鄰（kNN）、樸素 Bayes、線性模型、支援向量機（SVM），因為訓練組的大小會透過 bootstrapping 減少。就算使用相同的訓練資料，由於權重隨機初始化，或隨機選擇小批次或不同的超參數，神經網路也可以產生各式各樣的解決方案，從而創造出部分誤差獨立的模型。因此，模型平均法甚至可以讓使用相同的資料組來訓練的神經網路受益。事實上，訓練多個模型，並且匯整它們的預測就是解決神經網路高變異度的推薦方法之一。

boosting

boosting 演算法的運作方式是反覆改善模型來降低預測誤差。每一個新的弱學習器都藉著模擬每一步的殘差 delta_i 來糾正之前預測的錯誤。最終的預測是基本學習器和每一個後續的弱學習器的輸出之和，如圖 3-13 所示。

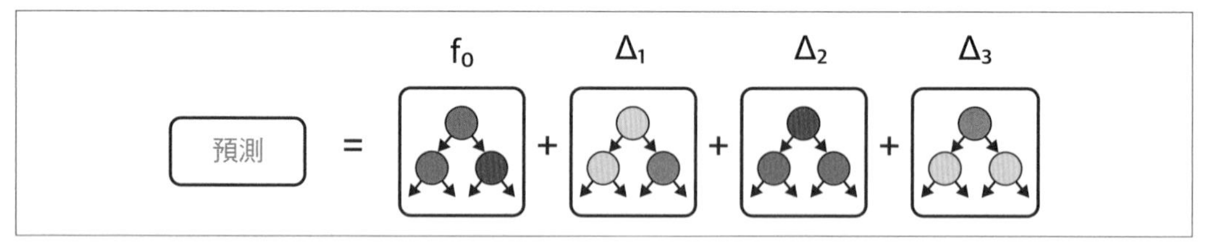

圖 3-13　boosting 藉著使用一系列的弱學習器來反覆建立更強大的學習器，那些弱學習器會模擬上一次迭代的殘差。

因此，最終的群體模型會變得越來越複雜，比它的任何一個成員具備更大的能力。這也解釋了為什麼 boosting 特別擅長對抗高偏差。回憶一下，偏差與模型的欠擬傾向有關。藉著反覆關注難以預測的案例，boosting 可以有效地降低最終模型的偏差。

1　要明確地知道這些值是如何計算出來的，請參考 Ian Goodfellow、Yoshua Bengio 與 Aaron Courville 合著的 *Deep Learning*（Cambridge, MA: MIT Press, 2016），第 7 章。

stacking

stacking 可以視為簡單的模型平均法的延伸，我們用訓練資料組來完整訓練 k 個模型，然後計算結果的平均值，來產生一個預測。簡單的模型平均法與 bagging 相似，但是它的群體裡面的模型可能是不同類型的，但是對 bagging 而言，模型是同一個類型的。更廣泛地說，我們可以修改平均步驟以計算加權平均，例如，讓群體裡面的某個模型的權重比其他模型更多，如圖 3-14 所示。

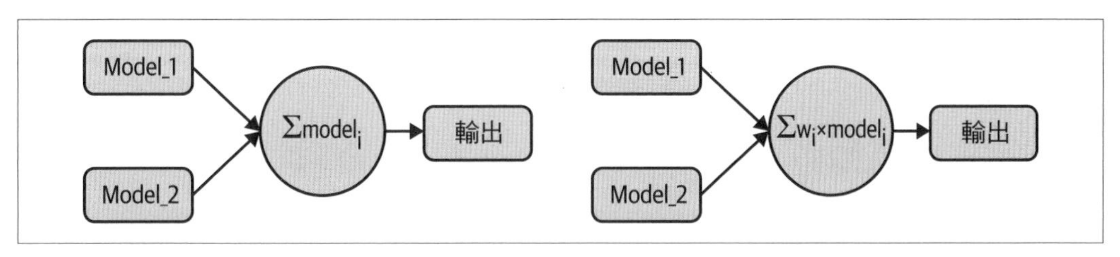

圖 3-14　模型平均法最簡單的形式是對兩個以上不同的機器學習模型的輸出取平均值。平均值也可以換成加權平均值，裡面的權重可以根據模型的相對準確性來決定。

你可以將 stacking 視為進階版的模型平均法，但它不是取平均值或加權平均值，而是用輸出來訓練第二個機器學習模型，讓它學習如何以最佳方式結合群體內的模型的結果，來產生一個預測，如圖 3-15 所示。它可以供降低變異度的好處，就像 bagging 技術那樣，但也可以控制高偏差。

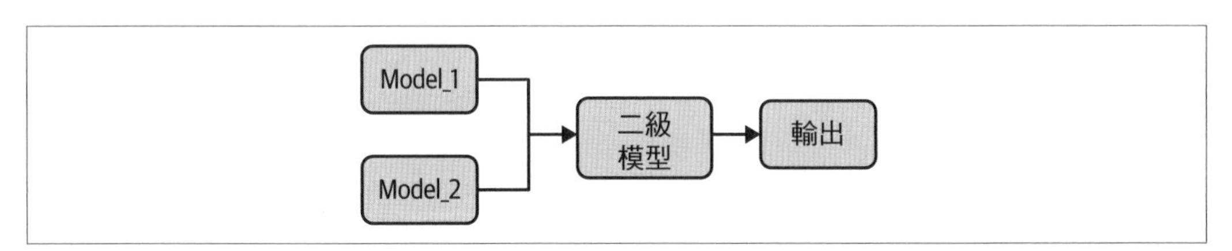

圖 3-15　stacking 是一種群體學習技術，它將許多不同的 ML 模型的輸出傳給二級 ML 模型來做預測。

代價與其他方案

群體方法在現代機器學習中非常流行，並且在著名賽事的獲勝者中發揮了很大作用，這些賽事最著名的應該是 Netflix Prize（*https://oreil.ly/ybZ28*）。目前也有大量的理論證據支持這些在現實的賽事中取得成功的結果。

增加訓練與設計時間

群體學習的缺點之一是它會增加訓練和設計時間。例如，對於 stacked 的群體模型，選擇群體成員模型本身需要一定程度的專業水準，而且有它自己的問題：究竟是重複使用相同的架構，還是鼓勵多樣性比較好？如果我們使用不同的架構，該使用哪一種？要使用多少個？我們現在要開發 k 個模型，而不是開發一個 ML 模型（這本身可能需要很多工作量！）。我們已經在開發模型時投入額外的成本了，更何況將群體模型投入生產時，還要投入關於維護、推理複雜性和資源使用的成本。隨著群體中的模型數量的增加，這可能很快變得不切實際。

流行的機器學習庫（例如 scikit-learn 和 TensorFlow）為許多常見的 bagging 和 boosting 方法提供了易用的實作，包括隨機森林、AdaBoost、梯度增強和 XGBoost。然而，我們應該仔細想想群體方法帶來的額外成本是否值得，務必比較它們與線性或 DNN 模型之間的準確性和資源使用情況。注意，萃取（見第 137 頁的「設計模式 11：Useful Overfitting」）神經網路的群體通常可以降低複雜度並改善性能。

用 dropout 來做 bagging

dropout 之類的技術提供強大且高效的替代方案。dropout 是深度學習的一種正則化技術，但也可以理解為類似 bagging 的一種技術。神經網路的 dropout 會在每次訓練小批次時隨機（以預定的機率）「關閉」網路的神經元，實質上就是在執行指數級數量的神經網路的 bagging 群體。話雖如此，使用 dropout 來訓練神經網路和使用 bagging 並非完全相同。它們有兩項明顯的區別。首先，在 bagging 中，模型是獨立的，但是在用 dropout 來訓練時，模型會共用一些參數。其次，在 bagging 中，模型被訓練成對它們各個自的訓練組收斂。但是，在使用 dropout 進行訓練時，由於訓練迴圈的每一次迭代都會刪除不同的節點，因此群體成員只會在同一個訓練步驟裡訓練。

降低模型解釋能力

模型的可解釋性也是必須注意的地方，在深度學習中，有效地解釋為何模型做出了一項預測是困難的事情。在使用群體模型時，這個問題更是複雜。我們以決策樹和隨機森林為例，每棵決策樹最終會學到每一個特徵可以引領實例到達最終預測的界限值（boundary values），因此，解釋為什麼決策樹做出它所做的預測很容易。但是隨機森林（許多決策樹的群體）會失去這種程度的局部可解釋性。

為問題選擇正確的工具

留意偏差 / 變異度權衡也很重要，有一些群體技術處理偏差或變異度的表現優於其他技術（表 3-2）。特別是，boosting 適合處理高偏差，而 bagging 可以糾正高變異度。話雖如此，正如我們在第 97 頁的「bagging」一節中看到的，將兩個誤差高度相關的模型組合起來對降低變異度沒有任何幫助。總之，在我們的問題中使用錯誤的群體方法不一定可以提高性能，可能只會增加不必要的成本。

表 3-2　偏差 / 變異度權衡摘要

問題	群體解決方案
高偏差（欠擬）	boosting
高變異度（過擬）	bagging

其他的群體方法

我們已經討論了機器學習中比較常見的群體技術了，前面討論的名單絕不是完整的，此外也有不同的演算法適合廣泛的類別。其他的群體技術包括許多結合 Bayesian 方法或結合神經架構搜尋和強化學習的，例如 Google 的 AdaNet 或 AutoML 技術。簡言之，Ensemble 設計模式包含許多結合多個機器學習模型來提高整體模型性能的技術，它們在處理常見的訓練問題時（例如高偏差或變異度）特別有用。

模式 8：Cascade

Cascade 設計模式處理的是機器學習問題可以分解成一系列 ML 問題的情況。這種串接通常需要仔細地設計 ML 試驗。

問題

如果我們必須從平常和不尋常的活動之中預測值該怎麼辦？此時模型必須學會忽略不尋常的活動，因為它們很罕見。如果不尋常的活動也和異常值有關，訓練就會遇到麻煩。

例如，假設我們想要訓練一個模型來預測顧客退貨的可能性。如果只訓練一個模型，我們就會失去轉售商（reseller）的退貨行為，因為我們有數百萬個零售買家（與零售交易），但只有幾千個轉售商。當他們下單時，我們不知道他是零售買家，還是轉售商。然而，我們可以藉著觀察其他買賣地點來得知從我們這裡賣出去的商品何時被轉售，因此可在訓練資料組加一個標籤來識別購買的動作是轉售商做出來的。

解決這個問題的方法是在訓練模型時增加轉售商實例的權重。這不是最理想的做法，因為我們要讓比較常見的零售買家用例盡可能地正確，我們不希望為了提高轉售商用例的準確度，而降低零售買家用例的準確度。然而，零售買家和轉售商的行為非常不同，例如，零售買家會在一週左右退貨，而轉售商只會在無法銷售的情況下退貨，所以退貨可能會在幾個月之後。對於零售買家 vs. 轉售商，庫存的商業決策是不一樣的。因此，我們必須盡量準確地預測這兩種類型的退貨。僅提高轉售商實例的權重是行不通的。

解決這個問題的直覺方法是使用 Cascade 設計模式。我們將這個問題拆成四個部分：

1. 預測特定的交易是否由轉售商進行
2. 用賣給零售買家的紀錄來訓練一個模型
3. 用賣給轉售商的紀錄來訓練第二個模型
4. 在生產環境中，結合三個獨立模型的輸出，來預測每一項賣出去的商品的退貨可能性，以及交易對象是轉售商的可能性

這樣就可以根據不同的買家類型，針對可能被退貨的商品做出不同的決策，並且確保步驟 2 和步驟 3 的模型在處理它們各自的一部分訓練資料時盡可能地準確。這些模型都相對容易訓練。第一個模型只是個分類模型，如果不尋常的活動極其罕見，我們可以用 Rebalancing 模式來處理它。接下來的兩個模型本質上是對訓練資料的不同部分進行訓練的分類模型。這個組合是確定性的，因為我們會根據活動是否來自轉售商，來選擇執行哪個模型。

問題會在預測期浮現，在預期期，我們沒有真正的標籤，只有第一個分類模型的輸出。我們必須根據第一個模型的輸出，決定要使用兩個銷售模型中的哪一個。問題是，我們是用標籤來訓練的，但是在推理期，我們不得不根據預測做出決定。任何預測都有誤差。因此，第二個與第三個模型可能必須對它們在訓練期間未曾見過的資料進行預測。

舉一個極端的例子，假設轉售商提供的地址都是在城市的工業區，而零售買家可能住在任何地方。如果第一個（分類）模型出錯，將零售買家錯誤地辨識為轉銷商，那麼它呼叫的預測模型的詞彙表裡面將沒有該名顧客的所在地區。

如何訓練一個串接模型，將其中一個模型的輸出當成下一個模型的輸入，或選擇後續的模型？

解決方案

如果機器學習問題的一個模型的輸出是下一個模型的輸入，或是會決定後續模型的選擇，它都稱為串接（cascade）。在訓練串接的 ML 模型時要特別小心。

例如，偶爾遇到不尋常狀況的機器學習問題可以當成串起來的四個機器學習問題來解決：

1. 用一個分類模型來識別狀況
2. 用不尋常狀況來訓練一個模型
3. 用一般狀況來訓練另一個模型
4. 用一個模型來結合兩個模型的輸出，因為輸出是兩個輸出的機率組合

乍看之下，這是 Ensemble 設計模式的案例，但因為在串接時必須設計特殊的實驗，所以我們把它獨立出來。

舉個例子，假設，為了估計在車站存放自行車的成本，我們希望預測在舊金山裡，自行車出租站和退還站之間的距離。換句話說，這個模型的目標是用開始租車的時間、自行車在哪裡出租、租客是不是訂戶等特徵來預測將自行車運回出租地點的距離。問題是，超過 4 小時的租賃與較短的租賃涉及非常不同的租客行為，而庫存演算法需要使用這兩種輸出（租車超過 4 小時的機率，和運送自行車的距離）。然而，只有極少部分的租賃涉及這種不正常的路程。

解決這個問題的方法之一是訓練一個分類模型，先根據路程是 Long 還是 Typical 來分類它們（完整的程式在本書的程式 repository 裡（*https://github.com/GoogleCloudPlatform/ml-design-patterns/blob/master/03_problem_representation/ cascade.ipynb*））：

```
CREATE OR REPLACE MODEL mlpatterns.classify_trips
TRANSFORM(
  trip_type,
  EXTRACT (HOUR FROM start_date) AS start_hour,
  EXTRACT (DAYOFWEEK FROM start_date) AS day_of_week,
  start_station_name,
  subscriber_type,
  ...
)
OPTIONS(model_type='logistic_reg',
        auto_class_weights=True,
        input_label_cols=['trip_type']) AS
```

```
SELECT
  start_date, start_station_name, subscriber_type, ...
  IF(duration_sec > 3600*4, 'Long', 'Typical') AS trip_type
FROM `bigquery-public-data.san_francisco_bikeshare.bikeshare_trips`
```

你可能很想用實際的租賃時間直接將訓練組拆成兩個部分，並訓練接下來的兩個模型，一個用 Long 租賃來訓練，一個用 Typical 租賃來訓練。問題在於，我們剛才討論的分類模型會有錯誤。事實上，用保留下來的舊金山自行車資料來評估模型，可以看到模型的準確率只有 75% 左右（見圖 3-16）。有鑑於此，用完美拆開的資料來訓練模型會導致不好的下場。

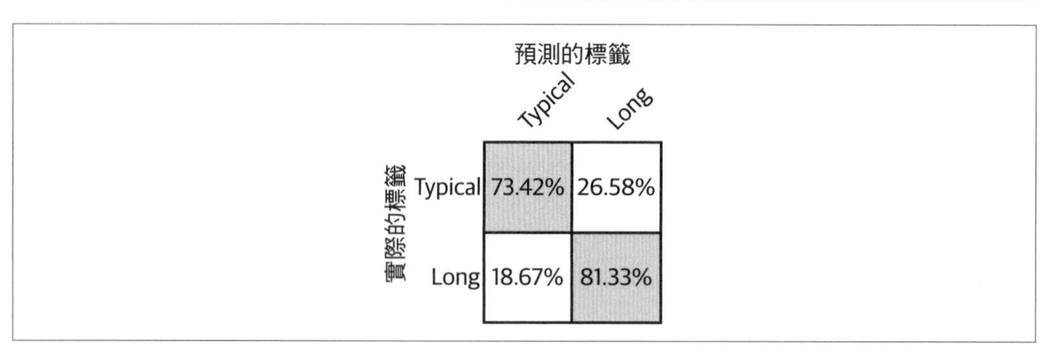

圖 3-16　用分類模型來預測非典型的行為不可能 100% 準確。

我們改成在訓練這個分類模型之後，用這個模型的預測來為下一組模型建立訓練資料組。例如，我們可以為模型建立訓練資料組來預測 Typical 租賃的距離：

```
CREATE OR REPLACE TABLE mlpatterns.Typical_trips AS
SELECT
  * EXCEPT(predicted_trip_type_probs, predicted_trip_type)
FROM
ML.PREDICT(MODEL mlpatterns.classify_trips,
  (SELECT
  start_date, start_station_name, subscriber_type, ...,
  ST_Distance(start_station_geom, end_station_geom) AS distance
  FROM `bigquery-public-data.san_francisco_bikeshare.bikeshare_trips`)
)
WHERE predicted_trip_type = 'Typical' AND distance IS NOT NULL
```

然後使用這個資料組來訓練模型預測距離：

```
CREATE OR REPLACE MODEL mlpatterns.predict_distance_Typical
TRANSFORM(
  distance,
```

```
  EXTRACT (HOUR FROM start_date) AS start_hour,
  EXTRACT (DAYOFWEEK FROM start_date) AS day_of_week,
  start_station_name,
  subscriber_type,
  ...
)
OPTIONS(model_type='linear_reg', input_label_cols=['distance']) AS

SELECT
  *
FROM
  mlpatterns.Typical_trips
```

最後，當我們在進行評估、預測，等等時，應該要想到，我們必須使用三個訓練好的模型，而不僅僅是一個，這就是我們所說的 Cascade 設計模式。

在實務上，我們很難維持直線型的 Cascade 工作流程。與其單獨訓練模型，不如使用 Workflow Pipelines 模式（第 6 章）來將整個工作流程自動化，如圖 3-17 所示。關鍵是確保每次進行實驗時，兩個下游模型的訓練資料組都是用上游模型的預測來建立的。

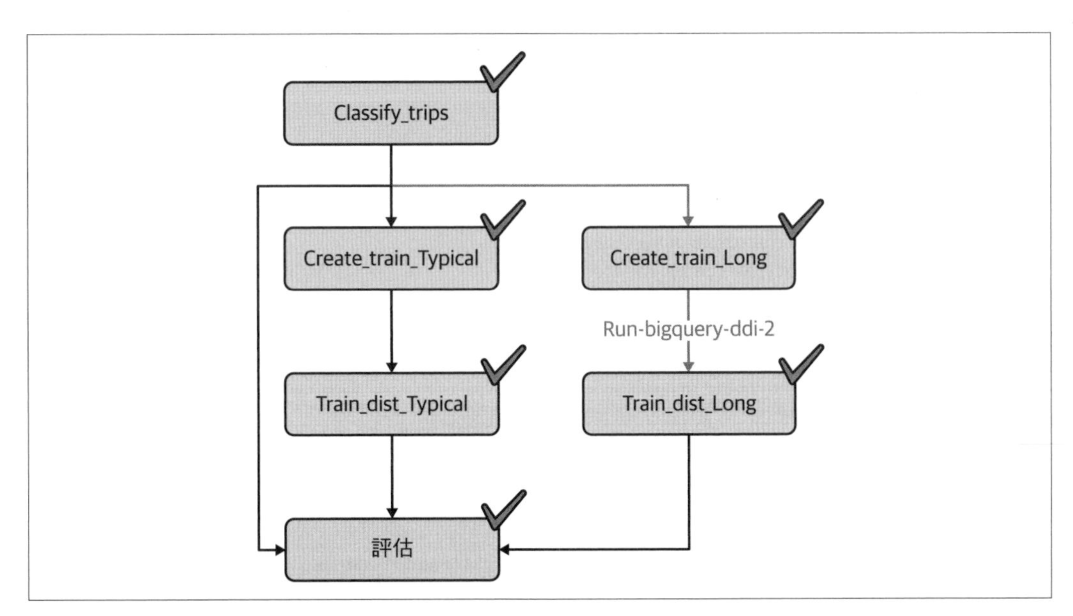

圖 3-17　一次性訓練串接模型的管道。

雖然我們在這裡使用 Cascade 模式在一般和不尋常的活動期間預測一個值，但 Cascade 模式的解決方案也能夠處理更廣泛的情況。管道（pipeline）框架可讓我們處理「機器學習問題可以分解成一系列（或串接的）ML 問題」的任何情況。當我們要將一個機器學習模型的輸出當成另一個模型的輸入時，就要用第一個模型的預測來訓練第二個模型，在這些情況下，如果有正式的管道試驗框架將會非常方便。

Kubeflow Pipelines 提供這種框架。因為它使用容器，所以底層的機器學習模型和黏膠程式碼幾乎可以用任何程式語言或腳本語言來編寫。在這裡，我們要用 BigQuery 用戶端程式庫，來將上面的 BigQuery SQL 模型包在 Python 函式裡面。我們可以使用 TensorFlow 或 scikit-learn 甚至 R 來實作個別組件。

使用 Kubeflow Pipelines 的管道程式可以非常簡單地寫成（本書的程式 repository 有完整的程式（*https://github.com/GoogleCloudPlatform/ml-design-patterns/blob/master/03_problem_representation/cascade.ipynb*））：

```
@dsl.pipeline(
    name='Cascade pipeline on SF bikeshare',
    description='Cascade pipeline on SF bikeshare'
)
def cascade_pipeline(
    project_id = PROJECT_ID
):
    ddlop = comp.func_to_container_op(run_bigquery_ddl,
                    packages_to_install=['google-cloud-bigquery'])

    c1 = train_classification_model(ddlop, PROJECT_ID)
    c1_model_name = c1.outputs['created_table']

    c2a_input = create_training_data(ddlop,
                   PROJECT_ID, c1_model_name, 'Typical')
    c2b_input = create_training_data(ddlop,
                   PROJECT_ID, c1_model_name, 'Long')

    c3a_model = train_distance_model(ddlop,
                   PROJECT_ID, c2a_input.outputs['created_table'], 'Typical')
    c3b_model = train_distance_model(ddlop,
                   PROJECT_ID, c2b_input.outputs['created_table'], 'Long')

    ...
```

你可以提交整個管道來運行，並使用 Pipelines 框架來追蹤不同的實驗回合。

如果我們使用 TFX 作為管道框架（我們可以在 Kubeflow Pipelines 上運行 TFX），那就沒有必要為了在下游模型中使用它們的輸出預測，而部署上游模型。我們可以將 TensorFlow Transform 方法 `tft.apply_saved_model` 當成預先處理操作的一部分來使用。第 6 章會討論 Transform 設計模式。

當你有互相連接的 ML 模型時，強烈建議使用管道實驗框架。這種框架可以確保下游模型在上游模型被修改時會被重新訓練，並且讓我們擁有以前所有訓練回合的歷史紀錄。

代價與其他方案

不要過分使用 Cascade 設計模式——與我們在本書中介紹的許多設計模式不同的是，Cascade 不一定是最佳實踐法。它會在你的機器學習工作流程中增加相當多的複雜性，實際上可能會導致更差的性能。請注意，管道 / 實驗框架絕對是最佳實踐法，但是你要盡量用管道來處理單一機器學習問題（接收、預先處理、資料驗證、轉換、訓練、評估和部署）。不要像 Cascade 模式那樣，在同一個管道中使用多個機器學習模型。

確定性的輸入

拆解 ML 問題通常不是個好主義，因為 ML 模型可以 / 應該學習多個因素的組合。例如：

- 如果某條件可以從輸入裡確定性地知道（假日購物與工作日購物），我們要將該條件當成另一個模型輸入。
- 如果某條件只涉及一個輸入之中的極限值（住在附近的顧客 vs. 在遠處的顧客，需要從資料裡了解近 / 遠的含義），我們可以使用 Mixed Input Representation 來處理它。

Cascade 設計模式可以處理一種不尋常的場景——我們沒有分類輸入，必須從多個輸入學習極限值。

單一模型

Cascade 設計模式不應該在只用一個模型就可以處理的常見場景中使用。例如，假設我們試圖了解顧客的購買傾向。或許你認為應該要為「會比價的人」和「不比價的人」訓練不同的模型，雖然我們不知道誰會比價，但我們可以根據購物次數、商品在購物車裡的時間等等做出有根據的猜測。這個問題不需要 Cascade 設計模式，因為它很常見（大多數的顧客都會比價），機器學習模型應該能夠在訓練過程中私下學習它。

遇到常見的場景時，那就訓練一個模型。

內部一致性

當我們需要在多個模型的預測之間保持內部一致性時，就需要使用 Cascade。注意，我們不是只想預測不尋常的活動，我們試著預測退貨，考慮其中也有一些是轉售商做的。如果我們的任務只是預測銷售對象是不是轉售商，我們要使用 Rebalancing 模式。使用 Cascade 的原因是，我們要將不平衡的標籤輸出當成後續模型的輸入，而且它本身是有用的。

類似地，假設我們訓練模型來預測顧客的購買傾向的原因是為了提供折扣。我們要不要提供折扣，以及折扣的大小，往往取決於顧客會不會比價。有鑑於此，我們需要兩個模型（比價者模型和購物癖者模型）之間的內部一致性。此時，我們可能需要 Cascade 設計模式。

預訓模型

當我們希望重複使用一個預先訓練好的模型，將它的輸出當成模型的輸入時，也需要使用 Cascade。例如，假設我們要建構一個模型來檢測建築物的授權進入者，以便自動打開大門。模型輸入可能有車牌。我們可能會發現，使用光學字元識別（OCR）模型的輸出比較簡單，而不是直接在模型中使用安全照片（security photo）。我們必須想到 OCR 系統會有錯誤，所以我們不應該用完美的車牌資訊來訓練模型。相反，我們應該用 OCR 系統的實際輸出來訓練模型。實際上，因為不同的 OCR 模型會有不同的行為和不同的錯誤，所以如果我們更換 OCR 系統的供應商，就有必要重新訓練模型。

將預先訓練好的模型當成管道的第一步時，有一種常見場景就是使用一個物體檢測模型，接著使用一個比較細膩的圖像分類模型。例如，物體檢測模型或許可以找到圖像中的所有手提袋，它的中間步驟可能是將圖像裁成它檢測到的物體的邊框，讓後續的模型可以識別手提袋的類型。我們建議使用 Cascade，如此一來，當物體檢測模型更新時（例如新版本的 API），我們都可以重新訓練整個管道。

用 Reframing 取代 Cascade

注意，在我們的範例問題中，我們試圖預測一個商品被退貨的可能性，因此這是一個分類問題。假設我們希望預測每小時的銷售額，多數時候情況下，我們只服務零售買家，但偶爾（可能一年有四、五次），我們也會有批發買家。

在理論上，這是一個預測每日銷售量的回歸問題，其中，我們有「批發買家」形式的混淆因素。將回歸問題重新定義成有各種銷售額的分類問題可能是更好的方法。雖然採取這種做法時，我們要為每一個銷售額組別訓練分類模型，但它可以免除取得正確的零售和批發類別的需要。

在罕見情況下使用回歸

當某些值比其他值更常見時，Cascade 設計模式可以協助執行回歸。例如，我們可能想要用衛星照片來預測降雨量，可能有 99% 的像素不會下雨，在這種情況下，我們可以建立一個堆疊（stacked）的分類模型，然後建立一個回歸模型：

1. 先預測會不會下雨。
2. 對於模型預測不太可能下雨的像素，預測其降雨量為零。
3. 訓練一個回歸模型，為模型預測可能下雨的像素預測降雨量。

你一定要認識到，分類模型並不完美，因此，回歸模型必須用分類模型預測可能會下雨的像素來訓練（而不是只用「有標籤的資料組」裡面會下雨的像素）。關於這個問題的輔助方案，可參考第 118 頁的「設計模式 10：Rebalancing」與第 78 頁的「設計模式 5：Reframing」的討論。

設計模式 9：Neutral Class

在許多分類情況下，建立中立類別是有幫助的。例如，與其訓練一個輸出事件機率的二元分類器，你可以訓練一個輸出 Yes、No 和 Maybe 的不重疊機率的三元分類器。在這裡的不重疊（disjoint）代表類別不重疊（overlap）。例如，一個訓練模式只能屬於一個類別，因此 Yes 和 Maybe 之間沒有重疊。在這個例子中的 Maybe 是中性類別。

問題

假設我們要建立一個模型來指示該提供哪一種止痛藥，我們有兩種選項：ibuprofen 與 acetaminophen[2]，根據歷史資料，acetaminophen 往往會讓胃有損傷風險的病人使用，ibuprofen 往往會優先讓肝有損傷風險的病人使用。除了這兩種情況之外，用哪種藥往往是隨機的，有一些醫生預設使用 acetaminophen，有一些則使用 ibuprofen。

---

2 這只是一個用來說明的例子，不要把它當成醫學建議！

用這種資料組來訓練二元分類器會導致較差的準確性，因為模型要釐清一些事實上很隨機的案例。

解決方案

想像另一個場景。假如描述醫生處方的電子記錄也會詢問他們是否可以接受其他的止痛藥。如果醫生開的藥是 acetaminophen，應用程式會詢問醫生，如果病人的藥箱裡裡面有 ibuprofen，病人是否可以使用它。

第二個問題的回答讓我們有一個中立的類別。或許處方仍然是「acetaminophen」，但紀錄描述了醫生對這個病人是中立的。請注意，這從根本上需要我們設計合適的資料收集機制——我們不能在事後製作一個中立類別。我們必須正確地設計機器學習問題。在這個案例中，正確的設計從我們最初如何提出問題開始。

如果我們所擁有的只是一個歷史資料組，那麼我們就要使用標注服務（*https://oreil.ly/OSZsi*）。我們可以讓人類標注者檢驗醫生最初的選擇，並且回答「是否接受另一種止痛藥」這個問題。

有效的原因

我們接下來要模擬一個使用合成資料組的機制，來探索這個模式的工作機制，然後展示在實際的邊緣案例中可能出現的類似情況。

合成資料

我們來建立一個長度為 N 的合成資料組，裡面有 10% 的資料代表有黃疸病史的患者。由於他們有肝損傷的風險，所以他們的正確處方是 ibuprofen（GitHub 有完整的程式（*https://github.com/GoogleCloudPlatform/ml-design-patterns/blob/master/03_problem_representation/neutral.ipynb*））：

```
jaundice[0:N//10] = True
prescription[0:N//10] = 'ibuprofen'
```

另外的 10% 的資料代表有胃潰瘍病史的患者，因為他們有胃損傷的風險，所以他們的正確處方是 acetaminophen：

```
ulcers[(9*N)//10:] = True
prescription[(9*N)//10:] = 'acetaminophen'
```

剩下的病人會被任意指定任何一種藥物。自然地，這種隨機指定會讓僅用兩種類別來訓練的模型的整體準確度較低。事實上，我們可以計算出準確度的上限。因為 80% 的訓練樣本都是隨機標籤，所以這個模型最好的情況就是猜對它們之中的一半。所以，模型處理那個訓練樣本的子集合的準確度是 40%。其餘的 20% 訓練案例使用具體指定的標籤，理想的模型會學習它們，所以我們預計整體的準確度最多是 60%。

的確，使用 scikit-learn 對模型進行下面的訓練可以得到 0.56 的準確度：

```
ntrain = 8*len(df)//10 # 用 80% 的資料來訓練
lm = linear_model.LogisticRegression()
lm = lm.fit(df.loc[:ntrain-1, ['jaundice', 'ulcers']],
            df[label][:ntrain])
acc = lm.score(df.loc[ntrain:, ['jaundice', 'ulcers']],
            df[label][ntrain:])
```

如果我們建立三個類別，並將所有隨機指定的處方放到那個類別，不出所料，我們將得到完美的（100%）準確度。合成資料的目的是為了說明，如果在工作過程中有隨機指定的情況，Neutral Class 設計模式可以幫助我們避免隨興標注的資料造成模型準確度下降。

真實的世界

現實世界可能不像合成資料組那樣完全隨機，但是仍然會有隨興指定的模式。例如，當嬰兒出生一分鐘之後，會被指定一個「Apgar 評分」，它是一個介於 1 和 10 之間的數字，10 代表完美地經歷分娩過程的嬰兒。

假如有一個模型被訓練來預測一個嬰兒能不能健康地經歷分娩過程，或者是否需要即時關注（GitHub 有完整的程式碼（*https://github.com/GoogleCloudPlatform/ml-design-patterns/blob/master/03_problem_representation/neutral.ipynb*））：

```
CREATE OR REPLACE MODEL mlpatterns.neutral_2classes
OPTIONS(model_type='logistic_reg', input_label_cols=['health']) AS

SELECT
  IF(apgar_1min >= 9, 'Healthy', 'NeedsAttention') AS health,
  plurality,
  mother_age,
  gestation_weeks,
  ever_born
FROM `bigquery-public-data.samples.natality`
WHERE apgar_1min <= 10
```

我們將 Apgar 評分的閾值設為 9，並且將 Apgar 評分是 9 或 10 的嬰兒視為健康，把 Apgar 評分是 8 以下的嬰兒視為需要關注。用 natality 資料組來訓練這個二元分類模型，並且用保留下來的資料來評估時，它的準確度是 0.56。

然而，幫嬰兒指定 Apgar 評分涉及一些相對主觀的評估，為嬰兒指定 8 分還是 9 分往往取決於醫生的偏好。這種嬰兒既非完全健康，也不需要緊急醫療介入。如果我們建立一個中立的類別來保存這些「邊緣」評分呢？此時需要建立三個類別，Apgar 評分為 10 分代表健康，評分為 8 至 9 分代表中性，評分更低的代表需要注意：

```
CREATE OR REPLACE MODEL mlpatterns.neutral_3classes
OPTIONS(model_type='logistic_reg', input_label_cols=['health']) AS

SELECT
  IF(apgar_1min = 10, 'Healthy',
     IF(apgar_1min >= 8, 'Neutral', 'NeedsAttention')) AS health,
  plurality,
  mother_age,
  gestation_weeks,
  ever_born
FROM `bigquery-public-data.samples.natality`
WHERE apgar_1min <= 10
```

這個模型用保留的資料組來評估時的準確度是 0.79，遠高於使用兩個類別時的 0.56。

代價與其他方案

Neutral Class 設計模式是在剛開始處理機器學習問題時必須記得的模式。收集正確的資料可以避免很多棘手的問題。以下幾種情況可能適合使用中立類別。

當人類專家沒有共識時

中立類別有助於處理人類專家之間的意見分歧。假如我們讓人類標注者看病人的病歷，並詢問他們會開什麼藥。我們可能有時會明確地得到 acetaminophen，有時會明確地得到 ibuprofen，但是在很多情況下，人類標注者的意見是分歧的。中立類別提供一種處理這種情況的方法。

在人為標注的情況下（不像紀錄實際醫生行為的歷史資料組那樣，一位病人只被一個醫生看過），每一個模式都是由多位專家標注的。因此，我們先驗地知道哪些情況是人類沒有共識的。雖然乍看之下，直接捨棄這些案例，並且直接訓練一個二元分類器似乎簡單得多，畢竟，模型如何處理中性案例並不重要，但是這種做法有兩個問題：

1. 虛偽的信心往往會讓人類專家無法接受模型。專家比較容易接受「可輸出中立決定的模型」，而不是「人類專家會做出另一種選擇，但模型卻有錯誤的自信」。
2. 如果我們訓練的是一串（cascade）模型，那麼下游的模型會對中性類別非常敏感。如果我們持續改善這個模型，下游的模型會在不同的版本之間發生巨大的變化。

另一種選擇是在訓練過程中，將標注者之間的同意程度當成模式的權重。因此，如果 5 位專家都同意一個診斷，該訓練模式的權重是 1，如果專家變成 3 比 2，模式的權重可能只有 0.6。這可讓我們訓練一個二元分類器，但是讓分類器偏重（overweight）於「肯定（sure）」的情況。這種做法的缺點是，當模型輸出的機率是 0.5 時，我們不知道那是因為訓練資料不足，還是因為人類專家沒有共識。使用中立的類別來描述沒有共識的區域可以釐清這兩種情況。

顧客滿意度

試圖預測客戶滿意度的模型也需要使用中性類別。如果訓練資料包含市調，其中顧客會用 1 到 10 分來評分他們的體驗，那麼將評分分成三類可能有所幫助：1 到 4 是不好，8 到 10 個好，5 到 7 是中性的。反之，如果我們試著以閾值為 6 來訓練一個二元分類器，模型將花費太多的精力來試圖釐清實質上是中性的回覆。

當成改善 embedding 的方法

假設我們要為航空公司建立一個定價模型，並希望預測顧客會不會以某個價格購買機票。為此，我們可以查看機票購買紀錄和被放棄的購物車。然而，假如我們的交易也包含許多混載業者（consolidator）和旅行社的紀錄，他們都是簽了價格合約的人，因此他們的價格事實上不是動態設定的，換句話說，他們支付的金額不是目前顯示的價格。

雖然我們可以拋棄所有的非動態購買紀錄，只用根據現價來決定是否購買的顧客來訓練模型，但是這種模型會失去混載業者或旅行社在不同時期感興趣的目的地的資料——這會影響如何建立機場和酒店的 embedding 之類的事情。保留這些資訊而不影響定價決策的方法之一是為這些交易建立一個中立類別。

用中立類別來重新定義

假設我們要訓練一個自動交易系統，該系統可以根據證券價格預計上漲或下跌進行交易。由於股價反映股市的波動和新訊息的速度，試圖根據小波動來預測並進行交易很可能導致高交易成本和低利潤。

在這種情況下，考慮最終目標是什麼是有幫助的。ML 模型的最終目標不是預測股票上漲或下跌，我們無法買到我們預測會上漲的所有股票，也無法賣出我們不持有的股票。

比較好的策略或許是購買未來 6 個月最有可能上漲超過 5% 的 10 檔股票的看漲選擇權（call）[3]，以及購買未來 6 個月最有可能下跌超過 5% 的股票的看跌選擇權（put）。

所以，我們的解決方案就是建立一個包含三個類別的訓練資料組：

- 漲幅超過 5% 的股票——call。
- 跌幅超過 5% 的股票——put。
- 其餘的股票屬於中性類別。

接下來我們可以用這三個類別來訓練一個分類模型，然後從模型中選出最有信心的預測，而不是訓練一個回歸模型來判斷股票會上漲多少。

設計模式 10：Rebalancing

Rebalancing 設計模式提供了各種方法來處理本質上不平衡的資料組。不平衡指的是有一個標籤占了絕大部分的資料組，導致其他標籤的案例少非常多。

這個設計模式無法處理資料組缺乏特定群體，或資料組無法反映現實環境的情況，這些情況通常只能透過收集額外的資料來解決。Rebalancing 設計模式處理的問題主要是：如何使用特定類別只有少數案例的資料組來建構模型。

問題

當資料組裡面的每一個標籤類別都有相似數量的案例時，機器學習模型的學習效果最好。然而，許多現實世界的問題並沒有如此巧妙的平衡。以詐騙檢測為例，假如你要建構一個模型來識別信用卡交易詐騙。詐騙交易比正常交易罕見許多，因此，用來訓練模

3 關於 call 與 put 選擇權的入門知識，可參考 *https://oreil.ly/kDndF*。

型的詐騙案例也很少。其他問題也有相同的情況，例如檢測某人會不會拖欠貸款、識別有缺陷的產品、根據醫學照片預測疾病的存在、過濾垃圾郵件、在軟體應用程式中指出錯誤 log，等等。

許多類型的模型都有不平衡的資料組，包括二元分類、多類別分類、多標籤分類和回歸。在回歸案例中，不平衡的資料組是指異常值遠高於或遠低於資料組的中位數的資料。

使用標籤類別不平衡的資料來訓練的模型有一個常見的陷阱在於——使用誤導性的準確度來評估模型。如果我們訓練一個詐騙檢測模型，而且我們的資料組只有 5% 包含詐騙交易，那麼在不修改資料組或底層的模型架構的情況下，我們的模型有可能被訓練成 95% 的準確率。雖然這個 95% 的準確率**在技術上**是正確的，但是模型很有可能是在遇到每一個案例時，都猜測占絕大多數的類別（在這個例子中，就是非詐騙）。因此，它並沒有學會如何將資料組的少數案例從其他案例區分出來。

為了避免過分依賴這種誤導性的準確率，我們必須觀察模型的混淆矩陣，以了解每個類別的準確性。圖 3-18 是用不平衡的資料組訓練出來且性能低下的模型的混淆矩陣。

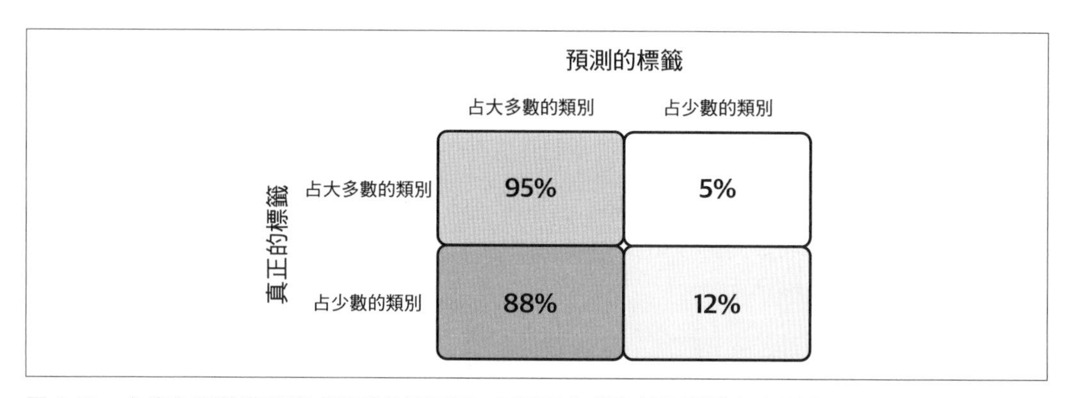

圖 3-18　在沒有調整資料組或模型的情況下，用不平衡的資料組訓練出來的模型的混淆矩陣。

在這個例子裡，模型在 95% 的情況下正確地猜測了占大多數的類別，但是只有 12% 的情況正確猜測了占少數的類別。如果模型的性能很好，在混淆矩陣的對角線上的百分比通常會接近 100。

解決方案

首先，因為使用不平衡的資料組可能產生誤導性的準確度，所以在建構模型時選擇合適的評估指標很重要。再則，我們可以使用各種技術在資料組和模型層面上處理天生不平衡的資料組。downsampling 可以改變底層資料組的平衡，而使用權重則會改變模型處理某些類別的方式。upsampling 就是重複製作少數類別的案例，通常會使用擴充技術來產生額外的樣本。我們接下來也會討論**重新定義**問題的方法：將它改成回歸任務、分析模型處理每一個案例的誤差值，或聚類法。

選擇評估指標

遇到不平衡的資料組時，比如詐騙檢測範例的資料組，最好可以使用像 precision、recall 或 F-measure 這類的指標來全面性地了解模型如何運行。precision 衡量的是在模型做出的所有陽性預測中，真的是陽性的百分比。相反，recall 衡量的是實際是陽性的案例被模型正確地認出來的百分比。這兩者最大的差異是用來計算它們的分母。precision 的分母是模型預測的陽性類別總數。recall 的分母是資料組裡面的陽性類別案例數量。

雖然完美的模型的 precision 與 recall 都是 1.0，但是實際上，這兩個指標常常互相矛盾。F-measure 是範圍為 0 至 1 的指標，它同時考量 precision 與 recall，算法是：

```
2 * (precision * recall / (precision + recall))
```

我們回到詐騙檢測範例，看看這些衡量標準實際上是如何發揮作用的。對於這個例子，假設我們的測試組總共有 1,000 個案例，其中的 50 個被標注為詐騙交易。針對這些案例，我們的模型正確地預測出 930/950 個非詐騙案例，以及 15/50 個詐騙案例。我們將結果視覺化，如圖 3-19 所示。

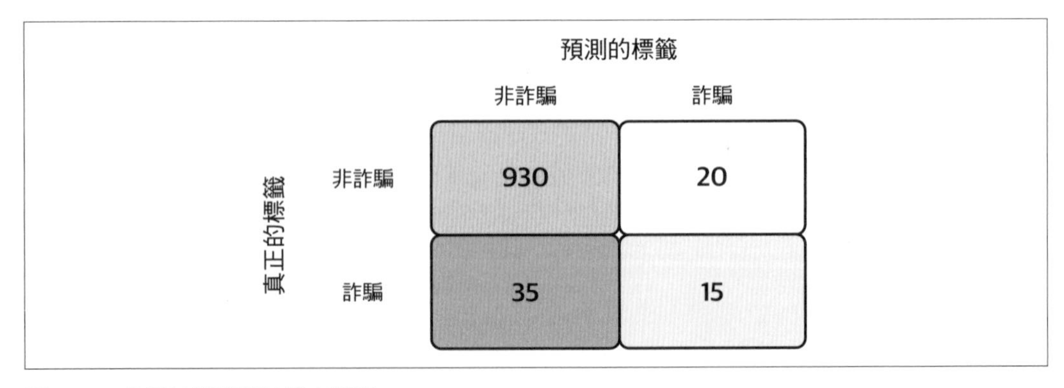

圖 3-19　詐騙檢測模型的樣本預測。

在本例中，模型的 precision 為 15/35（42%），recall 為 15/50（30%），F-measure 為 35%。與準確度（accuracy）相比（它是 945/1000，94.5%），這些指標更能夠描述模型無法正確地識別詐騙交易的情況，因此，在評估以不平衡的資料組來訓練的模型時，應該選擇準確度之外的指標。事實上，在優化這些指標之後，準確度甚至可能會下降，但是這種情況是 OK 的，因為 precision、recall 和 F-measure 更能夠反映模型的性能。

注意，在評估以不平衡的資料組訓練出來的模型時，我們要用 *unsampled* 的資料來計算成功指標（譯注：即不做 unsampling 與 downsampling 的資料）。這意味著無論我們如何修改資料組，並使用接下來介紹的解決方案進行訓練，我們都應該讓測試組保持原樣，讓它能夠準確地表示原始的資料組。換句話說，測試組的類別平衡情況應該與原始資料組大致相同。對上述的例子而言，那就是 5% 的詐騙 / 95% 的非詐騙。

如果我們想要找一個評估標準來描述模型橫跨所有閾值的性能，對於模型評估來說，average precision-recall 是比 ROC 曲線下方面積（AUC）更有訊息量的指標。這是因為 average precision-recall 更強調在模型認為是陽性類別的總數裡，有多少是正確的。它會給陽性類別更多權重，這對不平衡的資料組來說很重要。另一方面，AUC 會平等地對待這兩種類別，而且對於模型的改善較不敏感，在資料不平衡的情況下不是最好的選擇。

downsampling

downsampling 就是在訓練期減少多數樣本的數量，藉著改變底層的資料組（而不是改變模型）來處理資料組不平衡這個問題。為了展示它如何運作，我們來看一個在 Kaggle 上面的合成詐騙檢測資料組（*https://oreil.ly/WqUM-*）[4]。在這個資料組裡面的每一個案例都包含關於交易的各種資訊，包括交易類型、交易的金額，以及交易之前和之後的帳戶餘額。這個資料組包含 630 萬個案例，其中只有 8,000 個是詐騙交易，這僅僅是整個資料組的 0.1%。

雖然大型的資料組通常可以提高模型識別模式的能力，但是當資料明顯不平衡時，它就沒什麼幫助了。如果我們用整個資料組（6.3 M 列）來訓練一個模型（*https://github.com/GoogleCloudPlatform/ml-design-patterns/blob/master/03_problem_repre sentation/rebalancing.ipynb*），且不做任何修改，由於模型每次都隨機猜測結果是非詐騙性類別的結果，我們可能會看到 99.9% 這個具有誤導性的準確率。我們可以藉著將資料組裡面的大量大多數類別刪除來解決這個問題。

4　這個資料組是基於這篇論文提出的 PaySim 研究產生的：EdgarLopez-Rojas , Ahmad Elmir, and Stefan Axelsson, "PaySim: A financial mobile money simulator for fraud detection," *28th European Modeling and Simulation Symposium*, EMSS, Larnaca, Cyprus (2016): 249–255。

我們把全部的 8,000 個詐騙性案例放在一邊，在訓練模型時使用，然後從非詐騙交易中隨機抽取一小組樣本，將它們與 8,000 個詐騙案例合併，洗亂資料，再使用這個新的、較小的資料組來訓練一個模型。這是我們用 pandas 來實作的方法：

```
data = pd.read_csv('fraud_data.csv')

# 幫詐騙 / 非詐騙拆成不同的 dataframe
fraud = data[data['isFraud'] == 1]
not_fraud = data[data['isFraud'] == 0]

# 隨機取出非詐騙列
not_fraud_sample = not_fraud.sample(random_state=2, frac=.005)

# 將它組在一起並洗亂
df = pd.concat([not_fraud_sample,fraud])
df = shuffle(df, random_state=2)
```

於是，我們的資料組將包含 25% 的詐騙交易，比原始的資料組更平衡（原本少數類別只有 0.1%）。在做 downsampling 時，你可以用精確平衡的資料做實驗，在這裡我們使用 25/75 分，但是不同的問題可能需要接近 50/50 分，來取得合適的準確度。

downsampling 通常與 Ensemble 一起使用，採取這些步驟：

1. 對占大多數的類別進行 downsample，並使用所有少數類別的實例。
2. 訓練一個模型，並將它加入群體（ensemble）。
3. 重複。

在推理期間，取群體模型的中位數輸出。

我們在這裡討論的是分類的案例，但是 downsampling 也可以用在預測數值的回歸模型。在這種情況下，從占大多數的類別樣本中隨機抽樣有更多細節，因為資料裡面的大多數「類別」是一個範圍，而不是一個標籤。

加權類別

處理不平衡資料組的另一種方法是改變模型為每一個類別的案例指定的**權重**。注意，這裡使用的「權重」與模型在訓練期間學到的權重（或參數）不一樣，後者無法手動設定。我們所指的**幫類別**加權的意思是告訴模型在訓練期間將特定標籤的類別視為更重要。我們希望模型賦與少數類別的案例更多權重。模型應該給某些案例多少權重是由你決定的，也是你可以試驗的參數。

在 Keras 裡，我們可以在使用 fit() 來訓練模型時傳遞 class_weights 參數。class_weights 參數是個字典，指定 Keras 應該為各個類別的案例設定多少權重。但是，我們該如何決定每個類別的權重呢？類別的權重值應與各個類別在資料組裡面的平衡有關。例如，如果少數類別只占資料組的 0.1%，合理的答案是，模型應該讓該類別的案例的權重比多數類別多 1000 倍。在實務上，我們通常會將每一個類別的權重值除以 2，讓每一個案例的平均權重是 1.0。因此，如果資料組有 0.1% 的值代表少數類別，我們可以用下面的程式來計算類別的權重：

```
num_minority_examples = 1
num_majority_examples = 999
total_examples = num_minority_examples + num_majority_examples

minority_class_weight = 1/(num_minority_examples/total_examples)/2
majority_class_weight = 1/(num_majority_examples/total_examples)/2

# 將這個權重放在字典裡傳給 Keras
# 字典的鍵是各個類別的索引
keras_class_weights = {0: majority_class_weight, 1: minority_class_weight}
```

然後，在訓練時，將這些權重傳給模型：

```
model.fit(
    train_data,
    train_labels,
    class_weight=keras_class_weights
)
```

在 BigQuery ML 裡，我們可以在建立模型時，在 OPTIONS 段落裡設定 AUTO_CLASS_WEIGHTS = True，來讓它根據不同類別在訓練資料裡的出現頻率設定不同的類別權重。

雖然在設定類別權重時，採取「平衡類別」這個經驗法則可能有幫助，但模型的商務應用可能也會影響類別的權重。例如對瑕疵品的照片進行分類的模型。如果運送瑕疵品的成本是將正常的產品錯誤分類的 10 倍，我們就要將少數類別的權重設為 10。

輸出層偏差

在指派類別權重的同時，使用一個偏差值來初始化模型的輸出層也有助於處理資料組不平衡的問題。為什麼要幫輸出層手動設定初始偏差值？當我們有不平衡的資料組時，設定輸出偏差值有助於讓模型收斂得更快。這是因為經過訓練的模型的最後一層（預測）的偏差會輸出（平均而言）資料組中少數案例與多數案例的比例的對數。藉著設定偏差，模型在一開始就已經是「正確」的值，不需要透過梯度下降來發現它。

在預設情況下，Keras 使用的偏差是零，與我們希望讓完美平衡的資料組使用的 `log(1/1) = 0` 相符。要計算正確的偏差值，並且考慮資料組的平衡，你可以使用：

```
bias = log(num_minority_examples / num_majority_examples)
```

upsampling

處理不平衡資料組的另一種常見技術是 upsampling。upsampling 就是複製少數類別的案例，以及產生額外的合成案例，來讓少數類別更突出。這項工作通常會與 downsampling 大多數類別一起進行。這種做法（結合 downsampling 與 upsampling）是在 2002 年發表的，被稱為 Synthetic Minority Over-sampling Technique（SMOTE（*https://oreil.ly/CFJPz*））。SMOTE 提供一種建構合成案例的演算法，它可以分析資料組內少數類別案例的特徵空間，再使用最近鄰方法，在那個特徵空間裡面產生相似的案例。根據我們決定一次考慮多少相似的資料點（也稱為最近鄰點的數量），SMOTE 可以在這些點之間隨機產生一個新的少數類別案例。

我們可以用 Pima Indian Diabetes Dataset（*https://oreil.ly/ljqnc*）在比較高的層面上觀察它是如何運作的。這個資料組有 34% 是糖尿病患者的案例，因此我們將它視為少數類別。表 3-3 是兩個少數類別案例的欄位的子集合。

表 3-3 Pima Indian Diabetes Dataset 的少數類別（有糖尿病）訓練案例的特徵子集合

Glucose（血糖）	BloodPressure（血壓）	SkinThickness（皮膚厚度）	BMI
148	72	35	33.6
183	64	0	23.3

表 3-4 是用資料組的這兩個實際案例合成的新案例，它使用那些欄位的中間值。

表 3-4 使用 SMOTE 方法，用兩個少數訓練案例來產生一個合成案例

Glucose（血糖）	BloodPressure（血壓）	SkinThickness（皮膚厚度）	BMI
165.5	68	17.5	28.4

SMOTE 技術主要處理表格資料，但類別的邏輯也可以用在圖像資料組上。例如，如果我們要建構一個模型來區分 Bengal 和 Siamese 貓，而我們的資料組只有 10% 有 Bengal 的圖像，那麼我們可以使用 Keras `ImageDataGenerator` 類別進行圖像擴增，在資料組裡面產生額外的 Bengal 貓的變體。我們可以使用一些參數，藉著旋轉、裁剪、調整亮度等手法，產生這個類別的同一張圖像的多種變化。

代價與其他方案

使用天生不平衡的資料組來建構模型還有一些其他的替代方案，包括重新定義問題，以及處理異常檢測的案例。我們也會探討關於不平衡資料組的幾個重要考慮事項：整體資料組的大小、處理各類問題的最佳模型架構，以及解釋少數類別的預測。

重新定義和串接

重新定義問題是處理不平衡資料組的另一種方法。首先，我們可以考慮使用 Reframing 設計模式一節中介紹的技術，將問題從分類變成回歸（或相反），並訓練串接（cascade）的模型。例如，假設我們有一個回歸問題，在這個問題中，大部分的訓練資料都落在一個特定的範圍內，異常值只占少數。假設我們關心異常值的預測，我們可以將大部分的資料分為一組，將異常值歸為另一組，將這個問題變成分類問題。

假設我們要用 BigQuery natality 資料組來建立一個預測嬰兒體重的模型。使用 pandas 時，我們可以建立一個嬰兒體重資料樣本的直方圖，以觀察體重的分布：

```
%%bigquerydf
SELECT
  weight_pounds
FROM
  `bigquery-public-data.samples.natality`
LIMIT 10000

df.plot(kind='hist')
```

圖 3-20 是顯示出來的直方圖。

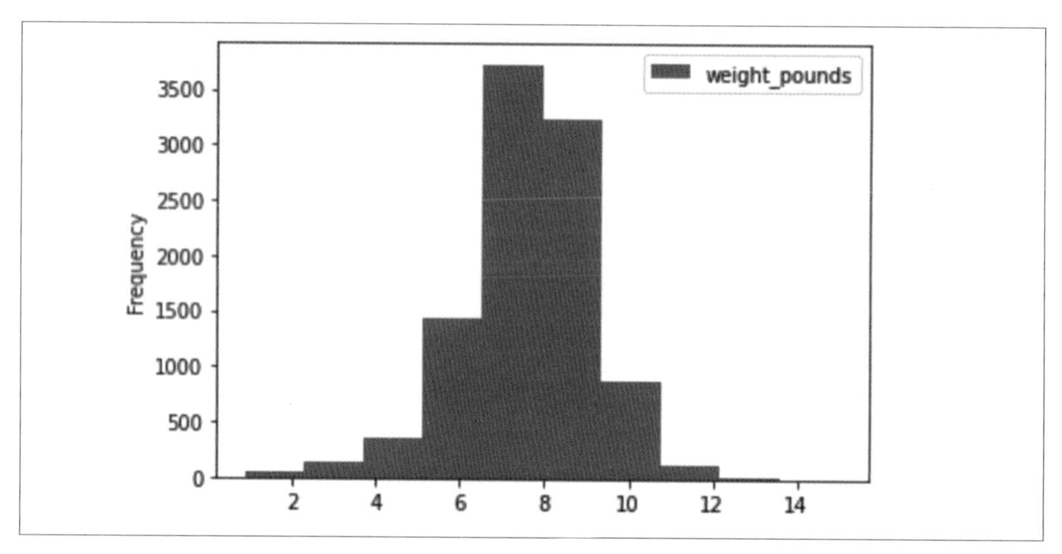

圖 3-20　描述 BigQuery natality 資料組的 10,000 個嬰兒體重樣本分布的直方圖。

算一下整個資料組裡體重 3 磅的嬰兒的數量，大約有 96,000 個（.06% 的資料）。體重 12 磅的嬰兒僅佔資料組的 .05%。為了在整個範圍內取得良好的回歸性能，我們可以結合 downsampling 與 Reframing 和 Cascade 設計模式，先將資料分成三類：「underweight」、「average」與「overweight」。我們可以用這個查詢來做這件事：

```
SELECT
  CASE
    WHEN weight_pounds < 5.5 THEN "underweight"
    WHEN weight_pounds > 9.5 THEN "overweight"
  ELSE
  "average"
END
  AS weight,
  COUNT(*) AS num_examples,
  round(count(*) / sum(count(*)) over(), 4) as percent_of_dataset
FROM
  `bigquery-public-data.samples.natality`
GROUP BY
  1
```

表 3-5 是結果。

表 3-5　在 natality 資料組裡出現的每一個體重類別的百分比

weight	num_examples	percent_of_dataset
Average	123781044	0.8981
Underweight	9649724	0.07
Overweight	4395995	0.0319

為了展示，我們從每一個類別取出 100,000 個樣本，用一個更新過的、平衡的資料組來訓練模型：

```
SELECT
  is_male,
  gestation_weeks,
  mother_age,
  weight_pounds,
  weight
FROM (
  SELECT
    *,
    ROW_NUMBER() OVER (PARTITION BY weight ORDER BY RAND()) AS row_num
  FROM (
    SELECT
      is_male,
      gestation_weeks,
      mother_age,
      weight_pounds,
      CASE
        WHEN weight_pounds < 5.5 THEN "underweight"
        WHEN weight_pounds > 9.5 THEN "overweight"
      ELSE
      "average"
    END
      AS weight,
    FROM
      `bigquery-public-data.samples.natality`
    LIMIT
      4000000) )
WHERE
  row_num < 100000
```

我們可以將那個查詢的結果存入一個表，使用比較平衡的資料組之後，訓練一個分類模型來將嬰兒標注為「underweight」、「average」或「overweight」：

```
CREATE OR REPLACE MODEL
  `project.dataset.baby_weight_classification` OPTIONS(model_type='logistic_reg',
    input_label_cols=['weight']) AS
SELECT
  is_male,
  weight_pounds,
  mother_age,
  gestation_weeks,
  weight
FROM
  `project.dataset.baby_weight`
```

另一種做法是使用 Cascade 模式，為各個類別訓練三個獨立的回歸模型，然後使用多設計模式解決方案，將一個案例傳給最初的分類模型，並使用那個分類結果來決定要將案例傳給哪一個回歸模型，來做數值預測。

異常檢測

處理回歸模型的不平衡資料組有兩種方法：

- 將模型的預測誤差當成訊號來使用。
- 將收到的資料聚類，並且比較每一個新資料點與既有的群聚的距離。

為了更了解各個解決方案，假如我們要用感測器收集到的資料來訓練一個模型，用來預測未來的溫度。此時，我們要讓模型輸出數值。

在第一種做法中（將誤差當成訊號），在訓練模型之後，我們拿模型的預測值與當時的實際值做比較。如果預測值與當時的實際值有明顯的差異，我們可以將傳入的資料點舉報為異常。當然，我們必須用足夠多的歷史資料來訓練出足夠準確的模型，以便依賴它的能力來進行未來的預測。這種做法必須注意的重點是，我們必須有現成可用的新資料，這樣才可以拿傳入的資料與模型的預測進行比較。因此，它最適合涉及串流資料或時間序列資料的問題。

在第二種做法（將資料聚類）中，我們先用聚類演算法來建立模型，這是一種將資料組成群聚的建模技術。聚類是一種**無監督學習**法，這意味著它會在資料組裡面尋找模式，而不需要任何基準真相標籤提供的知識。k-means 是一種常見的聚類演算法，我們可以用 BigQuery ML 來實作它。下面的程式展示如何使用三個特徵，用 BigQuery natality 資料組來訓練 k-means 模型：

```
CREATE OR REPLACE MODEL
  `project-name.dataset-name.baby_weight` OPTIONS(model_type='kmeans',
    num_clusters=4) AS
SELECT
  weight_pounds,
  mother_age,
  gestation_weeks
FROM
  `bigquery-public-data.samples.natality`
LIMIT 10000
```

產生的模型會將資料聚成四組。建立模型之後，我們就可以對新資料進行預測，並看看預測結果與既有的群聚之間的距離。如果距離很遠，我們就可以將資料點舉報為異常。我們可以執行以下的查詢來讓模型產生群聚預測，將一個用資料組來平均合成的案例傳給它：

```
SELECT
  *
FROM
  ML.PREDICT (MODEL `project-name.dataset-name.baby_weight`,
    (
    SELECT
      7.0 as weight_pounds,
      28 as mother_age,
      40 as gestation_weeks
     )
  )
```

表 3-6 的查詢結果顯示這個資料點與模型產生的群聚之間的距離，稱為 centroids。

表 3-6　我們的平均加權樣本資料點與 k-means 模型產生的各個群聚之間的距離

CENTROID_ID	NEAREST_CENTROIDS_DISTANCE.CENTROID_ID	NEAREST_CENTROIDS_DISTANCE.DISTANCE
4	4	0.29998627812137374
1	1.2370167418282159	
2	1.376651161584178	
3	1.6853517159990536	

這個案例顯然適合 centroid 4，從很短的距離可以看出來（.29）。

如果我們傳送一個異常的、體重不足的例子給模型，並拿它與我們得到的結果進行比較，如表 3-7 所示。

表 3-7　體重不足的樣本資料與 k-means 模型產生的各個群聚之間的距離

CENTROID_ID	NEAREST_CENTROIDS_DISTANCE.CENTROID_ID	NEAREST_CENTROIDS_DISTANCE.DISTANCE
3	3	3.061985789261998
4	3.3124603501734966	
2	4.330205096751425	
1	4.658614918595627	

這個案例和每一個 centroid 的距離都很大。所以，我們可以用這些高距離值來做出結論：該資料點可能是一個異常值。如果我們事先不知道資料的標籤，這種無監督聚類法特別有用。一旦我們用足夠多的例子產生群聚預測，我們就可以將預測出來的群聚當成標籤，來建構一個監督學習模型。

可用的少數類別案例的數量

詐騙檢測範例中的少數類別只占資料的 0.1%，但那個資料組夠大，所以我們仍然有 8,000 個詐騙資料點可以使用。對少數類別的樣本更少的資料組而言，downsampling 可能會讓做出來的資料組太小，導致模型無法從中學習。我們沒有不變且方便的規則可以判斷何時樣本數太少因此無法使用 downsampling，因為這在很大程度上取決於我們的問題和模型架構。有一個通用的經驗法則是，如果少數類別的案例只有幾百個，你可能要想一下 downsampling 之外的解決方案，來處理資料不平衡。

同樣值得注意的是，刪除大多數類別的子集合會失去儲存在那些案例裡面的一些資訊，這可能會稍微降低模型識別大多數類別的能力，但 downsampling 帶來的好處通常可以彌補這一點。

結合不同的技術

我們可以結合上述的 downsampling 與類別加權技術來獲得最好的結果，做法是先對資料進行 downsampling，直到找到適合用例的平衡為止，然後，根據重新平衡的資料組的標籤比率，使用加權類別一節介紹的方法，將新的權重傳給模型。當我們處理異常檢測問題，而且最關心關於少數類別的預測時，結合這些方法的效果特別好。例如，如果我們要建構一個詐騙檢測模型，我們應該比較關心被模型舉報為「詐騙」的交易，而不是舉報為「非詐騙」的交易。此外，正如 SMOTE 所提到的，當我們用少數類別來產生合成案例時，通常也會隨機地將少數類別樣本移除。

downsampling 也通常與 Ensemble 設計模式結合，此時不會完全刪除大多數類別的隨機樣本，而是使用它的不同子集合來訓練多個模型，然後用這些模型來製作群體。為了說明這種做法，假設我們有一個包含 100 個少數類別案例，和 1,000 個多數類別案例的資料組。我們將占大多數的案例隨機分成 10 組，每組有 100 個案例，而不是刪除 900 個占大多數的案例來完美平衡資料組，然後訓練 10 個分類器，每一個分類器都用 100 個相同的少數類別案例，和 100 個從大多數類別隨機選擇的不同案例來訓練。圖 3-11 描述的 bagging 技術很適合這種做法。

除了結合這些以資料為主的方法之外，取決於用例，我們也可以調整分類器的閾值來優化 precision 或 recall。如果我們比較關心模型在做出陽性類別的預測時是否正確，我們就會針對 recall 優化預測閾值，這適用於任何希望避免偽陽性的情況。或者，如果比起做出錯誤的預測，錯過潛在的陽性類別的代價更高，我們就讓模型有更好的 recall 。

選擇模型架構

根據我們的預測任務，在使用 Rebalancing 設計模式來解決問題時，我們要考慮各種不同的模型架構。如果我們使用表格資料，並且建構異常檢測分類模型，有一項研究（*https://oreil.ly/EnAab*）指出，決策樹模型在處理這種任務時有很好的表現。樹式模型也很適合處理資料組太小且不平衡的問題。XGBoost、scikit-learn 和 TensorFlow 都有實作決策樹模型的方法。

我們可以在 XGBoost 裡面用下面的程式實作一個二元分類器：

```
# 建立模型
model = xgb.XGBClassifier(
    objective='binary:logistic'
)

# 訓練模型
model.fit(
    train_data,
    train_labels
)
```

並且在各個框架中使用 downsampling 和類別權重以及 Rebalancing 設計模式來進一步優化模型。例如，為了在上面的 `XGBClassifier` 裡面加入加權類別，我們要加入 `scale_pos_weight` 參數，那個參數是用資料組裡面的類別的平衡性來計算的。

如果我們要在時間序列資料中檢測異常，那麼長短期記憶（LSTM）模型可以很好地識別序列裡面的模式。聚類模型也是處理表格資料的類別不平衡的選項之一。要處理不平衡的圖像類別，你可以使用深度學習架構和 downsampling、加權類別、upsampling，或結合這些技術。然而，在處理文本資料時，產生合成資料比較困難（*https://oreil.ly/2ai2k*），所以最好使用 downsampling 與加權類別。

無論我們使用哪一種資料，都必須用不同的模型架構來做實驗，看看哪一種在處理不平衡的資料時的表現最好。

可解釋性的重要性

當你用模型來指出異常現象等罕見事件時，務必了解模型如何做出預測，這樣你不但可以確認模型是否捉到正確的訊號來進行預測，也可以協助你向終端用戶解釋模型的行為。現在有一些工具可以幫助我們解釋模型和預測，包括開源框架 SHAP（*https://github.com/slundberg/shap*）、What-If Tool（*https://oreil.ly/Vf3D-*） 與 Explainable AI on Google Cloud（*https://oreil.ly/lDocn*）。

模型解釋有很多種形式，其中一種稱為**歸因值**（*attribution values*）。歸因值可讓我們知道模型裡的各個特徵對模型的預測造成多大的影響。正的歸因值意味著某個特徵推高了模型的預測，而負的歸因值意味著該特徵拉低了模型的預測。歸因值的絕對值越高，它對模型的預測造成的影響越大。在圖像和文本模型中，歸因值可以告訴你最能夠引導模型做出預測的像素或單字。對於表格模型，歸因為各個特徵提供數值，指出它對於預測的整體影響。

在使用 Kaggle 的合成詐騙檢測資料組來訓練 TensorFlow 模型，並將它部署到 Google Cloud 的 Explainable AI 之後，我們可以察看一些實例等級的歸因值案例。在圖 3-21 裡，我們看到被模型正確識別為詐騙的交易樣本，以及它們的特徵歸因值。

在模型預測詐騙機率為 99% 的第一個例子裡，來源帳戶在交易之前的餘額是最大的詐騙指標。在第二個例子裡，我們的模型對詐騙的預測有 89% 的信心，交易金額被視為最大的詐騙訊號，然而來源帳戶的餘額讓我們的模型在預測詐騙時**較沒有信心**，這也解釋了**為什麼**預測信心度少了 10 個百分點。

「解釋性」對任何一種機器學習模型而言都很重要，但我們可以看到，它們對於採取 Rebalancing 設計模式的模型而言特別方便。在處理不平衡的資料時，除了模型的準確性和誤差指標之外，你一定要確認模型在我們的資料中找到有意義的訊號。

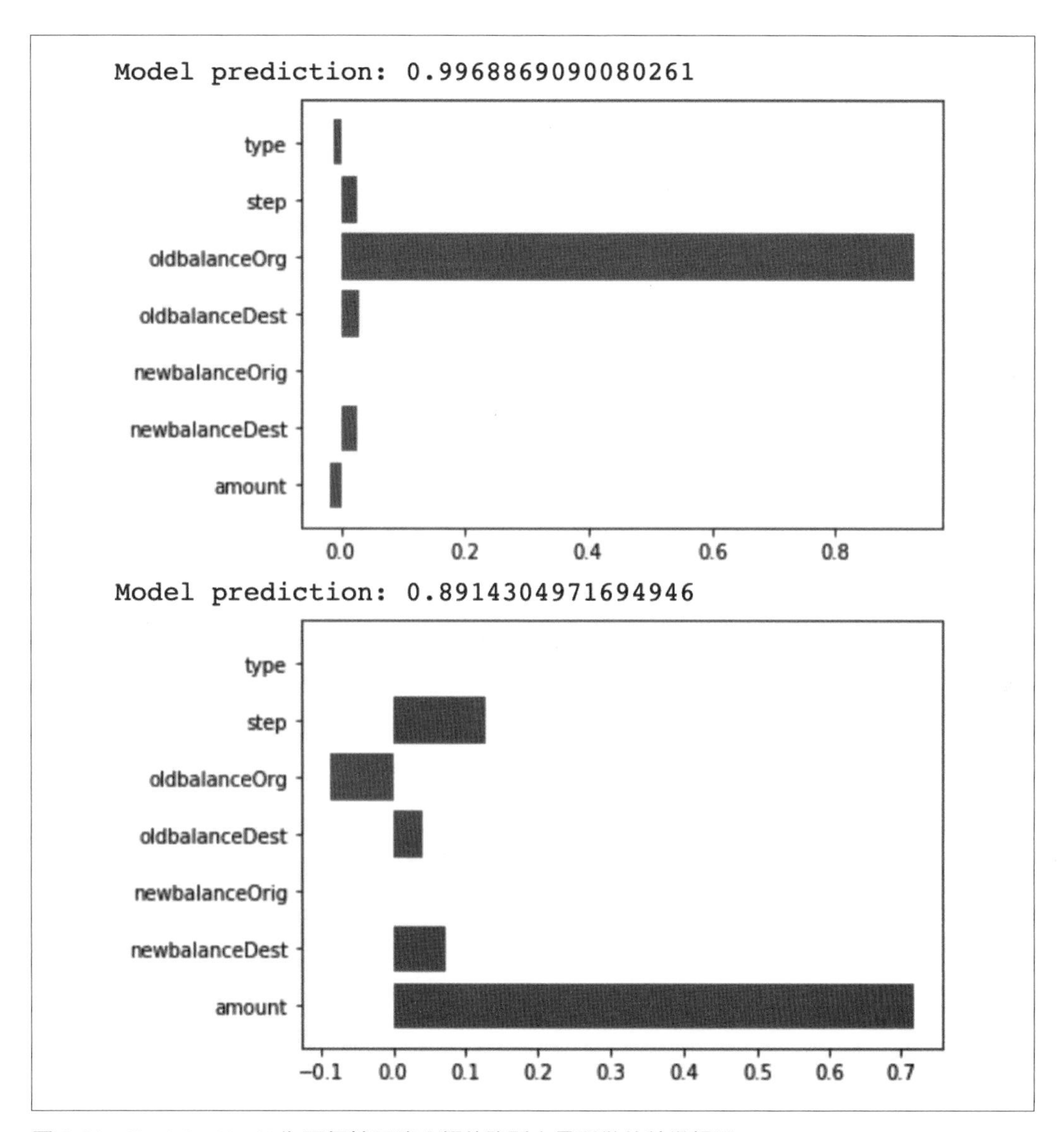

圖 3-21　Explainable AI 為兩個被正確分類的詐騙交易所做的特徵歸因。

小結

本章透過過模型架構和模型輸出的角度來探討各種預測任務的表示方法。仔細思考如何使用模型，可以協助你決定該建構哪一種模型，以及該使用哪一種格式的預測輸出。認識這一點之後，我們從 *Reframing* 設計模式開始看起，它探索如何將問題從回歸任務變成分類任務（或反過來），以改善模型的品質。你可以改更資料的標籤欄的格式來做到這一點。接下來，我們探討 *Multilabel* 設計模式，它處理「模型的輸入可能和多個標籤有關」的情況。為了處理這種情況，我們在輸出層使用二元交叉熵損失與 sigmoid 觸發函數。

Reframing 模式和 Multilabel 模式側重於將模型的**輸出**格式化，而 *Ensemble* 設計模式則是處理模型架構，包括結合多個模型的輸出的各種方法，以改善使用一個模型的機器學習結果。具體來說，Ensemble 模式包括 bagging、boosting 和 stacking——它們都是將多個模型放在同一個 ML 系統裡面的技術。*Cascade* 設計模式也是一種模型等級的方法，其做法是將機器學習問題分解成幾個較小的問題。與 ensemble 模型不同的是，Cascade 模式會將第一個模型的輸出當成下游模型的輸入。因為串接模型可能會讓工作更複雜，除非最初的分類標籤全然相異而且一樣重要，否則就不應該使用這種模式。

接下來，我們研究了 *Neutral Class* 設計模式，它處理在輸出層面上的問題表示法。這個模式藉著加入第三個「中立」類別來改善二元分類器。它很適合用來描述不屬於原本的兩個類別之一，而且是隨意標注的，或沒那麼極端的類別。最後，*Rebalancing* 設計模式為天生不平衡的資料組提供解決方案。這個模式建議使用 downsampling、加權類別或特定的重新定義技術，來處理標籤類別不平衡的資料組。

第 2 章和第 3 章主要討論機器學習問題的初始步驟，具體來說是，就是如何將輸入資料格式化、模型架構的選擇，以及輸出的表示法。在下一章，我們將探索機器學習工作流程的下一步——訓練模型的設計模式。

第四章

模型訓練

機器學習模型通常是反覆訓練的，這種迭代的過程被非正式地稱為**訓練迴圈**（*training loop*）。在這一章，我們將討論典型的訓練迴圈長怎樣，以及列舉一些應該採取不同做法的情況。

典型的訓練迴圈

機器學習模型可以使用不同類型的優化法來訓練。決策樹通常是根據資訊增益指標，一個節點一個節點建構的。在基因演算法中，模型參數是用基因來表示的，優化技術來自進化理論。然而，決定機器學習模型參數最常用的方法是**梯度下降法**。

隨機梯度下降

在使用大型資料組時，梯度下降會被用來處理輸入資料的小批次，以訓練線性模型、增強樹（boosted trees）、深度神經網路（DNN）和支援向量機（SVM）等模型。這種技術稱為**隨機梯度下降**（*SGD*），SGD 的擴充版本（例如 Adam 和 Adagrad）是現代機器學習框架實際使用的優化技術。

因為 SGD 會用一小批訓練資料組來反覆進行訓練，所以機器學習模型的訓練是在一個迴圈裡面進行的。SGD 會尋找一個最小值，但不是一個閉合解（closed-form solution），因此我們必須檢測模型是否收斂，所以要監視訓練組誤差（稱為**損失**）。如果模型的複雜度超出資料組的大小和覆蓋範圍所需的範圍，過擬就會發生。不幸的是，除非你實際用一個資料組來訓練模型，否則你無法知道模型的複雜度對那個資料組來說會不會太高。因此，我們要在訓練迴圈中進行評估，監視模型處理預留的訓練資料（稱為**驗證資料組**）時的**誤差指標**。因為訓練和驗證資料組已經在訓練迴圈中使用了，所以我們要保留訓練資料組的另一個部分，稱為**測試資料組**，以獲得模型在處理未見過的新資料時可能產生的誤差指標，這個評估是最後一項工作。

Keras 訓練迴圈

在 Keras 裡，典型的訓練迴圈長這樣：

```
model = keras.Model(...)
model.compile(optimizer=keras.optimizers.Adam(),
              loss=keras.losses.categorical_crossentropy(),
              metrics=['accuracy'])

history = model.fit(x_train, y_train,
                    batch_size=64,
                    epochs=3,
                    validation_data=(x_val, y_val))
results = model.evaluate(x_test, y_test, batch_size=128))
model.save(...)
```

在這裡，模型使用 Adam 優化技術對訓練資料組的交叉熵執行 SGD，並報告用測試資料組獲得的最終準確度。模型會對訓練資料組循環執行三次擬合（每一次對訓練資料組的遍歷稱為一個 *epoch*），每次會看到以 64 個訓練案例組成的批次。在每一個 epoch 結束時，我們計算驗證資料組的誤差指標，並將它加入歷史紀錄。在擬合迴圈的結尾，我們用測試組來評估模型，保存模型，或許會部署它以提供服務，如圖 4-1 所示。

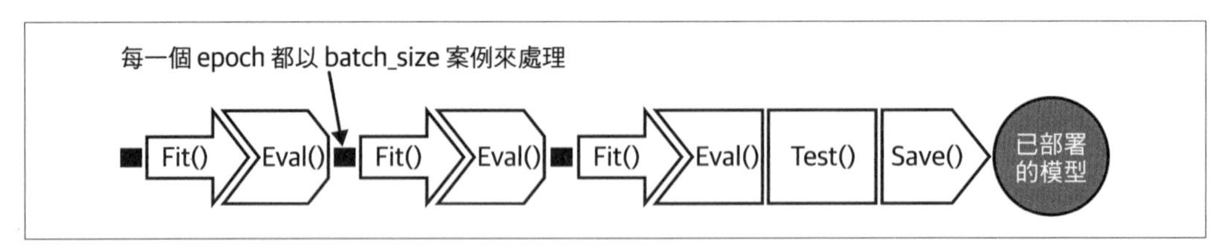

圖 4-1　包含三個 epoch 的典型訓練迴圈。每一個 epoch 都以 batch_size 案例來處理。在第三階段的結尾，我們用測試組來評估模型，並保存它，準備部署為 web 服務。

除了使用內建的 `fit()` 函式之外，我們也可以寫一個自訂的訓練迴圈，以明確地遍歷批次，但是在本章討論的設計模式裡，我們不這樣做。

訓練設計模式

本章所介紹的設計模式都涉及以某種方式修改典型的訓練迴圈。在 *Useful Overfitting* 裡，我們放棄使用驗證或測試組，因為我們想要故意過擬訓練組。在 *Checkpoints* 裡，我們定期儲存模型的所有狀態，如此一來，我們就可以讀取部分訓練的模型。在使用檢查點（checkpoint）時，我們通常也會使用**虛擬** *epochs*，對它執行 `fit()` 函式的內部迴圈，但不是針對完整的訓練組，而是針對固定數量的訓練樣本。在 *Transfer Learning* 裡，我們取出訓練好的模型的一部分，凍結權重，並將那些不可訓練的神經層併入新的模型中，用新模型來解決同樣的問題，但是使用更小的資料組。在 *Distribution Strategy* 中，訓練迴圈是用多個 worker 大規模執行的，通常會使用快取、硬體加速和平行化等技術。最後，在 *Hyperparameter Tuning* 中，我們將訓練迴圈本身插入一個優化方法，來尋找最佳的模型超參數組合。

設計模式 11：Useful Overfitting

在 Useful Overfitting 設計模式裡，我們放棄使用類推（generalization）機制，因為我們想要故意過擬訓練組。如果過擬是有益的，這種設計模式建議在進執行機器學習時，不使用正則化、dropout 或驗證組來做早期停止（early stopping）。

問題

機器學習模型的目標是對沒看過的新資料進行類推並做出可靠的預測。如果你的模型**過擬**訓練資料（例如，它持續降低訓練誤差，進而開始讓驗證誤差開始增加），那麼它的類推能力就會受到影響，未來的預測也會受到影響。介紹性的機器學習教科書建議使用早期停止和正則化技術來避免過擬。

然而，考慮一下模擬物理或動態系統行為的情形，例如在氣候科學、計算生物學或計算金融學裡面發現的行為。在這種系統中，我們可以用數學函數或偏微分方程式（PDE）來描述觀測值的時間相依性。雖然主導這些系統的方程式可以被正式地表達，但它們沒有閉合解，於是有人開發出古典的數值方法來近似這些系統的解。不幸的是，對於許多真實世界的應用程式來說，實際使用這些方法可能太慢了。

考慮圖 4-2 的情況。我們從物理環境中收集觀測結果，將它們當成物理模型的輸入（或初始條件），這個模型會執行迭代的數值計算，以計算系統的精確狀態。假設所有的觀測結果都有有限的可能性（例如，溫度會在 60°C 到 80°C 之間，並且以 0.01°C 的增加）。我們可以為機器學習系統建立一個訓練資料組，裡面有完整的輸入空間，並使用物理模型來計算標籤。

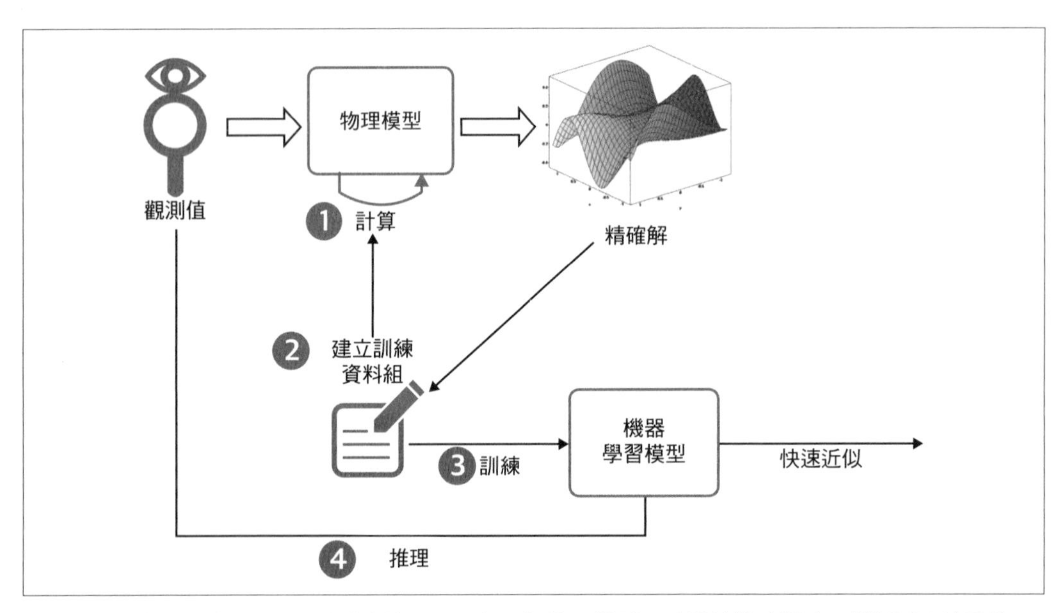

圖 4-2　當整個觀測空間可以做成表格，而且有一個物理模型可以計算精確解時，過擬是可接受的。

我們讓 ML 模型學習這個精確計算且不重疊的查詢表，可以用輸入來查詢輸出。將這種資料組拆成訓練組和評估組會造成反效果，因為如此一來，我們就是在要求模型學習它沒有在訓練組裡面看過的輸入空間。

解決方案

在這種案例中，我們沒有「未見過」的資料需要類推，因為所有可能的輸入都已經被製成表格了。在建立機器學習模型來學習這種物理模型或動態系統時，沒有「過擬」這種情況。此時的基本機器學習訓練模式略有不同。在此，有一些你試圖了解的物理現象是由潛在的 PDE 或 PDE 系統控制的。機器學習只是提供一種資料驅動的方法來近似精確解，所以必須用不同的觀點看待過擬這種的概念。

舉例來說，有人用線軌法（ray-tracing approach）來模擬數值天氣預測模型所產生的衛星照片，做法是計算在各個大氣層裡面預計出現的每一個水氣凝結體（雨、雪、冰雹、冰粒等）吸收了多少陽光。數值模型所預測的水氣凝結體類別數量和高度數量是有限的，所以線軌法模型必須對一個大型但數量有限的輸入集合執行光學方程式。

輻射傳送方程式主導電磁輻射在大氣中如何傳播的複雜動態系統，而前向（forward）輻射傳播模型可以有效地預測衛星圖像的未來狀態。然而，計算這些方程解的古典數值方法需要大量的計算，在實際應用時速度太慢了。

我們可以使用機器學習來建立一個模型，來取得前向輻射傳播模型的近似解（*https://oreil.ly/IkYKm*），見圖 4-3。這種 ML 近似法產生的解可以非常接近比較古典的模型算出來的解。使用學習來的 ML 近似法（只需要計算閉公式）來推理的好處是，它花費的時間只有執行線軌法（需要使用數值方法）所需時間的一小部分。與此同時，訓練資料組太大了（有數 TB），而且太笨重，無法在生產環境中當成查詢表來使用。

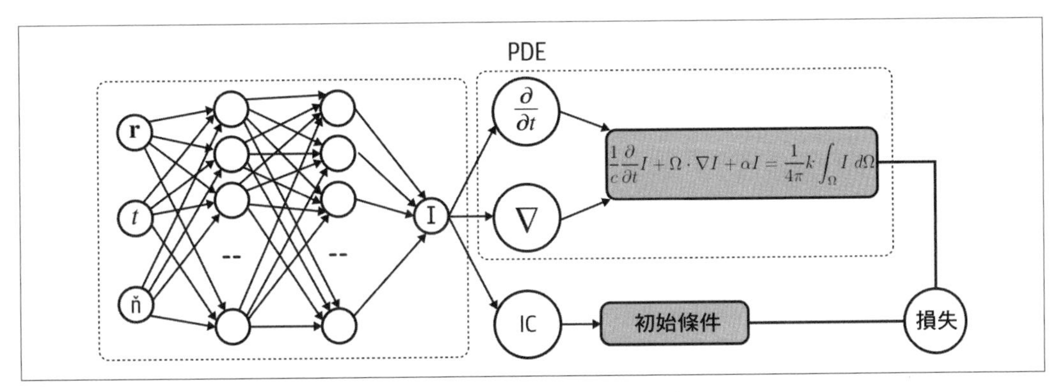

圖 4-3　使用神經網路架構來模擬 I(r,t,n) 的偏微分方程的求解過程。

像這樣訓練一個 ML 模型來取得動態系統的近似解，與使用經年累月收集的 natality 資料來訓練 ML 模型來預測嬰兒體重之間有一個很重要的差異——動態系統是一組由電磁輻射律主導的方程式 ， 裡面沒有未觀察到的變數，沒有雜訊，也沒有統計上的可變性。一組特定的輸入只有一個可以準確地算出來的輸出。在訓練組裡面的不同案例之間沒有重疊。因此，我們可以拋開無法類推的顧慮，讓 ML 模型盡可能地擬合訓練資料，直到「過擬」為止。

這與典型的 ML 模型訓練方法相反，在後者中，偏差、變異度和類推誤差等考慮因素有很大的影響，傳統的訓練認為，模型學習訓練資料的效果可能會「好過頭」，以致於把「模型被訓練成損失函數變成零」視為一種危險訊號，而不是值得慶祝的成就，過擬訓練組會導致模型在遇到新的、沒看過的資料點時，做出錯誤的預測。這兩種訓練方法的差異在於，在前者中，我們事先就知道不會出現沒看過的資料，因此模型的工作是取得一個用整個輸入頻譜來計算的 PDE 近似解。如果神經網路能夠學習一組參數，且損失函數為零，那麼該組參數就可以決定 PDE 的實際解。

有效的原因

如果所有可能的輸入都能做成表格，那麼如圖 4-4 的虛線所示，用所有可能的輸入點訓練一個模型之後，過擬的模型仍然可以做出與「真實」的模型相同的預測。所以過擬不是問題。我們必須注意，推理是用輸入的捨入值（rounding）來計算的，捨入是由輸入空間網格化解析度決定的。

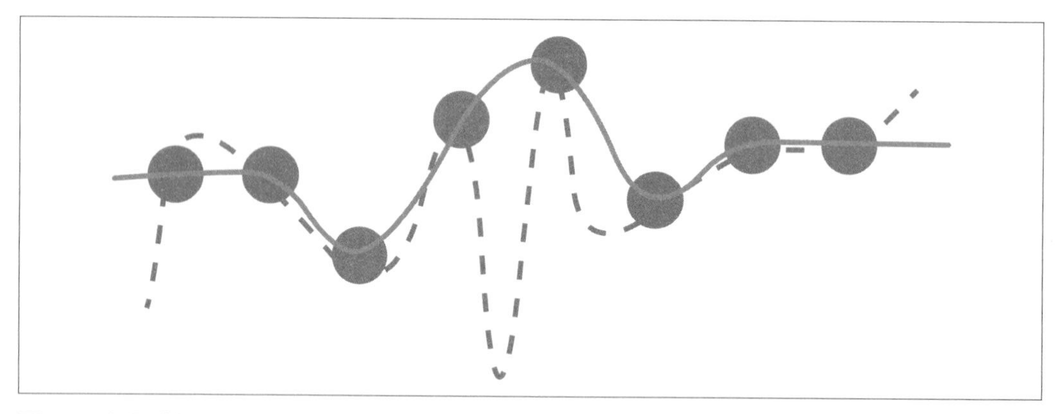

圖 4-4　如果我們用所有可能的輸入點來進行訓練，那麼過擬就不是問題，因為兩條曲線的預測是一樣的。

我們真的能找到一個極接近真實標籤的模型函數嗎？這種做法之所以可行，部分的直覺來自深度學習的 Uniform Approximation Theorem，簡單地說，它是指任何函數（及其導數）都可以用一個神經網路來近似，該網路至少有一個隱藏層，以及任何一種「擠壓（squashing）」的觸發函數，例如 sigmoid。這意味著，無論我們遇到什麼函數，只要它的行為相對良好，那就有一個只有一個隱藏層的神經網路可以盡可能地近似該函數[1]。

1　當然，我們不能只因為存在這種神經網路，就用梯度下降來學習這種網路（這就是為什麼要加入更多層來改變模型架構—它會讓損失地景（landscape）更適合 SGD）。

用深度學習來求解微分方程或複雜的動態系統的目的是使用神經網路來表示微分方程或方程組隱性定義的函數。

過擬在符合以下兩個條件時是有用的：

- 沒有雜訊，所以所有實例的標籤都是準確的。
- 你有完整的資料組（你有所有的案例）。在這個情況下，過擬就會變成內插（interpolating）資料組。

代價與其他方案

剛才介紹，當輸入組合可以詳盡地列出，而且每一組輸入的標籤都可以準確地算出來時，過擬是有用的。如果完整的輸入空間可以表格化，那麼過擬就不是問題，因為沒有沒看過的資料。然而，除了這個狹隘的用例之外，Useful Overfitting 設計模式也有其他用途。雖然我們在許多實際的情況下放寬其中的一個或多個條件，「過擬有用」的概念仍然成立。

插值與混沌理論

機器學習模型本質上是在近似一個用輸入查詢輸出的表格。如果查詢表很小，那就直接將它當成查詢表來使用！你不需要用機器學習模型來近似它。當查詢表太大，以致於無法有效率地使用時，ML 近似法才派得上用場。當查詢表太大時，它才適合當成機器學習模型的訓練資料組，用模型來近似查詢表。

注意，我們剛才假設觀測結果的可能性是有限的。例如，我們假設溫度將會介於 60°C 和 80°C 之間，並且以 0.01°C 為增量來測量。這種情況會在使用數位儀器時發生。如果不是這樣，ML 模型就要在查詢表的項目之間插值。

機器學習模型插值的做法是使用未曾見過的值與訓練案例之間的距離來為未曾見過的值加權。這種插值只有在底層系統非混沌（not chaotic）的時候有效。在混沌的系統中，即使系統是必然性的，初始條件的微小差異也會導致全然不同的結果。

蒙特卡羅（Monte Carlo）法

有時你無法將所有可能的輸入做成表格，此時可以使用蒙特卡羅法（*https://oreil.ly/pTgS9*）來採樣輸入空間並建立一組輸入，尤其是在有些輸入組合實際上不可能出現時。

在這種情況下，過擬在技術上是可行的（見圖 4-5，裡面的空心圓是用錯誤的估計（打叉的圓）來近似的）。

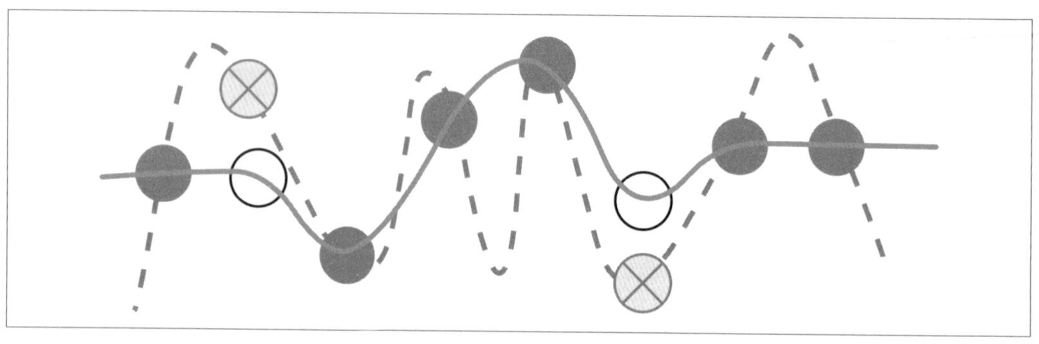

圖 4-5　如果輸入空間採樣得到的，而不是表格化的，你就要限制模型的複雜性。

然而，即使在這個例子裡，你也可以看到 ML 模型會在已知的答案之間插值，這種計算絕對是必然性的，只有輸入點涉及隨機選擇。因此，這些已知的答案沒有雜訊，而且因為沒有未被發現的變數，非採樣點的誤差會被模型的複雜度嚴格地控制。此時，過擬的風險來自模型的複雜度，而不是來自擬合雜訊。當資料組比自由參數的數量還要大時，過擬就不是需要擔心的事情。因此，在使用蒙特卡羅法來選擇輸入空間時，使用低複雜度模型和溫和的正則化可以避免無法接受的過擬。

資料驅動的離散化

雖然有些 PDE 可以算出閉合解，但使用數值方法來求解比較常見。偏微分方程的數值方法已經是一門被深入研究的領域了，外界有許多書籍（*https://oreil.ly/RJWVQ*）、課程（*https://oreil.ly/wcl_n*）與期刊（*https://msp.org/apde*）專門探討這個主題。有一種常見的方法是使用有限差分法（很像 Runge-Kutta 法）來求解常微分方程。其做法通常是將 PDE 的微分算子離散化，用原始域的時空網格來算出這個離散問題的解。然而，當問題的維度變大時，這種使用網格的方法會因為維數災難而失敗，因為網格的間距必須小到足以描述解的最小特徵尺寸（*https://oreil.ly/TxHD-*）。因此，為了讓一張圖像的解析度高 10 倍，你要增加 1 萬倍以上的計算能力，因為考慮到空間和時間的四維空間，網格必須在四個維度裡縮放。

然而，我們可以使用機器學習（而不是蒙特卡羅法）來選擇採樣點，來建立 PDE 的資料驅動離散化。Bar-Sinai 等人在論文「Learning data-driven discretizations for PDEs（*https://oreil.ly/djDkK*）」裡面展示了這種做法的有效性。作者們使用一個低解析度的固定點網格，以標準的有限差分方法，以及從神經網網取得值，來進行分段多項式插值，來取得近似解。用神經網路得到的解的絕對誤差遠優於數值模擬，在某些地方實現了 102 個數量級的改善。雖然提高解析度需要更多的計算能力來使用有限差分法，但神經網路能夠保持高性能，而且只有少量的額外成本。像 Deep Galerkin Method 這類的技術可以使用深度學習來提供 PDE 的無網格近似解。如此一來，求解 PDE 就變成一個串接式的優化問題（見第 105 頁的「設計模式 8：Cascade」）。

Deep Galerkin Method

Deep Galerkin Method（*https://oreil.ly/rQy4d*）是計算偏微分方程的深度學習演算法。這個演算法的精神很像數值分析領域使用的 Galerkin 法，但是這種解決方案是使用神經網路來取得近似解，而不是基底函數的線性組合。

無限域

蒙特卡羅和資料驅動的離散化方法都假設對整個輸入空間採樣是可行的，即使不完美。這就是為什麼 ML 模型被視為已知點之間的插值。

當我們無法在函數的整個域裡面採樣時，類推和過擬的問題就變得難以忽視——例如，具有無界域的函數，或沿著時間軸向未來的投影的函數。在這些環境中，我們一定要考慮過擬、欠擬和類推誤差。事實上，雖然 Deep Galerkin Method 這種技術在採樣做得好的區域表現良好，但透過這種方式學習的函數在處理訓練階段沒有採樣的區域時的類推效果並不好。此時使用 ML 來處理在無界域定義的偏微分方程可能會有問題，因為我們不可能抓到有代表性的樣本來訓練它。

提取神經網路的知識

另一種需要過度擬合的情況是，將大型機器學習模型的知識提取或轉移到較小型的機器學習模型中。當大模型的學習能力沒有被充分利用時，知識提取很有用。如果遇到這種情況，大模型的計算複雜性可能是沒必要的。然而，此時訓練較小的模型也比較困難。雖然較小的模型有足夠的能力可以表示知識，但它可能沒有足夠的能力可以有效地學習知識。

解決這種問題的方法用大模型來標注大量的生成資料，然後用那些資料來訓練小模型。我們讓小模型學習大模型的軟輸出（soft output），而不是學習實際資料的實際標籤。這是比較簡單的問題，可以讓小模型學習。就像使用機器學習模型近似數值函數一樣，我們的目標是讓小模型忠實地反映大機器學習模型的預測。第二個訓練步驟可以使用 Useful Overfitting。

擬合批次

在實務上，訓練神經網路需要大量的實驗，實踐者必須做出許多選擇，從網路的大小、架構到學習率、權重初始化或其他超參數的選擇。

對於模型程式和資料輸入管道來說，過擬小批次是一項很棒的完整性檢查（*https://oreil.ly/AcLtu*）。模型可以編譯或程式碼可以順利運行並不代表你已經考慮了所有的事項，或正確地設定了訓練目標。如果你正確地安排所有的事情，夠複雜的模型應該可以過擬一小批資料。因此，如果你不能讓模型過擬一小批資料，你就要重新檢查模型程式、輸入管道和損失函數，看看有沒有任何錯誤或簡單的 bug。當你在訓練神經網路和排除故障時，過擬一批資料是很有用的技術。

過擬並不限於一個批次。從更全面性的角度來看，過度擬合遵循了深度學習和正規化的一般性建議。擬合得最好的模型是被適當地正則化的大型模型（*https://oreil.ly/A7DFC*）。簡而言之，如果你的深度神經網路無法過擬訓練組，你就要使用更大的網路，當你可以用大模型來過擬訓練組時，你就可以執行正則化來提高驗證準確度，即使訓練準確度可能會下降。

你可以使用你已經為輸入管道編寫的 `tf.data.Dataset` 來以這種方式測試 Keras 模型。例如，如果訓練資料輸入管道稱為 `trainds`，我們就使用 `batch()` 來提取一批資料。你可以在本書的 repository 裡找到這個範例的完整程式（*https://github.com/GoogleCloudPlatform/ml-design-patterns/ blob/master/04_hacking_training_loop/distribution_strategies.ipynb*）：

```
BATCH_SIZE = 256
single_batch = trainds.batch(BATCH_SIZE).take(1)
```

然後，在訓練模型時，不要在 `fit()` 方法裡面呼叫完整的 `trainds` 資料組，而是使用我們建立的一個批次：

```
model.fit(single_batch.repeat(),
          validation_data=evalds,
          …)
```

注意，我們使用 `repeat()`，如此一來，用那一個批次來訓練時就不會耗盡資料。這可以確保我們在訓練時一次又一次地取得一批資料。其他的東西都保持原樣（驗證資料組、模型程式碼、設計過的特徵等）。

我們建議你擬合一個小型的資料組，裡面的每一個案例都經過仔細地檢查，確定標籤是正確的，而不是隨意選擇訓練資料組的樣本。設計你的神經網路架構，讓它能夠精確地學習這批資料，達到零損失。然後使用完整的訓練資料組來訓練同一個網路。

設計模式 12：Checkpoints

在 Checkpoints 中，我們會定期儲存模型的完整狀態，如此一來，我們就有部分訓練過的模型可用。這些部分訓練過的模型可以當成最終模型（在早期停止的情況下），或當成繼續訓練的起點（在機器故障和進行微調的情況下）。

問題

模型越複雜（例如，神經網路的神經層和節點越多），有效訓練它所需的資料組就越大。這是因為較複雜的模型往往有較多可調整參數。隨著模型大小的增加，擬合一批案例所需的時間也會增加。隨著資料大小的增加（且假設批次大小是固定的），批次的數量也會增加。因此，就計算複雜度而言，這種雙重打擊意味著訓練會花很長的時間。

在行文至此時，在最先進的張量處理單元（TPU）pod 上，用一個相對較小的資料組來訓練一個英語到德語的翻譯模型需要大約兩個小時（*https://oreil.ly/vDRve*）。如果使用用來訓練智慧型設備的真實資料組，訓練可能要花幾天的時間。

訓練這麼久會讓機器的故障率高得令人擔心，萬一出問題，我們希望能夠從半途開始訓練，而不是從頭開始訓練。

解決方案

我們可以在每個 epoch 的結尾保存模型的狀態。然後，如果訓練迴圈由於任何原因中斷，我們可以回到保存下來的模型狀態，並重新啟動。然而，當我們這樣做時，我們必須將中間模型狀態（intermediate model state）保存下來，而不僅僅是模型。這是什麼意思？

訓練完成後，我們會保存或**匯出**模型，以便部署它來進行推理。匯出的模型不包含整個模型狀態，只包含建立預測函數所需的資訊。舉例來說，對決策樹而言，它是每一個中間節點的最終規則，和每個葉節點的預測值。對線性模型而言，它是最終的權重值和偏差值。對全連接神經網路而言，它還要加入觸發函數和隱藏連結的權重。

在恢復檢查點時，我們需要哪些匯出的模型所沒有的模型狀態？匯出的模型沒有模型當時正在處理的 epoch 和批次號碼，顯然它們對恢復訓練來說非常重要。但是模型訓練迴圈可能包含更多的資訊。為了有效地執行梯度下降，優化函數可能會定期改變學習率，匯出的模型沒有這個學習率狀態。此外，模型裡面可能有 dropout 等隨機行為。匯出的模型的狀態裡面也沒有它們。遞迴神經網路之類的模型會使用之前的輸入值歷史，通常，完整的模型狀態是匯出的模型的好幾倍。

為了從某個時間點恢復訓練而保存完整的模型狀態稱為**建立檢查點**（*checkpointing*），保存起來的模型檔案稱為**檢查點**（*checkpoint*）。我們應該多久建立一個檢查點？由於梯度下降，模型的狀態會在處理每一個批次之後發生變化。所以，從技術上講，如果我們不想失去任何工作進度，我們就應該在處理每一個批次之後建立檢查點。然而，檢查點非常大，這種 I/O 會增加很大的成本。模型框架通常會在每一個 epoch 結束時提供建立檢查點的選項，這是「絕不建立檢查點」和「在處理每個一批次之後建立檢查點」之間的合理妥協。

在 Keras 裡為模型建立檢查點的方法是提供一個 callback 給 fit() 方法：

```
checkpoint_path = '{}/checkpoints/taxi'.format(OUTDIR)
cp_callback = tf.keras.callbacks.ModelCheckpoint(checkpoint_path,
                                                 save_weights_only=False,
                                                 verbose=1)
history = model.fit(x_train, y_train,
                    batch_size=64,
                    epochs=3,
                    validation_data=(x_val, y_val),
                    verbose=2,
                    callbacks=[cp_callback])
```

加入檢查點之後，訓練迴圈如圖 4-6 所示。

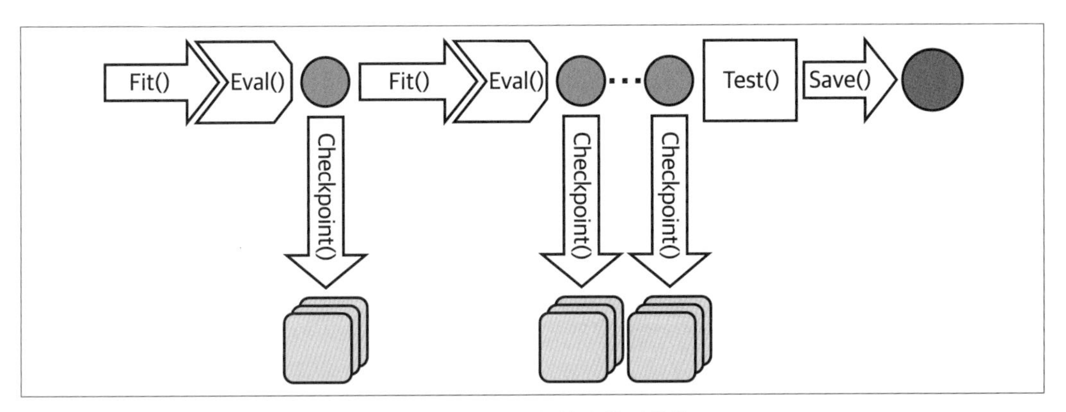

圖 4-6　建立檢查點會在每一個 epoch 結束時儲存完整的模型狀態。

在 PyTorch 裡面的檢查點

在行文至此時，PyTorch 並不直接支援檢查點。但是，它可以將大部分物件的狀態外部化（externalize）。若要在 PyTorch 裡實作檢查點，你可以將 epoch、模型狀態、優化技術狀態以及任何其他恢復訓練所需的訊息連同模型一起序列化：

```
torch.save({
            'epoch': epoch,
            'model_state_dict': model.state_dict(),
            'optimizer_state_dict': optimizer.state_dict(),
            'loss': loss,
            ...
            }, PATH)
```

在載入檢查點時，你要建立必要的類別，然後從檢查點載入它們：

```
model = ...
optimizer = ...
checkpoint = torch.load(PATH)
model.load_state_dict(checkpoint['model_state_dict'])
optimizer.load_state_dict(checkpoint['optimizer_state_dict'])
epoch = checkpoint['epoch']
loss = checkpoint['loss']
```

雖然它比 TensorFlow 低階，但更有彈性，你可以將多個模型存入一個檢查點，也可以選擇要載入或不載入模型狀態的哪些部分。

有效的原因

如果 TensorFlow 和 Keras 在輸出路徑發現檢查點，它們會自動從檢查點恢復訓練。因此，若要從頭開始訓練，你必須從一個新的輸出目錄開始（或是在輸出目錄裡刪除以前的檢查點）。這種做法之所以有效是因為企業級機器學習框架很重視檢查點檔案的存在。

儘管檢查點的設計主要是為了提供復原力，但部分訓練過的模型也帶來許多其他用例。這是因為部分訓練過的模型通常比後續的迭代創造的模型更有類推能力，這種現象的原因可以從 TensorFlow playground（*https://oreil.ly/sRjkN*）直覺地理解，見圖 4-7。

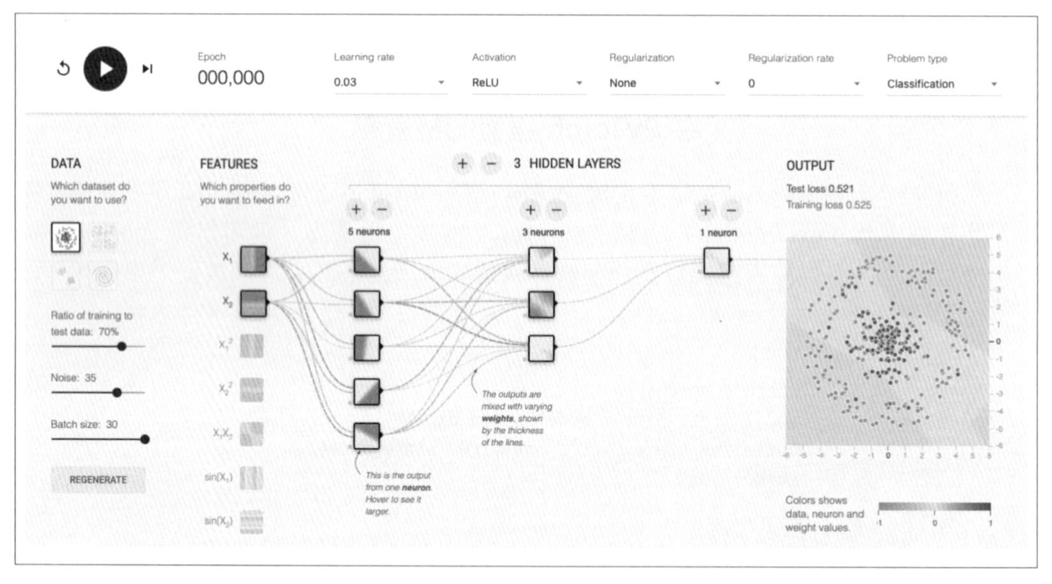

圖 4-7　螺旋狀分類問題的起點。你可以在瀏覽器打開 https://oreil.ly/ISg9X 來進入這個設定。

在 playground 裡，我們試著建構一個分類器來區分藍點和橘色點（如果你在紙質書本閱讀，請用瀏覽器前往連結的網頁跟著讀）。它的輸入特徵是 x_1 與 x_2，它們是點的座標。模型要根據這些特徵輸出「點是藍色的」的機率。模型的權重最初是隨機的，點的背景代表模型為每一個坐標點做出來的預測。如你所見，因為權重是隨機的，所以所有像素的機率都傾向在中心值附近徘徊。

按下圖像左上角的箭頭開始訓練，我們可以看到模型隨著連續的 epoch 開始慢慢學習，如圖 4-8 所示。

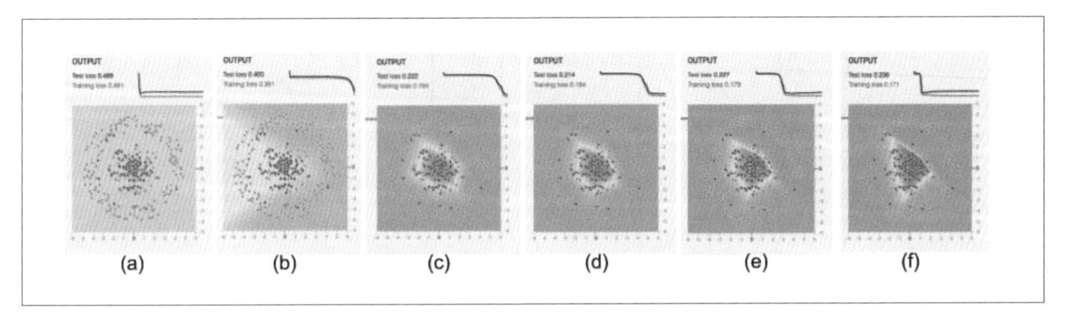

圖 4-8　模型隨著訓練的進行學到的東西。最上面的圖表是訓練損失與驗證損失，圖像展示模型在該階段如何預測網格中的每個座標點的顏色。

我們在圖 4-8(b) 看到第一個學習跡象，並且在圖 4-8(c) 看到模型已經學到資料的高階視角。至此之後，模型就開始調整邊界，讓越來越多的藍點進入中心區域，同時讓橘點留在外面。雖然這有幫助，但是只起到一定的作用。到了圖 4-8(e) 時，權重的調整開始反映訓練資料裡的隨機擾動，它們會在處理驗證組時造成負面效果。

因此，我們可以把訓練分為三個階段。第一階段在階段 (a) 和 (c) 之間，模型在學習資料的高階組織。第二階段在階段 (c) 和 (e) 之間，模型在學習細節。到了第三階段，階段 (f) 時，模型就過擬了。在第一階段結尾，或是在第二階段部分訓練的模型有一些優勢，因為它已經學會高階組織了，但還沒有陷入細節之中。

代價與其他方案

除了提供復原力之外，保存中間檢查點也可讓我們進行早期停止和微調功能。

早期停止

一般來說，訓練的時間越長，處理訓練資料組的損失就越小。但是，在某個時刻，驗證資料組的誤差可能不會減少了。如果你開始過擬訓練資料組，驗證誤差甚至可能開始增加，如圖 4-9 所示。

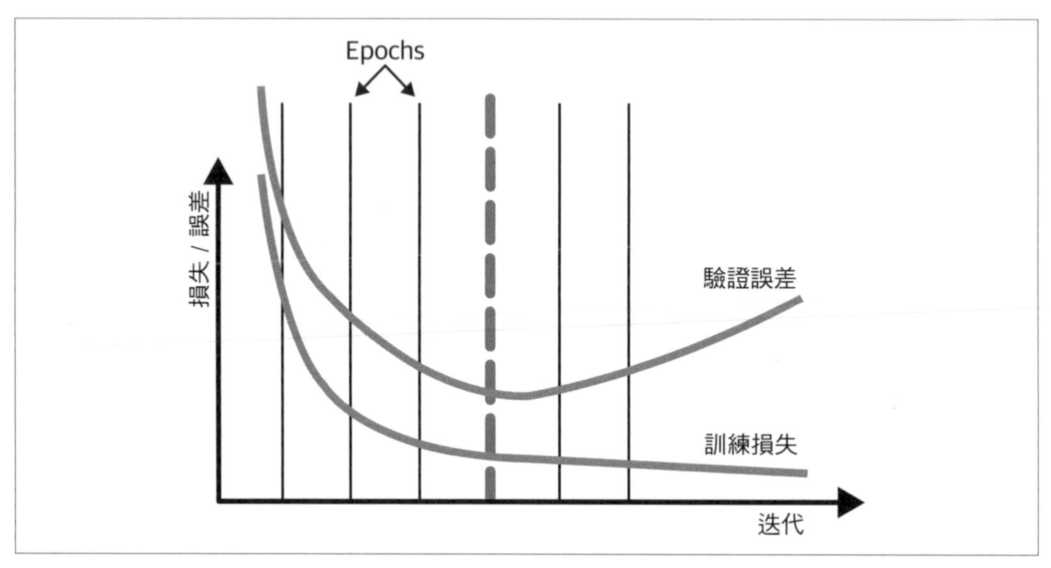

圖 4-9　通常訓練的時間越長，訓練損失就會持續下降，但一旦開始過擬，處理預留的資料組時的驗證誤差就會開始上升。

在這種情況下，我們可以在每個 epoch 結束時檢查驗證誤差，並在驗證誤差大於前一個 epoch 的驗證誤差時停止訓練程序。在圖 4-9 中，這是在第四個 epoch 結束時，以粗虛線表示。這種做法稱為**早期停止**。

如果我們在每一個批次的結尾建立檢查點，或許就可以抓到真正的最小值，這可能是在 epoch 邊界之前或之後一點。請參考本節關於虛擬 epoch 的討論，以了解更頻繁地建立檢查點的方法。

如果早期停止對驗證誤差中的小干擾不太敏感，更頻繁地進行檢查點將會很有幫助。反之，唯有當驗證誤差在 N 個檢查點以上沒有改善時，我們才能使用早期停止。

選擇檢查點　雖然我們可以在發現驗證誤差開始增加時就停止訓練來實作早期停止，但我們建議延長訓練時間，並且在後續處理步驟中選擇最佳的回合。我們建議訓練到第 3 階段（關於訓練迴圈的三個階段，請參考前面的「有效的原因」一節）的原因是，驗證誤差經常會先增加一些再開始下降，這通常是因為訓練最初會集中在比較常見的場景（第 1 階段），然後開始集中在比較罕見的場景（第 2 階段）。因為在訓練和驗證資料組之間，罕見的情況可能不會被完美地採樣，所以在第二階段訓練期間，驗證誤差偶爾增加是可以預期的。此外，大模型應該會出現深雙下降（deep double descent）的特有情況，所以為了以防萬一，多訓練一段時間是必要的。

在我們的例子裡，我們不在訓練結束時匯出模型，而是載入第四個檢查點，並從那裡匯出最的終模型。這種做法稱為**檢查點選擇**，在 TensorFlow 裡可以用 BestExporter 來實現（*https://oreil.ly/UpN1a*）。

正則化 或許比較有用的方法不是使用早期停止或檢查點選擇，而是試著在模型中加入將 L2 正則化來讓驗證誤差不會增加，不讓模型進入第 3 階段，訓練損失和驗證誤差應該會趨於平穩，如圖 4-10 所示。我們將這種訓練迴圈（訓練和驗證指標都進入平線狀態）稱為**表現得宜**（*well-behaved*）的訓練迴圈。

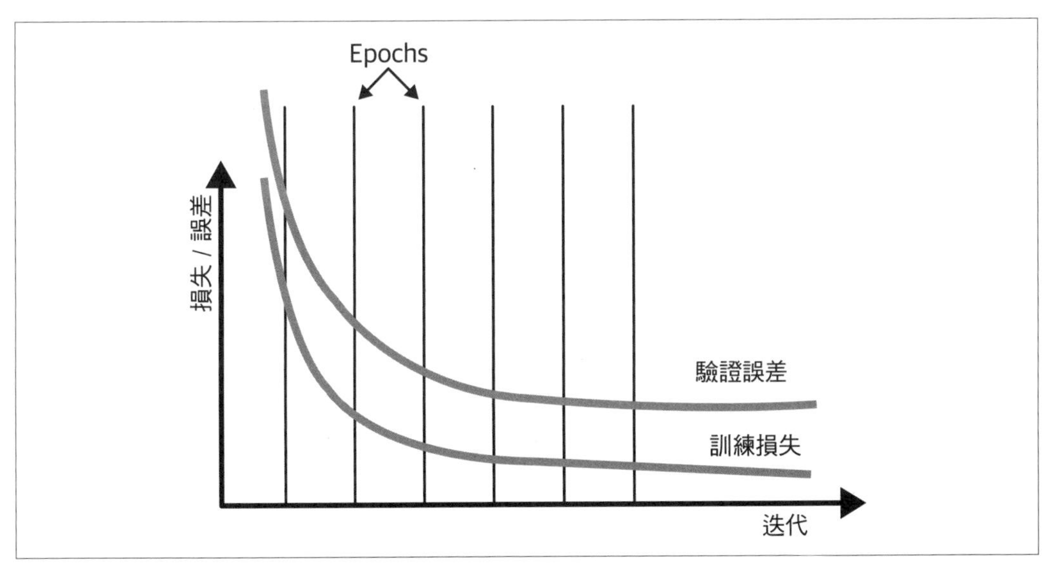

圖 4-10 在理想的狀況下，馴證誤差不會增加，訓練損失和驗證誤差會進入平穩狀態。

如果不進行早期停止，只使用訓練損失來決定收斂與否，我們就不必保留單獨的測試資料組。即使不做早期停止，顯示模型訓練的進度也是有幫助的，特別是在模型需要長時間訓練的情況下。雖然訓練的效果和進度通常是在訓練迴圈中用驗證資料組來監視的，但這只是為了做視覺化。因為我們不需要根據顯示出來的指標採取任何行動，所以可以用測試資料組做視覺化。

使用正則化可能比早期停止更好的原因是，正則化可讓你使用整個資料組來更改模型的權重，而早期停止則需要浪費 10% 到 20% 的資料組來決定何時停止訓練。其他限制過擬的方法也是取代早期停止的好選擇（例如 dropout 和使用複雜度較低的模型）。此外，最近的研究（*https://oreil.ly/FJ_iy*）指出，雙下降在各種機器學習問題中都會發生，因此，與其冒著因為早期停止而產生次級解的風險，不如進行更長時間的訓練。

二分　正則化小節的建議有沒有和早期停止或檢查點選擇小節的建議互相矛盾？其實沒有。

我們建議你將資料分成兩個部分：訓練資料組和評估資料組。評估資料組在實驗期間扮演測試資料組的角色（在沒有驗證資料組的情況下），並且在生產環境中扮演驗證資料組的角色（在沒有測試資料組的情況下）。

訓練資料組越大，你就可以使用越複雜的模型，你得到的模型就越準確。使用正則化而不是早期停止或檢查點選擇可以讓你使用更大的訓練資料組。在實驗階段（當你探索不同的模型架構、訓練技術和超參數時），我們建議你關閉早期停止，並使用更大的模型進行訓練（參考第 137 頁的「設計模式 11：Useful Overfitting」）。這是為了確保模型有足夠的能力來學會預測模式。在這個過程中，用訓練組來監視誤差收斂。在實驗結束時，你可以使用評估組來診斷模型在處理訓練期間沒有看過的資料時的表現如何。

當你訓練將要投入生產的模型時，你必須做好持續評估和模型再訓練的準備。打開早期停止或檢查點選擇，並監視處理評估組時的誤差指標。根據你是否需要控制成本（此時，你要選擇提前停止）或希望對模型的準確性進行排序（在這種情況下，你要做檢查點選擇），在提前停止和檢查點選擇之間進行選擇。

微調

在表現良好的訓練迴圈中，梯度下降會用大部分的資料迅速到達最佳誤差的附近，然後藉著優化邊角案例（corner case），慢慢收斂到最小誤差。

現在，假設你要定期使用新資料來重新訓練模型，通常你會希望突顯新資料，而不是上個月的邊角案例。此時通常最好從圖 4-11 中，以藍線標記的檢查點開始恢復訓練，而不是從上一個檢查點開始。這與我們在第 164 頁的「有效的原因」裡討論模型的訓練階段時所說的從第二階段開始一致。這可以提供一個通用的方法，讓你能夠只用新資料，在幾個 epoch 內進行微調。

當你從粗虛線標示的檢查點重新恢復訓練時，你將處於第四階段，因此學習率將會很低。所以，新資料不會明顯改變模型。然而，模型將會以最佳方式處理新資料（在模型較大的情況之下），因為你會用這個較小的資料組來砥礪它。這種做法稱為**微調**（*fine-tuning*）。第 156 頁的「設計模式 13：Transfer Learning」也會討論微調。

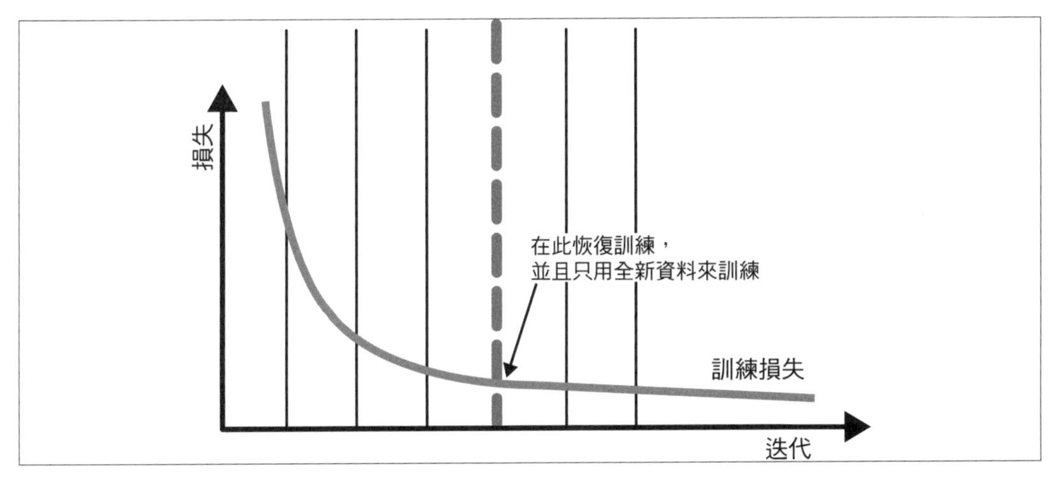

圖 4-11　在訓練損失開始進入平線狀態之前，從檢查點恢復。在後續的迭代中，只使用全新的資料來訓練。

微調只在你不改變模型架構時有效。

你不一定要從之前的檢查點開始。在一些情況下，最終的檢查點（用來伺服模型的）可以用來暖啟動另一個模型訓練迭代。儘管如此，從較早的檢查點開始往往可以提供更好的類推能力。

重新定義 epoch

機器學習教學通常有這種程式碼：

```
model.fit(X_train, y_train,
          batch_size=100,
          epochs=15)
```

這段程式假設你的資料組可以放入記憶體，因此你的模型可以迭代 15 個 epoch 而不會遇到機器故障的風險，但是這兩種假設都是不合理的——ML 資料組的規模是 TB 級的，而且如果訓練持續好幾個小時，機器故障的機率就很高。

為了讓上述的程式碼更具復原力，你要提供一個 TensorFlow 資料組（*https://oreil.ly/EKJ4V*）（而不僅僅是 NumPy 陣列），因為 TensorFlow 資料組是記憶體外（out-of-memory）的資料組。它可以提供迭代功能和惰性載入（lazy loading）。其程式如下：

```
cp_callback = tf.keras.callbacks.ModelCheckpoint(...)
history = model.fit(trainds,
                    validation_data=evalds,
                    epochs=15,
                    batch_size=128,
                    callbacks=[cp_callback])
```

然而，讓大型的資料組使用 epochs 仍然不太好。雖然 epoch 容易了解，但是使用 epochs 會對真實世界的 ML 模型產生不好的影響。為了理解為何如此，假設你有一個有 100 萬個樣本的訓練資料組。你可能想要將 epoch 數設為 15（假設），來遍歷這個資料組 15 次，但是這會有幾個問題：

- epoch 的數量是整數，但是處理資料組 14.3 次與 15 次的訓練時間可能相差好幾個小時。如果模型在看了 1430 萬個案例之後收斂了，你可能想要退出，不想浪費計算資源處理另外 70 萬個案例。
- 你會在每一個 epoch 建立一個檢查點，在檢查點之間等待 100 萬個案例可能太久了。為了保持復原力，你可能要更頻繁地建立檢查點。
- 資料組會隨著時間成長。如果你又得到 10 萬個案例，用它們來訓練模型，並且得到更高的誤差，那是因為你必須做提前停止，還是因為新的資料在某種程度上損壞了？你無法查明真相，因為之前的訓練用了 1500 萬個樣本，而新的訓練用了 1650 萬個樣本。
- 當你使用資料平行化技術，在分散的參數伺服器進行訓練（見第 168 頁的「設計模式 14：Distribution Strategy」），並且做適當的洗牌時，epoch 的概念就沒那麼明確了。因為有潛在的散亂（straggling）worker，你只能指示系統用一些小批次進行訓練。

每一個 epoch 的步數　與其訓練 15 個 epoch，我們可以訓練 143,000 步（step），且將 batch_size 設為 100：

```
NUM_STEPS = 143000
BATCH_SIZE = 100
NUM_CHECKPOINTS = 15
cp_callback = tf.keras.callbacks.ModelCheckpoint(...)
history = model.fit(trainds,
                    validation_data=evalds,
                    epochs=NUM_CHECKPOINTS,
                    steps_per_epoch=NUM_STEPS // NUM_CHECKPOINTS,
                    batch_size=BATCH_SIZE,
                    callbacks=[cp_callback])
```

每一步都會根據資料的一個小批次來做權重更新，這可讓我們在 14.3 epoch 停止。它可以提供高很多的細膩度，但我們必須將一個「epoch」定義成總步數的 1/15：

```
steps_per_epoch=NUM_STEPS // NUM_CHECKPOINTS,
```

這樣我們就可以得到正確的檢查點數量。只要我們無限重複執行 `trainds`，它就可以運作：

```
trainds = trainds.repeat()
```

`repeat()` 是必要的，因為我們不需要設定 `num_epochs` 了，所以 epoch 數量預設為 1。如果沒有 `repeat()`，模型會在讀取資料組一次並耗盡訓練模式時退出。

用更多資料再訓練　如果我們又得到 100,000 個案例呢？簡單！我們可以將它加入資料倉庫，但不更改程式碼。我們的程式碼仍然處理 143,000 步，而且也需要處理那麼多資料，只是它看到的案例有 10% 是新的。如果模型收斂了，很好。如果沒有，我們可以知道新的資料點是問題所在，因為我們的訓練時間沒有比之前更長。藉著保持步數不變，我們能夠將「新資料」的影響與「用更多資料來訓練」的影響分開。

一旦我們訓練了 143,000 步，我們就重新開始訓練，並讓它運行稍久一些（比如 10,000 步），只要模型繼續收斂，我們就繼續訓練它。然後，我們更改上面程式中的數字 143,000（實際上，它是程式碼的參數），以反映新的步數。

在做超參數調整之前，以上的做法都很好。當你做超參數調整時，你也會改變批次大小。不幸的是，如果你將批次大小改成 50，訓練時間會減少一半，因為我們是訓練 143,000 步，每一步只需要以前的一半時間。顯然，這不是件好事。

虛擬 epoch　解決的辦法是讓模型看到一樣的訓練案例總數（不是步數，見圖 4-12）：

```
NUM_TRAINING_EXAMPLES = 1000 * 1000
STOP_POINT = 14.3
TOTAL_TRAINING_EXAMPLES = int(STOP_POINT * NUM_TRAINING_EXAMPLES)
BATCH_SIZE = 100
NUM_CHECKPOINTS = 15
steps_per_epoch = (TOTAL_TRAINING_EXAMPLES //
                   (BATCH_SIZE*NUM_CHECKPOINTS))
cp_callback = tf.keras.callbacks.ModelCheckpoint(...)
history = model.fit(trainds,
                    validation_data=evalds,
                    epochs=NUM_CHECKPOINTS,
                    steps_per_epoch=steps_per_epoch,
                    batch_size=BATCH_SIZE,
                    callbacks=[cp_callback])
```

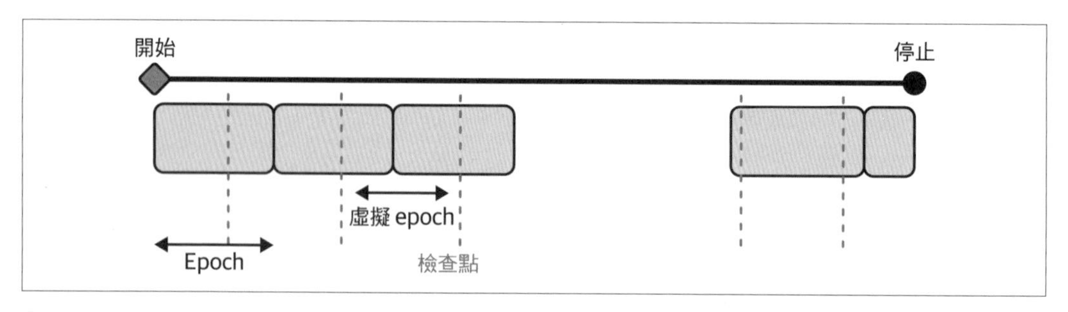

圖 4-12　用檢查點之間的步數來定義虛擬 epoch。

當你獲得更多的資料時，先用舊的設定來訓練它，然後增加案例的數量來反映新資料，最後更改 STOP_POINT 來反映遍歷資料至收斂的次數。

現在，即使你使用超參數調整（本章稍後會討論），這種做法也是安全的，它也保留了「維持步數不變」的所有優點。

設計模式 13：Transfer Learning

在遷移學習中，我們會選擇之前訓練好的模型的一部分，凍結權重，並將那些不可訓練的神經層併入一個新的模型，以解決一個相似的問題，但使用更小的資料組。

問題

用無結構的資料來訓練自訂的 ML 模型需要使用極大的資料組，而且你不一定找得到這種資料組。考慮一個用模型來確認手臂的 x 光片裡面有沒有骨折的情況。為了達到較高的準確度，你至少需要數十萬張圖像。在模型學會骨折長怎樣之前，它要先學習理解資料組裡面的圖像裡面的像素、邊緣和形狀。用文本來訓練模型也一樣。假設我們要建構一個模型來接收患者症狀描述，並預測與那些症狀有關的狀況。模型除了學習哪些單字能夠區分感冒和肺炎之外，也需要學習基本的語言語義，以及單字的順序如何創造意義。例如，模型不僅要學會檢測 *fever* 這個單字的存在，還要知道 *no fever* 與 *high fever* 這兩個序列的意義完全不同。

為了了解訓練高準確度的模型需要多少資料，我們可以看一下 ImageNet（*https://oreil.ly/t6583*），它是一個有超過 1400 萬張帶標籤的圖像的資料庫。ImageNet 經常被當成在各種硬體上評估機器學習框架的標杆。例如，MLPerf 標杆測試套件（*https://oreil.ly/hDPiJ*）使用 ImageNet 來比較在各種硬體上運行各種 ML 框架直到 75.9% 分類準確率所花費的時間。在 v0.7 MLPerf Trainin 結果中，在 Google TPU v3 上運行的 TensorFlow 模型花了大約 30 秒達到準確目標[2]。訓練時間越長，模型處理 ImageNet 的準確度越高。然而，會有這種成績，在很大程度上是由於 ImageNet 的規模。大多數需要預測專業問題的組織都沒有那麼多資料可用。

因為上述的圖像和文本範例之類的用例涉及特定的資料域（data domain），所以我們不可能用通用的模型來成功地識別骨折，或診斷疾病。用 ImageNet 來訓練的模型或許能夠將 x 光片標注為 *x 光*或*醫學照片*，但不太可能將它標注為*股骨骨折*。因為這種模型通常是用各種高階標籤類別來訓練的，所以我們不能期待它們可以在圖像中理解我們的資料組專屬的情況。為了處理這個問題，我們需要一個解決方案，可讓我們僅用可用的資料和我們關心的標籤來建構自訂模型。

解決方案

在遷移學習設計模式之中，我們利用別人的模型和自己的資料來處理專門的任務，那個別人的模型是用同類型的資料來訓練的，能夠處理類似的任務。「同類型的資料」指的是相同的資料模式，例如圖像、文本等等。除了像「圖像」這種的廣泛的類別之外，使用已經用相同類型的圖像訓練過的模型也很理想。例如，如果你打算用模型來做照片分類，那就使用一個已經用照片訓練過的模型；如果你打算模型來做衛星照片分類，那

2 MLPerf v0.7 Training Closed ResNet，摘自 www.mlperf.org 23 September 2020, entry 0.7-67。MLPerf 名稱與標誌都是商標。詳情見 www.mlperf.org。

就使用一個已經用遙感照片訓練過的模型。我們說的**類似任務**是指「被解決的問題」。例如，若要進行圖像分類遷移學習，最好從一個已經被訓練來做圖像分類的模型開始做起，而不是從目標偵測開始做起。

延續這個案例，假設我們要建構一個二元分類器來確定 x 光片有沒有骨折。我們的每一個類別都只有 200 張照片：*有骨折的*，和*沒有骨折的*。這個數量不足以從零開始訓練一個高品質的模型，但對於遷移學習來說已經足夠了。為了用遷移學習解決這個問題，我們要找到一個已經用大資料組訓練過的圖像分類模型，然後，我們移除模型的最後一層，凍結模型的權重，並繼續使用 400 張 x 光片來進行訓練。在理想情況下，我們可以找到一個用類似我們的 x 光片的資料組訓練出來的模型，例如在實驗室裡，或其他在嚴格的條件下拍攝的照片。但是，如果資料組不同，只要預測任務相同，我們仍然可以使用遷移學習。在這個範例中，我們在做圖像分類。

除了圖像分類之外，你也可以用遷移學習來進行許多預測任務，只要現成的預訓模型與你想要用資料組來執行的任務相符即可。例如，遷移學習也經常被用於圖像物體檢測、圖像風格轉換、圖像生成、文本分類、機器翻譯等領域。

遷移學習之所以有效，是因為它讓我們站在巨人的肩膀上，利用已經用龐大的有標籤資料組來訓練過的模型。我們之所以能夠使用遷移學習，要感謝別人多年來的研究，以及別人為我們做出這些資料組，他們推動了遷移學習的先進水準。ImageNet 專案就是這種資料組之一，它是在 2006 年由 Fei-Fei Li 創立，並且在 2009 年發表的。Image-Net[3] 在遷移學習的發展過程起了非常重要的作用，並為其他大型的資料組鋪平了道路，例如 COCO（*https://oreil.ly/mXt77*）與 Open Images（*https://oreil.ly/QN9KU*）。

在遷移學習背後的概念是，你可以利用一個模型的權重與神經層，只要那個模型是在和你的預測任務一樣的領域中訓練的即可。大多數深度學習模型的最後一層有特定的預測任務專屬的分類標籤或輸出。在使用遷移學習時，我們會刪除這一層，凍結模型訓練後的權重，並將最後一層換成我們的預測任務的輸出，再開始訓練。圖 4-13 描述這種情況。

通常，模型的倒數第二層（輸出層的上一層）會被選為**瓶頸層**。接下來，我們會解釋瓶頸層，以及在 TensorFlow 中實作遷移學習的各種方法。

3 Jia Deng et al.,"ImageNet: A Large-Scale Hierarchical Image Database," (*https://oreil.ly/Wio_D*) IEEE Computer Society Conference on Computer Vision and Pattern Recognition (CVPR) (2009): 248–255.

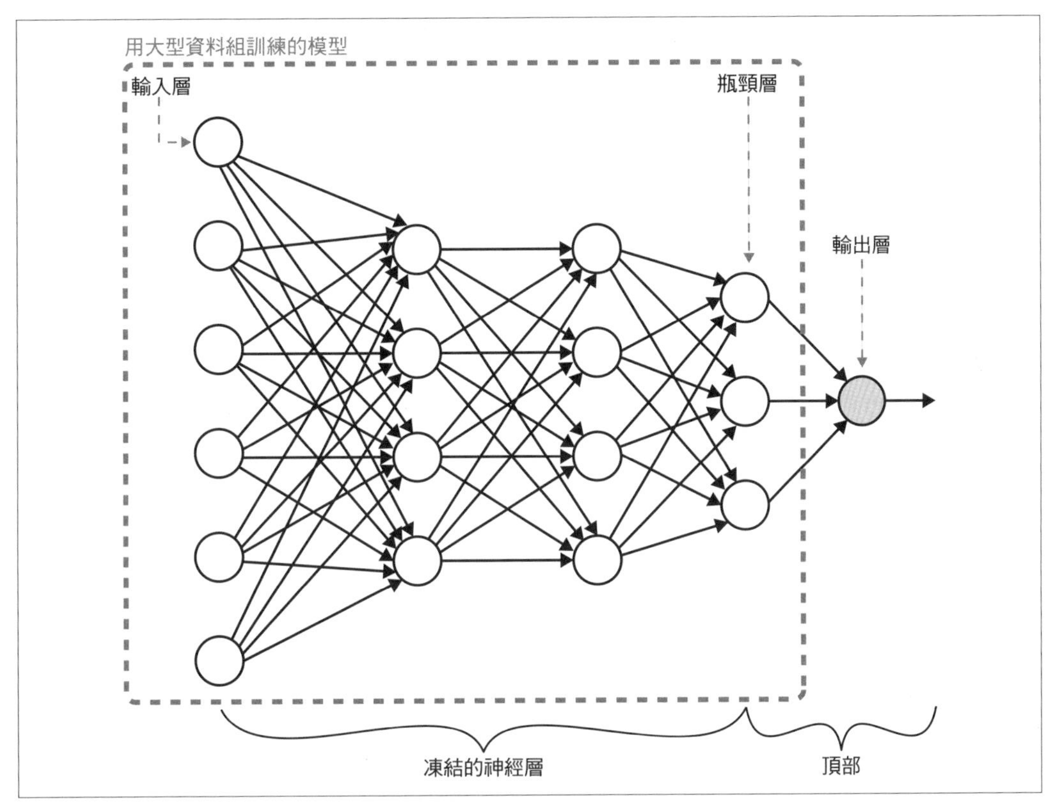

圖 4-13　用大型資料組訓練出來的模型來做遷移學習。模型的「頂部（top）」（通常只有輸出層）會被刪除，其餘神經層的權重則會被凍結。在其餘模型中的最後一層稱為瓶頸層。

瓶頸層

相對於整個模型而言，瓶頸層代表最低維空間裡面的輸入（通常是圖像或文本文件）。更具體地說，當我們將資料輸入模型時，第一層幾乎會看到原始形式的資料。為了了解這是如何運作的，我們延續醫學照片範例，但這一次，我們要用直腸組織資料組（*https://oreil.ly/r4HHq*）來建立一個模型（*https://oreil.ly/QfOU_*），將直腸照片分為八類。

為了探索我們要在遷移學習中使用的模型，我們載入用 ImageNet 資料組預先訓練過的 VGG 模型架構：

```
vgg_model_withtop = tf.keras.applications.VGG19(
    include_top=True,
    weights='imagenet',
)
```

注意，我們設定 include_top=True，這代表我們載入完整的 VGG 模型，包括輸出層。這個模型會將 ImageNet 的圖像分成 1,000 個不同的類別，所以輸出層是一個有 1,000 個元素的陣列。我們來看一下 model.summary() 的輸出，以理解哪一層會被當成瓶頸層。為了簡潔起見，我們省略一些中間的神經層：

```
Model: "vgg19"
_________________________________________________________________
Layer (type)                 Output Shape              Param #
=================================================================
input_3 (InputLayer)         [(None, 224, 224, 3)]     0
_________________________________________________________________
block1_conv1 (Conv2D)        (None, 224, 224, 64)      1792
...more layers here...
_________________________________________________________________
block5_conv3 (Conv2D)        (None, 14, 14, 512)       2359808
_________________________________________________________________
block5_conv4 (Conv2D)        (None, 14, 14, 512)       2359808
_________________________________________________________________
block5_pool (MaxPooling2D)   (None, 7, 7, 512)         0
_________________________________________________________________
flatten (Flatten)            (None, 25088)             0
_________________________________________________________________
fc1 (Dense)                  (None, 4096)              102764544
_________________________________________________________________
fc2 (Dense)                  (None, 4096)              16781312
_________________________________________________________________
predictions (Dense)          (None, 1000)              4097000
=================================================================
Total params: 143,667,240
Trainable params: 143,667,240
Non-trainable params: 0
_________________________________________________________________
```

你可以看到，這個 VGG 模型用 224×224×3 像素陣列來接收圖像，然後將這個有 128 個元素的陣列傳給後續的神經層（每一層都可能改變陣列的維數），直到在 flatten 層中，被壓平成一個 25,088×1 維的陣列為止。最後，它會被傳給輸出層，輸出層回傳一個有 1,000 個元素的陣列（為 ImageNet 中的每個類別）。在本例中，當我們調整這個模型，用醫學組織照片來進行訓練時，會將 block5_pool 層當成瓶頸層。瓶頸層會產生一個 7×7×512 維的陣列，這是輸入圖像的低維表示法，裡面有足以用來分類輸入圖像的資訊。當我們用這個模型來處理醫學照片分類任務時，我們希望萃取足以成功地對資料組進行分類的資訊。

這個醫學組織資料組的圖像是 (150,150,3) 維的陣列。這個 150×150×3 表示法是最高的維度。為了同時使用這個 VGG 模型與我們的圖像資料，我們用這段程式載入它：

```
vgg_model = tf.keras.applications.VGG19(
    include_top=False,
    weights='imagenet',
    input_shape=((150,150,3))
)

vgg_model.trainable = False
```

設定 `include_top=False` 可以指定 VGG 的最後一層就是瓶頸層。我們傳入的 `input_shape` 符合組織照片的輸入外形（shape）。這是修改後的 VGG 模型的最後幾層的摘要：

```
block5_conv3 (Conv2D)        (None, 9, 9, 512)        2359808
_________________________________________________________________
block5_conv4 (Conv2D)        (None, 9, 9, 512)        2359808
_________________________________________________________________
block5_pool (MaxPooling2D)   (None, 4, 4, 512)        0
=================================================================
Total params: 20,024,384
Trainable params: 0
Non-trainable params: 20,024,384
_________________________________________________________________
```

現在最後一層是瓶頸層了。你應該有發現，`block5_pool` 的大小是 (4,4,512)，但是它以前是 (7,7,512)。這是因為我們考慮到資料組的圖像大小，而使用 `input_shape` 參數來實例化 VGG。同樣值得注意的是，我們寫死 `include_top=False` 來將 `block5_pool` 當成瓶頸層，但如果你想要自訂它，你可以載入完整的模型，並刪除你不想要使用的任何額外神經層。

在訓練這個模型之前，我們還要在頂部加入一些神經層，具體情況取決於我們的資料和分類任務。同樣要注意的是，因為我們已經設定了 `trainable=False`，所以目前的模型裡面有 0 個可訓練的參數。

一般來說，瓶頸層通常是在扁平化（flattening）操作之前的最後一個、維數最低、壓平的那一層。

瓶頸層在概念上與 embedding 相似，因為它們都是降維的特徵。例如，在具有編碼 / 解碼網路架構的 autoencoder 模型中，瓶頸層就是一個 embedding，它是在模型中間的一層，負責將原始輸入資料對映到低維表示法，解碼網路（網路的後半部分）用它來將輸入對映到原始的高維表示法。如果你想要看 autoencoder 的瓶頸層的圖，可參考第 2 章的圖 2-13。

embedding 層本質上是一個權重查詢表，可以將特定的特徵對映到向量空間裡的某個維度。主要的區別在於，embedding 層的權重是可以訓練的，但是瓶頸層之前的所有神經層的權重都是凍結的。換句話說，在整個網路中，包含瓶頸層之前都是不可訓練的，在這個模型中只有瓶頸之後每一層的權重是可以訓練的。

值得注意的是，預訓的 embedding 也可以在 Transfer Learning 設計模式中使用。當你建立包含 embedding 層的模型時，你可以利用既有的（預先訓練的）embedding 查詢表，或是從頭訓練你自己的 embedding 層。

總之，遷移學習是可讓你用小型的資料組來處理類似問題的一種解決方案。遷移學習一定會利用不可訓練的、權重被凍結的瓶頸層。embedding 是一種資料表示法。它們之間最終的差異在於你的目的，如果你的目的是訓練一個類似的模型，那就使用遷移學習，如果你的目的是更精確地表示輸入圖像，那使用 embedding。它們的程式碼可能會一模一樣。

實作遷移學習

你可以在 Keras 裡面使用以下兩種方法之一來實作遷移學習：

- 自行載入一個預訓模型，移除瓶頸層之後的神經層，用你自己的資料和標籤加入新的最後一層
- 將預訓的 TensorFlow Hub（*https://tfhub.dev*）模組當成你的遷移學習任務的基礎

我們先來看一下如何自行載入和使用預訓模型，我們將以前面介紹的 VGG 模型範例為基礎，往上建構。注意，VGG 是一種模型架構，而 ImageNet 是用來訓練它的資料，它們一起構成我們將要用來做遷移學習的預訓模型。在此，我們要用遷移學習來對直腸組織照片進行分類。雖然原始的 ImageNe 資料組有 1,000 個標籤，但我們做出來的模型只會回傳我們將指定的 8 種類之一，而不是 ImageNet 的數千個標籤。

載入預訓模型，並使用當初訓練模型所使用的原始標籤來進行分類並不是遷移學習。遷移學習更上一層樓，將模型的最後一層換成你自己的預測任務。

我們載入的 VGG 模型是基礎模型。我們需要加入一些神經層來壓平瓶頸層的輸出，並將這個壓平的輸出傳入一個 8 元素 softmax 陣列：

```
global_avg_layer = tf.keras.layers.GlobalAveragePooling2D()
feature_batch_avg = global_avg_layer(feature_batch)

prediction_layer = tf.keras.layers.Dense(8, activation='softmax')
prediction_batch = prediction_layer(feature_batch_avg)
```

最後使用 Sequential API 來建立新的遷移學習模型（即一疊神經層）：

```
histology_model = keras.Sequential([
  vgg_model,
  global_avg_layer,
  prediction_layer
])
```

我們來看一下遷移學習模型的 model.summary() 的輸出：

```
_________________________________________________________________
Layer (type)                 Output Shape              Param #
=================================================================
vgg19 (Model)                (None, 4, 4, 512)         20024384
_________________________________________________________________
global_average_pooling2d (Gl (None, 512)               0
_________________________________________________________________
dense (Dense)                (None, 8)                 4104
=================================================================
Total params: 20,028,488
Trainable params: 4,104
Non-trainable params: 20,024,384
_________________________________________________________________
```

這裡的重點是，只有在瓶頸層**之後**的參數才可以訓練。在這個例子裡，瓶頸層是來自 VGG 模型的特徵向量。在編譯這個模型之後，我們就可以用組織照片資料組來訓練它了。

預先訓練的 embedding

雖然我們可以自己載入預訓模型，但我們也可以使用 TF Hub 的許多預訓模型來做遷移學習，TF Hub 是匯整預訓模型的程式庫，它將它的預訓模型稱為 module。這些 module 跨越了各種資料領域和用例，包括分類、物體檢測、機器翻譯等等。在 TensorFlow 裡，你可以將這些 module 當成一個神經層載入，然後在上面加入你自己的分類層。

為了了解 TF Hub 是如何運作的，我們將建構一個模型，將影評分成**正面**和**負面**兩種。我們先載入一個用大型新聞文章語料庫訓練好的 embedding 模型，將這個模型實例化為 `hub.KerasLayer`：

```
hub_layer = hub.KerasLayer(
    "https://tfhub.dev/google/tf2-preview/gnews-swivel-20dim/1",
    input_shape=[], dtype=tf.string, trainable=True)
```

然後在它上面疊上額外的階層，來建構我們的分類器：

```
model = keras.Sequential([
  hub_layer,
  keras.layers.Dense(32, activation='relu'),
  keras.layers.Dense(1, activation='sigmoid')
])
```

現在我們可以訓練這個模型，將我們自己的文本資料組當成輸入傳給它。它產生的預測將是一個單元素陣列，指出特定的文本是正面的還是負面的。

有效的原因

為了理解為什麼遷移學習有效，我們先用一個比喻來說明。當小孩學習他們的第一種語言的時候，他們會接觸很多例子，當他們認錯東西時，會有人糾正。舉例來說，當他們第一次學習識別貓時，他們會看到父母指著貓，說**貓**這個字，這種重複的動作會強化他們大腦裡面的通路。同樣地，當他們對著不是貓的動物說**貓**時，也會有人糾正他們。當小孩學習識別狗時，他們不需要從頭開始。他們可以使用與識別貓相似的識別過程，但用在稍微不同的任務上。藉此，小孩為學習打下基礎。除了學習新事物之外，他們也學會**如何**學習新事物。遷移學習的工作原理大致上也是將這些學習方法用在不同的領域上。

但是這在神經網路裡是怎樣發生的？在典型的摺積神經網路（CNN）裡，學習是分層的。第一層會學習識別圖像中的邊和形狀。在貓的例子中，這可能意味著模型可以識別貓的身體邊緣與背景的交界處。模型中的下一層開始理解一組邊——也許有兩條邊在圖像的左上角相交。CNN 的最後一層可以把這組邊組合起來，形成對於圖像裡的各種特徵的理解。在貓的例子中，模型或許能夠識別圖像頂部的兩個三角形和它們下方的兩個橢圓形。身為人類，我們知道那些三角形是耳朵，橢圓形是眼睛。

我們在圖 4-14 將這個過程視覺化，它來自 Zeiler 與 Fergus（*https://oreil.ly/VzRV_*）的一項研究，他們分解 CNN，來了解在模型的每一層觸發的各種特徵。圖 4-14 展示一個總共有五層的 CNN 裡面的每一層的特徵圖以及實際的圖像。我們可以看到，當圖像經過整個網路時，模型對圖像的感知是如何變化的。第 1 層和第 2 層只辨識邊，第 3 層開始辨識物體，第 4 層和第 5 層可以辨識整張圖像裡面的焦點。

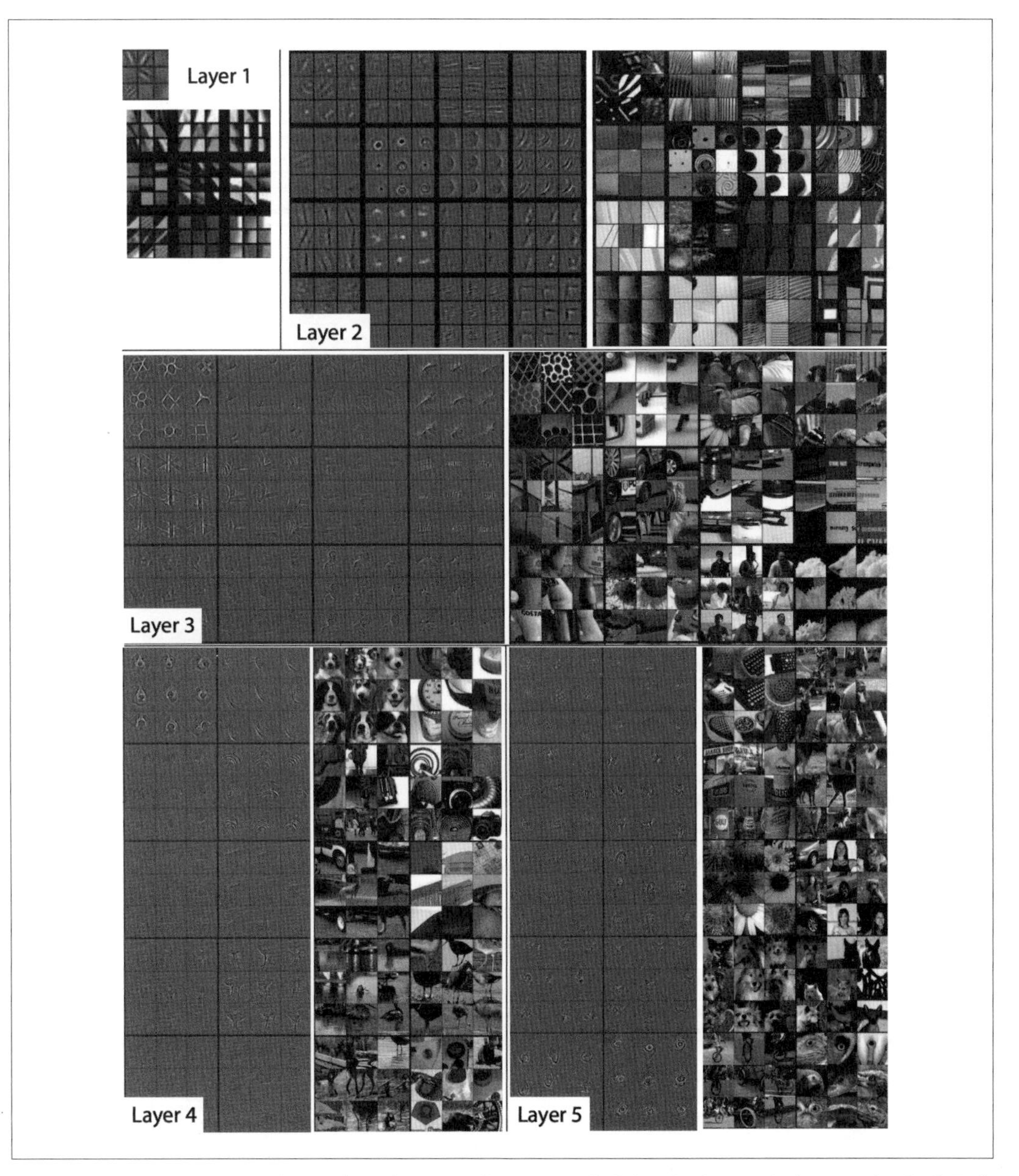

圖 4-14　Zeiler 與 Fergus（2013）分解 CNN 的研究可讓我們看到 CNN 在每一層網路看見的圖像。

不過，請記住，對我們的模型而言，它們只是一群像素值，它不知道三角形和橢圓形是耳朵和眼睛，它只知道特定的特徵組合代表它收到的標籤。透過這種方式，模型學習貓的特徵組合的過程與學習其他物體的特徵組合（比如一張桌子、一座山、甚至是一位名人）的過程沒有太大的區別。對模型來說，它些都只是像素值、邊和形狀的各種組合。

代價與其他方案

到目前為止，我們還沒有討論在做遷移學習時修改原始模型權重的方法。在這裡，我們將研究兩種方法：特徵提取和微調。我們也會討論為什麼遷移學習主要集中在圖像和文本模型，並探討文字句子 embedding 和遷移學習之間的關係。

微調 vs. 特徵提取

特徵提取（*feature extraction*）是一種遷移學習法，這種做法會將瓶頸層之前的每一層的權重凍結起來，然後在接下來的神經層訓練你自己的資料與標籤。除了它之外的另一種選項是**微調**（*fine-tuning*）預訓模型的神經層的權重。在使用微調時，你可以更新預訓練模型裡面的每一層的權重，或是只更新瓶頸層之前的幾層。使用微調來訓練遷移學習模型的時間通常比特徵提取的時間長。你可以從之前的文本分類範例中看到，我們在初始化 TF Hub 層時，設定了 `trainable=True`，這就是個微調的例子。

在進行微調時，我們通常會保持模型的初始神經層的權重不變，因為那幾層已經學會識別在許多類型的圖像中常見的基本特徵了。例如，為了調整 MobileNet 模型，我們只在模型的部分神經層設定 `trainable=False`，而不是讓每一層都不可訓練。舉例來說，若要微調第 100 層之後的，我們可以執行：

```
base_model = tf.keras.applications.MobileNetV2(input_shape=(160,160,3),
                                               include_top=False,
                                               weights='imagenet')

for layer in base_model.layers[:100]:
  layer.trainable =  False
```

在決定凍結多少層時，有一種推薦方法稱為**漸進式微調**（*https://oreil.ly/fAv1S*），其做法是在每次訓練回合之後再解凍神經層，以找出理想的微調層數。如果你讓學習率維持較低（常見的是 0.001），並且讓訓練迭代次數相對較少，這種方法的效果最好，也最有效率。在進行漸進式微調時，最初只要解凍遷移模型的最後一層（最接近輸出的那一層），並且在訓練後計算模型的損失。然後，慢慢解凍更多層，直到你到達 Input 層，或直到損失開始進入平穩狀態，用這種做法來掌握要微調的層數。

如何決定究竟要進行微調還是凍結預訓模型的所有神經層？一般來說，當資料組很小時，最好將預訓模型當成特徵提取器（feature extractor）來使用，而不是進行微調。如果被你重新訓練權重的模型可能已經用上百萬個案例訓練過了，微調可能會讓更新後的模型過擬你的小資料組，並且失去從上百萬個案例中學到的，而且更通用的資訊。這裡的「小資料組」代表只有幾百個或幾千個訓練案例的資料組，不過這取決於你的資料和預測任務，

在決定是否進行微調時，另一個需要考慮的因素是，你的預測任務與預訓模型的原始預測任務有多麼相似，如果你的預測任務類似之前的任務，或者是之前任務的延伸，就像我們的電影評論情緒分析模型就是如此，那麼微調可以產生更高的準確性。當任務不同，或資料組有明顯差異時，最好是凍結預訓模型的所有神經層，而不是微調它們。見表 4-1 整理的重點[4]。

表 4-1　協助選擇特徵提取或微調的標準

標準	特徵提取	微調
資料組有多大？	小	大
你的預測任務與預訓模型的一樣嗎？	不同的任務	任務相同，或類似的任務，而且有一樣的標籤類別分布
訓練時間成本與計算成本	低	高

在我們的文本範例中，預訓模型是用新聞文本語料庫來訓練的，但我們的用例是情感分析。因為這些任務是不同的，我們應該將原始模型當成特徵提取器來使用，而不是微調它。在圖像領域中，有一個預測任務不相同的例子，就是將 MobileNet 模型當成基礎（以 ImageNet 訓練出來的），用醫學圖像資料組來進行遷移學習。雖然這兩項任務都涉及圖像分類，但是這兩個資料組裡面的圖像的性質是非常不同的。

專注於圖像與文本模型

你可能已經發現，本節的所有範例都與圖像和文本資料有關，這是因為遷移學習主要適用於「可以在同一個資料領域執行類似任務」的情況。然而，使用表格資料訓練出來的模型涵蓋了無限數量的預測任務和資料類型。你可以用表格資料來訓練一個模型，用它來預測如何為你的活動定價、某人是否可能拖欠貸款、你公司下一季的收入、計程車的搭乘時間，等等。這些任務的具體資料也非常不同，可能有根據表演者和場地的門票問題、根據個人收入的貸款問題，以及根據城市的交通模式預測計程車搭乘時間等。由於這些原因，將一個表格模型的學習成果遷移到另一個表格模型有先天的挑戰。

4　詳細資訊請參考「CS231n Convolutional Neural Networks for Visual Recognition（*https://oreil.ly/w109T*）」。

雖然表格資料的遷移學習不像圖像和文本領域那麼普遍，但是在這個領域有一項新穎的研究，提出一種稱為 TabNet（*https://oreil.ly/HI5Xl*）的新模型架構。與圖像和文本模型相比，大部分的表格模型都需要做大量的特徵工程。TabNet 採用的技術先使用無監督學習來學習表格特徵的表示法，然後微調這些學來的表示法，以產生預測。如此一來，TabNet 可以將表格模型的特徵工程自動化。

單字 embedding vs. 句子 embedding

我們到目前為止對於文本 embedding 的討論大部分都是針對**單字** embedding。另一種文本 embedding 是**句子** embedding。單字 embedding 代表向量空間裡的個別單字，但句子 embedding 則代表整個句子。因此，單字 embedding 與上下文無關（context agnostic）。我們用下面這段句子來看看它是如何工作的：

> *"I've left you fresh baked cookies on the left side of the kitchen counter."*

注意，*left* 這個字在句子中出現兩次，第一次是動詞，第二次是形容詞。如果我們要為這個句子生成單字 embedding，我們就要為每一個單字做出一個單獨的陣列。使用單字 embedding 時，兩個 *left* 的陣列是一樣的。但是使用句子級的 embedding 時，我們會得到一個代表整個句子的向量。產生句子 embedding 的方法有很多種，包括平均計算句子的單字 embedding，以及使用大型的文本語料庫來訓練監督學習模型，以產生 embedding。

這與遷移學習有什麼關係？第二種方法（訓練一個監督學習模型來產生句子等級的 embedding）實際上是遷移學習的一種形式。Google 的 Universal Sentence Encoder（*https://oreil.ly/Y0Ry9*）（可在 TF Hub 中使用）與 BERT（*https://oreil.ly/l_gQf*）正是使用這種做法。這些方法與單字 embedding 的不同之處在於，它們不是單純查詢個別單字的權重，而是為了理解單字**順序**傳達的意思，它們是先用各種大型的文本資料組來訓練一個模型，再用那個模型來建構 embedding。藉此，它們在設計上可以遷移至不同的自然語言任務，因此可以用來實現遷移學習，建立模型。

設計模式 14：Distribution Strategy

在 *Distribution Strategy* 中，訓練迴圈是用多個 worker 大規模執行的，通常會使用快取、硬體加速和平行化等技術。

問題

近來，大型神經網路通常都有數百萬個參數，需要用大量的資料來訓練。事實上，研究證實，提升深度學習的規模、增加訓練樣本的數量或模型參數的數量，或是同時增加兩者，可以大幅提升模型的性能。然而，隨著模型和資料規模的增加，計算量和記憶體需求也會成比例地增加，導致訓練這些模型的時間變成深度學習最大的問題之一。

雖然 GPU 可以實際提升性能，提供可被人接受的中等規模深度神經網路訓練時間，但是，若要使用大量資料來訓練的巨型模型，個別的 GPU 仍然無法將訓練時間控制在我們可以接受的範圍之內。例如，在行文至此時，用一顆 NVIDIA M40 GPU 以及 ImageNet 標杆資料組來訓練 ResNet-50 90 個 epoch 需要 1018 個單精度（single precision）運算，為時 14 天。隨著越來越多人使用人工智慧來解決複雜領域的問題，以及 Tensorflow 和 PyTorch 等開源程式庫讓大家更容易建構深度學習模型，規模類似 ResNet-50 的大型神經網路已經很常見了。

這是一個問題，因為如果訓練神經網路需要兩週，你就必須等待兩週才能迭代新想法或調整設定。此外，對於一些複雜的問題，例如醫學成像、自動駕駛或語言翻譯，我們不一定能夠將問題分解為更小的成分，或是只處理資料的子集合。唯有擁有完整的資料，你才能評估事情是否可行。

訓練時間實質上就是金錢。在無伺服器的機器學習世界中，除了購買昂貴的 GPU 之外，你也可以將訓練任務送到雲端服務，付費購買訓練時間，訓練一個模型的成本會快速地增加，無論是支付 GPU 費用，還是支付無伺服器訓練服務，。

有什麼方法可以加快這些大型神經網路的訓練？

解決方案

有一種加快訓練速度的方法是在訓練迴圈中執行分散策略。目前有各種不同的分散技術，但一般的概念是將訓練模型的工作分給多台機器處理。完成的方法有兩種：**資料平行化**，以及**模型平行化**。在資料平行化裡，我們將計算分散給不同的機器與不同的 worker，讓它們用不同的訓練資料子集合來訓練。在模型平行化裡，我們拆開模型，讓不同的 worker 處理模型的不同部分的計算。在本節裡，我們把焦點放在資料平行化，並且展示如何在 TensorFlow 裡使用 `tf.distribute.Strategy` 來實作它。我們會在第 176 頁的「代價與其他方案」裡討論模型平行化。

為了實現資料平行化，我們必須設法讓不同的 worker 計算梯度，並且共享資訊，來更新模型參數。這可以確保所有的 worker 都是一致的，以及每一個梯度步驟都可以訓練模型。廣義地說，資料平行化既可以同步實現，也可以非同步實現。

同步訓練

在同步訓練中，worker 會以平行的方式，用入資料的不同片段進訓練，並在每一個訓練步驟結束時匯整梯度值。這是用 all-reduce 演算法來執行的。也就是說，每一個 worker（通常是 GPU）在設備上都有一個模型的副本，在進行一個隨機梯度下降（SGD）步驟時，我們要將一個小批次的資料分給每一個獨立的 worker。每一個設備都會用它們的部分小批次來執行前向傳遞，並且為模型的每一個參數計算梯度。然後我們從每一個設備收集這些在各地計算的梯度，並匯整（例如計算平均值）它們，來為每一個參數算出一個梯度更新值。我們會用一個中央伺服器來保存最新的模型參數副本，並且用來自多個 worker 的梯度來執行梯度步驟。用這個匯整梯度步驟更新模型參數之後，將新模型和下一個小批次的片段一起送給 worker，然後重複這個過程。圖 4-15 是進行同步資料分散的典型 all-reduce 架構。

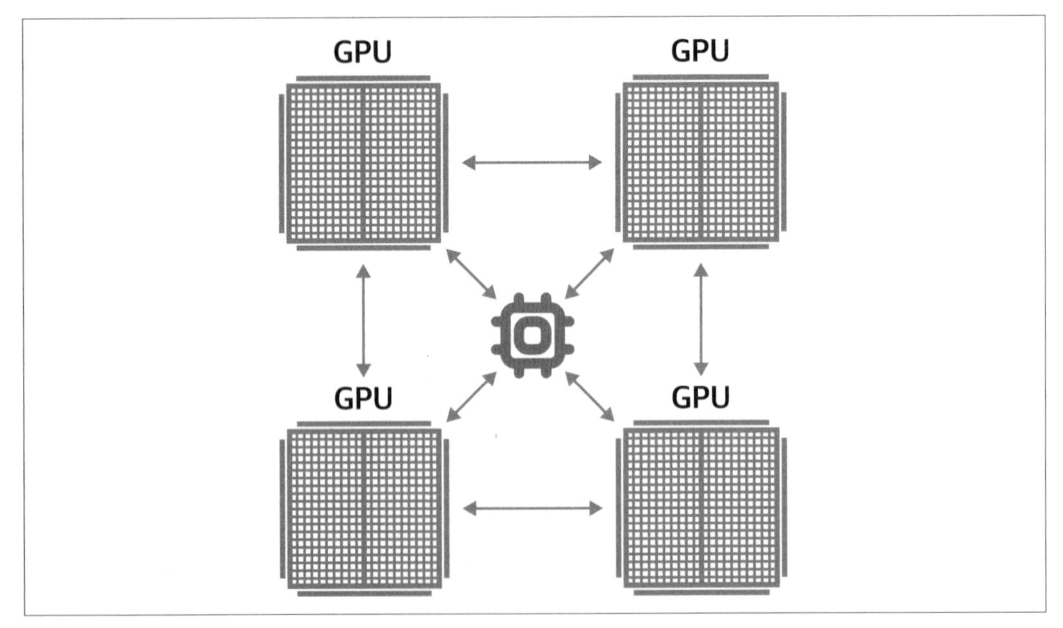

圖 4-15　在同步訓練中，每一個 worker 都持有一個模型副本，並且使用訓練資料小批次的一個部分來計算梯度。

與任何平行策略一樣，這會帶來額外的開銷，因為我們要管理 worker 之間的時序和溝通。大型的模型可能會導致 I/O 瓶頸，因為資料在訓練期間是從 CPU 傳到 GPU 的，緩慢的網路也可能導致延遲。

在 TensorFlow 裡，`tf.distribute.MirroredStrategy` 可在同一台機器的多顆 GPU 上面進行同步分散訓練。它會讓所有 worker 擁有每一個模型參數鏡像，並且儲存一個概念性變數，稱為 `MirroredVariable`。在 all-reduce 步驟期間，每一台設備上面都有所有的梯度張量可用，這可以明顯降低同步的成本。外界也有 all-reduce 演算法的各種實作，許多都使用 NVIDIA NCCL（*https://oreil.ly/HX4NE*）。

若要在 Keras 裡實作這個鏡像策略，首先要建立一個鏡像分散策略實例，然後將模型的建立和編譯移到該實例的範圍內。下面的程式展示如何用 `MirroredStrategy` 來訓練一個三層的神經網路：

```
mirrored_strategy = tf.distribute.MirroredStrategy()
with mirrored_strategy.scope():
    model = tf.keras.Sequential([tf.keras.layers.Dense(32, input_shape=(5,)),
                                 tf.keras.layers.Dense(16, activation='relu'),
                                 tf.keras.layers.Dense(1)])
    model.compile(loss='mse', optimizer='sgd')
```

在這個範圍內建立模型時，模型的參數會被做成鏡像變數，而不是一般變數。將模型擬合到資料組的所有操作都與以前完全相同。模型的程式碼是一樣的！你只要將模型程式包在分散策略範圍內，就可以啟動分散訓練了。`MirroredStrategy` 會負責在可用的 GPU 進行複製模型參數、匯整梯度等工作。若要訓練或評估模型，我們只要一如往常地呼叫 `fit()` 或 `evaluate()` 即可：

```
model.fit(train_dataset, epochs=2)
model.evaluate(train_dataset)
```

在訓練過程中，每一批輸入資料都會被平均分配給多位 worker。例如，如果你使用兩顆 GPU，那麼大小為 10 的批次會被分給這 2 顆 GPU，每一顆在每一步收到 5 個訓練樣本。Keras 還有其他的同步分散策略，比如 `CentralStorageStrategy` 和 `MultiWorkerMirroredStrategy`。`MultiWorkerMirroredStrategy` 不僅可以將工作分給一台機器上的多顆 GPU，也可以分給多台機器。`CentralStorageStrategy` 不會將模型變數鏡像化，而是將它們放在 CPU 上，並將操作複製到所有本地 GPU。所以只會在一個地方更新變數。

最佳的分散策略選擇取決於你的計算機拓撲結構，以及 CPU 和 GPU 之間溝通的速度。表 4-2 總結了如何用這些標準來比較上述的各種策略。

表 4-2 根據電腦拓撲和 CPU 及 GPU 彼此溝通的速度來選擇分散策略

	CPU 和 GPU 的連結較快	GPU 和 GPU 的連結較快
一台機器，多顆 GPU	CentralStorageStrategy	MirroredStrategy
多台機器，多顆 GPU	MultiWorkerMirroredStrategy	MultiWorkerMirroredStrategy

在 PyTorch 裡的分散式資料平行化

在 PyTorch 裡，無論你使用一顆 GPU 還是多顆 GPU，以及無論模型是在一台機器上運行還是在多台機器上運行，程式都是使用 `DistributedDataParallel`。你如何 / 在何處啟動程序，以及如何連接採樣、資料載入等工作，決定了分散策略。

首見，我們初始化程序，等待其他程序開始，並設定通訊，使用：

```
torch.distributed.init_process_group(backend="nccl")
```

接下來，從命令列取得 rank 來指定裝備號碼。Rank = 0 是主程序，1,2,3,... 是 worker。

```
device = torch.device("cuda:{}".format(local_rank))
```

在每一個程序中，模型是用正確的方式建立的，並且被送到該設備。使用 `DistributedDataParallel` 可以建立分散版的模型，它會處理它被分到的批次部分：

```
model = model.to(device)
ddp_model = DistributedDataParallel(model, device_ids=[local_rank],
                                    output_device=local_rank)
```

資料本身是用 `DistributedSampler` 來共享的，每一批資料也會被送到裝備上：

```
sampler = DistributedSampler(dataset=trainds)
loader = DataLoader(dataset=trainds, batch_size=batch_size,
                    sampler=sampler, num_workers=4)
...
for data in train_loader:
    features, labels = data[0].to(device), data[1].to(device)
```

在啟動 PyTorch 訓練器（trainer）時，你要傳給它節點的總數，以及它自己的 rank：

```
python -m torch.distributed.launch --nproc_per_node=4 \
       --nnodes=16 --node_rank=3 --master_addr="192.168.0.1" \
       --master_port=1234 my_pytorch.py
```

如果節點的數量是一，我們就相當於使用 TensorFlow 的 `MirroredStrategy`，如果節點的數量超過一，我們就相當於使用 TensorFlow 的 `MultiWorkerMirroredStrategy`。如果每個節點的程序數量與節點的數量都是一，我們就是使用 `OneDeviceStrategy`。如果傳入 `init_process_group` 的支援後端（本例是 NCCL）可提供優化的通訊，這些案例都可以使用它。

非同步訓練

非同步訓練會讓 worker 獨立地用輸入資料的不同部分來訓練，並且非同步地更新模型的權重與參數，通常會透過參數伺服器架構（*https://oreil.ly/Wkk5B*）。也就是說，沒有一位 worker 會等待任何其他 worker 對模型進行更新。在參數伺服器架構裡，我們會用一個參數伺服器來管理目前的模型權重值，如圖 4-16 所示。

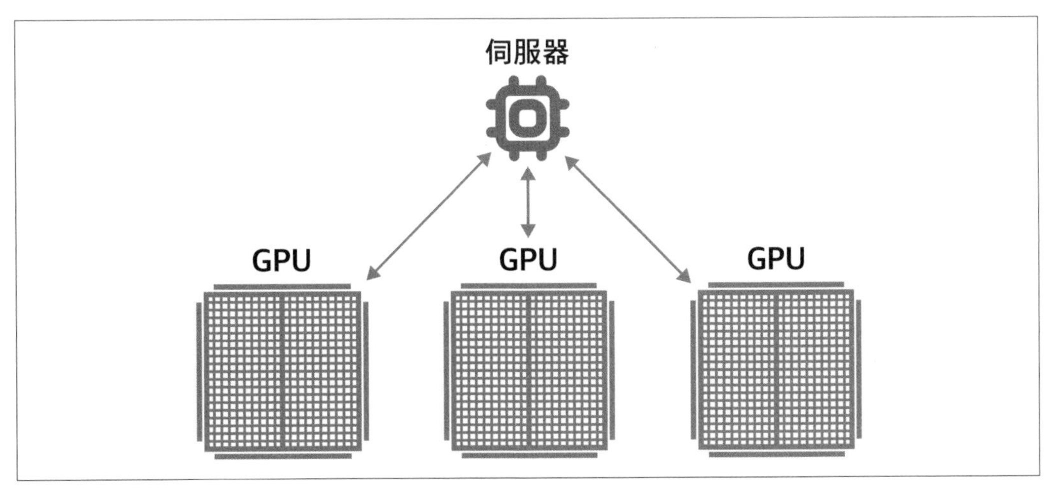

圖 4-16　在非同步訓練中，每一個 worker 都會用小批次的一個片段來執行梯度下降步驟，沒有 worker 會等待任何其他 worker 更新模型。

如同同步訓練，每一個 SGD 步驟都會將一個小批次的資料分給每一個 worker。每一個設備都會用它們的部分小批次來執行前向傳遞，並且為模型的每一個參數計算梯度。然後將這些梯度送給參數伺服器，它會進行參數更新，然後將新的模型參數送回，連同下一個小批次的片段。

同步與非同步訓練之間的差異主要在於，參數伺服器並非執行 *all*-reduce，而且定期根據上次計算以來收到的新梯度來計算新模型參數。通常，非同步分散的產出量（throughput）比同步訓練更高，因為慢速 worker 不會阻礙訓練步驟的進展。如果有一個 worker 故障了，在該 worker 重新啟動時，訓練會繼續按計劃由其他 worker 進行。因此，在訓練過程中，小批次的一些片段可能會遺失，使得我們很難準確地追蹤有多少 epoch 的資料已被處理。這也是為什麼我們在訓練大型分散式工作時，通常會指定虛擬 epoch 而不是 epoch 的另一個原因；關於虛擬 epoch 的討論，見第 145 頁的「設計模式 12：Checkpoints」。

此外，由於權重的更新沒有同步，一個 worker 可能會根據老化的模型狀態更新模型權重。然而，實際上，這種情況不是個問題。通常大型神經網路會被訓練好幾個 epoch，這些細微的差異最終可以忽略不計。

在 Keras 中，`ParameterServerStrategy` 會在多台機器上實作非同步參數伺服器訓練。在使用這種分散策略時，有一些機器會被指定為 worker，有一些機器會被指定為參數伺服器。參數伺服器會保存模型的每個變數，並由 worker（通常是 GPU）執行計算。

這種做法類似 Keras 的其他分散策略。例如，你可以將程式裡的 `MirroredStrategy()` 換成 `ParameterServerStrategy()`。

在 Keras 支援的分散策略中，另一個值得一提的是 `OneDeviceStrategy`。這個策略會將在其範圍內建立的所有變數放在指定的設備上。在換成實際分發給多個設備 / 機器的其他策略之前，這個策略特別適合用來測試你的程式碼。

同步和非同步訓練各有其優點，它們的缺點以及如何在兩者之間進行選擇通常取決於硬體和網路的限制。

同步訓練特別容易受到慢速的設備或不良的網路連線的影響，因為訓練會在等待所有 worker 的更新時暫停。這意味著，當所有設備都在一台主機上，並且它們是具備強連結的快速設備（例如，TPU 或 GPU）時，同步分散比較適合。另一方面，如果你有許多低能力或不可靠的 worker 時，非同步分散比較適合。如果有一個 worker 故障，或是在回傳梯度更新時停頓，它不會停止整個訓練迴圈。唯一的限制是 I/O 限制。

有效的原因

大型、複雜的神經網路需要大量的訓練資料才能發揮作用。分散式訓練方案大大增加了這些模型處理資料的產出量，並能有效地將訓練時間從幾週減少到幾小時。在 worker 之間，以及在參數伺服器的任務之間共享資源可以顯著提高資料產出量。圖 4-17 比較訓練資料的產出量，此例處理圖像，使用不同的分散設定[5]。最值得注意的是，產出量會隨著 worker 節點的增加而增加，儘管參數伺服器執行的工作與 GPU worker 完成的計算無關，但是將工作負擔分散給更多機器是最有利的策略。

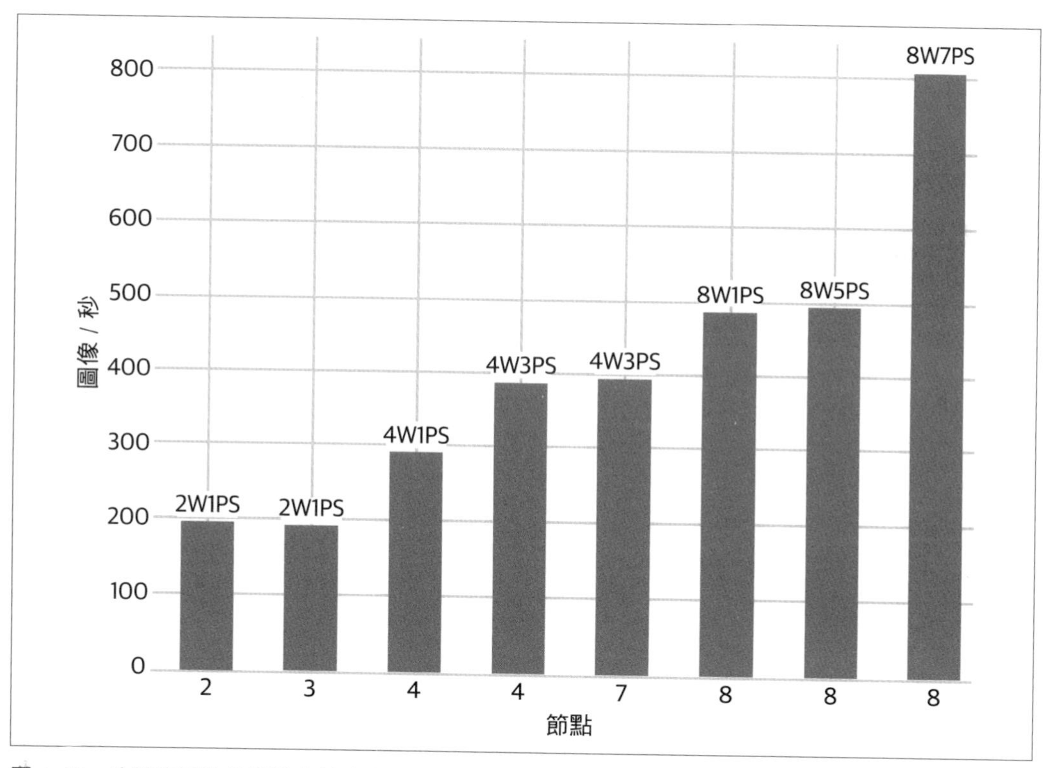

圖 4-17　比較不同的分散設定的產出量。2W1PS 代表兩個 worker 與一個參數伺服器。

5　Victor Campos et al., "Distributed training strategies for a computer vision deep learning algorithm on a distributed GPU cluster," *International Conference on Computational Science, ICCS 2017*, June 12–14, 2017.

此外，資料平行化可以減少訓練的收斂時間。有一項類似的研究證實增加 worker 會更快地將損失最小化[6]。圖 4-18 比較了各種分散策略的最小化時間。隨著 worker 數量的增加，將訓練損失最小化的時間會急劇減少，使用 8 個 worker 提升的速度幾乎是使用 1 個的 5 倍。

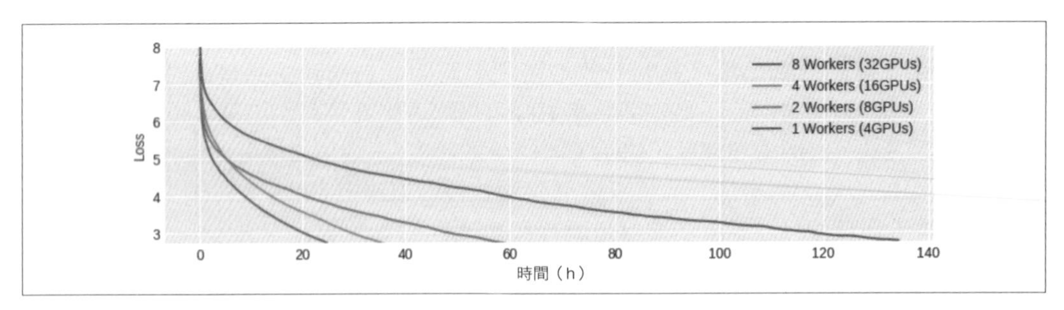

圖 4-18　在訓練時收斂的時間會隨著 GPU 數量的增加而減少。

代價與其他方案

除了資料平行化之外，我們也要考慮分散的其他層面，例如模型平行化、其他的訓練加速器（例如 TPU）和其他注意事項（例如 I/O 限制和批次大小）。

模型平行化

有時神經網路會因為太大而無法被放入一個設備的記憶體裡面，例如，Google 的 Neural Machine Translation（*https://oreil.ly/xL4Cu*）有數十億個參數。要訓練這麼大的模型，你必須將它們分到多台設備上[7]，如圖 4-19 所示。這種做法稱為**模型平行化**。藉著將網路的各個部分，和與它們有關的計算分到多顆核心上，我們可以將計算和記憶體負擔分散到多台設備上。每一台設備在訓練期間都是處理相同的小批次資料，但只執行與各自的模型部分有關的計算。

6　Ibid.

7　Jeffrey Dean et al. "Large Scale Distributed Deep Networks," *NIPS Proceedings* (2012).

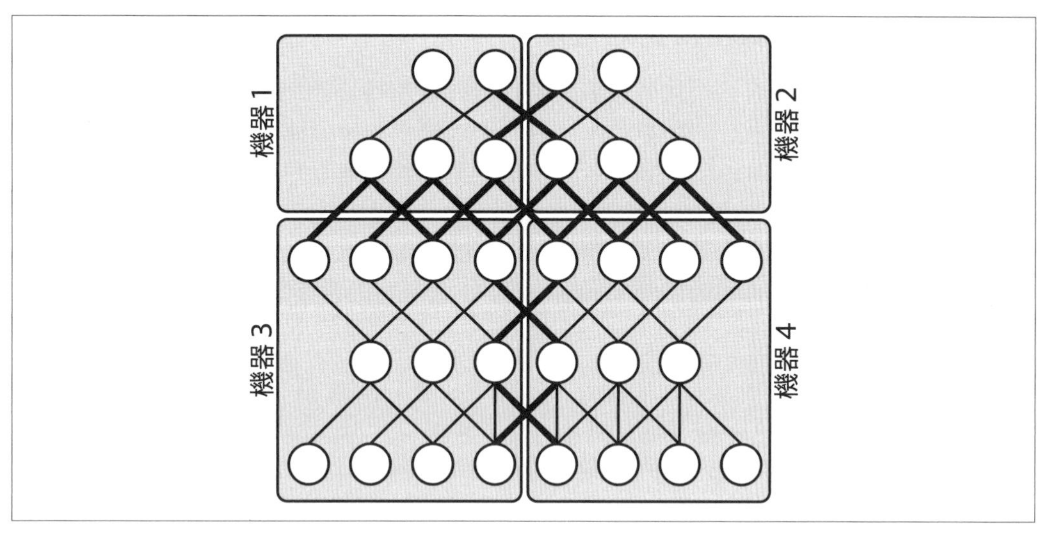

圖 4-19 模型平行化將模型分到多台設備上。

模型平行化或資料平行化？

這兩種做法沒有好壞之分，各有其優點，通常要根據模型結構來決定。

具體來說，當每一個神經元活動的計算量很高時，比如在使用許多完全連接層的寬模型裡面，模型平行化可以提升效率。這是因為模型的不同組件互相溝通的是神經元的值。除了這種訓練模式之外，模型平行化也可以在伺服巨型的模型，並且需要有低延遲時，提供額外的好處。在進行線上預測時，將巨型模型的計算分給多台設備可以大幅減少整體計算時間。

另一方面，當每一個權重的計算量很高時，例如涉及摺積層時，資料平行化更有效率。這是因為在不同的 worker 間傳遞的是模型權重（及其梯度更新）。

你可能要探索這兩種做法，取決於你的模型和問題的規模。Mesh TensorFlow（*https://oreil.ly/svS4q*）是一個為分散式深度學習優化的程式庫（*https://github.com/tensor flow/mesh*），它結合了同步資料平行化和模型平行化。它被做成 TensorFlow 的一層，可以輕鬆地用不同的維度分割張量。跨批次層（batch layer）分割是資料平行化的同義詞，而跨越任何其他維度進行分割可實現模型平行化（例如，一個代表隱藏層的維度）。

用 ASIC 以更低代價獲得更好性能

加速訓練程序的另一種方法是加速底層硬體，例如使用特殊應用積體電路（ASIC）。在機器學習中，它是特別設計的硬體組件，專門用來優化訓練迴圈核心的大型矩陣計算。在 Google Cloud 上面的 TPU 是 ASIC，可用於模型訓練與進行預測。同樣地，Microsoft Azure 提供 Azure FPGA（場域可設計邏輯閘陣列），它與 ASIC 同樣是訂製的機器學習晶片，但是它可以隨著時間過去重新設置。在訓練複雜的大型神經網路模型時，這些晶片能夠大幅減少讓模型有準確度的時間。在 GPU 上需要兩週來訓練的模型在 TPU 上只要幾個小時。

使用訂製的機器學習晶片還有其他好處。例如，隨著加速器（GPU、FPGA、TPU 等）的速度越來越快，I/O 已經變成 ML 訓練的重大瓶頸。許多訓練程序都把周期浪費在等待讀取資料、將資料移到加速器，以及等待梯度更新來執行 all-reduce 上面。TPU pod 具備高速的相互連結，因此在 pod 裡（一個 pod 是由成千上萬個 TPU 組成的）通常不必擔心溝通成本。此外，我們有大量的 on-disk 記憶體可用，這意味著我們可以預先抓取資料，減少呼叫 CPU 的頻率。因此，為了充分利用像 TPU 這種高記憶體、高互連的晶片的優勢，你應該使用更大的批次。

就分散式訓練而言，TPUStrategy 可讓你在 TPU 上執行分散式訓練工作。在低層，TPUStrategy 與 MirroredStrategy 一樣，只是 TPU 有它們自己的 all-reduce 演算法實作方式。

使用 TPUStrategy 類似使用 TensorFlow 裡的其他分散策略。有一個差別是你必須先設定 TPUClusterResolver，讓它指向 TPU 的位置。在 Google Colab 有免費的 TPU 可用，在那裡，你不需要為 tpu_address 指定任何引數：

```
cluster_resolver = tf.distribute.cluster_resolver.TPUClusterResolver(
    tpu=tpu_address)
tf.config.experimental_connect_to_cluster(cluster_resolver)
tf.tpu.experimental.initialize_tpu_system(cluster_resolver)
tpu_strategy = tf.distribute.experimental.TPUStrategy(cluster_resolver)
```

選擇批次大小

批次大小是另一個需要考慮的重要因素。尤其是在做同步資料平行化時，當模型特別龐大時，最好很夠降低訓練迭代總數，因為每一個訓練步驟都需要將更新過的模型分享給不同的 worker，造成傳輸時間減慢。因此，你一定要盡量增加小批次的大小，以取得與較少的步驟一樣的性能。

然而，有人指出（*https://oreil.ly/FOtIX*），非常大的批次會對隨機梯度下降的收斂速度和最終解決方案的品質造成不利的影響[8]。圖 4-20 顯示，僅增加批次大小最終會導致 top-1 驗證誤差增加。事實上，他們認為，為了維持低驗證誤差，同時降低分散式訓練的時間，我們必須隨著大批次的大小，而線性調整學習率。

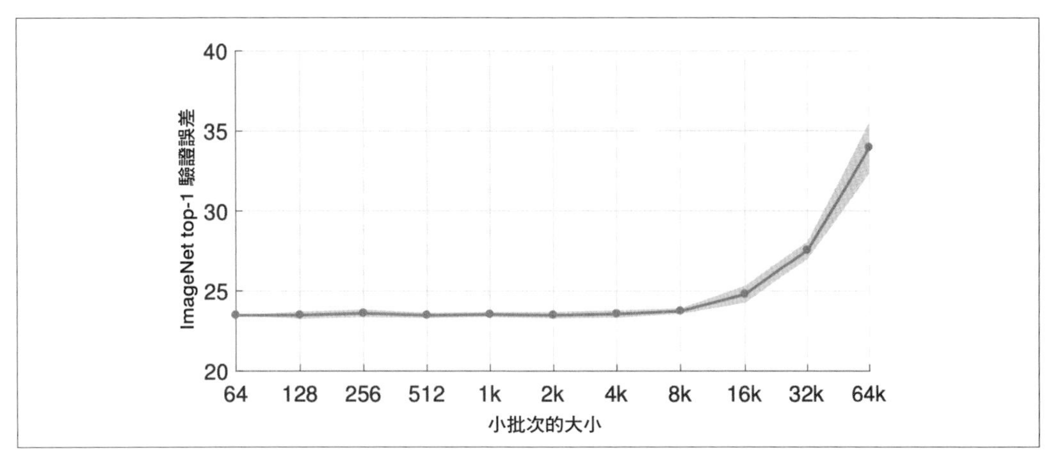

圖 4-20　有人證實龐大的批次會對最終模型的品質造成不利影響。

因此，在分散式訓練中設定小批次的大小本身就是一個複雜的優化空間，因為它會影響模型的統計準確性（類推）和模型的硬體效率（利用率）。最近有一項針對這種優化的研究（*https://oreil.ly/yeALI*）提出一種分層適應式大型批次優化技術，稱為 LAMB，能夠將 BERT 訓練時間從 3 天降為只要 76 分鐘。

將 I/O 等待時間最小化

GPU 和 TPU 處理資料的速度比 CPU 快很多，在使用多個加速器採取分散式策略時，I/O 管道可能很難跟上速度，造成高速訓練的瓶頸。我們無法處理下一個步驟所使用的資料。見圖 4-21。CPU 負責處理輸入管道：從儲存器讀取資料、預先處理，並將它送到加速器來計算。由於分散策略提高訓練速度，所以我們比過往任何時候都需要高速的輸入管道，來充分利用計算能力。

8　Priya Goyal et al., "Accurate, Large Minibatch SGD: Training ImageNet in 1 Hour" (2017), arXiv: 1706.02677v2 [cs.CV].

這個目標可以用很多種方式實現，包括使用優化的檔案格式（例如 TFRecords），和使用 TensorFlow 的 `tf.data` API 來建構資料管道。`tf.data` API 可讓你處理大量的資料，而且有內建的轉換，可用來建立靈活、高速的管道。例如，`tf.data.Dataset.prefetch` 可以將預先處理和訓練步驟的模型執行（model execution）重疊起來，因此，當模型正在執行訓練步驟 N 時，輸入管道也在讀取和準備資料，供訓練步驟 N + 1 使用，如圖 4-22 所示。

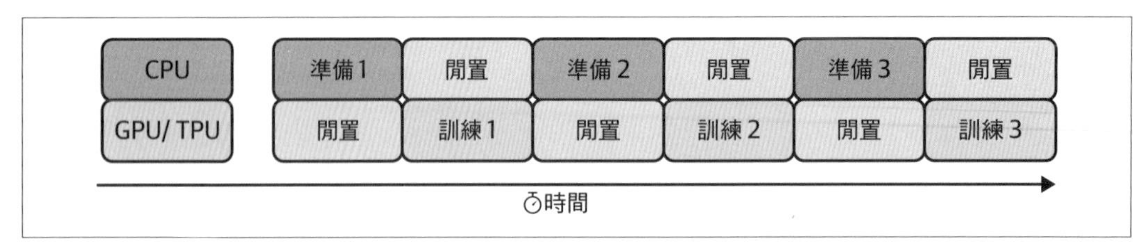

圖 4-21　在多個 GPU/TPU 上進行分散訓練時，必須使用快速的輸入管道。

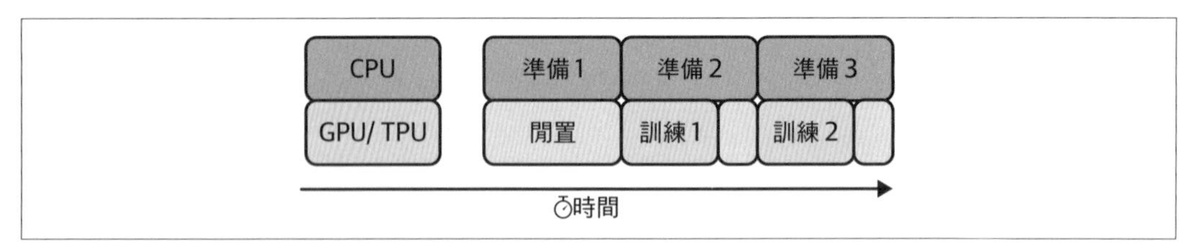

圖 4-22　prefetch 可將預先處理和模型執行疊起來，因此當模型正在執行一個訓練步驟時，輸入管道可以讀取和準備下一步的資料。

設計模式 15：Hyperparameter Tuning

在 Hyperparameter Tuning 裡，我們將訓練迴圈本身插入一個優化方法，來尋找最佳的超參數組合。

問題

在機器學習中，模型訓練涉及尋找最佳斷點（breakpoint）集合（在決策樹的案例中）、權重（在神經網路的案例中）或支援向量（在支援向量機的案例中）。我們將它們稱為**模型參數**。然而，為了進行模型訓練，並找到最佳模型參數，我們經常不得不寫死各種東西。例如，我們可能決定樹的最大深度是 5（在決策樹的情況下），或觸發函數是 ReLU（對於神經網路而言），或選擇我們將使用的 kernel 組合（在 SVM 中）。這些參數稱為**超參數**（*hyperparameter*）。

模型參數是指模型學到的權重與偏差值，你不能直接控制模型參數，因為它們在很大程度上是你的訓練資料、模型架構和許多其他因素的函數。換句話說，你不能手動設置模型參數。模型的權重是用隨機值來初始化，然後在訓練迭代過程中，由模型進行優化的。另一方面，超參數是模型建構者可以控制的任何參數，它們包括學習率、epoch數、模型的層數等等。

手動調整

因為你可以為不同的超參數手動選擇值，所以你的第一反應可能是透過反覆嘗試來尋找最好的超參數值組合，或許這種做法適合能在幾秒或幾分鐘之內訓練出來的模型，但對於需要大量訓練時間和基礎設施的大型模型而言，這種做法的代價可能很快就會變得很高。假設你要訓練一個圖像分類模型，這個模型需要在 GPU 上訓練好幾個小時。你決定了幾個超參數值，進行嘗試，然後等待第一次訓練的結果。根據這些結果，你調整超參數，再次訓練模型，將結果與第一次進行比較，然後找出產生最佳指標的訓練回合，來決定最佳超參數值。

這種做法有好幾個問題。首先，你要花費將近一天的時間和許多計算時數來完成這項任務。其次，沒有方法可讓你知道是否取得最佳超參數值組合。你只嘗試了兩種不同的組合，由於你一次更改多個值，因此不知道哪個參數對性能的影響最大。即使你進行了額外的試驗，使用這種方法很快就會耗盡你的時間和計算資源，而且可能不會產生最佳的超參數值。

我們在這裡使用**試驗**來代表使用一組超參數值來執行的訓練。

網格搜尋與組合爆炸

上述的試誤法有一個更結構化的版本，稱為**網格搜尋**（*grid search*）。在使用網格搜尋來做超參數調整時，我們會幫每一個想要優化的超參數選擇一系列可能的值。例如，在 scikit-learn 的 `RandomForestRegressor()` 裡，假如我們想要嘗試這些 `max_depth` 與 `n_estimators` 模型超參數值的組合：

```
grid_values = {
  'max_depth': [5, 10, 100],
  'n_estimators': [100, 150, 200]
}
```

使用網格搜尋時，我們會嘗試這些值的每一個組合，然後使用可讓模型產生最佳評估指標的組合。我們來看看如何將它用在以波士頓住房資料組訓練出來的隨機森林模型上面，scikit-learn 內建該資料組。這個模型可以用一些因素來預測房價。我們可以建立 GridSearchCV 類別的一個實例來執行網格搜尋，並將之前定義的值傳遞給模型，來訓練它：

```
from sklearn.ensemble import RandomForestRegressor
from sklearn.datasets import load_boston

X, y = load_boston(return_X_y=True)
housing_model = RandomForestRegressor()

grid_search_housing = GridSearchCV(
   housing_model, param_grid=grid_vals, scoring='max_error')
grid_search_housing.fit(X, y)
```

注意，這裡的 scoring 參數是我們想要優化的指標。在這種回歸模型中，我們希望使用可以產生最小模型誤差的超參數組合。我們可以執行 grid_search_house .best_params_，來用網格搜尋取得最佳的值組合。它會回傳：

```
{'max_depth': 100, 'n_estimators': 150}
```

我們可以拿這個誤差與不做超參數調整，並使用 scikit-learn 的預設超參數值訓練出來的隨機森林回歸模型做比較。這種網格搜尋方法對我們在上面定義的小範例而言效果不錯，但是對於更複雜的模型，我們可能想要優化兩個以上的超參數，每個超參數可能有範圍很廣的值。最終，網格搜尋會導致**組合爆炸**，隨著我們在選項網格中加入額外的超參數與值，我們要嘗試的組合數量以及嘗試它們所需的時間都會顯著增加。

這種做法的另一個問題是，在選擇不同的組合時沒有邏輯可言。網格搜尋本質上是用蠻力法來嘗試所有可能的值組合。假如在某個 max_depth 值之後，模型的誤差會增加。網格搜尋演算法沒有從之前的試驗中學到東西，所以它不知道要在某個閾值之後停止嘗試 max_depth 值。它只會嘗試你提供的每一個值，不管結果如何。

scikit-learn 提供網格搜尋的另一種選擇，稱為 RandomizedSearchCV，它實作了**隨機搜尋**。它不會嘗試集合中的每一種可能的超參數組合，而是由你決定你想要隨機採樣每一個超參數值的次數。在 scikit-learn 裡實作隨機搜尋的方法是建立一個 RandomizedSearchCV 實例，並且傳入一個類似上述的 grid_values 的字典，用它來指定**範圍**，而不是特定的值。隨機搜尋的運行速度比網格搜尋更快，因為它不會嘗試每一組可能的值，不過最佳超參數組合很可能不在隨機選擇的超參數組合之中。

若要進行可靠的超參數調整，我們必須設法擴展並從之前的試驗中學習，以找出最佳超參數值組合。

解決方案

keras-tuner 程式庫實作了 Bayesian 優化法，可以在 Keras 裡直接做超參數搜尋。為了使用 keras-tuner，我們要在一個接受超參數引數的函式裡面定義模型，在此將它稱為 hp。接下來，當我們想要加入超參數、指定超參數的名稱、資料型態、我們想要搜尋的值範圍，以及每次試驗要增加它多少的時候，都可以使用函式裡的 hp。

在 Keras 模型中定義神經層時，我們不會寫死超參數值，而是使用超參數變數來定義它。我們調整神經網路的第一個隱藏層裡面的神經元數量：

```
keras.layers.Dense(hp.Int('first_hidden', 32, 256, step=32), activation='relu')
```

first_hidden 是我們幫這個超參數取的名字，32 是我們為它定義的最小值，256 是最大值，32 是在定義的範圍內應該遞增的值。如果我們要建構 MNIST 分類模型，我們傳給 keras-tuner 的完整函式可能長這樣：

```
def build_model(hp):
 model = keras.Sequential([
  keras.layers.Flatten(input_shape=(28, 28)),
  keras.layers.Dense(
    hp.Int('first_hidden', 32, 256, step=32), activation='relu'),
  keras.layers.Dense(
    hp.Int('second_hidden', 32, 256, step=32), activation='relu'),
  keras.layers.Dense(10, activation='softmax')
])

 model.compile(
   optimizer=tf.keras.optimizers.Adam(
     hp.Float('learning_rate', .005, .01, sampling='log')),
   loss='sparse_categorical_crossentropy',
   metrics=['accuracy'])

 return model
```

keras-tuner 程式庫支援許多不同的優化演算法。在這裡，我們使用 Bayesian 優化法來實例化 tuner，並且根據驗證準確度來進行優化：

```
import kerastuner as kt

tuner = kt.BayesianOptimization(
    build_model,
    objective='val_accuracy',
    max_trials=10
)
```

執行調整工作的程式碼看起來很像使用 `fit()` 來訓練模型。當它執行時，我們可以看到每次試驗時為三個超參數選擇的值。當工作完成時，我們可以看到產生最佳試驗結果的超參數組合。圖 4-23 是使用 keras-tuner 執行一次試驗的輸出。

```
Hyperparameters:
|-first_hidden: 35
|-learning_rate: 0.005798007789002127
|-second_hidden: 160
Epoch 1/10
1688/1688 [==============================] - 5s 3ms/step - loss: 1.5554 - accuracy: 0.7540 - val_loss: 0.4973 - val_accuracy: 0.8753
Epoch 2/10
1688/1688 [==============================] - 5s 3ms/step - loss: 0.4308 - accuracy: 0.8874 - val_loss: 0.3429 - val_accuracy: 0.9042
Epoch 3/10
1688/1688 [==============================] - 5s 3ms/step - loss: 0.3867 - accuracy: 0.9051 - val_loss: 0.2888 - val_accuracy: 0.9343
Epoch 4/10
1688/1688 [==============================] - 5s 3ms/step - loss: 0.3864 - accuracy: 0.9070 - val_loss: 0.2665 - val_accuracy: 0.9333
Epoch 5/10
1688/1688 [==============================] - 5s 3ms/step - loss: 0.4957 - accuracy: 0.8849 - val_loss: 0.3942 - val_accuracy: 0.9165
Epoch 6/10
1688/1688 [==============================] - 5s 3ms/step - loss: 0.4518 - accuracy: 0.8968 - val_loss: 0.3776 - val_accuracy: 0.9260
Epoch 7/10
1688/1688 [==============================] - 5s 3ms/step - loss: 0.4181 - accuracy: 0.9065 - val_loss: 0.3471 - val_accuracy: 0.9287
Epoch 8/10
1688/1688 [==============================] - 5s 3ms/step - loss: 0.4361 - accuracy: 0.9017 - val_loss: 0.3558 - val_accuracy: 0.9222
Epoch 9/10
1688/1688 [==============================] - 5s 3ms/step - loss: 0.4278 - accuracy: 0.9047 - val_loss: 0.3847 - val_accuracy: 0.9132
Epoch 10/10
1688/1688 [==============================] - 5s 3ms/step - loss: 0.4383 - accuracy: 0.9004 - val_loss: 0.4232 - val_accuracy: 0.9243

Trial complete

Trial summary
|-Trial ID: 9b9b7bb5dbeb5e2dff1cae569202b6a1
|-Score: 0.934333324432373
|-Best step: 0
```

圖 4-23　使用 keras-tuner 執行一次超參數調整試驗的輸出。上面是 tuner 選擇的超參數，下面的 summary 區域有得到的優化指標。

除了這裡展示的範例之外，keras-tuner 也有其他功能，你可以用它來試驗各種神經層數量，做法是在一個迴圈裡定義 `hp.Int()` 參數，你也可以提供固定的超參數值組合，而不是一個範圍。對於更複雜的模型，`hp.Choice()` 參數可以用來試驗不同類型的神經層，例如 `BasicLSTMCell` 和 `BasicRNNCell`。keras-tuner 可以在任何可以訓練 Keras 模型的環境中運行。

有效的原因

儘管網格和隨機搜尋調整超參數的效率比試誤法更好，但是對於需要大量訓練時間，或具有較大超參數搜尋空間的模型來說，它們很快就變得昂貴。

因為機器學習模型本身和超參數搜尋程序都是優化問題，所以我們可以使用一種方法來學習找出一個範圍之內的最佳超參數組合，如同讓模型從訓練資料學習一般。

我們可以把超參數調整看成一個外部優化迴圈（見圖 4-24），內部迴圈是典型的模型訓練程序。儘管我們畫出參數需要優化的神經網路模型，但是這種解決方案也適用於其他類型的機器學習模型。此外，雖然比較常見的用例是從所有可能的超參數裡面選出一個最佳模型，但是在某些情況下，我們可以用超參數框架來產生一系列的模型，並將它們當成一個群體（ensemble）來使用（見第 3 章介紹的 Ensembles 模式）。

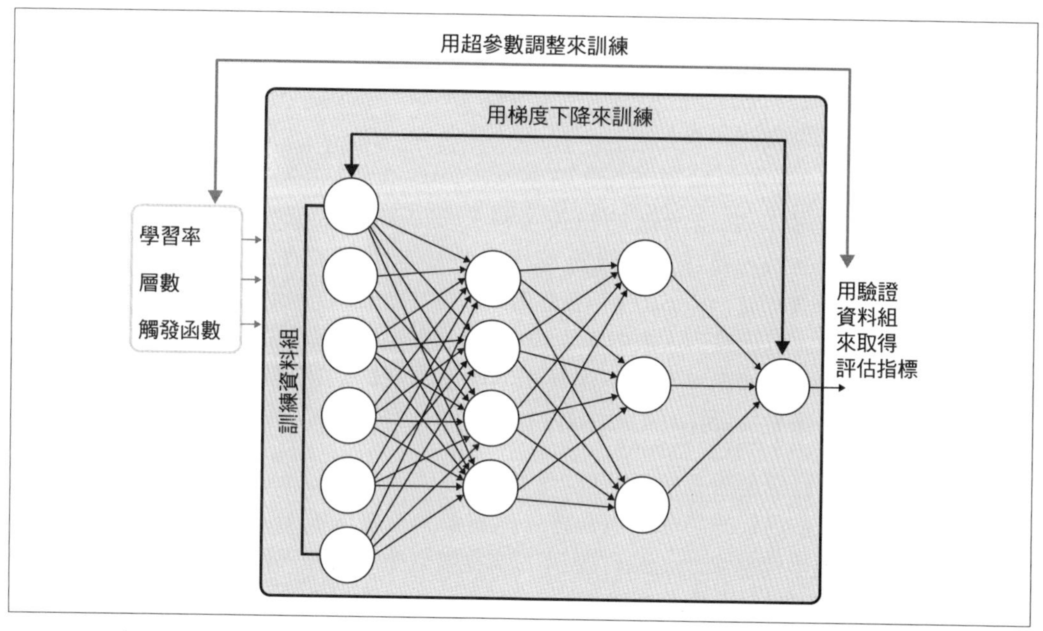

圖 4-24　超參數調整可視為外部的優化迴圈。

非線性優化

需要調整的超參數有兩種類型：與模型**架構**有關的，以及與模型**訓練**有關的。模型架構超參數（例如模型的層數，或每層的神經元數量）控制著機器學習模型底層的數學函數。與模型訓練有關的參數（例如 epoch 數量、學習率和批次大小）控制著訓練迴圈，通常與梯度下降優化法的運作方式有關。考慮這兩類參數，顯然，一般來說，整體模型函數對這些超參數是不可微的。

內部訓練迴圈是可微的，最佳參數可以用隨機梯度下降法來找到。用隨機梯度來訓練機器學習模型一個步驟可能只需要幾毫秒。另一方面，在超參數調整問題裡的一次試驗必須用訓練資料組來訓練一個完整的模型，可能需要幾個小時。此外，超參數的優化問題必須透過（處理不可微問題的）非線性優化法來求解。

一旦我們決定使用非線性優化法，指標的選擇就變得更廣泛了。這個指標將會用驗證資料組來評估，不需要與訓練損失相同。分類模型的優化指標可能是準確度（accuracy），因此你希望找到能夠導致最高準確性的超參數組合，即使損失是二元交叉熵。回歸模型應該要優化中位絕對誤差，即使損失是平方誤差。在這種情況下，你要找到產生**最小平均平方誤差**的超參數。指標甚至可以根據商業目標來選擇。例如，我們可能選擇將預期收入最大化，或將詐騙造成的損失最小化。

Bayesian 優化

Bayesian 優化法是優化黑箱函數的技術，最初是 Jonas Mockus 在 1970 年代開發的（*https://oreil.ly/Ak24H*）。這項技術已被應用於許多領域，並在 2012 年首次應用在超參數調整上（*https://oreil.ly/KkGlG*）。在這裡，我們將重點介紹與超參數調整有關的 Bayesian 優化。在這個背景下，機器學習模型是我們的**黑箱函數**，因為 ML 模型會用我們提供的輸入產生一組輸出，我們不需要知道模型本身的內部細節。ML 模型的訓練程序稱為「呼叫**目標函數**（*objective function*）」。

Bayesian 優化法的目標是將直接訓練模型的次數降到最低，因為這樣做的成本很高。切記，每次在模型上嘗試新的超參數組合時，都需要執行整個模型訓練週期。對之前訓練的 scikit-learn 那種小模型來說，或許這項工作看起來微不足道，但對於許多生產環境的模型來說，訓練程序需要大量的基礎設施和時間。

不同於每次嘗試新的超參數組合時都得訓練一次模型，Bayesian 優化法定義了一個新函數來模擬模型，但運行起來更便宜。這個函數稱為**代理函數**（*surrogate function*），函數的輸入是超參數值，輸出是優化指標。我們呼叫代理函數的次數比呼叫目標函數多得多，目標是在完成模型的訓練**之前**，找到超參數的最佳組合。與網格搜尋相比，這種方法花比較多時間在幫每一次試驗選擇超參數上面。但是，相較於每次嘗試不同的超參數時都得運行目標函數，使用代理函數的 Bayesian 方法便宜得多，所以它是較好的選擇。經常用來產成代理函數的方法包括 Gaussian process（*https://oreil.ly/-Srjj*），或樹狀結構的 Parzen estimator（*https://oreil.ly/UqxDd*）。

到目前為止，我們已經接觸了 Bayesian 優化的各個部分，但它們是如何一起工作的？首先，我們必須選擇想要優化的超參數，並為每個超參數定義一個範圍的值。這部分的程序是手動的，它將定義一個讓演算法在裡面搜尋最佳值的空間。我們也要定義目標函數，也就是呼叫模型訓練程序的程式碼。在此基礎上，Bayesian 優化法會開發一個代理函數來模擬模型訓練過程，並使用該函數來找出最佳超參數組合。當這個代理函數找到它所認為的優良超參數組合時，我們才會對模型進行完整的訓練（試驗）。然後我們將結果傳回去給代理函數，並且根據我們指定的試驗次數，重複這個過程。

代價與其他方案

基因演算法是 Bayesian 超參數調整法的替代方案，但它們需要的模型訓練回合往往比 Bayesian 法更多。接下來要介紹如何使用代管服務（managed service）來為使用各種 ML 框架建構的模型進行超參數調整。

代管的超參數調整

`keras-tuner` 方法可能無法擴展到大規模的機器學習問題，因為我們希望試驗是平行執行的，但機器故障和其他故障的可能性會隨著模型訓練時間延長到好幾個小時而增加。因此，使用全面代管且具備復原力的黑箱優化方法來進行超參數調整非常有用。Google Cloud AI Platform 提供的超參數調整服務是實作 Bayesian 優化法的一種代管服務（*https://oreil.ly/MO8FZ*）。這項服務採用 Vizier（*https://oreil.ly/tScQa*），它是 Google 在內部使用的一種黑箱優化工具。

Cloud 服務的底層概念類似 `keras-tuner`：你要指定每個超參數的名稱、類型、範圍與尺度，讓模型訓練程式使用那些值。我們將展示如何在 AI Platform 平台執行超參數調整，我們會使用以 BigQuery natality 資料組來訓練的模型，用來預測嬰兒的出生體重。

第一步是建立 *config.yaml* 檔案，指定你想要優化的超參數，以及你的工作的其他參考資訊。使用 Cloud 服務的一個好處是，你可以藉著在 GPU 或 TPU 上運行調整工作，並將它們分給多個參數伺服器來擴展調整工作。在這個 config 檔案裡，你也要指定超參數試驗的總數，以及有多少試驗要平行運行。平行運行的數量越多，你的工作就跑得越快。但是以平行的方式運行較少的試驗有一個好處：這個服務有機會從每一個試驗的結果中學習，以優化下一次試驗。

對我們的模型而言，下面是使用 GPU 的 config 檔的樣子。在這個例子裡，我們將調整三個超參數——模型的學習率、優化法的 momentum 值（*https://oreil.ly/8mHPQ*），以及模型的隱藏層的神經元數量。我們也指定優化指標。在這個例子裡，我們的目標是將模型處理驗證組的損失最小化：

```
trainingInput:
  scaleTier: BASIC_GPU
  parameterServerType: large_model
  workerCount: 9
  parameterServerCount: 3
  hyperparameters:
    goal: MINIMIZE
    maxTrials: 10
    maxParallelTrials: 5
    hyperparameterMetricTag: val_error
    enableTrialEarlyStopping: TRUE
    params:
    - parameterName: lr
      type: DOUBLE
      minValue: 0.0001
      maxValue: 0.1
      scaleType: UNIT_LINEAR_SCALE
    - parameterName: momentum
      type: DOUBLE
      minValue: 0.0
      maxValue: 1.0
      scaleType: UNIT_LINEAR_SCALE
    - parameterName: hidden-layer-size
      type: INTEGER
      minValue: 8
      maxValue: 32
      scaleType: UNIT_LINEAR_SCALE
```

除了使用 config 檔來定義這些值之外，你也可以使用 AI Platform Python API 來定義它們。

為此，我們要在程式中加入一個引數解析器，它將指定我們在上述的檔案中定義的引數，然後在那些超參數出現在整個模型程式碼裡面時引用它們。

接下來使用 PyTorch 的 nn.Sequential API 和 SGD 優化法來建構模型。由於我們的模型以浮點數來預測嬰兒體重，所以這將是個回歸模型。我們使用 args 變數來指定每一個超參數，它裡面有在引數解析器裡面定義的變數：

```
import torch.nn as nn

model = nn.Sequential(nn.Linear(num_features, args.hidden_layer_size),
                      nn.ReLU(),
                      nn.Linear(args.hidden_layer_size, 1))

optimizer = torch.optim.SGD(model.parameters(), lr=args.lr,
                            momentum=args.momentum)
```

在模型訓練程式的最後，我們建立一個 HyperTune() 的實例，並且告訴它我們想要優化的指標。它會在每一個訓練回合之後回報優化指標的值。重點是，無論我們選擇哪一種優化指標，它們都是用測試或驗證資料組來計算的，不是訓練資料組：

```
import hypertune

hpt = hypertune.HyperTune()

val_mse = 0
num_batches = 0

criterion = nn.MSELoss()

with torch.no_grad():
    for i, (data, label) in enumerate(validation_dataloader):
        num_batches += 1
        y_pred = model(data)
        mse = criterion(y_pred, label.view(-1,1))
        val_mse += mse.item()

    avg_val_mse = (val_mse / num_batches)

hpt.report_hyperparameter_tuning_metric(
    hyperparameter_metric_tag='val_mse',
    metric_value=avg_val_mse,
    global_step=epochs
)
```

將訓練工作送到 AI Platform 之後，我們就可以在 Cloud 控制台監視紀錄（log）。在每次試驗完成後，你可以看到它為每一個超參數選擇的值，和優化指標的結果值，如圖 4-25 所示。

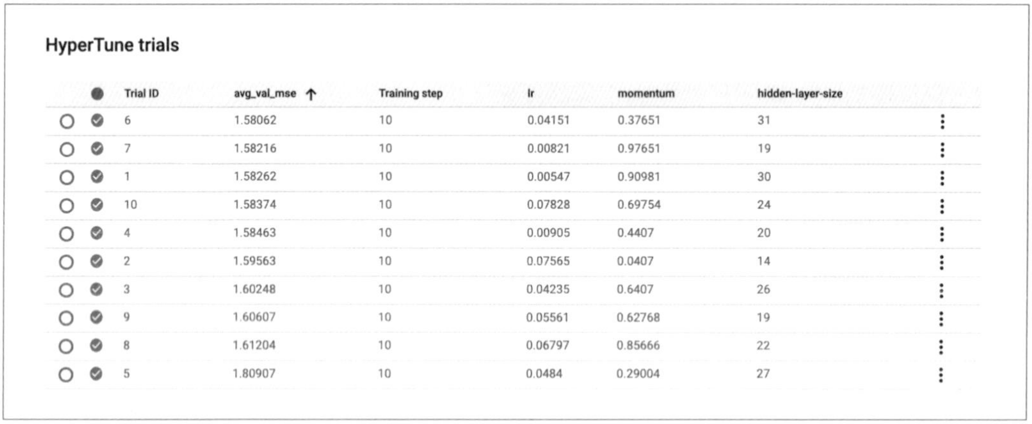

HyperTune trials

Trial ID	avg_val_mse ↑	Training step	lr	momentum	hidden-layer-size
6	1.58062	10	0.04151	0.37651	31
7	1.58216	10	0.00821	0.97651	19
1	1.58262	10	0.00547	0.90981	30
10	1.58374	10	0.07828	0.69754	24
4	1.58463	10	0.00905	0.4407	20
2	1.59563	10	0.07565	0.0407	14
3	1.60248	10	0.04235	0.6407	26
9	1.60607	10	0.05561	0.62768	19
8	1.61204	10	0.06797	0.85666	22
5	1.80907	10	0.0484	0.29004	27

圖 4-25　在 AI Platform 控制台裡的 HyperTune 摘要。它屬於一個 PyTorch 模型，優化三個模型參數，目標是用驗證組將均方誤差最小化。

在預設情況下，AI Platform Training 使用 Bayesian 優化法來進行調整，但你也可以改成網格或隨機搜尋演算法，如果你喜歡的話。Cloud 服務也會在不同的訓練工作（training job）之間優化你的超參數搜尋。如果我們執行另一個類似上述工作的訓練工作，但稍微調整超參數與搜尋空間，它會使用上一個工作的結果來有效率地為下一組試驗選擇值。

我們在這裡展示 PyTorch 範例，但是你可以在任何機器學習框架中使用 AI Platform Training 來進行超參數調整，做法是將訓練程式打包起來，並且提供一個 *setup.py* 來安裝關係程式庫。

基因演算法

我們已經探討了各種用來調整超參數的演算法：手動搜尋、網格搜尋、隨機搜尋和 Bayesian 優化法。另一種不太常見的替代方案是基因演算法，它大致上是基於達爾文的天擇進化論。這個理論也稱為「適者生存」，認為在物種群體中條件最好的（最健康的（fittest））成員能夠存活下來，並將牠的基因遺傳給下一代，沒那麼健康的成員則不行。基因演算法已經被用在各種類型的優化問題，包括超參數調整。

由於涉及超參數搜尋，基因演算法會先定義一個健康度函數（fitness function）。這個函數衡量的是特定試驗的品質，通常可以用模型的優化指標（準確度、誤差等）來定義。在定義健康度函數之後，你要在搜尋空間裡隨機選擇幾個超參數組合，並對每一個組合進行試驗，然後從表現最好的試驗中取得超參數，並使用這些值來定義新的搜尋空間。該搜尋空間就是你的新「族群」，你可以使用它來產生新的值組合，在你的下一組試驗中使用，然後繼續這個過程，縮小試驗的次數，直到得到滿意的結果為止。

因為基因演算法使用之前的試驗結果來進行改善，所以它比手工、網格和隨機搜尋「更聰明」。但是，當超參數搜尋空間較大時，基因演算法的複雜度會增加。不同於 Bayesian 優化法使用代理函數來代理模型的訓練，基因演算法要用每一個可能的超參數值組合來訓練模型。此外，在撰寫本文時，基因演算法還不太常見，內建支援用它們來進行超參數調整的 ML 框架也很少。

小結

本章主要介紹修改機器學習的典型 SGD 訓練迴圈的設計模式。我們先討論 *Useful Overfitting* 模式，它介紹何時過擬是有利的。例如，在使用機器學習這類的資料驅動方法來取得複雜動態系統或 PDE 的近似解，而且它們的所有輸入空間可被涵蓋時，我們就要設法過擬訓練組。在開發和除錯 ML 模型架構時，過擬也是一種有用的技術。接下來，我們討論了模型 *Checkpoints*，以及如何在訓練 ML 模型時使用它們。在這種設計模式中，我們會在訓練期間定期保存模型的完整狀態。這些檢查點可以當成最終模型來使用，就像早期停止的情況那樣，或是在訓練失敗或微調的情況下，當成起點來使用。

Transfer Learning 設計模式重複使用已經訓練好的模型的一部分。當你自己的資料組有限時，遷移學習可以有效地利用預訓模型學到的特徵提取層。在遷移學習中，你也可以用比較專門的資料組來調整使用大型通用資料組訓練過的模型。接下來，我們討論了 *Distribution Strategy* 設計模式。訓練大型的、複雜的神經網路可能需要花費相當多的時間。分散策略提供了多種調整訓練迴圈的方法，使用平行化技術和硬體加速器，用多個 worker 來大規模執行訓練。

最後，*Hyperparameter Tuning* 設計模式討論了如何優化 SGD 訓練迴圈本身，來調整模型超參數。我們看了一些好用的程式庫，可以用來為 Keras 和 PyTorch 建立的模型進行超參數調整。

下一章將討論將模型投入生產時，與***復原力***（大量的請求、尖峰流量，或變動管理）有關的設計模式。

第五章

提供具復原力的服務

機器學習模型的目的是對著訓練期未見過的資料進行推理，因此，在訓練好模型之後，我們通常會將它部署到生產環境中，以進行預測，回應收到的請求。部署到生產環境的軟體應該是具備復原力的，幾乎不需要人干預即可保持運行。本章的設計模式試圖解決在各種情況之下與復原力有關的問題，因為它與生產環境的 ML 模型有關。

Stateless Serving Function 設計模式可擴展伺服基礎架構，每秒處理上萬甚至上百萬個預測請求。*Batch Serving* 設計模式可讓伺服基礎架構非同步地處理數百萬個到數十億個偶爾或定期出現的的預測請求。除了提供復原力之外，這些模式也可以降低機器學習模型的創作者和用戶之間的耦合度。

Continued Model Evaluation 設計模式可處理「已部署的模型再也不適用」這種問題。當你必須將模型部署到分散的設備上時，*Two-Phase Predictions* 設計模式可以維持模型的先進水準和高性能。當你需要擴展本章的設計模式時，*Keyed Predictions* 設計模式是必備的。

設計模式 16：Stateless Serving Function

Stateless Serving Function 設計模式可讓 ML 生產系統每秒同步處理上萬個到上百萬個預測請求。生產環境的 ML 系統是圍繞著一個敘述模型的架構和權重的無狀態函式設計的。

無狀態函式

當一個函式的輸出完全由它的輸入決定時，它就是無狀態函式。例如，這個函式是無狀態的：

```
def stateless_fn(x):
    return 3*x + 15
```

另一種看待無狀態函式的方式，就是將它視為一種不可變物件，這種物件將權重和偏差值存為常數：

```
class Stateless:
    def __init__(self):
        self.weight = 3
        self.bias = 15
    def __call__(self, x):
        return self.weight*x + self.bias
```

如果函式用一個計數器來累計它被呼叫的次數，並且會根據計數器的值是奇數還是偶數來回傳不同的值，這個函式就是有狀態的函式，不是無狀態的：

```
class State:
    def __init__(self):
        self.counter = 0
    def __call__(self, x):
        self.counter += 1
        if self.counter % 2 == 0:
            return 3*x + 15
        else:
            return 3*x - 15
```

呼叫 `stateless_fn(3)` 或 `Stateless()(3)` 都會回傳 24，但是

```
a = State()
```

然後呼叫

```
a(3)
```

會回傳一個在 −6 與 24 之間變動的值。在這個案例裡的計數器（counter）是函式的狀態，函式的輸出取決於輸入 (x) 與狀態 (counter)。狀態通常是用類別變數（如同我們的範例）或全域變數來保存的。

因為無狀態組件沒有任何狀態，所以它們可以讓多個用戶端各用。伺服器通常會建立一個包含無狀態組件的實例池，並且用它們來服務收到的用戶端請求。另一方面，有狀態的組件必須記得每一個用戶端的對話狀態。無狀態組件的生命週期要用伺服器來管理，例如，它們必須在第一次請求時初始化，並且在用戶端終止或過期時摧毀。因為這些因素，無狀態組件是高度可擴展的，有狀態組件很昂貴，而且難以管理。在設計企業應用程式時，架構師會小心翼翼地盡量降低有狀態組件的數量。例如，web app 在設計上通常是使用 REST API 來運作的，使用這種機制時，每一次的呼叫都會從用戶端傳送狀態到伺服器。

機器學習模型的訓練過程會儲存大量的狀態。諸如 epoch 數和學習率之類的東西都是模型狀態的一部分，而且必須記起來，因為一般來說，學習率會隨著每一個後續的 epoch 而衰減。「匯出去的模型必須是無狀態函式」的意思是，模型框架的製作者必須追蹤這些有狀態的變數，不要將它們放入被匯出的檔案裡。

使用無狀態函式可以簡化伺服器的程式碼，讓它更有擴展性，但是會讓用戶端的程式碼更複雜。例如，有一些模型函式在本質上是有狀態的，接收單字且回傳修正過的單字的拚字修正模型必須是有狀態的，因為它必須知道前面的幾個單字，才能根據上下文將「there」修正為「their」。處理序列的模型會使用特殊的結構（例如遞迴神經網路單元）來記錄歷史。在這些情況下，如果要將模型匯出成無狀態函式，就要將單字輸入改成（例如）句子，這意味著拚字修正模型的用戶端必須管理狀態（收集單字序列，並將它們拆成句子），然後在每一個請求傳送它。當拚字檢查用戶端由於稍後加入的上下文而必須回去更改之前的單字時，我們就會明顯地看到這種做法給用戶端帶來的複雜性。

問題

我們來看一個文本分類模型，該模型使用 Internet Movie Database（IMDb）的影評資料來訓練。我們讓模型的初始層使用預訓 embedding，將文本對映到 20 維的 embedding 向量（完整的程式見本書的 GitHub repository 的 *serving_function.ipynb* notebook（*https://github.com/GoogleCloudPlatform/ml-design-patterns/blob/master/05_resilience/serving_function.ipynb*））：

```
model = tf.keras.Sequential()
embedding = (
        "https://tfhub.dev/google/tf2-preview/gnews-swivel-20dim-with-oov/1")
hub_layer = hub.KerasLayer(embedding, input_shape=[],
                           dtype=tf.string, trainable=True, name='full_text')
model.add(hub_layer)
model.add(tf.keras.layers.Dense(16, activation='relu', name='h1_dense'))
model.add(tf.keras.layers.Dense(1, name='positive_review_logits'))
```

這個 embedding 層取自 TensorFlow Hub，我們將它設為 trainable，如此一來，我們就可以對 IMDb 影評的詞彙表進行微調（見第 4 章，第 156 頁的「設計模式 13：Transfer Learning」）。接下來的神經層是簡單的神經網路，有一個隱藏層與一個 logits 輸出層。接下來，我們用影評資料組來訓練這個模型，讓它學會預測一則影評究竟是正面的還是負面的。

訓練好模型之後，我們用它來推理一則影評有多麼正面：

```
review1 = 'The film is based on a prize-winning novel.'
review2 = 'The film is fast moving and has several great action scenes.'
review3 = 'The film was very boring. I walked out half-way.'
logits = model.predict(x=tf.constant([review1, review2, review3]))
```

結果是一個 2D 陣列，長得像：

```
[[ 0.6965847]
 [ 1.61773  ]
 [-0.7543597]]
```

像上面程式那樣，對一個記憶體內的物件（或是被載入記憶體的可訓練物件）呼叫 `model.predict()` 來進行推理有一些問題：

- 我們必須把整個 Keras 模型載入記憶體。文本 embedding（被設置為可訓練的）可能相當大，因為它需要儲存全部的英語單字詞彙表的 embedding。多層的深度學習模型也有可能非常大。
- 上面的架構限制了可能實現的延遲時間（latency），因為呼叫 `predict()` 方法必須一個一個發送。
- 儘管資料科學家的首選程式語言是 Python，但模型推理很可能被喜歡其他語言的開發者所編寫的程式呼叫，或者在使用不同語言的行動平台上呼叫，例如 Android 和 iOS。

- 最能夠有效訓練的輸入和輸出可能對用戶不友善。在我們的範例中，模型輸出是 logits（*https://oreil.ly/qCWdH*），因為它比較適合梯度下降。這就是為什麼輸出陣列裡的第二個數字大於 1。用戶端通常想要它的 sigmoid，讓輸出範圍是 0 到 1，並且可以用更用戶友善的格式解釋成機率。我們將希望在伺服器上執行這個後續處理，讓用戶端的程式盡可能地簡單。同樣的，模型可能是用壓縮的二進制紀錄訓練出來的，但是在生產環境中，我們可能希望能夠處理自述（self-descriptive）的輸入格式，例如 JSON。

解決方案

解決方案包含下列步驟：

1. 將模型匯出為描述它的數學核心，而且程式語言中立的格式。
2. 在生產系統裡，將模型的「前向」計算組成的公式還原為無狀態函式。
3. 將無狀態函式部署到提供 REST 端點的框架。

模型匯出

這個解決方案的第一步是將模型匯出為描述其數學核心的格式（TensorFlow 使用 SavedModel（*https://oreil.ly/9TjS3*），但 ONNX（*https://onnx.ai*）是另一個選項）。我們不需要儲存整個模型狀態（學習率、dropout、短路等），只要儲存用輸入計算輸出所需的數學公式即可。一般來說，訓練出來的權重值在數學公式內是常數。

在 Keras 裡，這是用這段程式完成的：

```
model.save('export/mymodel')
```

SavedModel 格式依靠 protocol buffer（*https://oreil.ly/g3Vjc*）來提供平台中立、高效的恢復機制。換句話說，`model.save()` 模型會將模型存為 protocol buffer（使用 `.db` 副檔名），並且將訓練出來的權重、詞彙表等東西外部化，放到標準目錄結構裡的其他檔案：

```
export/.../variables/variables.data-00000-of-00001
export/.../assets/tokens.txt
export/.../saved_model.pb
```

在 Python 裡的推理

在生產系統裡，模型的公式（formula）會從 protocol buffer 與其他相關檔案還原成一個無狀態函數，該函數符合特定的模型簽章（signature），具有輸入和輸出變數名稱及資料類型。

我們可以使用 TensorFlow aved_model_cli 工具來檢查匯出的檔案，以查看我們可以在服務時使用的無狀態函式簽章：

```
saved_model_cli show --dir ${export_path} \
    --tag_set serve --signature_def serving_default
```

這會輸出：

```
The given SavedModel SignatureDef contains the following input(s):
  inputs['full_text_input'] tensor_info:
      dtype: DT_STRING
      shape: (-1)
      name: serving_default_full_text_input:0
The given SavedModel SignatureDef contains the following output(s):
  outputs['positive_review_logits'] tensor_info:
      dtype: DT_FLOAT
      shape: (-1, 1)
      name: StatefulPartitionedCall_2:0
Method name is: tensorflow/serving/predict
```

這個簽章指明預測方法接收一個單元素陣列（稱為 full_text_input），是個字串，並輸出一個浮點數，它的名稱是 positive_review_logits。這些名字來自我們指派給 Keras 神經層的名字：

```
hub_layer = hub.KerasLayer(..., name='full_text')
...
model.add(tf.keras.layers.Dense(1, name='positive_review_logits'))
```

這是取得 serving 函式，並且用它來推理的方法：

```
serving_fn = tf.keras.models.load_model(export_path). \
                      signatures['serving_default']
outputs = serving_fn(full_text_input=
                      tf.constant([review1, review2, review3]))
logit = outputs['positive_review_logits']
```

注意我們如何使用 serving 函式的輸入與輸出名稱。

建立 web 端點

上面的程式可以放入 web 應用程式或無伺服器框架，例如 Google App Engine、Heroku、AWS Lambda、Azure Functions、Google Cloud Functions、Cloud Run 等。這些框架的共同點是，它們允許開發者指定需要執行的函數。這些框架會負責自動縮放基礎設施，在低延遲的情況下，每秒處理大量的預測請求。

例如，我們可以在 Cloud Functions 裡面呼叫 serving 函式如下：

```
serving_fn = None
def handler(request):
    global serving_fn
    if serving_fn is None:
        serving_fn = (tf.keras.models.load_model(export_path)
                      .signatures['serving_default'])
    request_json = request.get_json(silent=True)
    if request_json and 'review' in request_json:
        review = request_json['review']
        outputs = serving_fn(full_text_input=tf.constant([review]))
        return outputs['positive_review_logits']
```

注意，我們應該小心地將 serving 函數定義成一個全域變數（或一個單例（singleton）類別），如此一來，它就不會在回應每一個請求時重新載入了。實際上，只有在冷啟動的情況下，serving 函數才會從匯出路徑（在 Google Cloud Storage 上）重新載入。

有效的原因

將模型匯出為無狀態函式，並將無狀態函式部署在 web 應用程式框架裡之所以有效，是因為 web 應用程式框架提供自動縮放功能，而且可以全面代管，並且是語言中立的。沒有機器學習經驗的軟體和業務開發團隊也很熟悉它們。這對敏捷開發也有好處——ML 工程師或資料科學家可以獨立地更改模型，所有應用程式開發者只要更改他們訪問的端點。

自動擴展

將 web 端點擴展到每秒數百萬個請求是一個眾所周知的工程問題。與其建構專門讓機器學習使用的服務，不如依靠數十年來已經建構出具復原力的 web 應用程式和 web 伺服器的工程研究。雲端供應商知道如何以最少的暖機時間高效地自動縮放 web 端點。

我們甚至不需要自己編寫伺服系統。大多數的現代企業機器學習框架都有伺服子系統。例如，TensorFlow 提供 TensorFlow Serving，PyTorch 提供 TorchServe。如果我們使用這些伺服子系統，我們只要提供匯出的文件，軟體就會負責建立 web 端點。

全面代管

雲端平台已經將管理和安裝 TensorFlow Serving 之類的組件抽象化了，因此，在 Google Cloud 上，將伺服函式部署為 REST API 很簡單，只要執行這段提供 SavedModel 輸出的位置的命令列程式即可：

```
gcloud ai-platform versions create ${MODEL_VERSION} \
       --model ${MODEL_NAME} --origin ${MODEL_LOCATION} \
       --runtime-version $TFVERSION
```

在 Amazon 的 SageMaker 上，部署 TensorFlow SavedModel 也同樣簡單，只要使用：

```
model = Model(model_data=MODEL_LOCATION, role='SomeRole')
predictor = model.deploy(initial_instance_count=1,
                         instance_type='ml.c5.xlarge')
```

REST 端點就緒之後，我們就可以用 JSON，以這種格式送出預測請求：

```
{"instances":
  [
      {"reviews": "The film is based on a prize-winning novel."},
      {"reviews": "The film is fast moving and has several great action scenes."},
      {"reviews": "The film was very boring. I walked out half-way."}
  ]
}
```

我們取回的預測值也是包在 JSON 結構裡：

```
{"predictions": [{ "positive_review_logits": [0.6965846419334412]},
                 {"positive_review_logits": [1.6177300214767456]},
                 {"positive_review_logits": [-0.754359781742096]}]}
```

我們藉著允許用戶端傳送帶有多個實例的 JSON 請求（稱為 *batching*），讓用戶端可以在「使用較少的網路呼叫與較高的產出量」，和「提升平行性（如果用戶端傳送較多請求，而且每一個請求的實例較少）」之間進行取捨。

除了 batching 之外，我們還有其他改善性能或降低成本的手段。例如，使用配備強大 GPU 的機器通常有助於提升深度學習模型的性能。選擇配備多個加速器和 / 或執行緒的機器有助於提升每秒的請求數量。使用自動擴展的機器叢集（cluster）有助於降低高負荷工作的成本。這些類型的調整通常由 ML/DevOps 團隊完成的，有些是 ML 專屬的，有些不是。

語言中立

每一種現代程式語言都可以使用 REST，並且你可以使用發現服務來自動產生必要的 HTTP 存根（stub）。因此，Python 用戶端可以用下列方式呼叫 REST API。注意，下面的程式沒有框架專屬的程式碼，因為雲端服務將 ML 模型的細節抽象化了，我們不需要提供任何指向 Keras 或 TensorFlow 的參考：

```
credentials = GoogleCredentials.get_application_default()
api = discovery.build("ml", "v1", credentials = credentials,
            discoveryServiceUrl = "https://storage.googleapis.com/cloud-
ml/discovery/ml_v1_discovery.json")

request_data = {"instances":
 [
  {"reviews": "The film is based on a prize-winning novel."},
  {"reviews": "The film is fast moving and has several great action scenes."},
  {"reviews": "The film was very boring. I walked out half-way."}
 ]
}

parent = "projects/{}/models/imdb".format("PROJECT", "v1")
response = api.projects().predict(body = request_data,
                                  name = parent).execute()
```

上面的程式碼可以用許多語言寫成等效的程式（我們展示 Python 是因為我們假設你已經或多或少認識它了）。在撰寫本書的期間，開發者可以從 Java、PHP、.NET、JavaScript、Objective-C、Dart、Ruby、Node.js 與 Go 訪問 Discovery API（*https://oreil.ly/zCZir*）。

強大的生態系統

由於 web 應用程式框架獲得如此廣泛的應用，現在有很多工具可用來衡量、監視和管理 web 應用程式。如果我們將 ML 模型部署到 web 應用程式框架，那麼軟體可靠性工程師（SRE）、IT 管理員和 DevOps 人員就可以用他們熟悉的工具來監視和控制模型。他們不需要知道關於機器學習的任何東西。

你的商業開發同事也知道如何使用 API 閘道來計量 web 應用程式，並用它來盈利。他們可以將這些知識應用在機器學習模型的計量和盈利上。

代價與其他方案

正如 David Wheeler（*https://oreil.ly/uskud*）的玩笑話，在計算機科學領域中，任何問題的解決辦法都只是加入額外的間接層。匯出無狀態函數的規範也造成額外的間接層。Stateless Serving Function 設計模式可讓我們改變 serving 簽章來提供額外的功能，例如除了 ML 模型所做的事情之外的預先和後續處理。事實上，我們可以使用這個設計模式來為模型提供多個端點。如果模型是用資料倉庫（data warehouse）之類通常涉及長期運行的查詢的系統來訓練的，這個設計模式也可以為它們建立低延遲的線上預測。

自訂伺服函式

我們的文本分類模型的輸出層是一個 Dense 層，它的輸出在 (- ∞ , ∞) 範圍之內：

```
model.add(tf.keras.layers.Dense(1, name='positive_review_logits'))
```

我們的損失函數會考慮這一點：

```
model.compile(optimizer='adam',
              loss=tf.keras.losses.BinaryCrossentropy(
                      from_logits=True),
              metrics=['accuracy'])
```

當我們使用這個模型來預測時，這個模型自然會回傳它被訓練預測的東西，並輸出 logits。然而，用戶端期望的是影評是正面的機率。為了處理這種情況，我們必須回傳模型的 sigmoid 輸出。

我們可以寫一個自訂的伺服函式，並且改成匯出它。下面是 Keras 裡的自訂伺服函式，它加入機率，並回傳一個字典，裡面有每一個被傳入的影評的 logits 與機率：

```
@tf.function(input_signature=[tf.TensorSpec([None],
                              dtype=tf.string)])
def add_prob(reviews):
```

```
    logits = model(reviews, training=False) # call model
    probs = tf.sigmoid(logits)
    return {
        'positive_review_logits' : logits,
        'positive_review_probability' : probs
    }
```

接下來，我們可以將上面的函式匯出成 serving default：

```
model.save(export_path,
           signatures={'serving_default': add_prob})
```

add_prob 方法的定義會被存入 export_path，並且在回應用戶端請求時被呼叫。

匯出的模型的伺服簽章使用新的輸入名稱（注意 add_prob 的輸入參數的名稱），與輸出字典的鍵與資料型態：

```
The given SavedModel SignatureDef contains the following input(s):
  inputs['reviews'] tensor_info:
      dtype: DT_STRING
      shape: (-1)
      name: serving_default_reviews:0
The given SavedModel SignatureDef contains the following output(s):
  outputs['positive_review_logits'] tensor_info:
      dtype: DT_FLOAT
      shape: (-1, 1)
      name: StatefulPartitionedCall_2:0
  outputs['positive_review_probability'] tensor_info:
      dtype: DT_FLOAT
      shape: (-1, 1)
      name: StatefulPartitionedCall_2:1
Method name is: tensorflow/serving/predict
```

當你部署這個模型，並且用它來推理時，輸出 JSON 裡面會有 logits 與機率：

```
{'predictions': [
   {'positive_review_probability': [0.6674301028251648],
    'positive_review_logits': [0.6965846419334412]},
   {'positive_review_probability': [0.8344818353652954],
    'positive_review_logits': [1.6177300214767456]},
   {'positive_review_probability': [0.31987208127975464],
    'positive_review_logits': [-0.754359781742096]}
]}
```

注意，add_prob 是我們編寫的函式。在這個例子裡，我們為輸出做了一些後續處理。但是，我們可以在這個函數中完成幾乎任何（無狀態）的事情。

多個簽章

模型經常需要支援多個目標，或有不同需求的用戶端。雖然輸出字典可以讓不同的用戶端提取它們想要的任何東西，但是這種做法有時不理想。例如，我們只要呼叫 tf.sigmoid() 函式即可從 logits 取得機率。這是相當便宜的做法，而且即使幫不需要它的用戶端計算它也沒有問題。另一方面，如果函數的成本很高，那麼幫不需要那個值的用戶端計算它會增加相當大的開銷。

如果有少量的用戶端需要非常昂貴的運算，你可以提供多個伺服簽章，讓用戶端通知伺服框架要呼叫哪一個簽章。我們可以在匯出模型時，指定 serving_default 之外的名稱來做這件事。例如，我們可能會寫兩個簽章：

```
model.save(export_path, signatures={
        'serving_default': func1,
        'expensive_result': func2,
   })
```

然後，在輸入的 JSON 請求裡面加入簽章名稱，以選擇想要使用模型的哪一個伺服端點：

```
{
  "signature_name": "expensive_result",
   {"instances": …}
}
```

線上預測

由於匯出的伺服函式最終只是一種檔案格式，所以當原本的機器學習訓練框架本身不支援線上預測時，你可以使用它來提供線上預測功能。

例如，我們可以用 natality 資料組來訓練一個 logistic 回歸模型，來推理嬰兒需不需要特別注意：

```
CREATE OR REPLACE MODEL
 mlpatterns.neutral_3classes OPTIONS(model_type='logistic_reg',
  input_label_cols=['health']) AS
SELECT
IF
 (apgar_1min = 10,
  'Healthy',
 IF
  (apgar_1min >= 8,
   'Neutral',
   'NeedsAttention')) AS health,
 plurality,
```

```
 mother_age,
 gestation_weeks,
 ever_born
FROM
 `bigquery-public-data.samples.natality`
WHERE
 apgar_1min <= 10
```

訓練模型之後，我們可以用 SQL 進行預測：

```
SELECT * FROM ML.PREDICT(MODEL mlpatterns.neutral_3classes,
    (SELECT
     2 AS plurality,
     32 AS mother_age,
     41 AS gestation_weeks,
     1 AS ever_born
    )
)
```

然而，BigQuery 主要的用途是離散資料處理。雖然用幾 GB 的資料來訓練 ML 模型很好，但使用這種系統來為一列資料進行推理不是最好的做法，因為延遲可能高達一至兩秒。相反，ML.PREDICT 功能更適合批次伺服。

為了執行線上預測，我們可以要求 BigQuery 將模型匯出為 TensorFlow SavedModel：

```
bq extract -m --destination_format=ML_TF_SAVED_MODEL \
     mlpatterns.neutral_3classes  gs://${BUCKET}/export/baby_health
```

現在我們可以將 SavedModel 部署到支援 SavedModel 的伺服框架，例如 Cloud AI Platform，以獲得低延遲、自動擴展的 ML 模型伺服。完整的程式見 GitHub 的 notebook（*https://github.com/GoogleCloudPlatform/ml-design-patterns/blob/master/05_resilience/serving_function.ipynb*）。

即使我們沒有將模型匯出為 SavedModel 的功能可用，我們也可以提取權重，編寫一個數學模型來執行線性模型，對它容器化，並將容器映像部署到伺服平台。

預測程式庫

除了將伺服函式部署成可以透過 REST API 呼叫的微服務之外，我們也可以將預測程式碼做成程式庫函數。程式庫函數會在第一次被呼叫時載入被匯出的模型，使用收到的輸入來呼叫 model.predict()，並回傳結果。然後，想要使用程式庫來進行預測的應用程式開發者可以將程式庫納入他們的應用程式中。

如果因為物理原因（沒有網路連線）或性能限制而無法透過網路呼叫模型，那麼程式庫函式是比微服務更好的選擇。使用程式庫函式也會將計算負擔放在用戶端，從預算的角度來看，這或許是更好的做法。同時使用 TensorFlow.js 與程式庫方法可以在你需要在瀏覽器中運行模型時避免跨站問題（ross-site problem）。

程式庫方法的主要缺點是模型的維護和更新非常困難——使用該模型的用戶端程式都必須更新，才能使用新版本的程式庫。模型的更新頻率越高，微服務方法就越有吸引力。程式庫方法的第二個缺點是，它只能使用編寫程式庫所使用的程式語言，而 REST API 方法幾乎可讓以任何一種現代語言寫成的應用程式使用模型。

程式庫開發者應該注意是否該使用執行緒池和平行化來支援必要的產出量。

設計模式 17：Batch Serving

Batch Serving 設計模式使用分散式資料處理技術經常使用的基礎軟體來一次對大量的實例執行推理。

問題

一般情況下，預測每次只會進行一個，並且是按需求進行的。信用卡交易是不是詐騙是在處理付款時確定的，嬰兒是不是需要重症監護是在出生後立即檢查時決定的。因此，當你將模型部署到 ML 伺服框架時，它的設定是處理一個請求裡面的一個實例，最多幾千個實例。

伺服框架在設計上會盡快同步處理單個請求，正如第 193 頁的「設計模式 16：Stateless Serving Function」所述。伺服基礎設施通常被設計成微服務，將繁重的計算（例如深度摺積神經網路）轉移到張量處理單元（TPU）或圖形處理單元（GPU）等高性能硬體上，並將使用多個軟體層帶來的低效性降到最低。

然而，在某些情況下，我們需要用大量資料來進行非同步預測。例如，確定要不要再次訂購庫存單位（SKU）的操作可能每小時進行一次，而不是每次有人在收銀機購買 SKU 時都進行一次。音樂服務可能會幫每位用戶建立個人化的每日播放清單，並推送給用戶。這種個人化的播放清單不是根據用戶與音樂軟體的每一次互動，隨著需求而建立的。因此，ML 模型需要一次對數百萬個實例進行預測，而不是一次只對一個實例進行預測。

對著一個在設計上每次只能處理一個請求的端點發送數百萬個 SKU 或數十億位用戶會讓 ML 模型崩潰。

解決方案

Batch Serving 設計模式使用分散式資料處理基礎設施（MapReduce、Apache Spark、BigQuery、Apache Beam 等）來為大量實例進行非同步 ML 推理。

在討論 Stateless Serving Function 設計模式時，我們訓練了一個文本分類模型來輸出影評是正面的還是負面的。假設我們想要用這個模型來處理美國消費者金融保護局（CFPB）收到的所有投訴。

我們可以像這樣將 Keras 模型載入 BigQuery（完整的程式在 GitHub 的 notebook 裡（*https://github.com/GoogleCloudPlatform/ml-design-patterns/blob/master/05_resilience/batch_serving.ipynb*））：

```
CREATE OR REPLACE MODEL mlpatterns.imdb_sentiment
OPTIONS(model_type='tensorflow', model_path='gs://.../*')
```

一般情況下，人們會使用 BigQuery 裡的資料來訓練模型，但在這裡，我們只是載入一個在外部訓練過的模型。不過，完成這項工作之後，我們就可以使用 BigQuery 來執行 ML 預測了。例如，這個 SQL 查詢：

```
SELECT * FROM ML.PREDICT(MODEL mlpatterns.imdb_sentiment,
  (SELECT 'This was very well done.' AS reviews)
)
```

會回傳 0.82 的 `positive_review_probability`。

使用 BigQuery 這類的分散式資料處理系統來進行一次性預測的效率不是很高。然而，如果我們想要用機器學習模型來處理 CFPB 資料庫裡的每一個投訴呢[1]？我們只要調整上面的查詢，將內部的 `SELECT` 的 `consumer_complaint_narrative` 更名為待評估的影評：

```
SELECT * FROM ML.PREDICT(MODEL mlpatterns.imdb_sentiment,
  (SELECT consumer_complaint_narrative AS reviews
   FROM `bigquery-public-data`.cfpb_complaints.complaint_database
   WHERE consumer_complaint_narrative IS NOT NULL
   )
)
```

1 想知道「正面」的抱怨長怎樣嗎？讓你知道一下：「我在早上與下午接到電話。我告訴他們不要再打電話了，但他們仍然在星期天早上打電話。在一個星期天的早上，我連續接到兩通來自 XXXX XXXX 的電話。星期六我接到九通電話。我在工作日也是每天接到大約九通電話。」唯一能暗示投訴者不高興的地方是他們要求打電話的人不要打了。如果沒有那個暗示，其餘的內容很可能是某人在吹噓自己有多受歡迎！

這個資料庫有超過 150 萬個投訴，但處理它們只需要大約 30 秒，證明了使用分散式資料處理框架的好處。

有效的原因

Stateless Serving Function 設計模式是為了進行低延遲的伺服，以支援數千個同時進來的查詢。使用這種框架來偶爾或定期地處理數百萬個項目可能會非常昂貴。如果這些請求對延遲沒那麼在乎，那麼使用分散式資料處理架構，用數百萬個項目（item）來呼叫機器學習模型會更有成本效益。原因在於，用數百萬個項目呼叫 ML 模型是一個 embarrassingly parallel 問題——我們可以將數百萬個項目組成 1,000 組，每組有 1,000 個項目，然後將每組項目送到一台機器，然後合併結果。機器學習模型處理第 2,000 號的項目的結果與機器學習模型處理第 3,000 號的結果是完全獨立的，因此我們可以分割工作並解決它。

舉例來說，這是一個尋找五個最正面的抱怨的查詢：

```
WITH all_complaints AS (
SELECT * FROM ML.PREDICT(MODEL mlpatterns.imdb_sentiment,
  (SELECT consumer_complaint_narrative AS reviews
   FROM `bigquery-public-data`.cfpb_complaints.complaint_database
   WHERE consumer_complaint_narrative IS NOT NULL
   )
)
)
SELECT * FROM all_complaints
ORDER BY positive_review_probability DESC LIMIT 5
```

看一下在 BigQuery web 控制台裡面的執行細節，我們可以看到整個查詢花了 35 秒（見圖 5-1 中標為 #1 框）。

第一步（見圖 5-1 的 #2 框）從 BigQuery 公用資料組讀取 complaint narrative 不是 NULL 的 consumer_complaint_narrative 欄。從 #3 框裡面的列數，我們知道這會讀取 1,582,045 個值。這個步驟的輸出會被寫入 10 個 shard（見圖 5-1 的 #4 框）。

第二步從這個 shard 讀取資料（注意查詢裡的 $12:shard），但也取得機器學習模型 imdb_sentiment 的 file_path 與 file_contents，並且用模型來處理各個 shard 裡的資料。MapReduce 的工作方式是讓一個 worker 處理一個 shard，所以 shard 有 10 個代表第二步是由 10 個 worker 完成的。最初的 150 萬行會被存入許多檔案，因此第一步可能是由與該資料組的檔案數量一樣多的 worker 處理的。

圖 5-1　查詢的前兩個步驟是尋找消費者金融保護局的消費者投訴資料組裡最「正面」的五個投訴。

其餘的步驟如圖 5-2 所示。

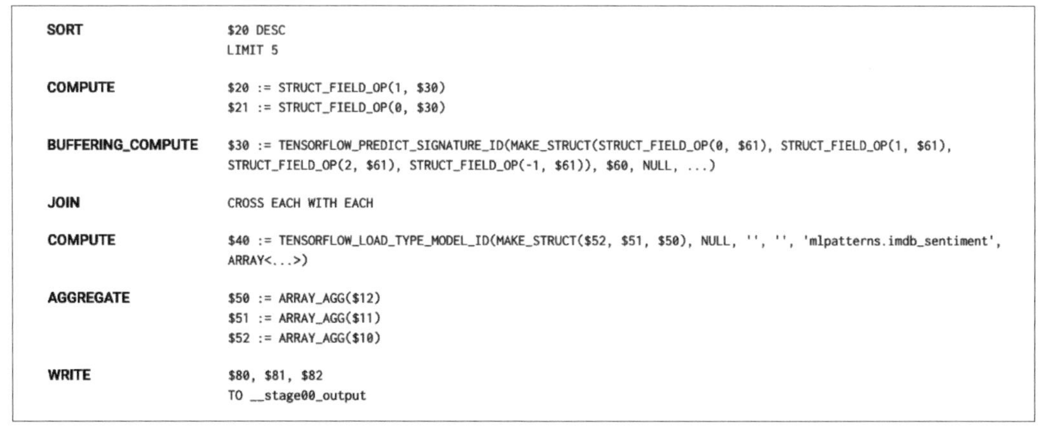

圖 5-2　尋找五個最「正面」的抱怨的第三步和後續步驟。

第三步是對資料組進行降序排序，並取 5 個。每一個 worker 都做這件事，所以 10 個 worker 都會在「它們的」shard 裡找出 5 個最正面的抱怨。剩下來的步驟是取得和格式化其餘的資料，並將它們寫到輸出。

最後一步（未顯示）是排序 50 個抱怨，並選出 5 個，作為實際的結果。這種將工作分給許多 worker 的功能，可讓 BigQuery 在 35 秒內完成處理 150 萬份投訴文件的整個操作。

代價與其他方案

Batch Serving 設計模式需要依賴將工作分給多個 worker 的功能。因此，它並不局限於資料倉庫甚至 SQL。任何 MapReduce 框架都可以使用。然而，SQL 資料倉庫往往是最簡單的，通常是預設的選擇，尤其是在資料天生是結構化的情況下。

即使你在延遲不成問題的情況下使用 batch serving，或許也可以使用預先計算的結果，以及定期刷新（refresh），在輸入空間有限的情況下使用它。

批次與串流管道

當輸入被送到模型之前需要進行預先處理時、如果機器學習模型的輸出需要做後續處理，或者如果預先處理或後續處理在 SQL 中難以表達時，Apache Spark 或 Apache Beam 這類的框架非常好用。如果模型的輸入是圖像、音訊或視訊，那麼 SQL 就不是選項，必須使用能夠處理非結構性資料的資料處理框架。這些框架也可以利用加速硬體（例如 TPU 和 GPU）來對圖像進行預先處理。

使用 Apache Beam 這種框架的另一個原因是用戶端程式碼需要維護狀態，這種情況通常是因為 ML 模型的輸入是一個時間窗口的平均值。在這種情況下，用戶端程式必須對傳入的資料串流執行移動平均，並將移動平均提供給 ML 模型。

想像一下，我們要建構一個評論審核系統，並且希望拒絕一天對某個人評論超過兩次的人。例如，我們允許每一個人對歐巴馬總統發表兩次評論，但是在當天其餘的時間裡，我們會阻止那個人提到歐巴馬總統。這是一個需要維護狀態的後續處理案例，因為我們需要一個計數器來計算每一位評論者提到某位名人的次數。此外，這個計數器需要每 24 小時重置一次。

我們可以使用能夠維護狀態的分散式資料處理框架來做這件事。我們可以用下面的程式呼叫 ML 模型來認出有人提到名人，並且將他們與 Apache Beam 的標準知識圖聯繫起來（因此，有人提到 Obama 和 President Obama 時，都會被聯到 *en.wikipedia.org/wiki/Barack_Obama*）（完整的程式見 GitHub 上的這個 notebook（*https://github.com/GoogleCloudPlatform/ml-design-patterns/blob/master/05_resilience/nlp_api.ipynb*））：

```
| beam.Map(lambda x : nlp.Document(x, type='PLAIN_TEXT'))
| nlp.AnnotateText(features)
| beam.Map(parse_nlp_result)
```

其中的 parse_nlp_result 會解析經過 Annotate Text 轉換的 JSON 請求，它私下會呼叫一個 NLP API。

batch serving 快取的結果

我們介紹過，當模型通常使用線上伺服時，我們可以使用 Stateless Serving Function 設計模式，用批次伺服（batch serving），用上百萬個項目呼叫模型。當然，即使模型不支援線上伺服，你也可以使用 batch serving。重點在於，進行推理的機器學習框架能夠利用 embarrassingly parallel 處理程序。

例如，推薦系統引擎需要填寫一個稀疏矩陣，裡面有每一對用戶 / 項目。典型的企業可能有 1000 萬位用戶，而且產品目錄有 10,000 個項目。為了向用戶推薦，你必須為這 10,000 個項目計算推薦分數，進行排序，將前 5 名顯示給用戶。這不可能用伺服函式近乎即時地做到。然而，「近乎即時」這個需求意味著純粹使用 batch serving 也無法做到。

在這種情況下，你可以使用 batch serving 來為全部的 1000 萬位用戶預先計算推薦：

```
SELECT
  *
FROM
  ML.RECOMMEND(MODEL mlpatterns.recommendation_model)
```

並將它存入關聯資料庫，例如 MySQL、Datastore 或 Cloud Spanner（目前有預建的遷移服務與 Dataflow 模板（*https://github.com/GoogleCloudPlatform/DataflowTemplates/blob/master/src/main/java/com/google/cloud/teleport/templates/BigQueryToDatastore.java*）可以做這件事）。有用戶來訪時，我們可以從資料庫拉出給那位用戶的推薦，並且以極低的延遲立刻提供。

在幕後，推薦系統會定期更新。例如，我們可能會根據網站上的最新活動，每小時重新訓練推薦模型一次。然後，我們可以幫曾經在上一個小時到訪的用戶執行推理：

```
SELECT
  *
FROM
  ML.RECOMMEND(MODEL mlpatterns.recommendation_model,
    (
    SELECT DISTINCT
```

```
    visitorId
  FROM
    mlpatterns.analytics_session_data
  WHERE
    visitTime > TIME_DIFF(CURRENT_TIME(), 1 HOUR)
  ))
```

接著更新關聯資料庫內用來提供服務的資料列。

Lambda 架構

同時支援線上伺服和批次伺服的 ML 生產系統稱為 Lambda 架構（*https://oreil.ly/jLZ46*）——這種 ML 生產系統可讓 ML 從業者在延遲性（透過 Stateless Serving Function 模式）和產出量（透過 Batch Serving 模式）之間取捨。

AWS Lambda（*https://oreil.ly/RqPan*）不是 Lambda 架構，儘管它的名字有那個字。它是一個用來擴展無狀態函數的無伺服器框架，類似 Google Cloud Functions 或 Azure Functions。

通常 Lambda 架構用不同的系統來做線上伺服和批次伺服的。例如，在 Google Cloud 裡，線上伺服基礎設施是 Cloud AI Platform Predictions 提供的，而批次伺服基礎設施是 BigQuery 與 Cloud Dataflow 提供的（Cloud AI Platform Predictions 提供一個方便的介面，讓用戶可以不必明確地使用 Dataflow）。我們可以採用 TensorFlow 模型，並將它匯入 BigQuery，來進行批次伺服。我們也可以使用訓練過的 BigQuery ML 模型，並將它匯出為 TensorFlow SavedModel，來做線上伺服。這種雙重相容性可讓 Google Cloud 的用戶選擇延遲性 / 產出量的平衡光譜上的每一處。

設計模式 18：Continued Model Evaluation

Continued Model Evaluation 設計模式可以檢測已部署的模型不合用的情況，並採取行動。

問題

你已經訓練出模型了，你收集了原始資料、整理它、設計特徵、建立 embedding 層、調整超參數，完成所有一切。你用保留下來的測試組取得 96% 的準確度。太令人贊嘆了！你甚至經歷了部署模型的艱苦過程，將它從 Jupyter notebook 變成生產環境的機器學習模型，並透過 REST API 來提供預測。恭喜你，你做到了，你完成工作了！

其實，還沒。部署不是機器學習模型生命週期的終點。你怎麼知道模型在外面能否像預期的那樣工作？如果它收到的資料被意外更改怎麼辦？或是模型再也不產生準確的或有用的預測？如何檢測這些變化？

世界是動態的，但是開發機器學習模型通常是根據歷史資料建立一個靜態模型。這意味著模型一旦投入生產，它就會開始退化，它的預測也會變得越來越不可靠。模型退化的主要原因是隨著時間而產生概念漂移和資料漂移。

當模型的輸入和目標之間的關係發生變化時，概念漂移就會發生。這是經常發生的情況，因為你的模型的基本假設發生了變化，例如訓練來學習敵意或競爭行為的模型，例如詐騙檢測、垃圾郵件過濾器、股票交易、線上廣告拍賣或網路安全。在這些場景中，預測模型的目的是認出具備預期的（或意外的）活動特徵的模式，而對手則會學習適應，而且可能會隨著環境的變化而修改自己的行為。例如，假如我們要開發一個用來檢測信用卡詐騙的模型。隨著時間的推移，大家使用信用卡的方式會改變，所以信用卡詐騙的共同特徵也會改變。例如，當「晶片和密碼」技術被採用之後，詐騙交易開始轉移到網路。隨著詐騙行為的演變，在這項技術出現之前開發的模型的性能會突然開始受到影響，模型的預測也會變得沒那麼準確。

模型的性能隨著時間而衰退的另一個理由是資料漂移。我們曾經在第一章，第 13 頁的「機器學習常見的挑戰」裡介紹過資料漂移的問題。資料漂移是指，傳給模型來進行預測的資料已經和當初的訓練資料不一樣了。資料漂移的發生有幾種原因：輸入資料的結構在來源就不一樣了（例如，上游加入或刪除某些欄位）、特徵的分布隨時間而變化（例如，一家醫院可能開始看到更多的年輕人，因為附近開了一家滑雪場），或者即使結構 / 模式沒有改變，資料的含義卻變了（例如，患者是否「超重」可能會隨著時間而變）。軟體的更新可能會引入新的錯誤或商業情境的變更，因而建立以前在訓練資料中沒有看過的新產品標籤。用來建構、訓練 ML 模型和用它來預測的 ETL 管道可能很脆弱而且不透明，任何更改都會對模型的性能產生巨大影響。

模型的部署是一個連續的過程，為了解決概念漂移或資料漂移的問題，你要更新訓練資料組，並用新資料重新訓練你的模型，以改善預測。但是你怎麼知道何時需要重新訓練？需要多久重新訓練一次？資料預先處理和模型訓練所需的時間和金錢都很昂貴，而且模型開發週期的每一個步驟都會增加開發、監視和維護的額外開銷。

解決方案

發現模型退化最直接的方法是隨著時間不斷監視模型的預測性能，並使用開發期間使用的評估指標來評估性能。這種持續性的模型評估和監視，是確定模型或我們對模型所做的任何更改是否正常運作的方法。

概念

這種持續評估需要在同一個地方讀取原始的預測請求資料、模型產生的預測，以及基準真相。Google Cloud AI Platform 可讓你設置部署的模型版本，定期採樣線上預測輸入與輸出，並存入 BigQuery 裡面的一張表。為了讓服務持續每秒處理大量的請求，維持服務性能，我們可以自訂想要採樣多少資料，藉著指定請求數量的百分比。為了測量性能指標，我們必須將保存起來的預測樣本與基準真相整合起來。

在大多數情況下，我們可能要等一段時間才能獲得基準真相標籤。例如，對顧客流失模型而言，我們可能要到下一個訂閱週期，才能知道哪些顧客停止了他們的服務。或者，對財務預測模型來說，真正的收入要到季度結束和提出收益報告之後才能知道。在這兩種情況下，在取得基準真相之前，評估都無法進行。

為了了解持續評估是如何工作的，我們要將一個以 HackerNews 資料組訓練出來的文本分類模型部署到 Google Cloud AI Platform。這個範例的完整程式可以在本書的 repository 裡面的 continuous evaluation notebook 找到（*https://github.com/GoogleCloudPlatform/ml-design-patterns/blob/master/05_resilience/continuous_eval.ipynb*）。

部署模型

訓練資料組的輸入是一篇文章的標題，它的標籤是文章的新聞來源，可能是 `nytimes`、`techcrunch` 或 `github`。隨著新聞趨勢的演變，與 *New York Times* 的標題有關的詞彙也會發生變化。同樣地，新的科技產品的發表也會影響 TechCrunch 裡面的文字。持續評估可讓我們監控模型的預測，以追蹤這些趨勢如何影響模型性能，讓我們可以在必要時進行重新訓練。

假如這個模型是用自訂的伺服輸入函式來匯出的，如同第 193 頁的「設計模式 16：Stateless Serving Function」所介紹的：

```
@tf.function(input_signature=[tf.TensorSpec([None], dtype=tf.string)])
def source_name(text):
    labels = tf.constant(['github', 'nytimes', 'techcrunch'],dtype=tf.string)
    probs = txtcls_model(text, training=False)
```

```
    indices = tf.argmax(probs, axis=1)
    pred_source = tf.gather(params=labels, indices=indices)
    pred_confidence = tf.reduce_max(probs, axis=1)
    return {'source': pred_source,
            'confidence': pred_confidence}
```

部署這個模型之後，當我們進行線上預測時，模型會回傳預測出來的新聞來源字串值，與模型對於那個預測標籤的信心程度的數值分數。例如，我們可以將一個 JSON 輸入範例寫入 *input.json* 檔，並將它傳給模型來進行線上預測：

```
%%writefile input.json
{"text":
"YouTube introduces Video Chapters to make it easier to navigate longer videos"}
```

它會回傳下列的預測輸出：

```
CONFIDENCE   SOURCE
0.918685     techcrunch
```

儲存預測

部署模型之後，我們可以設置一個工作（job）來保存預測請求的樣本——保存一個樣本而不是所有請求是為了避免沒必要地降低伺服系統的速度。我們可以在 Google Cloud AI Platform (CAIP) 控制台的 Continuous Evaluation 部分做這項工作，先指定 `LabelKey`（作為模型輸出的欄位，在我們的例子裡，它是來源，因為我們要預測文章的來源）、在預測輸出裡的 `ScoreKey`（一個數值，在我們的例子是信心度），以及在 BigQuery 裡的一張表，在裡面儲存一部分的線上預測請求。在我們的程式範例中，這張表稱為 `txtcls_eval.swivel`。設置好了之後，當模型做出線上預測時，CAIP 會將模型名稱、模型版本、預測請求的時戳、原始預測輸入、模型的輸出送到指定的 BigQuery 表，如表 5-1 所示。

表 5-1　將線上預測請求與原始預測輸出存入 BigQuery 的一張表

Row	model	model_version	time	raw_data	raw_prediction	groundtruth
1	txtcls	swivel	2020-06-10 01:40:32 UTC	{"instances": [{"text": "Astronauts Dock With Space Station After Historic SpaceX Launch"}]}	{"predictions": [{"source": "github", "confidence": 0.9994275569915771}]}	*null*

Row	model	model_version	time	raw_data	raw_prediction	groundtruth
2	txtcls	swivel	2020-06-10 01:37:46 UTC	{"instances": [{"text": "Senate Confirms First Black Air Force Chief"}]}	{"predictions": [{"source": "nytimes", "confidence": 0.9989787340164185}]}	*null*
3	txtcls	swivel	2020-06-09 21:21:47 UTC	{"instances": [{"text": "A native Mac app wrapper for WhatsApp Web"}]}	{"predictions": [{"source": "github", "confidence": 0.745254397392273}]}	*null*

獲取基準真相

我們也必須為送到模型來進行預測的每一個實例取得基準真相。根據用例和資料取得難度的不同，這項工作可以用多種方式完成。有一種方法是使用人工標注服務——將送給模型來預測的所有實例，或模型不太確定的實例，送給人類標注者。大多數的雲端供應商都提供某種形式的人工標注服務，讓你可以用來大規模標注實例。

基準真相標籤也可以從用戶和模型及其預測的互動中取得。藉著讓用戶採取特定的行動，我們或許可以獲得關於預測的隱性回饋，或者產生一個基準真相標籤。例如，當用戶在 Google Maps 裡選擇建議的替代路線之一時，他選擇的路線就是一個隱性的基準真相。更明確地說，對一個藉著預測用戶評分來提供建議的模型來說，當用戶對推薦的電影進行評分時，它就是個明確的基準真相。類似地，如果模型可讓用戶更改預測，例如，在醫療環境中，醫生能夠更改模型建議的診斷，它就是一個清晰的基準真相訊號。

重點是切記，模型的預測和獲取基準真相的回饋迴路可能會影響訓練資料。例如，假設你做出一個模型來預測購物車何時會被捨棄。你甚至可以定期檢查購物車的狀態，為模型的評估創造基準真相標籤。然而，如果你的模型建議用戶放棄他們的購物車，而且你提供免費送貨或一些折扣來影響他們的行為，你就永遠無法知道原始的預測是否正確。簡言之，你違反了模型評估設計的假設，需要以其他方式來確定基準真相標籤。在不同場景之下估計特定輸出的任務稱為反事實推論（counterfactual reasoning），經常在詐騙檢測、醫療與廣告等用例中出現，因為在這些用例中，模型的預測可能導致一些干預，模糊模型對那個案例的實際基準真相的理解。

評估模型性能

BigQuery 的 txtcls_eval.swivel 表的 groundtruth 欄位最初是空的，我們使用 SQL 命令來直接更新值，在有基準真相標籤可用時提供它們。當然，我們必須在執行評估工作之前先確定有基準真相可用。注意，基準真相與模型的預測輸出使用同樣的 JSON 結構：

```
UPDATE
 txtcls_eval.swivel
SET
 groundtruth = '{"predictions": [{"source": "techcrunch"}]}'
WHERE
 raw_data = '{"instances":
[{"text": "YouTube introduces Video Chapters to help navigate longer
videos"}]}'
```

我們可以使用 MERGE 來取代 UPDATE 來更新更多列。當基準真相被加入表格之後，我們可以輕鬆地檢查文本輸入和模型的預測，並且與基準真相進行比較，如表 5-2 所示：

```
SELECT
  model,
  model_version,
  time,
  REGEXP_EXTRACT(raw_data, r'.*"text": "(.*)"') AS text,
  REGEXP_EXTRACT(raw_prediction, r'.*"source": "(.*?)"') AS prediction,
  REGEXP_EXTRACT(raw_prediction, r'.*"confidence": (0.\d{2}).*') AS confidence,
  REGEXP_EXTRACT(groundtruth, r'.*"source": "(.*?)"') AS groundtruth,
FROM
  txtcls_eval.swivel
```

表 5-2 有基準真相可用時，你可以將它加入原始的 BigQuery 表，並評估模型的性能

Row	model	model_version	time	text	prediction	confidence	groundtruth
1	txtcls	swivel	2020-06-10 01:38:13 UTC	A native Mac app wrapper for WhatsApp Web	github	0.77	github
2	txtcls	swivel	2020-06-10 01:37:46 UTC	Senate Confirms First Black Air Force Chief	nytimes	0.99	nytimes
3	txtcls	swivel	2020-06-10 01:40:32 UTC	Astronauts Dock With Space Station After Historic SpaceX Launch	github	0.99	nytimes
4	txtcls	swivel	2020-06-09 21:21:44 UTC	YouTube introduces Video Chapters to make it easier to navigate longer videos	techcrunch	0.77	techcrunch

可能在 BigQuery 裡取得這項資訊之後，我們可以將評估表載入 dataframe df_evals 之中，並直接計算這個模型版本的評估指標。由於這是個多類別分類，我們可以計算每一個類別的 precision、recall 和 F1-score。我們也可以建立一個混淆矩陣，它可以幫助分析模型的預測在某些分類標籤內的的哪些地方可能出錯。圖 5-3 是比較模型的預測與基準真相的混淆矩陣。

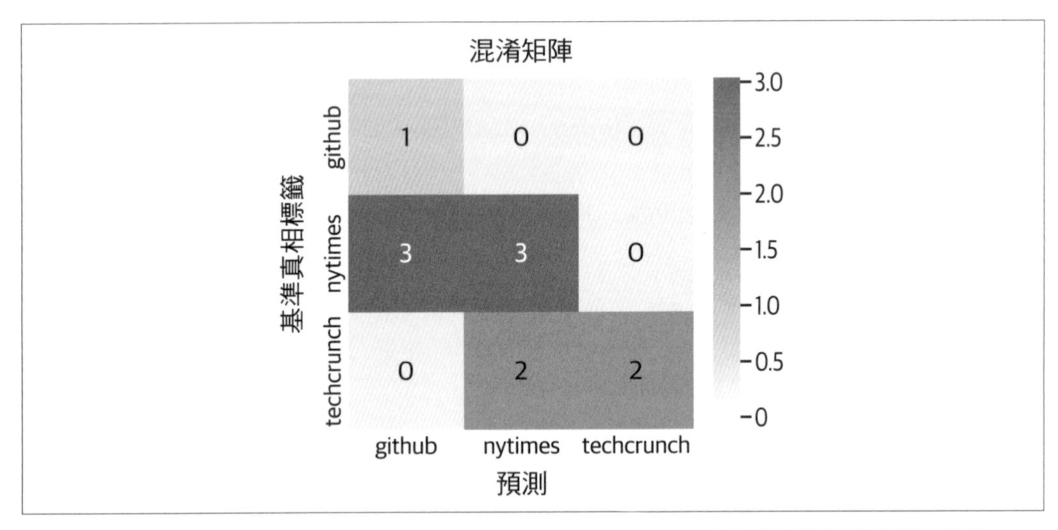

圖 5-3　這個混淆矩陣展示每一對基準真相標籤與預測，讓你可以在各個類別裡探索模型的性能。

持續評估

我們要確保輸出表也有模型版本和預測請求的時戳，如此一來，我們才可以相同的表格來持續評估兩個不同的模型版本，以比較模型的指標。例如，如果我們使用新版的模型，稱為 swivel_v2，它是用最新的資料或不同的超參數來訓練的，我們可以根據模型的版本分割評估 dataframe 來比較它們的性能：

```
df_v1 = df_evals[df_evals.version == "swivel"]
df_v2 = df_evals[df_evals.version == "swivel_v2"]
```

同樣地，我們可以用時間來建立評估分割，只關注上個月和上一週的模型預測：

```
today = pd.Timestamp.now(tz='UTC')
one_month_ago = today - pd.DateOffset(months=1)
one_week_ago = today - pd.DateOffset(weeks=1)

df_prev_month = df_evals[df_evals.time >= one_month_ago]
df_prev_week = df_evals[df_evals.time >= one_week_ago]
```

為了持續進行上述的評估，我們可以安排 notebook（或容器化的形式）的執行時間。我們可以設定它，在評估指標低於某個閾值時，觸發模型的重新訓練。

有效的原因

在開發機器學習模型時，我們有一個隱含的假設——訓練、驗證和測試資料都取自同樣的分布，如圖 5-4 所示。當我們將模型部署至生產環境時，這個假設意味著將來的資料將與過去的資料相似。然而，一旦模型被部署到「野外」的生產環境，這種靜態資料的假設就失效了。事實上，許多生產環境的 ML 系統會遇到快速變化的、不平穩的資料，並且模型會隨著時間而老化，對預測的品質產生負面影響。

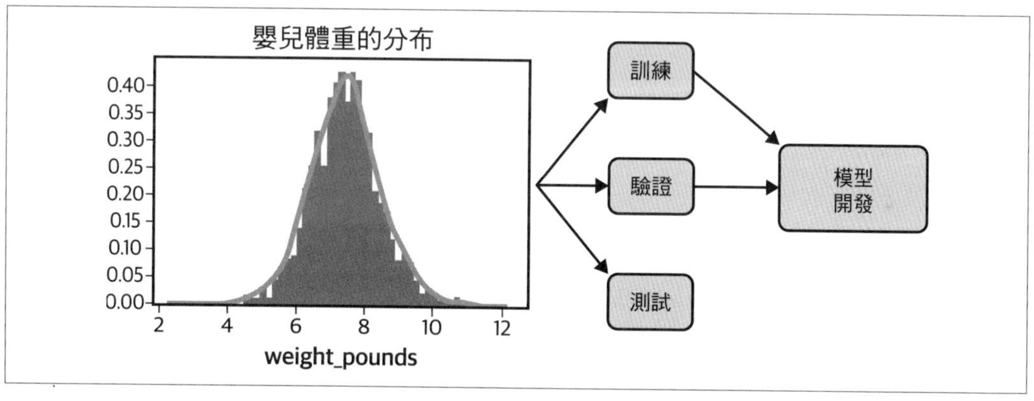

圖 5-4　在開發機器學習模型時，訓練、驗證和測試資料都來自同樣的資料分布。然而，在部署模型之後，那個分布可能會改變，嚴重影響模型性能。

持續模型評估提供了一個框架，專門用新資料來評估已部署的模型的性能。這可讓我們儘快發現模型的老化。這項資訊有助於確定重新訓練模型的頻率，或何時將模型換成一個全新的版本。

藉著獲得預測輸入和輸出，並且與基準真相進行比較，我們可以用量化的方式追踪模型的性能，或是在當下的環境用 A/B 測試來測量不同模型版本的表現，無論各個版本以前的表現如何。

代價與其他方案

持續評估的目標是提供一種方法來監視模型的性能，並保持模型在生產環境中的新鮮度。透過這種方式，持續評估提供一種觸發機制，提醒你何時該重新訓練模型。在這種情況下，重點是考慮模型性能的容忍度閾值、它們帶來的權衡取捨，以及規劃重新訓練的作用。外界也有一些技術和工具，例如 TFX，可以直接監視輸入資料的分布，來協助預先偵測資料和概念漂移。

重新訓練的觸發機制

模型的性能通常會隨著時間而下降。持續評估可讓你用結構化的方式精確地測量性能下降多少，並提供一個重新訓練模型的觸發機制。這是否意味著一旦性能開始下降，你就要重新訓練模型？視情況而定。這個問題的答案與商業用例緊密相關，應該與評估指標和模型評估一起討論。根據模型和 ETL 管道的複雜性，重新訓練的成本可能會很高。你要考慮的取捨是，相對於這個成本，你可以接受的性能退化程度是多少。

無伺服器觸發機制

Cloud Functions、AWS Lambda 與 Azure Functions 都提供無伺服器的方式，透過觸發機制來自動重新訓練。觸發機制的類型決定了你的函式如何及何時執行。這些觸發機制可能是發布到訊息佇列的訊息、雲端儲存 bucket 指示有新檔案被加入的變更通知、在資料庫中的資料的更改，甚至是一個 HTTPS 請求。當事件被觸發時，函式碼就會執行。

在重新訓練的背景下，雲端事件觸發機制是模型準確度的顯著變化或下降。功能（function）或行動是呼叫訓練管道來重新訓練模型，與部署新版本。第 275 頁的「設計模式 25：Workflow Pipeline」會說明這是如何完成的。工作流程管道會將完整的機器學習工作流程容器化，並進行協調（orchestrate），從資料收集和驗證，到模型建構、訓練與部署。部署新的模型版本之後，你就可以拿它與當前的版本進行比較，以確定要不要替換它。

閾值本身可以設為絕對值，例如，一旦模型準確度低於 95%，就重新訓練模型。或者，閾值可以設為性能的變化率，例如，一旦性能開始經歷下降軌跡。無論採用哪一種方法，選擇閾值的原理都與訓練期間建立模型檢查點相似。使用更高、更敏感的閾值，在生產環境裡的模型會保持新鮮，但是頻繁地重新訓練會提升成本，維護模型和在不同的模型版本之間切換的技術開銷也會提高。使用低閾值的話，訓練成本會降低，但是生產環境裡的模型會更老舊。圖 5-5 是性能閾值與它如何影響模型重新訓練工作的數量之間的取捨。

如果模型重新訓練管道會被這種閾值自動觸發，你也要追蹤與驗證觸發機制。不知道模型何時被重新訓練絕對會出問題。即使這個程序是自動化的，你也要能夠控制模型的重新訓練，以便在生產環境中更加理解模型，並且更能夠對它除錯。

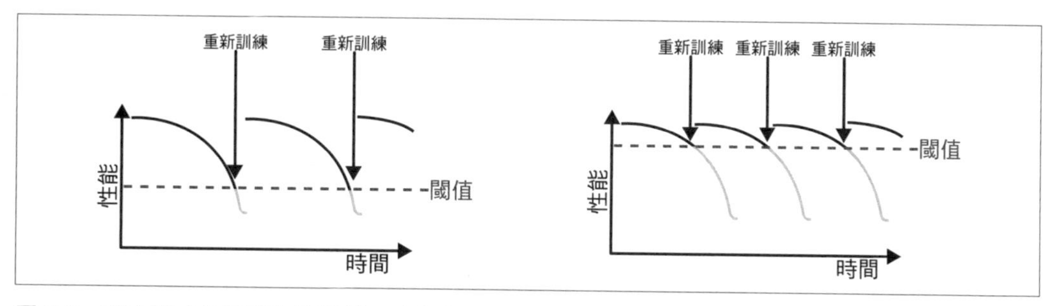

圖 5-5　設定較高的模型性能門檻可確保模型在生產環境有較高的品質，但需要比較頻繁地重新訓練，成本可能很高。

安排重新訓練時間

持續評估提供了重要的訊號，讓你知道什麼時候需要重新訓練模型。這個重新訓練的程序通常是用新收集的訓練資料來微調以前的模型。雖然持續評估可能每天發生，但預先安排時間的重新訓練工作可能只會每週或每月進行（圖 5-6）。

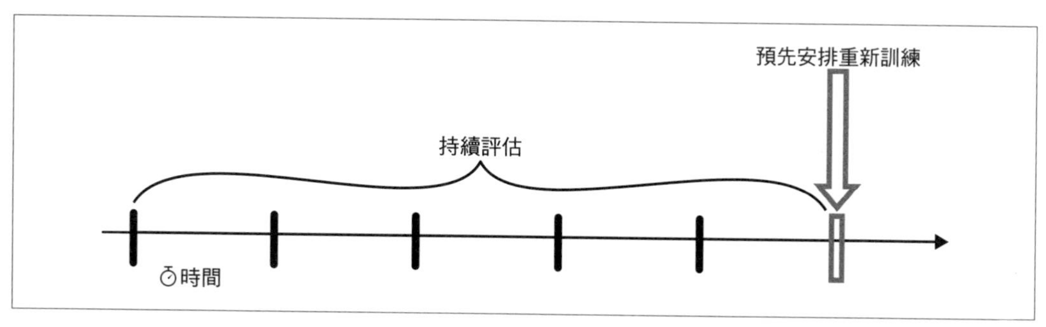

圖 5-6　持續評估在每天收到新資料時都會評估模型。週期性的重新訓練和「模型比較」則是在分散的時間點進行評估。

一旦有新版本的模型被訓練出來，你就要拿它的性能與當前的模型版本進行比較。除非它處理目前資料的測試組的性能勝過之前的模型，否則就不能部署它來取代之前的模型。

那麼你應該多久重新訓練一次呢？重新訓練的時間取決於商業用例、新資料的流行程度，以及執行重新訓練管道的成本（時間和金錢）。有時，模型的時間層（time horizon）會很自然地決定什麼時候要安排重新訓練。例如，如果模型的目標是預測下個季度的收益，因為每一季只會得到一次新的基準真相標籤，所以比它更頻繁地訓練是沒有意義的。但是，如果新資料的數量和出現頻率很高，那麼較頻繁地重新訓練有益的。這種情況最極端的版本是線上機器學習（*https://oreil.ly/Mj-DA*）。有些機器學習應用程式需要線上即時決策（例如廣告放置或新聞訂閱推薦），而且可以用每一個新的訓練實例進行重新訓練和更新參數權重，來不斷提升性能。

一般來說，最佳的時間是身為從業者的你透過經驗和實驗來決定的。如果你試圖模擬一個快速變遷的任務，比如對手或競爭行為，那麼設定較頻繁的重新訓練時程比較有意義。如果問題是靜態的，例如預測嬰兒出生時的體重，那麼久久重新訓練一次就夠了。

無論哪一種情況，設定一個自動化的管道，讓你只要用一次 API call 即可執行完整的重新訓練過程都很有幫助。像 Cloud Composer/Apache Airflow 和 AI Platform Pipelines 這類的工具對於建立、安排和監控 ML 工作流程，從預先處理原始資料和訓練到超參數調整和部署，都非常有用。我們將在下一章的「設計模式 25：Workflow Pipeline」進一步討論它。

使用 TFX 做資料驗證

資料的分布可能會隨著時間而改變，如圖 5-7 所示。例如，考慮出生體重資料組。隨著醫學和社會標準的變化，模型特徵之間的關係（例如媽媽的年齡或懷孕週數）也會隨著模型的標籤和嬰兒的體重而變化。這種資料漂移會對模型類推新資料的能力造成負面影響。簡言之，你的模型已經老化了，需要用新資料來重新訓練。

雖然持續評估提供一種事後監視已部署模型的方法，但是在伺服期間監視收到的新資料並且搶先識別資料分布的變動也很有價值。

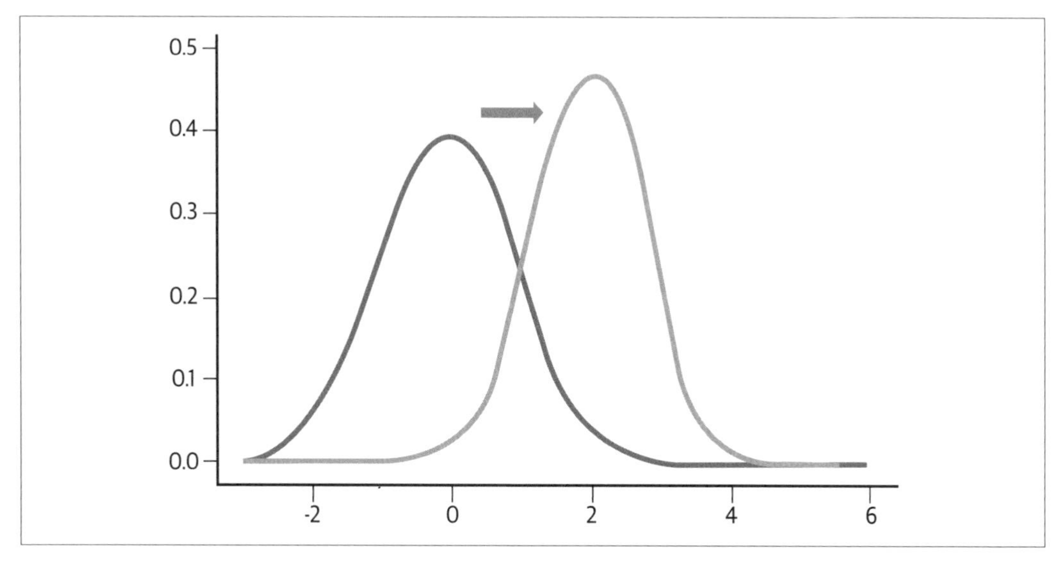

圖 5-7　資料的分布可能會隨著時間而改變。資料漂移是指，傳給模型用來預測的資料與用來訓練的資料相較之下的任何變化。

TFX 的 Data Validation 是進行這項工作的實用工具。TFX（*https://oreil.ly/RP2e9*）是一個部署機器學習模型的完整流程平台，由 Google 開放原始碼。Data Validation 程式庫可以比較訓練時的資料樣本與伺服期間收集到的資料。有效性檢查會偵測資料裡的異常、訓練 / 伺服傾斜，和資料漂移。TensorFlow Data Validation 會用 Facets 來將資料視覺化，Facets 是一種開放原始碼的機器學習視覺化工具（*https://oreil.ly/NE-SQ*）。Facets Overview 可讓你在高層面上觀察各種特徵值的分布，並且可以發現一些常見和不常見的問題，例如意外的特徵值、缺漏的特徵值，和訓練 / 伺服傾斜。

估計重新訓練時間間隔

為了理解資料和概念漂移如何影響模型，有一個有用且相對廉價的策略是，只使用舊的資料來訓練模型，並且用較多的最新資料來評估模型的性能（圖 5-8），這種做法是在模仿離線環境的持續模型評估程序。也就是說，收集前六個月或一年前的資料，並完成一般的模型開發工作流程，產生特徵，優化超參數，並獲取相關的評估指標。然後，拿這些評估指標與模型用僅僅一個月之前收集到的最新資料所做的預測進行比較，以了解老化的模型在處理當今的資料時，表現有多糟糕？這可以估計模型性能隨著時間而下降的速率，以及需要進行重新訓練的頻率。

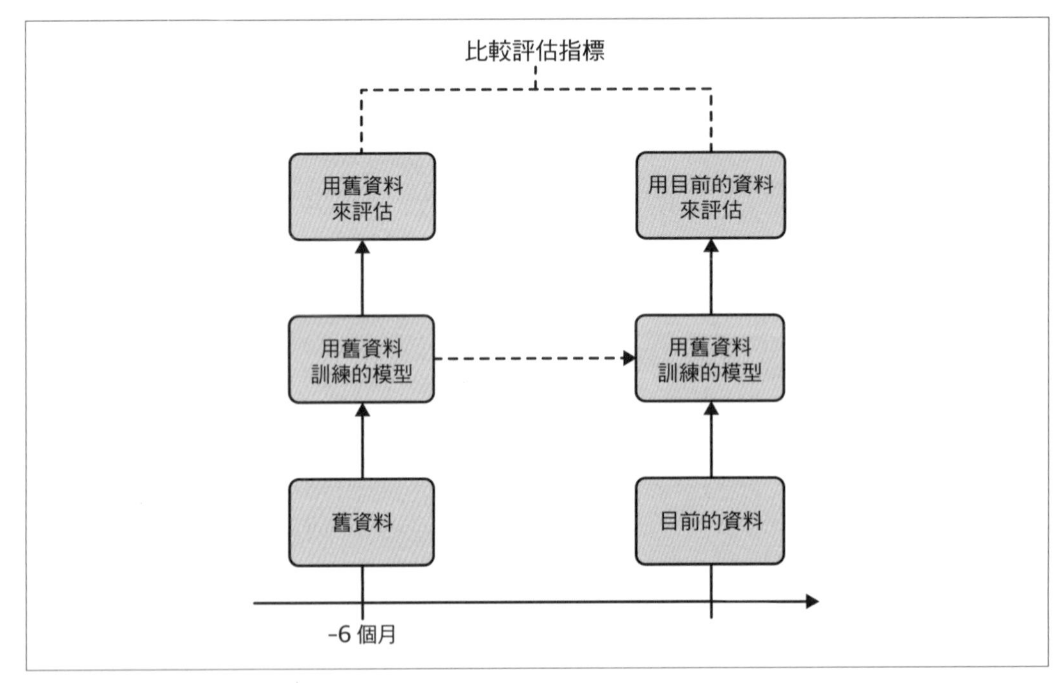

圖 5-8　用舊資料來訓練模型，並且用目前的資料來評估，就是在離線環境中，模仿持續模型評估程序。

設計模式 19：Two-Phase Predictions

Two-Phase Predictions 設計模式處理的是在分散式設備上部署大型複雜模型時維持其性能的問題，做法是將用例拆成兩個階段，只在邊緣設備執行比較簡單的階段。

問題

在部署機器學習模型時，我們不能認為終端用戶一定有可靠的網路連線。在這種模況下，模型是部署在**邊緣設備**（*edge*）——意思是它們會被載入用戶的設備，而且不需要網路連線即可產生預測。由於設備的限制，在邊緣設備部署的模型通常必須小於部署在雲端的模型，因此需要在模型的複雜度與大小、更新頻率、準確度與低延遲之間取得平衡。

會將模型部署到邊緣設備的情況有很多種。其中一個例子是健身追蹤設備，模型會根據用戶的活動向他們提供建議，並且用加速計和陀螺儀來進行追蹤。用戶很有可能在沒有網路的偏遠戶外運動。在這些情況下，我們仍然希望應用程式可以工作。另一個例子是使用溫度和其他環境資料來預測未來趨勢的環境應用程式。在這兩個例子中，即使有網路連線，用部署在雲端的模型持續產生預測可能會很緩慢，成本也會很高。

為了將訓練過的模型轉換成可以在邊緣設備上工作的格式，模型通常要經過一個稱為**整數化**的過程，用更少的 bytes 來表示學到的模型權重。例如，TensorFlow 使用 TensorFlow Lite 格式來將保存起來的模型轉換成更小的格式，讓它更適合在邊緣設備提供服務。除了整數化之外，用於邊緣設備的模型也有可能在剛開始時比較小，以配合嚴格的記憶體和處理器限制。

整數化與 TF Lite 採用的其他技術可以明顯減少最終 ML 模型的大小和預測延遲，但隨之而來的可能是模型準確度的降低。此外，由於我們不能始終依賴邊緣設備有網路連線，及時為這些設備部署新模型版本也是一項挑戰。

我們可以藉著圖 5-9 的 Cloud AutoML Vision（*https://oreil.ly/MWsQH*）之中，訓練邊緣設備模型的選項來了解這些取捨如何實際發揮作用。

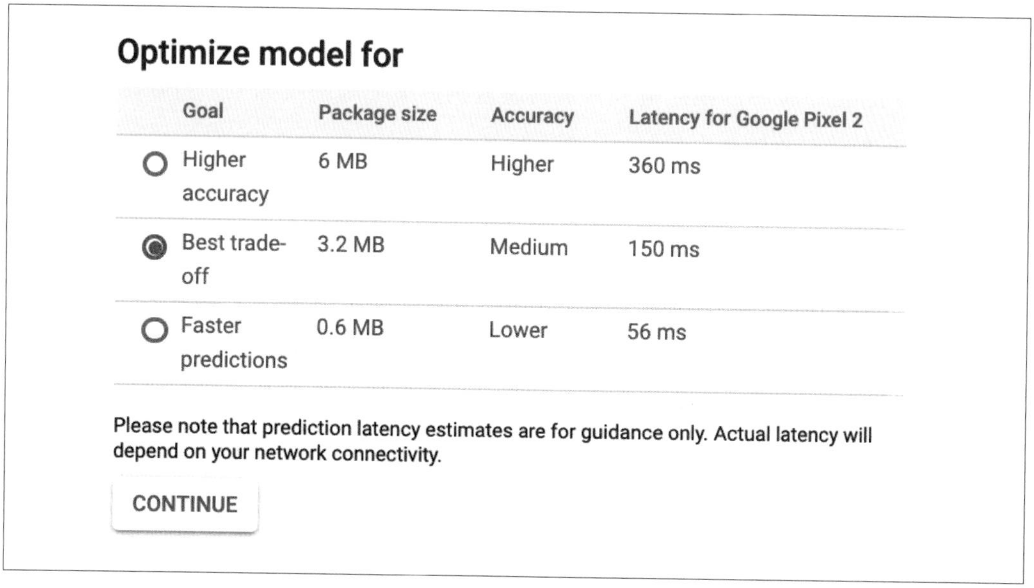

Optimize model for

Goal	Package size	Accuracy	Latency for Google Pixel 2
○ Higher accuracy	6 MB	Higher	360 ms
◉ Best trade-off	3.2 MB	Medium	150 ms
○ Faster predictions	0.6 MB	Lower	56 ms

Please note that prediction latency estimates are for guidance only. Actual latency will depend on your network connectivity.

CONTINUE

圖 5-9　在 Cloud AutoML Vision 裡為部署在邊緣設備的模型在準確度、模型大小與延遲之間取得平衡。

為了取得平衡，我們需要一種解決方案來平衡邊緣設備模型的縮小和延遲，以及雲端模型增加的複雜性和準確性。

解決方案

使用 Two-Phase Predictions 設計模式時，我們將問題拆成兩個部分。我們從比較小的、比較便宜、可部署在設備上的模型做起。因為這個模型的任務通常比較簡單，它可以在設備上使用相對較高的準確度來完成任務。然後將第二個比較複雜的模型部署在雲端，只在必須時觸發。當然，要使用這種設計模式，你的問題必須能夠分成兩個複雜度不同的部分。這種問題有一個例子是 Google Home（*https://oreil.ly/3ROKg*）之類的智慧型設備，它可以被喚醒詞觸發，然後可以回答問題、回應與設定鬧鐘、閱讀新聞以及與調節燈光和恆溫器等整合設備互動有關的命令。例如，Google Home 是藉著說「OK Google」或「Hey Google」觸發的。設備認出喚醒詞之後，用戶可以問一些比較複雜的問題，例如「可以設定在上午 10 點和 Sara 見面的行程嗎？」

這個問題可以分成兩個不同的部分：一個用來監聽喚醒詞的初始模型，以及一個可以理解和回應任何其他用戶查詢的複雜模型。這兩種模型都會執行語音辨識。然而，第一個模型只需要執行二元分類：它剛剛聽到的聲音有沒有符合喚醒詞？儘管這個模型比較簡單，但它需要持續運行，將它部署到雲端的成本會很高。第二個模型需要使用語音辨識和自然語言理解來解析用戶的查詢。這個模型只在用戶提問時運行，但更強調準確性。Two-Phase Predictions 設計模式可以藉著將喚醒詞模型部署在設備上，將較複雜的模型部署在雲端來解決這個問題。

除了這個智慧型設備用例之外，可以使用 Two-Phase Predictions 模式的情況還有很多。假設你在一家工廠工作，在特定的時間內有許多不同的機器在運行。當一台機器停止正常工作時，它通常會發出一種可能與故障有關的噪音。不同的機器有不同的噪音，機器損壞的方式也不同。理想情況下，你可以建構一個模型來提示有問題的噪音，並識別它們的含義。使用 Two-Phase Predictions，你可以建立一個離線模型來偵測異常的聲音。然後使用第二個雲端模型來確定那個聲音是否代表某種故障情況。

你也可以使用圖像的場景中使用 Two-Phase Predictions 模式。假設你在野外安裝攝影機來識別和追蹤瀕危物種。你可以在設備上安裝一個模型，用來偵測拍到的影像裡有沒有瀕危動物。如果有，就將那個影像傳給雲端模型，由它來確定影像裡的動物的具體品種。

我們使用一個來自 Kaggle 的通用音訊識別資料組（*https://oreil.ly/I89Pr*）來說明 Two-Phase Predictions 模式。這個資料組有大約 9000 種熟悉聲音的音訊樣本，共有 41 個標籤類別，包括「cello（大提琴）」、「敲門（knock）」、「電話（telephone）」、「小喇叭（trumpet）」等等。解決方案的第一個階段是一個識別聲音是不是樂器的模型。然後，用部署在雲端的模型來預測第一個模型認為是樂器的聲音，從總共 18 個可能的選項中預測特定的樂器。圖 5-10 是這個例子的雙階段流程。

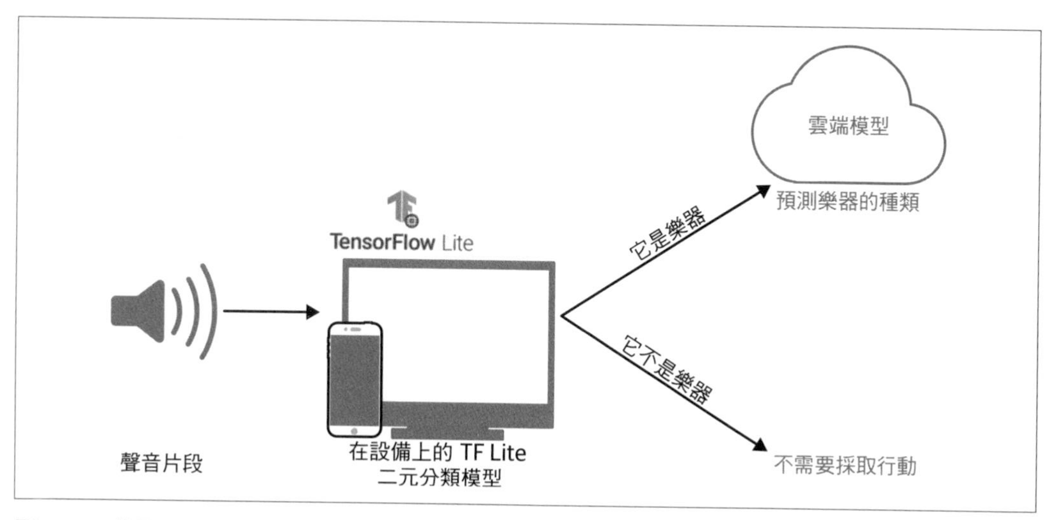

圖 5-10　使用 Two-Phase Predictions 來識別樂器聲音

為了建立這些模型，我們要把音訊資料轉換成聲譜圖，也就是聲音的視覺表示法。這可讓我們使用通用的圖像模型架構和 Transfer Learning 設計模式來解決這個問題。圖 5-11 是資料組裡面的一段薩克斯風音訊的聲譜圖。

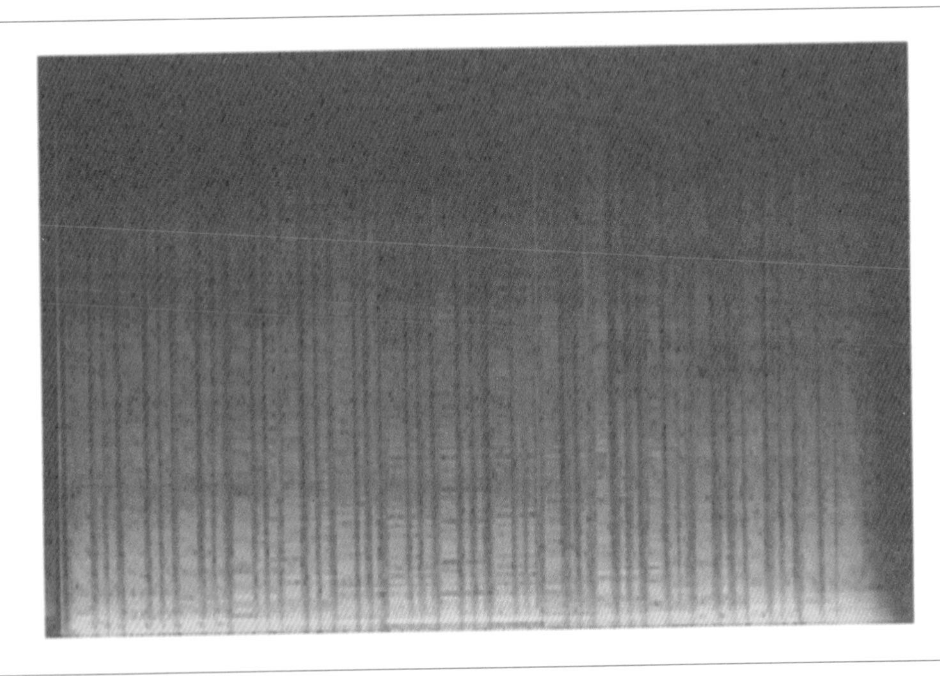

圖 5-11　資料組裡面的一段薩克斯風音訊的圖像表示法（聲譜圖）。將 .wav 檔轉換成聲譜圖的程式可以在 GitHub repository 找到（*https://github.com/GoogleCloudPlatform/ml-design-patterns/blob/master/05_resilience/audio_to_spectro.ipynb*）。

第 1 階段：建構離線模型

在 Two-Phase Predictions 解決方案裡面的第一個模型應該夠小，因此可以放入行動設備，在不依靠網路的情況下進行快速推理。基於上述的樂器案例，我們將建立一個為了在設備上進行推理而優化的二元分類模型來執行第一個預測階段。

原始的聲音資料組有 41 個代表各種音訊片段的標籤。第一個模型只有兩個標籤：「instrument（樂器）」或「not instrument（非樂器）」。我們使用 MobileNetV2（*https://oreil.ly/zvbzR*）模型架構，以 ImageNet 資料組來建構模型。MobileNetV2 可以直接在 Keras 裡使用，它是為了在設備上提供服務的模型而優化的架構，我們將凍結 MobileNetV2 的權重，並且不使用頂部（top）載入它，如此一來，我們就可以加入自己的二元分類輸出層：

```
mobilenet = tf.keras.applications.MobileNetV2(
    input_shape=((128,128,3)),
    include_top=False,
    weights='imagenet'
)
mobilenet.trainable = False
```

將聲譜圖放入以其標籤為名的目錄裡面，即可使用 Keras 的 ImageDataGenerator 類別來建立訓練和驗證資料組：

```
train_data_gen = image_generator.flow_from_directory(
      directory=data_dir,
      batch_size=32,
      shuffle=True,
      target_size=(128,128),
      classes = ['not_instrument','instrument'],
      class_mode='binary')
```

完成訓練和驗證資料組之後，我們可以用正常的方式訓練這個模型。通常我們用 TensorFlow 的 model.save() 方法來匯出訓練好的模型以提供服務。但是，請記住，這個模型將在設備上提供服務，因此我們希望讓它越小越好。為了建構符合這些需求的模型，我們使用 TensorFlow Lite（*https://oreil.ly/dyx93*），它是為了在沒有可靠的網路的行動設備和嵌入式設備上建構模型和提供服務而優化的程式庫。TF Lite 有一些在訓練期間和訓練之後用來將模型整數化的內建工具。

為了準備訓練好的模型，讓它可在邊緣設備服務，我們用 TF Lite 來以優化的格式匯出它：

```
converter = tf.lite.TFLiteConverter.from_keras_model(model)
converter.optimizations = [tf.lite.Optimize.DEFAULT]
tflite_model = converter.convert()
open('converted_model.tflite', 'wb').write(tflite_model)
```

這是在訓練模型**之後**，最快速地將它整數化的方法。使用 TF Lite 優化預設值的話，它可以將模型的權重降為 8-bit 表示法。當我們用模型來進行預測時，它也會在推理期將輸入整數化。執行上面的程式匯出的 TF Lite 模型的大小是不使用整數化的四分之一。

為了進一步優化模型來進行離線推理，你也可以在訓練期間將模型的權重整數化，或是將模型的權重和所有數學運算整數化。在行文至此時，對 TensorFlow 2 模型執行整數化優化的訓練已經在規劃中了（*https://oreil.ly/RuONn*）。

為了使用 TF Lite 模型來產生預測，你可以使用 TF Lite interpreter，它是為了低延遲而優化的。你可能想要將模型載入 Android 或 iOS 設備，並直接用應用程式碼來產生預測。這兩種平台都有 API 可用，但是我們在此展示產生預測的 Python 程式，如此一來，你就可以在創造模型的同一個 notebook 裡面運行它了。首先，我們建立一個 TF Lite interpreter 的實例，並取得它預期的輸入和輸出格式的詳細資訊：

```
interpreter = tf.lite.Interpreter(model_path="converted_model.tflite")
interpreter.allocate_tensors()

input_details = interpreter.get_input_details()
output_details = interpreter.get_output_details()
```

對於在上面訓練的 MobileNetV2 二元分類模型，`input_details` 的樣子是：

```
[{'dtype': numpy.float32,
  'index': 0,
  'name': 'mobilenetv2_1.00_128_input',
  'quantization': (0.0, 0),
  'quantization_parameters': {'quantized_dimension': 0,
  'scales': array([], dtype=float32),
  'zero_points': array([], dtype=int32)},
  'shape': array([  1, 128, 128,   3], dtype=int32),
  'shape_signature': array([  1, 128, 128,   3], dtype=int32),
  'sparsity_parameters': {}}]
```

然後，我們將驗證批次裡的第一張圖像傳給已載入的 TF Lite 模型進行預測，呼叫 interpreter，並取得輸出：

```
input_data = np.array([image_batch[21]], dtype=np.float32)
interpreter.set_tensor(input_details[0]['index'], input_data)

interpreter.invoke()
output_data = interpreter.get_tensor(output_details[0]['index'])
print(output_data)
```

產生的輸出是一個 sigmoid 陣列，裡面有一個在 [0,1] 範圍內的值，代表輸入的聲音是否為樂器。

取決於呼叫雲端模型的成本，你可以在訓練設備模型時更改想要優化的評量指標。例如，如果你比較在乎避免偽陽性，你應該會選擇優化 precision 而不是 recall。

讓模型在設備上運行之後，我們就可以不依靠網路連線，快速進行預測。如果模型確信聲音不是樂器，我們可以就此打住。如果模型預測出「樂器」，那就要將音訊送給更複雜的雲端代管模型了。

邊緣設備適合使用哪些模型？

如何確定一個模型是否適合邊緣設備？你必須考慮一些與模型大小、複雜性、可用的硬體有關的因素。一般來說，較小、較簡單的模型比較適合在設備運行，因為邊緣模型有設備儲存空間的限制。通常，縮小模型（藉由整數化或其他技術）的代價是犧牲準確性。因此，處理的預測任務比較簡單，而且使用比較簡單的架構的模型最適合部署在邊緣設備。這裡的「簡單」是一種權衡取捨，例如在可能的情況下，使用二元分類而不是多類別，或選擇沒那麼複雜的模型架構（例如決策樹或線性回歸模型）。

當你需要將模型部署到邊緣設備，同時還要滿足特定的模型大小和複雜度限制時，你可以考慮一下專門為 ML 推理設計的邊緣硬體。例如，Coral Edge TPU（*ttps://oreil.ly/N2NOs*）電路板提供定製的 ASIC 優化，可讓 TensorFlow Lite 模型進行高性能、離線的 ML 推理。同樣地，NVIDIA 有 Jetson Nano（*https://oreil.ly/GUOQc*）可進行邊緣設備優化、低功耗 ML 推理。隨著嵌入式、設備上的 ML 越來越普遍，支援 ML 推理的硬體也正在迅速發展。

第 2 階段：建構雲端模型

由於雲端代管模型不需要為了沒有網路的情況進行推理優化，所以我們可以採取較傳統的方法來訓練、匯出和部署這個模型。取決於你的 Two-Phase Prediction 用例，第二個模型可能是多種不同的形式。以 Google Home 為例，第 2 階段可能包含多個模型，用第一個將語音轉換成文字，用第二個執行 NLP 來理解文字並傳送用戶的查詢。如果用戶要求比較複雜的事情，甚至會用第三個模型來根據用戶的偏好或以前的行為來提供推薦。

在我們的樂器範例中，解決方案的第二階段是一個多類別模型，可將聲音分成 18 種可能的樂器類別之一。因為這個模型不需要部署在設備上，我們可以使用較大的模型架構作為起點（例如 VGG），然後採取第 4 章介紹的 Transfer Learning 設計模式。

我們載入以 ImageNet 資料組來訓練的 VGG，在 input_shape 參數裡指定聲譜圖的大小，並凍結模型的權重，再加入我們自己的 softmax 分類輸出層：

```
vgg_model = tf.keras.applications.VGG19(
    include_top=False,
    weights='imagenet',
    input_shape=((128,128,3))
)

vgg_model.trainable = False
```

我們的輸出將是一個有 18 個元素的 softmax 機率陣列：

```
prediction_layer = tf.keras.layers.Dense(18, activation='softmax')
```

我們將資料組限制成只有樂器的音訊，然後將樂器標籤轉換成有 18 個元素的 one-hot 向量。我們可以使用與之前一樣的 image_generator 方法，將圖像傳給模型以進行訓練。我們使用 model.save() 來匯出模型以提供服務，而不是將它匯出為 TF Lite 模型。

我們使用 Cloud AI Platform Prediction（*https://oreil.ly/P5Cn9*）來展示如何將第 2 階段的模型部署到雲端。我們要將存起來的模型資產上傳到 Cloud Storage bucket，然後指定框架，並將 AI Platform Prediction 指向 storage bucket 來部署模型。

在 Two-Phase Predictions 設計模式的第二階段，你可以使用任何雲端自訂模型部署工具。除了 Google Cloud 的 AI Platform Prediction 之外，AWS SageMaker（*https://oreil.ly/zIHey*）和 Azure Machine Learning（*https://oreil.ly/dCxHE*）都提供部署自訂模型的服務。

當我們將模型匯出為 TensorFlow SavedModel 時，我們可以直接將 Cloud Storage bucket URL 傳給 save model 方法：

```
model.save('gs://your_storage_bucket/path')
```

這會用 TF SavedModel 格式匯出模型，並將它上傳到 Cloud Storage bucket 中。

在 AI Platform 中，一個模型資源包含模型的不同版本。每一個模型可以有上百個版本。我們先用 gcloud（Google Cloud CLI）來建立模型資源：

```
gcloud ai-platform models create instrument_classification
```

部署模型的方法有很多種。我們將使用 gcloud，並指向存有我們儲存的模型資產的 AI Platform 子目錄：

```
gcloud ai-platform versions create v1 \
  --model instrument_classification \
  --origin 'gs://your_storage_bucket/path/model_timestamp' \
  --runtime-version=2.1 \
  --framework='tensorflow' \
  --python-version=3.7
```

現在我們可以透過 AI Platform Prediction API 為傳給模型的請求進行預測，它支援線上和批次預測。線上預測可讓我們一次近乎即時地對幾個例子進行預測。如果我們需要發送數百或數千個案例進行預測，我們可以創造一個批次預測工作，這項工作會在後台非同步運行，並在完成時，將預測結果輸出到一個檔案中。

為了處理呼叫模型的設備不一定都會連接網路的情況，我們可以在設備離線時，儲存用來進行樂器預測的音訊。當設備恢復連線時，再將那些音訊送給雲端模型進行預測。

代價與其他方案

雖然 Two-Phase Predictions 模式適合許多情況，但在某些情況下，終端用戶連上網路的時間可能很少，因此你不能依賴雲端模型。在這一節，我們將討論兩個離線替代方案，使用情境是用戶端要在同一時間發出許多預測請求，並建議如何為離線模型執行持續評估。

獨立的單階段模型

有時模型的終端用戶可能很少甚至沒有網路連線，雖然他們的設備無法可靠地使用雲端模型，但是讓他們可以使用你的應用程式仍然很重要。對於這種情況，你可以讓你的第一個模型足夠可靠，讓它能夠自立自強，而不是依賴雙階段的預測程序。

為此，我們可以建立複雜模型的小版本，並讓用戶選擇下載這個較簡單、較小的模型，在離線時使用。這些離線模型或許不像大型的線上模型那麼精確，但這種解決方案比完全不支援離線要好得多。為了建構進行離線推理的複雜模型，最好可以使用可以在訓練期間和訓練之後將模型權重和其他數學運算整數化的工具。這種做法稱為 quantization aware training（*https://oreil.ly/ABd8r*）。

Google Translate 就是提供較簡單的離線模型的應用程式（*https://oreil.ly/uEWAM*）。Google Translate 是可靠、線上的翻譯服務，可處理上百種語言。然而，有時你必須在沒有網路的情況下使用翻譯服務。為了處理這種情況，Google translate 讓你可以下載離線翻譯，它可以處理超過 50 種語言。這些離線模型比較小，大約 40 至 50 MB，準確度接近較複雜的線上版本。圖 5-12 比較在設備上的和線上的翻譯模型之間的品質。

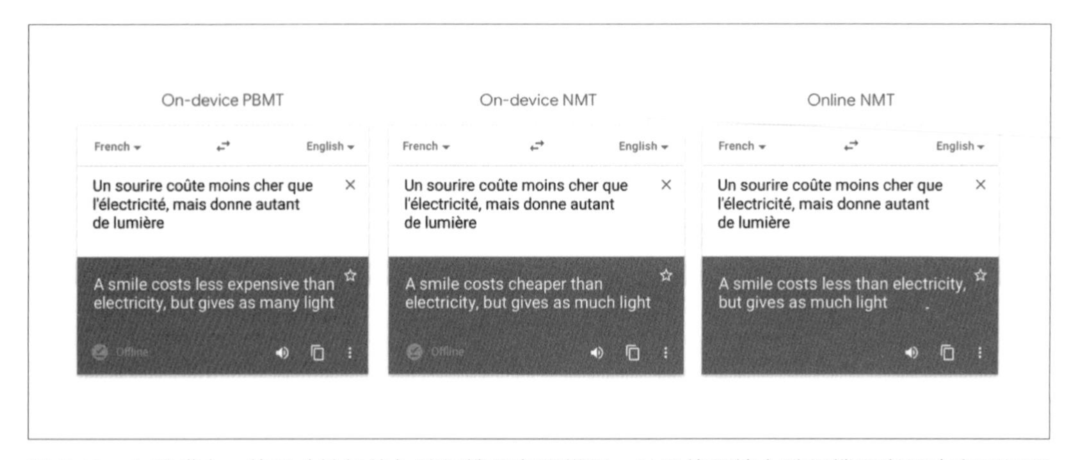

圖 5-12　在設備上、使用（較新的）神經機器翻譯模型，以及使用線上神經機器翻譯來翻譯短語（來源：The Keyword（*https://oreil.ly/S_woM*））。

另一種獨立的單階段模型是 Google Bolo（*https://oreil.ly/zTy79*），它是為小孩設計的語音式語言學習 app。這種 app 可以完全離線工作，開發它的目的是幫助不一定可以使用可靠網路的人群。

對於特定用例的離線支援

讓用戶只需要用最少量的網路連線就可以使用應用程式的另一種解決方案是讓你的應用程式的某些部分可以離線使用。你可能想要離線啟用一些常見的功能，或是將 ML 模型的預測結果快取起來，以供之後離線使用。使用這種替代方案時，我們仍然採取兩個預測階段，但是我們限制了離線模型覆蓋的用例。在這種做法之下，應用程式可以離線工作，但會在恢復連線時提供完整的功能。

例如，Google Maps 可讓你提前下載地圖和導航。為了避免導航占用移動設備太多空間，它在離線時只提供駕駛導航（不包括步行或騎自行車）。另一個例子是健身應用程式可以追蹤你的步數，並為未來的活動提出建議。假設這個應用程式最常用的功能是檢查你當天走了多少步。為了離線支援這個用例，我們可以透過藍牙，將健身追蹤器的資料同步到用戶的設備上，來離線檢查當天的健身狀態。為了優化應用程式的性能，我們可能會只在網上提供健身紀錄和推薦。

我們可以在這個基礎上進一步架構，當用戶的設備離線時，我們可以儲存用戶的查詢，當用戶重新連線時，將那些查詢發送到雲端模型，以提供更詳細的結果。此外，我們甚至可以提供一個離線可用的基本推薦模型，目的是在應用程式能夠將用戶的查詢送到雲端模型時，用更好的結果來彌補基本模型。採取這個解決方案之後，用戶在沒有連線的情況下仍然可以使用一些功能。當他們重新上線時，他們就可以從功能齊全的應用程式和可靠的 ML 模型中獲益。

近乎即時地處理許多預測

在其他情況下，ML 模型的終端用戶或許有可靠的連線，但可能需要用模型同時進行數百個甚至數千個預測。如果你只有一個雲端模型，並且每一次預測都要對託管服務發出 API 呼叫，那麼一次取得數千個案例的預測回應將會花費大量時間。

假設我們在用戶住宅的各個區域部署了嵌入式設備。這些設備會取得溫度、氣壓和空氣品質的資料。我們在雲端部署一個模型，用感測器的資料來檢測異常情況。由於感測器不斷收集新資料，將每一個資料點都發送到雲端模型是低效率且昂貴的做法。我們可以直接在感測器上面部署模型，用輸入的資料識別可能異常的狀況，然後將可能出現的異常情況送到雲端模型來進行綜合驗證，同時考慮所有位置的感測器數據。這是上述的 Two-Phase Predictions 模式的變體，主要的區別在於離線和雲端模型執行的是相同的預測任務，但使用不同的輸入。在這個例子中，模型最終也會限制一次送到雲端模型的預測請求的數量。

持續評估離線模型

如何確保在設備上的模型維持最新狀態，不受資料漂移的影響？對於沒有網路連線的模型，我們可以用一些方法來執行持續評估。首先，我們可以保存從設備收到的預測的子集合。然後定期評估模型處理這些案例的表現，確認模型是否需要重新訓練。對兩階段模型而言，定期評估很重要，因為有很多使用設備模型的案例不會進入第二階段的雲端模型。另一種選擇是建立設備模型的副本，讓它在線上運行，僅用來進行持續評估。如果我們的離線和雲端模型運行相似的預測任務，就像前面提到的翻譯案例那樣，這是最好的解決方案。

設計模式 20：Keyed Predictions

通常用來訓練模型的特徵與該模型在部署之後收到的特徵是相同的。但是，在很多情況下，讓模型傳遞一個用戶端提供的鍵（key）是有好處的。這種做法稱為 Keyed Predictions 設計模式，如果你要以可擴展的方式實作本章介紹的設計模式，它是必要的。

問題

如果你的模型被部署成 web 服務，並接受一個輸入，你可以清楚地知道哪個輸出對應哪個輸入。但是，如果你的模型接受一個包含 100 萬個輸入的檔案，並回傳一個包含 100 萬個預測的檔案呢？

你可能認為，顯然第一個輸出實例會對應第一個輸入實例，第二個輸出實例會對應第二個輸入實例。但是，若要有 1:1 的關係，你就要讓每一個伺服器節點都依序（serially）處理整組的輸入。如果你使用分散式資料處理系統，並將實例送給多台機器，收集所有輸出的結果，並將它們送回去，你會得到更多好處。使用這種做法的問題是輸出將會混淆。用相同的方式來排列輸出會造成擴展方面的問題，若要以無序的方式提供輸出，用戶端就必須知道哪個輸出對映哪個輸入。

如果你的線上服務系統接受一個實例組成的陣列，就像 Stateless Serving Function 模式談到的那樣，同樣的問題也會出現。問題在於，在本地處理大量實例會導致熱點（hot spot）。雖然只接收少數請求的伺服器節點能夠跟上，但是收到特大陣列的伺服器節點會開始落後。這些熱點會迫使你讓你的伺服器機器超乎原本需求地更強大。因此，許多線上伺服系統會限制可以用一個請求發送的實例數量。如果沒有這種限制，或者模型的計算成本很大，以至於實例數量少於這個限制的請求會讓伺服器過載，你就會遇到熱點問題。因此，能夠處理批次伺服問題的方案，也都可以解決線上伺服的熱點問題。

解決方案

解決方案是使用傳遞鍵（pass-through key），讓用戶端連同每一個輸入提供一個鍵。見圖 5-13，假設你的模型有三個輸入 (a, b, c)（左），可產生輸出 d（右），你可以讓用戶端提供 (k, a, b, c) 給模型，其中的 k 是獨一無二的鍵，這個鍵可以單純設為輸入實例的編碼 1, 2, 3, …等，讓模型回傳 (k, d)，以便讓用戶端知道哪個輸出實例對映哪個輸入實例。

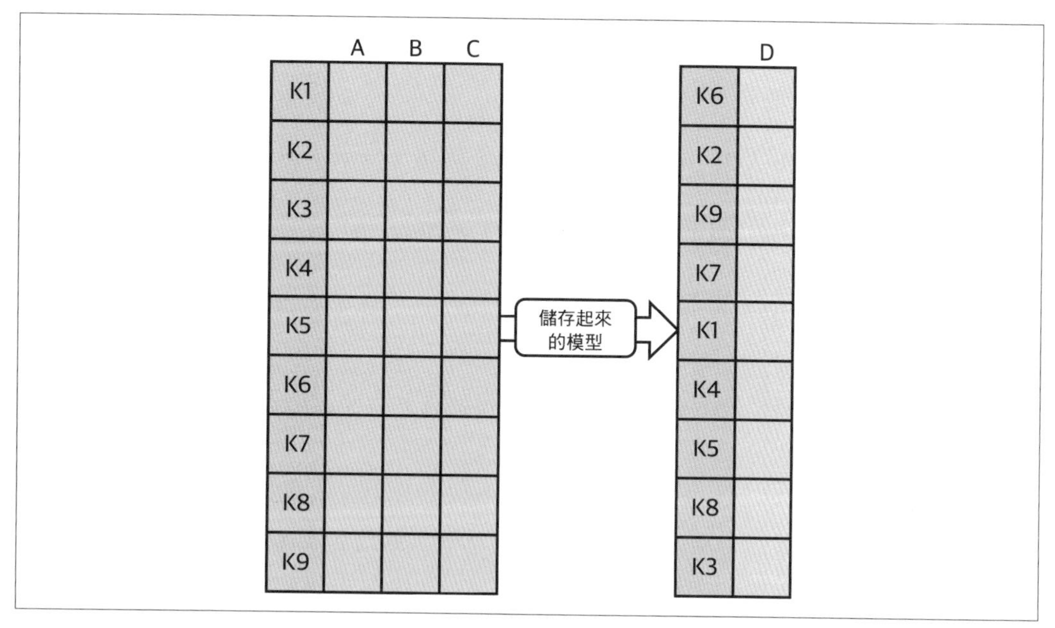

圖 5-13　用戶端連同每一個輸入實例提供一個唯一的鍵。伺服系統將這些鍵附加到對映的預測。這可讓用戶端接收每個輸入的正確預測，即使輸出的順序不一樣了。

如何在 Keras 裡傳遞鍵

讓 Keras 模型傳遞鍵的方法是在匯出模型時，提供一個伺服簽章。

例如，這段程式有一個接收四個輸入的模型（is_male、mother_age、plurality 與 gestation_weeks），並且讓它也接收一個鍵，連同模型的原始輸出（babyweight）一起傳遞那個鍵：

```
# 傳遞鍵的伺服函式
@tf.function(input_signature=[{
    'is_male': tf.TensorSpec([None,], dtype=tf.string, name='is_male'),
    'mother_age': tf.TensorSpec([None,], dtype=tf.float32,
name='mother_age'),
    'plurality': tf.TensorSpec([None,], dtype=tf.string, name='plurality'),
    'gestation_weeks': tf.TensorSpec([None,], dtype=tf.float32,

name='gestation_weeks'),
    'key': tf.TensorSpec([None,], dtype=tf.string, name='key')
}])
def keyed_prediction(inputs):
    feats = inputs.copy()
```

```
    key = feats.pop('key') # get the key from input
    output = model(feats) # invoke model
    return {'key': key, 'babyweight': output}
```

然後像 Stateless Serving Function 設計模式所述的那樣儲存這個模型：

```
model.save(EXPORT_PATH,
           signatures={'serving_default': keyed_prediction})
```

讓既有的模型也可以為預測附加鍵

注意，即使原始的模型沒有和伺服函式一起儲存，你也可以使用上面的程式。你只要使用 `tf.saved_model.load()` 來載入模型，附加伺服函式，然後使用上述的程式即可，如圖 5-14 所示。

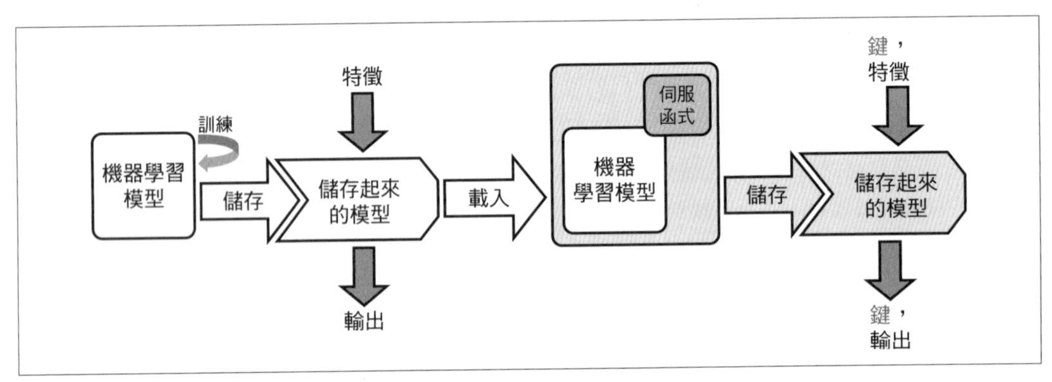

圖 5-14　載入 SavedModel，附加非預設的伺服函式，然後儲存它。

在這樣做時，最好可以提供一個伺服函數，複製舊的、無鍵的行為：

```
# 不需要鍵的伺服函式
@tf.function(input_signature=[{
    'is_male': tf.TensorSpec([None,], dtype=tf.string, name='is_male'),
    'mother_age': tf.TensorSpec([None,],  dtype=tf.float32,
name='mother_age'),
    'plurality': tf.TensorSpec([None,], dtype=tf.string, name='plurality'),
    'gestation_weeks': tf.TensorSpec([None,], dtype=tf.float32,

name='gestation_weeks')
}])
def nokey_prediction(inputs):
    output = model(inputs) # invoke model
    return {'babyweight': output}
```

將上述的行為當成預設的，並加入 keyed_prediction 作為新的伺服函式：

```
model.save(EXPORT_PATH,
           signatures={'serving_default': nokey_prediction,
                       'keyed_prediction': keyed_prediction
})
```

代價與其他方案

為什麼不讓伺服器幫它收到的輸入指定鍵就好了？在進行線上預測時，伺服器可以指定唯一的、不帶任何語義資訊請求 ID。問題在於，在進行批次預測時，輸入必須與輸出配對，因此讓伺服器指定唯一的 ID 是不夠的，因為它無法接回去輸入。伺服器必須為輸入指定鍵，呼叫模型，再使用鍵來排序輸出，然後刪除鍵，再送出輸出。問題是，在分散式資料處理中，排序的計算成本很高。

用戶端提供的鍵在一些其他的情況下也很好用——非同步伺服和評估。在這兩種情況下，鍵的組成元素最好是用例專屬的，而且是可識別的。因此，要求用戶端提供鍵可讓解決方案更簡單。

非同步伺服

現在許多機器學習模型都是神經網路，而神經網路與矩陣乘法有關。如果你可以確保矩陣的大小都在一定的範圍內，而且 / 或者是某個數字的倍數，那麼在 GPU 和 TPU 等硬體上面的矩陣乘法將更有效率。因此，收集請求（當然在最大延遲時間之前）並且成塊（chunk）處理傳入的請求是很有幫助的。由於資料塊是來自多個用戶端的請求混合組成的，因此在這種情況下，鍵也必須具備某種類型的用戶端代碼。

持續評估

如果你要做持續評估，記錄關於預測請求的參考資訊可能會有所幫助，你可以用它來監視性能究竟是全面下降，還是僅在特定情況下降。如果鍵可以識別問題，進行這種辨識就容易得多。例如，假設我們要使用 Fairness Lens（見第 7 章）來確保模型的性能在不同的顧客細分（customer segments，例如顧客的年齡和 / 或顧客的種族）之間是公平的。這個模型不會將顧客細分當成輸入，但是我們要用顧客細分來評估模型的性能。在這種情況下，將顧客細分寫入鍵（例如 35-Black-Male-34324323）會讓切割更容易進行。

另一種解決方案是讓模型忽略無法識別的輸入，不僅回傳預測輸出，也回傳所有的輸入，包括無法識別的。這可讓用戶端比對輸入與輸出，但是會產生昂貴的頻寬和用戶端計算成本。

由於高性能伺服器會支援多個用戶端、由叢集支援，並且批次處理請求以獲得性能優勢，因此，你最好提前進行規劃——要求用戶端為每一個預測提供鍵，並要求用戶端指定不會與其他用戶端衝突的鍵。

小結

這一章研究了機器學習模型的作業化技術，確保它們具備堅韌性、可擴展，以處理生產負擔。我們討論的每一個復原力模式都與典型的 ML 工作流程之中的部署和服務步驟有關。

在本章的開始，我們了解如何使用 *Stateless Serving Function* 設計模式來將訓練好的機器學習模型封裝成無狀態函式。伺服函式藉著定義一個函式來解開模型的訓練和部署環境之間的關係，這個函式可以將模型的匯出版本部署至 REST 端點來執行推理。並不是所有的生產模型都需要立即產生預測結果，因為在某些情況下，你要向模型發送大量資料以進行預測，但不需要立即得到結果。我們看到 *Batch Serving* 設計模式是如何解決這個問題的，它利用分散式資料處理設施，以後台工作來非同步地執行許多模型預測請求，並將輸出寫到指定位置。

接下來，在 *Continued Model Evaluation* 設計模式裡，我們看了一種驗證你部署的模型仍然可以很好地處理新資料的方法。這種模式藉著定期評估模型來解決資料和概念漂移的問題，並使用這些結果來確定是否必須重新訓練。在 *Two-Phase Predictions* 設計模式裡，我們解決了必須將模型部署在邊緣設備的特定用例。當你可以將一個問題分解成兩個邏輯部分時，這種模式先建立一個可以在設備上部署的簡單模型，再將這個邊緣模型連接到雲端上的複雜模型。最後，在 *Keyed Prediction* 設計模式裡，我們討論了為什麼在發出預測請求時，連同每一個案例提供一個唯一的鍵是有好處的。這可以讓你的用戶端知道每一個預測輸出對映到哪一個輸入案例。

在下一章，我們要來看**再現性**模式。這些模式可以處理機器學習的許多固有隨機性所帶來的挑戰，並把焦點放在如何讓機器學習程序每一次運行時，都能產生可靠、一致的結果。

第六章

再現性

軟體的最佳實踐法（例如單元測試）都假設我們執行一段程式時，它會產生必然性的輸出：

```
def sigmoid(x):
    return 1.0 / (1 + np.exp(-x))

class TestSigmoid(unittest.TestCase):
    def test_zero(self):
        self.assertAlmostEqual(sigmoid(0), 0.5)

    def test_neginf(self):
        self.assertAlmostEqual(sigmoid(float("-inf")), 0)

    def test_inf(self):
        self.assertAlmostEqual(sigmoid(float("inf")), 1)
```

這種再現性在機器學習裡很難獲得。在訓練過程中，機器學習模型會用隨機值初始化，然後根據訓練資料進行調整。scikit-learn 實作的 k-means 演算法需要設定 random_state 來確保演算法每一次都可以回傳相同的結果：

```
def cluster_kmeans(X):
    from sklearn import cluster
    k_means = cluster.KMeans(n_clusters=10, random_state=10)
    labels = k_means.fit(X).labels_[::]
    return labels
```

在訓練期間，除了隨機種子之外，我們還要固定許多其他的產物（artifact）才能確保再現性。此外，機器學習由不同的階段組成，例如訓練、部署和重新訓練。在這些階段可以複製一些東西通常很重要。

在這一章，我們要討論解決再現性的各種方面的設計模式。*Transform* 設計模式從模型訓練管道獲取資料準備依賴項目，以便在服務期間重現它們。*Repeatable Splitting* 可以取得資料被拆成訓練、驗證和測試組的方式，以確保在訓練中使用的訓練樣本絕對不會被用來進行評估或測試，即使資料組有所成長亦然。*Bridged Schema* 設計模式設法在訓練資料組是由不同模式的資料混合而成的時候確保再現性。*Workflow Pipeline* 設計模式描述機器學習程序的所有步驟，以確保在重新訓練模型時，可以重複使用處理管道的各個部分。*Feature Store* 設計模式處理不同的機器學習工作之間的特徵再現性和重複使用性。*Windowed Inference* 設計模式確保以動態、時間相依的方式算出來的特徵可以在訓練和伺服之間正確地重現。對資料與模型進行**版本控制**是處理本章的許多設計模式的先決條件。

設計模式 21：Transform

Transform 設計模式藉著小心地分開輸入、特徵與轉換，來讓 ML 模型更容易投入生產。

問題

這個模式要解決的問題在於機器學習模型的**輸入**並不是機器學習模型用來計算的**特徵**。例如，在文本分類模型中，輸入是原始文本文件，特徵是文本的數值 embedding 表示法。當我們訓練機器學習模型時，我們會用從原始輸入中提取的特徵來訓練它。我們以這個用 BigQuery ML 來訓練，預測倫敦自行車騎行時間的模型為例：

```
CREATE OR REPLACE MODEL ch09eu.bicycle_model
OPTIONS(input_label_cols=['duration'],
        model_type='linear_reg')
AS
SELECT
 duration
 , start_station_name
 , CAST(EXTRACT(dayofweek from start_date) AS STRING)
 as dayofweek
 , CAST(EXTRACT(hour from start_date) AS STRING)
 as hourofday
FROM
 `bigquery-public-data.london_bicycles.cycle_hire`
```

這個模型有三個特徵（start_station_name、dayofweek 與 hourofday），它們是用兩個輸入來計算的，start_station_name 與 start_date，如圖 6-1 所示。

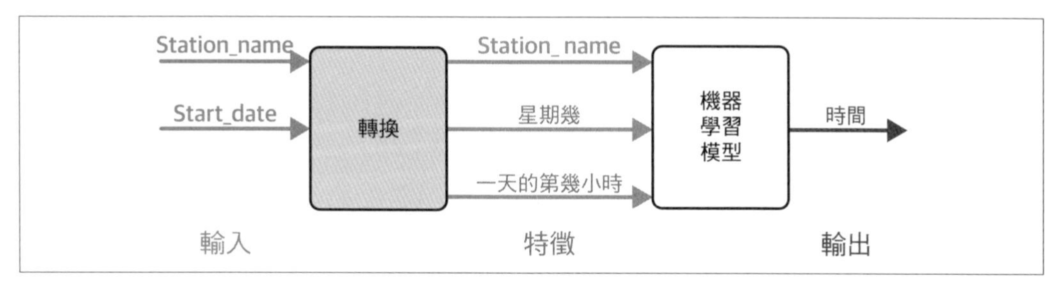

圖 6-1　這個模型有三個特徵，它們是用兩個輸入來計算的。

但是上面的 SQL 程式碼將輸入與特徵混在一起，而且沒有追蹤所執行的轉換。這會在你試著使用這個模型來進行預測時出現問題。因為模型是用三個特徵訓練的，這是預測簽章的樣子：

```
SELECT * FROM ML.PREDICT(MODEL ch09eu.bicycle_model,(
   'Kings Cross' AS start_station_name
 , '3' as dayofweek
 , '18' as hourofday
))
```

注意，在進行推理的時候，我們必須知道模型是用什麼特徵來訓練的、應該如何解釋它們，以及轉換的細節。我們必須知道，我們必須傳入 '3' 來設定星期幾，那個 '3' 是星期二還是星期三？這取決於模型使用的程式庫，或我們認為一週是從哪一天開始的！

這種訓練和伺服環境之間的差異所造成的**訓練 / 伺服傾斜**是將 ML 模型投入生產如此困難的主因之一。

解決方案

解決的辦法是明確地取得用來將模型的輸入轉換成特徵的方法。在 BigQuery ML 裡，這是用 TRANSFORM 來完成的。使用 TRANSFORM 可以確保這些轉換會在 ML.PREDICT 時自動套用。

使用 TRANSFORM 時，上述的模型應該改寫為：

```
CREATE OR REPLACE MODEL ch09eu.bicycle_model
OPTIONS(input_label_cols=['duration'],
        model_type='linear_reg')
```

```
TRANSFORM(
 SELECT * EXCEPT(start_date)
 , CAST(EXTRACT(dayofweek from start_date) AS STRING)
 as dayofweek -- feature1
 , CAST(EXTRACT(hour from start_date) AS STRING)
 as hourofday -- feature2
)
AS
SELECT
 duration, start_station_name, start_date -- inputs
FROM
 `bigquery-public-data.london_bicycles.cycle_hire`
```

注意，我們將輸入（在 SELECT 子句裡）與特徵（在 TRANSFORM 子句裡）明確地分開。現在預測容易多了。我們可以直接將 station name 與 timestamp（輸入）傳給模型：

```
SELECT * FROM ML.PREDICT(MODEL ch09eu.bicycle_model,(
   'Kings Cross' AS start_station_name
 , CURRENT_TIMESTAMP() as start_date
))
```

接下來模型會負責執行正確的轉換來建立必要的特徵。它是藉著取得轉換所需的轉換邏輯和產物（例如擴展常數、embedding 係數、查詢表，等等）來完成這件事的。

只要我們小心地只在 SELECT 子句裡面使用原始輸入，並將輸入的所有後續處理放在 TRANSFORM 子句裡，BigQuery ML 就會在預測期間自動執行這些轉換。

代價與其他方案

上述的解決方案可行的原因是 BigQuery ML 會幫我們追蹤轉換邏輯和產物，將它們保存在模型圖裡，並在預測期間自動進行轉換。

如果我們使用的框架沒有內建支援 Transform 設計模式，我們就要設計模型的結構，讓它在可以在伺服期間輕鬆地重現在訓練期間執行的轉換。我們可以藉著將轉換存入模型圖，或建立轉換後的特徵的 repository 來做這件事（見第 287 頁的「設計模式 26：Feature Store」）。

在 TensorFlow 與 Keras 裡的轉換

假設我們要訓練一個 ML 模型來估計紐約計程車車資，並且有 6 個輸入（上車緯度、上車經度、下車緯度、下車經度、乘客數量和上車時間）。TensorFlow 支援特徵欄的概念，它們會被存入模型圖。然而，API 的設計假設原始輸入與特徵一樣。

假如我們想要縮放經緯度（詳情見第 19 頁，第 2 章的「簡單的資料表示法」）、建立轉換後的特徵，Euclidean 距離，以及從時戳提取幾點鐘。我們必須小心地設計模型圖（見圖 6-2），牢牢記住 Transform 的概念。當你瀏覽下面的程式碼時，注意我們如何在 Keras 模型裡清楚地設計不同三層——Inputs 層、Transform 層與 DenseFeatures 層。

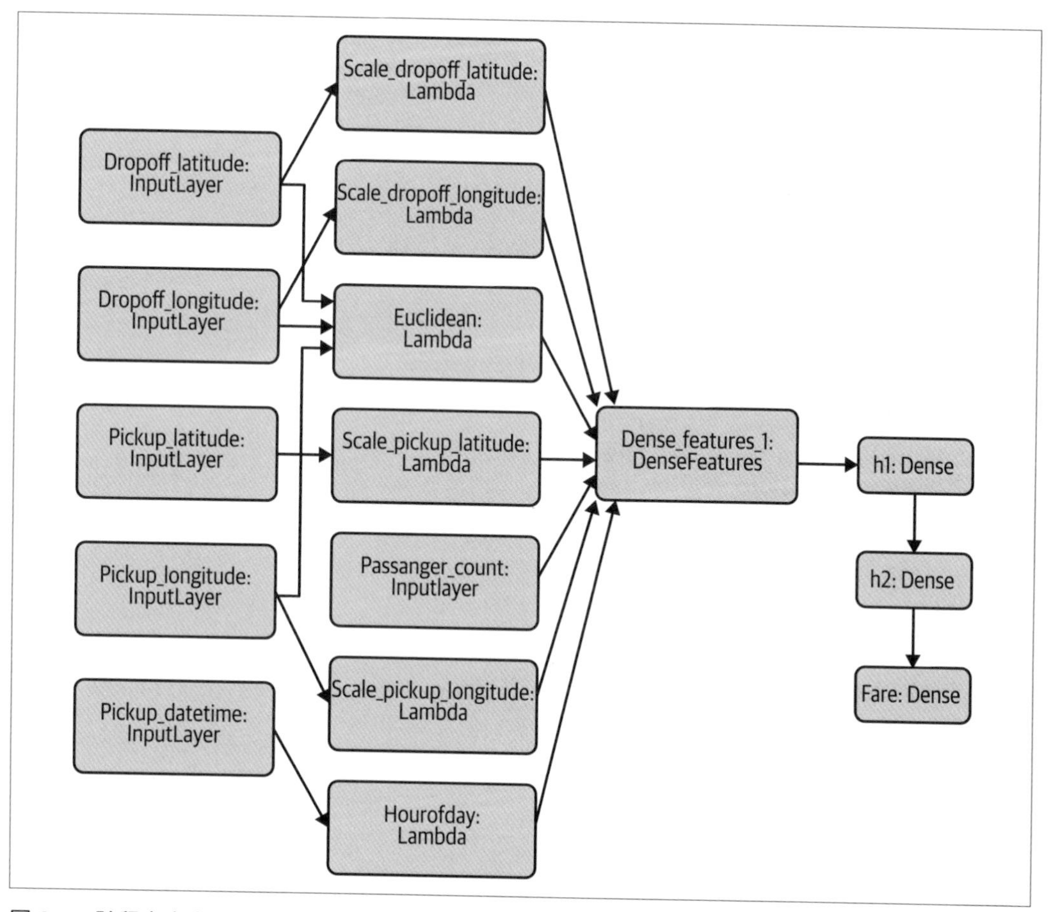

圖 6-2 計程車車資估計問題的 Keras 模型圖。

首先，將 Keras 模型的每一個輸入做成一個 Input 層（完整的程式在 GitHub 的 notebook 裡（*https://github.com/GoogleCloudPlatform/training-data-analyst/blob/master/quests/serverlessml/06_feateng_keras/solution/taxifare_fc.ipynb*））：

```
inputs = {
        colname : tf.keras.layers.Input(
                    name=colname, shape=(), dtype='float32')
           for colname in ['pickup_longitude', 'pickup_latitude',
                           'dropoff_longitude', 'dropoff_latitude']
}
```

在圖 6-2 裡，它們是標為 dropoff_latitude、dropoff_longitude 等等的方塊。

接著，維護一個轉換後的特徵的字典，並將每一個轉換做成 Keras Preprocessing 層或 Lambda 層。在此，我們用 Lambda 層來擴展輸入：

```
transformed = {}
for lon_col in ['pickup_longitude', 'dropoff_longitude']:
            transformed[lon_col] = tf.keras.layers.Lambda(
                lambda x: (x+78)/8.0,
                name='scale_{}'.format(lon_col)
            )(inputs[lon_col])
for lat_col in ['pickup_latitude', 'dropoff_latitude']:
            transformed[lat_col] = tf.keras.layers.Lambda(
                lambda x: (x-37)/8.0,
                name='scale_{}'.format(lat_col)
            )(inputs[lat_col])
```

在圖 6-2 裡，它們是標為 scale_dropoff_latitude、scale_dropoff_longitude 等等的方塊。

我們也讓 Euclidean 距離有一個 Lambda 層，它是用四個 Input 層計算出來的（見圖 6-2）：

```
def euclidean(params):
    lon1, lat1, lon2, lat2 = params
    londiff = lon2 - lon1
    latdiff = lat2 - lat1
    return tf.sqrt(londiff*londiff + latdiff*latdiff)
transformed['euclidean'] = tf.keras.layers.Lambda(euclidean, name='euclidean')([
            inputs['pickup_longitude'],
            inputs['pickup_latitude'],
            inputs['dropoff_longitude'],
            inputs['dropoff_latitude']
        ])
```

同樣地，用時戳建立小時的欄位是 Lambda 層：

```
transformed['hourofday'] = tf.keras.layers.Lambda(
            lambda x: tf.strings.to_number(tf.strings.substr(x, 11, 2),
                                            out_type=tf.dtypes.int32),
            name='hourofday'
        )(inputs['pickup_datetime'])
```

第三，將這些轉換後的階層串成 DenseFeatures 層：

```
dnn_inputs = tf.keras.layers.DenseFeatures(feature_columns.values())(transformed)
```

因為 DenseFeatures 的建構式需要一組特徵欄，我們必須指定如何取得各個轉換後的值，並將它們轉換成神經網路的輸入。我們可能按原樣使用它們、one-hot 編碼它們，或將數字分組。為了簡化，我們直接按原樣使用它們：

```
feature_columns = {
        colname: tf.feature_column.numeric_column(colname)
           for colname in ['pickup_longitude', 'pickup_latitude',
                           'dropoff_longitude', 'dropoff_latitude']
}
feature_columns['euclidean'] = \
            tf.feature_column.numeric_column('euclidean')
```

有了 DenseFeatures 輸入層之後，我們像平常一樣建立其餘的 Keras 模型：

```
h1 = tf.keras.layers.Dense(32, activation='relu', name='h1')(dnn_inputs)
h2 = tf.keras.layers.Dense(8, activation='relu', name='h2')(h1)
output = tf.keras.layers.Dense(1, name='fare')(h2)
model = tf.keras.models.Model(inputs, output)
model.compile(optimizer='adam', loss='mse', metrics=['mse'])
```

GitHub 有完整的範例（*https://github.com/GoogleCloudPlatform/training-dataanalyst/blob/master/quests/serverlessml/06_feateng_keras/solution/taxifare_fc.ipynb*）。

注意我們是如何讓 Keras 模型的第一層是 Inputs，第二層是 Transform 層，第三層是結合它們的 DenseFeatures 層的。在這幾層之後，就是一般的模型架構了。因為 Transform 層是模型圖的一部分，Serving Function 與 Batch Serving 解決方案（見第 5 章）可以照常工作。

使用 tf.transform 來進行快速轉換

上面的方法有一個缺點是轉換會在每一次訓練迭代期間執行。如果我們的工作只是按照已知的常數來縮放，這不是什麼大問題。但是，如果轉換的計算成本很高呢？如果我們想要用平均值和變異數來進行縮放，而且在這種情況下，我們要先遍歷所有資料來計算這些變數呢？

區分實例等級的轉換和資料組等級的轉換是很有幫助的，實例等級的轉換可能是模型的一部分（唯一的缺點是在每一次訓練迭代都要執行它們）。在進行資料組等級的轉換時，我們要用完整的流程來計算整體的統計數據，或分類變數的詞彙表。這種資料組等級的轉換不能變成模型的一部分，必須當成可擴展的預先處理步驟來使用，它可以產生 Transform，描述將要附加至模型的邏輯和產物（平均值、變異數、詞彙表等）。要做資料組等級的轉換，使用 `tf.transform`。

`tf.transform` 程式庫（它是 TensorFlow Extended 的一部分（*https://oreil.ly/OznI3*））提供一種有效的方法在資料的預先處理過程中執行轉換，並將產生的特徵和轉換產物儲存起來，讓 TensorFlow Serving 在預測期可以執行轉換。

第一步是定義轉換函式。例如，要將所有輸入縮放為零均值與單位變異度，並將它們分組，我們可以建立這個預先處理函式（GitHub 有完整的程式（*https://github.com/tensorflow/tfx/blob/master/tfx/examples/chicago_taxi_pipeline/taxi_utils_native_keras.py*））：

```
def preprocessing_fn(inputs):
  outputs = {}
  for key in ...:
      outputs[key + '_z'] = tft.scale_to_z_score(inputs[key])
      outputs[key + '_bkt'] = tft.bucketize(inputs[key], 5)
  return outputs
```

在訓練之前，我們要在 Apache Beam 裡使用上面的函式來讀取原始資料並轉換它：

```
transformed_dataset, transform_fn = (raw_dataset |
    beam_impl.AnalyzeAndTransformDataset(preprocessing_fn))
transformed_data, transformed_metadata = transformed_dataset
```

然後以適合讓訓練管道讀取的格式寫出轉換後的資料：

```
transformed_data | tfrecordio.WriteToTFRecord(
    PATH_TO_TFT_ARTIFACTS,
    coder=example_proto_coder.ExampleProtoCoder(
        transformed_metadata.schema))
```

Beam 管道也會將需要執行的預先處理函式和函式需要的任何產物存入一個 TensorFlow 圖格式的產物中。例如，在上面的例子中，這個產物包含縮放數字的均值和變異度，以及將數字分組的組別邊界。訓練函式會讀取轉換後的資料，因此，轉換不需要在訓練迴圈裡重複執行。

我們必須將伺服函式載入這些產物，並建立一個 Transform 層：

```
tf_transform_output = tft.TFTransformOutput(PATH_TO_TFT_ARTIFACTS)
tf_transform_layer = tf_transform_output.transform_features_layer()
```

接下來，伺服函式就可以對著解析後的輸入特徵套用 Transform 層，並使用轉換後的資料來呼叫模型，以計算模型輸出：

```
@tf.function
def serve_tf_examples_fn(serialized_tf_examples):
  feature_spec = tf_transform_output.raw_feature_spec()
  feature_spec.pop(_LABEL_KEY)
  parsed_features = tf.io.parse_example(serialized_tf_examples, feature_spec)

  transformed_features = tf_transform_layer(parsed_features)
  return model(transformed_features)
```

如此一來，我們就可以將轉換插入模型圖，以提供服務。同時，因為模型是用轉換後的資料來訓練的，所以訓練迴圈不必在每一個 epoch 執行這些轉換。

文本與圖像轉換

在文本模型裡，人們經常先預先處理輸入文本（例如移除標點符號、停用詞、大寫、提取詞幹，等等），再將清理過的文本當成特徵傳給模型。處理文本輸入的其他常見特徵工程包括分詞與正規表達式比對。重點是，同樣的清理或提取步驟也必須在推理期執行。

雖然使用深度學習來處理圖像時，沒有明確的特徵工程可言，但取得轉換也很重要，圖像模型通常有個接收特定尺寸的圖像的 Input 層。不同尺寸的圖像必須經過裁剪、填補或重新採樣成這個固定的尺寸，才可能傳入模型。圖像模型的其他常見轉換包括顏色處理（gamma 校正、灰階轉換，等等）與方向校正。針對訓練資料組執行的轉換與推理期執行的轉換必須是相同的。Transform 模式可以確保這種再現性。

圖像模型有一些轉換僅在訓練期間進行（例如藉著隨機裁剪和縮放來進行資料擴增）。這些轉換不需要在推理期間取得，它們不是 Transform 模式的一部分。

其他的模式方法

另一種解決訓練 / 伺服傾斜問題的方法是使用 Feature Store 模式。特徵倉儲（feature store）包括一個協調計算引擎，與轉換後的特徵資料的倉庫。計算引擎提供推理時的低延遲訪問，以及建立轉換後的特徵批次，而資料倉庫可讓你快速讀取轉換過的特徵，來訓練模型。特徵倉儲的優點是你不需要將轉換操作放入模型圖。例如，只要特徵倉儲支援 Java，預先處理操作就可以用 Java 來執行，模型本身可以用 PyTorch 來編寫。特徵倉儲的缺點是它會讓模型依靠特徵倉儲，並且讓伺服基礎設施複雜許多。

將轉換特徵的語言和框架以及編寫模型的語言分開的另一種方式是在容器裡執行預先處理，然後使用這些自訂的容器來訓練和伺服。第 275 頁的「設計模式 25：Workflow Pipeline」會討論這種做法，且 Kubeflow Serving 實際採取這種做法。

設計模式 22：Repeatable Splitting

為了確保採樣是可重複的和可再現的，我們要使用均勻的欄位和必然性的雜湊函數，將可用的資料分成訓練、驗證和測試資料組。

問題

許多機器學習教學都建議使用類似於下面程式，將資料隨機拆成訓練、驗證和測試資料組：

```
df = pd.DataFrame(...)
rnd = np.random.rand(len(df))
train = df[ rnd < 0.8  ]
valid = df[ rnd >= 0.8 & rnd < 0.9 ]
test  = df[ rnd >= 0.9 ]
```

不幸的是，這種方法在許多實際情況中都會失敗，原因是資料列幾乎都不是獨立的。例如，如果我們訓練模型來預測班機誤點，那麼同一天的班機誤點是高度相關的。如果在訓練組裡有特定日期的一些航班，在測試組裡有同一天的其他航班，訓練和測試組之間就會發生資訊洩漏。這種因為相關的列引起的洩漏是經常發生的問題，也是我們在進行機器學習時必須避免的問題。

此外，rand 函式每一次執行時都會以不同的方式安排資料，因此如果我們再次運行這個程式，我們將獲得 80% 不同的列。如果我們想要試驗不同的機器學習模型，並從中選出最好的一個，這會造成嚴重的干擾，因為我們必須用相同的測試資料組來比較模型的性能。為了解決這個問題，我們必須事先設定隨機種子，或是在分割資料之後儲存它。將拆開資料的方法寫死不是一件好事，因為在執行 jackknifing、bootstrapping、交叉驗證與超參數調整時，我們必須改變拆開資料的方式，並且用可以讓我們進行單獨試驗的方式拆開。

在機器學習中，我們想要使用輕量級的、可重複的資料拆分法，而且無論使用哪一種語言或隨機種子都有效。我們也希望將相關的列放在同一組拆分裡面。例如，如果 2019 年 1 月 2 日的航班在訓練組裡面，我們不希望測試組有那一天的航班。

解決方案

首先，我們要找出一個描述列之間的相關性的欄位。在航班延誤資料組裡，它是 date 欄。然後，我們對那一欄執行雜湊函數，並且使用後面的幾個數字來拆開資料。對於航班延誤問題，我們可以對 date 欄使用 Farm Fingerprint 雜湊演算法來將可用的資料拆成訓練、驗證與測試組。

關於 Farm Fingerprint、其他框架和語言的支援，以及雜湊化和加密之間的關係，請參考第 2 章，第 29 頁的「設計模式 1：Hashed Feature」。特別是，在許多語言裡面（包括 Python（*https://oreil.ly/526Dc*））都可以使用 Hashed Feature 演算法的開放原始碼包裝（*https://github.com/google/farmhash*），因此即使資料不在支援可重複雜湊的資料倉儲裡，你也可以使用這種模式。

這是根據 date 欄的雜湊來拆開資料組的方法：

```
SELECT
  airline,
  departure_airport,
  departure_schedule,
  arrival_airport,
  arrival_delay
FROM
  `bigquery-samples`.airline_ontime_data.flights
WHERE
  ABS(MOD(FARM_FINGERPRINT(date), 10)) < 8 -- 80% for TRAIN
```

為了拆開 date 欄，我們使用 FARM_FINGERPRINT 函式來計算它的雜湊，然後使用模運算函式來找出資料列的任意 80% 子集合。這是可重複的，因為每當你用特定日期來呼叫 FARM_FINGERPRINT 函式時，它都會回傳相同的值，我們可以確保每一次都取得相同的 80% 資料。因此，任何日期的所有航班都會在同一組資料裡，無論是訓練、驗證或測試組。無論使用什麼隨機種子，這都是可重複的。

如果我們想要用 arrival_airport 來拆開資料（如此一來，80 % 的機場都會在訓練資料組裡，或許是因為我們想要預測關於機場設施的某些事情），我們就要計算 arrival_airport 的雜湊，而不是 date。

取得驗證資料也很簡單，將上述查詢裡的 < 8 改成 =8，對於測試資料，將它改成 =9。如此一來，我們可以得到驗證組的 10% 樣本與測試組的 10% 樣本。

在選擇用來拆分的欄位時該考慮哪些事項？ date 欄有一些特性，讓我們能夠將它當成拆分欄：

- 同一天的列通常是相關的，這也是我們想要確保同一天的列都在同一組裡面的主要原因。
- 雖然 date 被當成拆分的條件，但是它不是模型的輸入。雖然輸入可能是從 date 提取的特徵，例如星期幾，或是幾點鐘，但我們不能將實際的輸入當成拆分欄位，因為如果我們用 80% 的日期來訓練，那麼訓練出來的模型將看不到 20% 可能出現的輸入值。
- date 值必須足夠多，因為我們要計算雜湊，並找出 10 的模數，我們至少要有 10 種不同的雜湊值。不同的值越多越好，為了安全起見，通常是取模運算的分母的 3–5 倍，所以在這個例子裡，我們要有 40 個左右的不同日期。
- 標籤在各個日期必須是均勻分布的。如果事實上所有的誤點都發生在 1 月 1 日，而且當年的其餘時間都沒有誤點，這種做法就沒有效果了，因為拆開的資料組是傾斜的。為了安全起見，你要檢查圖表，確保三個組別的標籤都有相似的分布。為了更加安全，確保出發誤點和其他輸入值的標籤在三個資料組裡面的分布都是相似的。

我們可以使用 Kolomogorov–Smirnov 測試來自動檢查三個資料組的標籤分布是否相似：將三個資料組的標籤的累積分布函數畫出來，算出每一對之間的最大距離。最大距離越小，代表拆開的效果越好。

代價與其他方案

我們來看一下可重複拆分的幾種變體，並討論每一種變體的優缺點。我們也會研究一下如何將這個想法擴展到可重複採樣，而不僅僅是拆分。

單一查詢

我們不需要用三個不同的查詢來產生訓練、驗證與測試拆分。我們可以用一個查詢來做這件事：

```
CREATE OR REPLACE TABLE mydataset.mytable AS
SELECT
  airline,
  departure_airport,
  departure_schedule,
  arrival_airport,
  arrival_delay,
  CASE(ABS(MOD(FARM_FINGERPRINT(date), 10)))
      WHEN 9 THEN 'test'
      WHEN 8 THEN 'validation'
      ELSE 'training' END AS split_col
FROM
  `bigquery-samples`.airline_ontime_data.flights
```

然後用 split_col 欄來決定特定列屬於三個資料組的哪一個。使用單一查詢可降低計算時間，但需要建立新表，或修改原始碼，以加入額外的 split_col 欄。

隨機拆分

如果列是相關的怎麼辦？此時，我們希望進行隨機、可重複地拆分，但先天沒有欄位可以用來拆開。我們可以將整列資料轉換成一個字串，並且將那個字串雜湊化，來將整列資料雜湊化：

```
SELECT
  airline,
  departure_airport,
  departure_schedule,
  arrival_airport,
  arrival_delay
FROM
  `bigquery-samples`.airline_ontime_data.flights f
WHERE
  ABS(MOD(FARM_FINGERPRINT(TO_JSON_STRING(f), 10)) < 8
```

注意，如果有重複的資料列，那麼它們無論如何都會在同一組資料裡，這應該是我們想要的效果，如果不是，我們就要在 SELECT 查詢裡加入一個唯一的 ID 欄。

用多個欄位來拆分

剛才討論的案例都有一個欄位可以指出不同資料列之間的關係。如果指出兩個資料列的相關性的東西是欄位的組合呢？在這種情況下，你只要串接欄位（這是特徵叉），再計算雜湊即可。例如，假如你只想要確定在同一天從同一座機場起飛的航班不會在不同的資料組裡出現，你可以：

```
SELECT
  airline,
  departure_airport,
  departure_schedule,
  arrival_airport,
  arrival_delay
FROM
  `bigquery-samples`.airline_ontime_data.flights
WHERE
  ABS(MOD(FARM_FINGERPRINT(CONCAT(date, arrival_airport)), 10)) < 8
```

如果我們用多欄的特徵叉來拆分，我們可以將 arrival_airport 當模型的一個輸入，因為任何機場的案例在訓練組和測試組裡面都有。另一方面，如果我們只用 arrival_airport 來拆分，那麼訓練組和測試組將擁有互斥的到達機場，因此 arrival_airport 不能當成模型的輸入來使用。

可重複的採樣

用整個資料組的 80% 來訓練對基本的解決方案來說是好方法，但如果我們想要使用比較小的資料組，比 BigQuery 裡面的還要小很多呢？這在本地（local）開發裡很常見。航班資料組有 7000 萬列，或許我們想要的是小很多 100 萬個航班，如果我們從每 70 個班次中取出 1 個，用它們的 80% 來訓練呢？

我們不能這樣做：

```
SELECT
   date,
   airline,
   departure_airport,
   departure_schedule,
   arrival_airport,
```

```
    arrival_delay
  FROM
    `bigquery-samples`.airline_ontime_data.flights
  WHERE
   ABS(MOD(FARM_FINGERPRINT(date), 70)) = 0
   AND ABS(MOD(FARM_FINGERPRINT(date), 10)) < 8
```

我們不能從 70 列選 1 個，然後從 10 個選 8 個。如果我們選出可被 70 整除的數量，它們當然也可以被 10 整除！第二個模運算就沒有用了。

這是較好的做法：

```
SELECT
    date,
    airline,
    departure_airport,
    departure_schedule,
    arrival_airport,
    arrival_delay
  FROM
    `bigquery-samples`.airline_ontime_data.flights
  WHERE
   ABS(MOD(FARM_FINGERPRINT(date), 70)) = 0
   AND ABS(MOD(FARM_FINGERPRINT(date), 700)) < 560
```

在這個查詢裡，700 是 70*10，且 560 是 70*8。第一個模運算從 70 列選出 1 個，第二個模運算從這些列的 10 個裡選出 8 個。

對於驗證資料，你要將 `< 560` 換成適當的範圍：

```
ABS(MOD(FARM_FINGERPRINT(date), 70)) = 0
AND ABS(MOD(FARM_FINGERPRINT(date), 700)) BETWEEN 560 AND 629
```

在上面的程式裡，我們的 100 萬個航班僅來自資料組的 1/70 個日期。這可能正是我們要的，例如，當我們使用較小的資料組來進行試驗時，可能會用特定日期的所有航班來建模。然而，如果我們想要任何一天的 1/70 航班，我們就要使用 `RAND()`，並將結果存成新表，以便重複使用。對於這個比較小的表，我們可以使用 `FARM_FINGERPRINT()` 來採樣 80% 的日期。因為這個新表只有 100 萬列，而且只是用來試驗，重複應該是可接受的。

循序拆分

在時間序列模型中，循序拆分資料是常見的做法。例如，為了訓練一個需求預測模型，讓它用過去 45 天的資料來預測接下來 14 天的需求，我們藉著拉入必須的資料來訓練模型（完整程式在 *https://github.com/GoogleCloudPlatform/bigquery-oreilly-book/blob/master/blogs/bqml_arima/bqml_arima.ipynb*）：

```
CREATE OR REPLACE MODEL ch09eu.numrentals_forecast
OPTIONS(model_type='ARIMA',
        time_series_data_col='numrentals',
        time_series_timestamp_col='date') AS
SELECT
   CAST(EXTRACT(date from start_date) AS TIMESTAMP) AS date
   , COUNT(*) AS numrentals
FROM
  `bigquery-public-data`.london_bicycles.cycle_hire
GROUP BY date
HAVING date BETWEEN
DATE_SUB(CURRENT_DATE(), INTERVAL 45 DAY) AND CURRENT_DATE()
```

在快速變遷的環境中，即使目標不是預測時間序列的未來值，這種循序的資料拆分也是必要的。例如，在詐騙檢測模型中，行為不良分子會迅速適應詐騙演算法，因此，模型必須用最新的資料不斷重新訓練，以預測未來的詐騙行為。我們不能僅僅將歷史資料組隨機拆分來產生評估資料，因為我們的目標是預測不良分子在未來的行為。我們的間接目標與時間序列模型的間接目標相同，因為好的模型能夠用歷史資料來訓練，並預測未來的詐騙行為。我們必須按照時間循序拆開資料，來正確地進行評估。例如（完整的程式在 *https://github.com/GoogleCloudPlatform/training-data-analyst/blob/master/blogs/bigquery_datascience/bigquery_tensorflow.ipynb*）：

```
def read_dataset(client, row_restriction, batch_size=2048):
    ...
    bqsession = client.read_session(
        ...
        row_restriction=row_restriction)
    dataset = bqsession.parallel_read_rows()
    return (dataset.prefetch(1).map(features_and_labels)
              .shuffle(batch_size*10).batch(batch_size))

client = BigQueryClient()
train_df = read_dataset(client, 'Time <= 144803', 2048)
eval_df = read_dataset(client, 'Time > 144803', 2048)
```

需要循序拆開資料的另一個例子是連續的時間之間有高度相關性。例如，在天氣預報中，連續幾天的天氣是高度相關的。因此，將 10 月 12 日放在訓練組，將 10 月 13 日放在測試組是不合理的做法，因為這會造成很大的洩漏（例如，想像 10 月 12 日有一場颱風）。此外，天氣是高度季節性的，所以我們必須把所有季節的日期分給全部的三個部分。有一種正確評估天氣預測模型性能的方法是使用循序拆分，但是考慮季節性因素，我們在訓練組裡使用每個月的前 20 天，在驗證資料組裡使用接下來 5 天，在測試資料組裡使用最後 5 天。

在所有這些例子裡，若要實現可重複的分割，你只要將用來分割的邏輯放入版本控制系統，並確保在更改邏輯時，也更新模型的版本即可。

分層拆分

在處理之前的「季節的天氣模式各有不同」案例時，你必須先將資料組**分層**（*stratified*）再拆開它們。你要確保每一組分開的資料裡面都有所有季節的案例，因此在進行拆分之前，要按照月份對資料組進行分層。我們在訓練組裡使用每個月的前 20 天，在驗證組中使用接下來的 5 天，在測試組中使用最後 5 天。如果我們不關心連續幾天之間的相關性，我們可以隨機拆分每個月內的日期。

資料組越大，我們就越不需要關心分層。在非常大的資料組裡，特徵值很可能被均勻地分配給每一組。因此，在大規模的機器學習中，分層通常只需要在資料組傾斜的情況下進行。例如，在航班資料組中，不到 1% 的航班在早上 6 點之前起飛，因此滿足這個標準的航班數量可能非常少。如果我們的商業用例必須獲得這些航班的正確行為，我們要根據起飛時間對資料組進行分層，並將每一層均勻地分配給每一組。

起飛時間就是一種傾斜的特徵。在不平衡的分類問題中（例如詐騙檢測，其中詐騙案例很少），我們可能要用標籤來對資料組分層，並均勻地分配每一層。如果我們遇到多標籤的問題，並且有些標籤比其他的少，這也很重要。第 3 章，第 118 頁的「設計模式 10：Rebalancing」曾經討論這種情況。

無結構資料

雖然本節主要討論結構性資料，但同樣的原則也適用於無結構資料，例如圖像、視訊、音訊或自由格式的文本。你只要使用參考資訊來進行分割就可以了。例如，如果在同一天拍攝的影片是相關的，你就使用影片的參考資訊裡的拍攝日期，來將影片分成獨立的資料組。類似地，如果來自同一個人的文本評論往往是相關的，那就使用評論者 user_id 的 Farm Fingerprint 來重複地拆開評論。如果沒有參考資訊可用，或實例之間沒有關聯性，那就使用 Base64 來編碼圖像或影片，並計算編碼的指紋（fingerprint）。

拆開文本資料組最自然的方式或許是使用文本本身的雜湊來拆分。然而，這類似隨機分割，不能解決評論之間的相關性問題。例如，如果有人在他的負面評論中經常使用「令人震驚（stunning）」這個詞，或者如果人把所有的星際大戰電影都評價為糟糕，他們的評論彼此就是相關的。類似地，拆開圖像或音訊資料組最自然的方法可能是使用檔名的雜湊來進行分割，但它不能解決圖像或影片之間的相關性問題。拆分資料組的最佳方式值得仔細考慮。根據我們的經驗，根據潛在的相關性來設計資料分割（與資料收集）可以解決許多 ML 性能低下的問題。

在計算 embedding 或預先訓練的 autoencoder 時，我們一定要先拆開資料，並且只能用訓練資料組來執行這些預先計算。因此，你不應該對圖像、影片或文本的 embedding 進行分割，除非這些 embedding 是用一個完全獨立的資料組來創造的。

設計模式 23：Bridged Schema

Bridged Schema 設計模式可讓你將訓練模型的資料從舊的、原始的資料格式（schema）調整成新的、更好的資料。這種模式很有用，因為當輸入供應者改善他們的資料 feed 時，我們通常要花很多時間才能收集夠多已改善格式的資料，對替代模型進行充分的訓練。Bridged Schema 設計模式可讓我們使用任何可用的新資料數量，但可以用一些舊資料來擴增它，以改善模型準確度。

問題

考慮一個建議應該給送貨員多少小費的銷售點應用程式。這種應用程式可能使用機器學習模型來預測小費金額，考慮訂單數量、送貨時間、送貨距離等等。這個模型將根據顧客實際給予的小費來進行訓練。

假設模型的輸入之一是支付類型。歷史資料將它記錄成「現金」或「卡片」。但是，假設支付系統已經升級，現在提供更多卡片種類細節（儲值卡、銀行卡、信用卡）。這是非常有用的資訊，因為這三種卡片的小費行為是不同的。

在預測期一定有較新的資訊可以使用，因為我們一定是在預測支付系統升級之後，所進行的交易的小費額度。因為新的資訊很有價值，而且在生產環境中的預測系統已經可以使用它了，所以我們想盡快在模型中使用它。

我們不能只用新的資料來訓練新的模型，因為新資料的數量會非常少，僅限於支付系統升級後的交易量。因為 ML 模型的品質高度依賴用來訓練它的資料量，因此只用新資料來訓練的模型極可能表現不佳。

解決方案

解決方案是 bridge 舊資料的格式，讓它符合新資料[譯注]。然後使用任何可用的新資料，並且用舊資料來擴充它，來訓練 ML 模型。在此有兩個問題需要解決。第一個，舊資料只有兩種支付類型，而新資料有四種支付類型，該如何處理這件事？第二個，如何進行擴增，以建立訓練、驗證和測試組？

bridge 格式

考慮舊資料有兩個類別（現金與卡片）的情況。在新格式裡，卡片類別已經分得更細了（儲值卡、銀行卡、信用卡）。我們知道在舊資料裡被寫成「卡片」的交易是這三種類型之一，但實際的類型沒有被記錄下來。我們或許可以用機率或靜態的方法來 bridge 格式。我們推薦靜態的方法，但是先介紹機率方法比較容易讓你了解。

機率方法　假設我們從新的訓練資料估計出，在卡片交易中，10% 是儲值卡，30% 是銀行卡，60% 是信用卡。每次有舊的訓練樣本被載入訓練程式時，我們可以在 [0, 100) 範圍內產生一個均勻分布的隨機數字來選擇卡片類型，並且在隨機數字小於 10 時選擇儲值卡，在 [10, 40) 時選擇銀行卡，其他則是信用卡。如果我們訓練了夠多 epoch，每一個樣本都會以全部的三個類別來表示，但會與實際的發生頻率成比例。當然，新的訓練樣本一定是實際記錄的類別。

譯注　本節的 bridge 是指「調整舊格式，來減少新舊格式之間的差異」，以下皆使用 bridge 來代表這項操作。

使用機率方法的理由是，我們將每一個舊的案例視為已經發生了數百次了。隨著訓練程式在每一個 epoch 遍歷資料，我們就會模擬其中一個實例。在模擬過程中，我們預計使用卡片來交易時，有 10% 是用儲值卡來進行的。這就是讓分類輸入的值有 10% 的機率是「儲值卡」的原因。當然，這是一種簡化——全部的交易有 10% 使用儲值卡，並不代表任何一種交易都有 10% 的機率使用儲值卡。舉個極端的例子，或許計程車公司不允許在機場接送時使用儲值卡，因此在一些歷史案例中，儲值卡甚至不是合規的值。然而，在沒有任何額外資訊的情況下，我們只能假設所有歷史案例的頻率分布都是相同的。

靜態方法　類別變數通常使用 one-hot 編碼。如果我們採取上述的機率方法，並且訓練夠久，訓練程式在舊資料裡看到的「卡片」平均 one-hot 編碼值將是 [0, 0.1, 0.3, 0.6]。第一個 0 是現金類別。第二個數字是 0.1 的原因是在 10% 的卡片交易中，這個數字是 1，在所有其他案例中，它都是 0。同樣，銀行卡是 0.3，信用卡是 0.6。

為了將舊資料 bridge 為新格式，我們可以將舊的類別資料轉換成這種表示法，插入用訓練資料估計出來的新類別先驗機率。在新資料中，已知的銀行卡交易則使用 [0, 0, 1, 0]。

我們建議使用靜態方法而不是機率方法，因為當機率方法運行夠久時，就會發生靜態方法的情況。它也更容易實作，因為舊資料的每一個卡片付款都會使用相同的值（4 個元素的陣列 [0, 0.1, 0.3, 0.6]）。我們可以用一行程式來更新舊資料，而不是寫一個腳本來產生隨機數字，就像機率方法那樣。這種做法的計算成本也便宜很多。

擴增的資料

為了充分使用新資料，務必只使用兩組資料分割，這在第 4 章，第 145 頁的「設計模式 12：Checkpoints」有談過。假設我們有 100 萬個使用舊格式的案例，但是只有 5,000 個使用新格式的案例。該如何建立訓練和評估資料組？

我們先來處理評估組。你一定要了解，訓練 ML 模型的目的，是為了對未曾見過的資料進行預測。在我們的例子中，未曾見過的資料一定是符合新格式的資料。因此，我們要保留足夠的新資料樣本，以充分地評估類推性能。或許我們要讓評估組有 2,000 個案例，才能確保模型在生產環境有良好的表現。評估資料組裡面沒有已經被 bridge 成新格式的任何舊樣本。

我們該如何知道究竟要在評估資料組裡放 1,000 個案例還是 2,000 個？估計這個數字方法是使用目前在生產環境的模型（它是用舊格式訓練的）的評估資料組的子集合來計算評估指標，並確定子集合必須多大，才能讓評估指標一致。

你可以用下面的方法用不同的子集合來計算評估指標（與之前一樣，完整的程式在本書的 GitHub 的程式 repository 裡（*https://github.com/GoogleCloudPlatform/ml-design-patterns/blob/master/06_reproducibility/bridging_schema.ipynb*））：

```
for subset_size in range(100, 5000, 100):
    sizes.append(subset_size)
    # 用這個子集合大小計算
    # 評估指標的變異性超過 25 次
    scores = []
    for x in range(1, 25):
        indices = np.random.choice(N_eval,
                           size=subset_size, replace=False)
        scores.append(
            model.score(df_eval[indices],
                        df_old.loc[N_train+indices, 'tip'])
        )
    score_mean.append(np.mean(scores))
    score_stddev.append(np.std(scores))
```

在上面的程式裡，我們試著評估 100, 200, …, 5,000 等大小。我們用每一個子集合大小評估模型 25 次，每一次都從完整的驗證組隨機採樣不同的子集合。因為這是目前在生產環境裡的模型（我們能夠用一百萬個例子來訓練它）的評估組，所以它的評估組可能有數十萬個例子。然後，我們可以計算 25 個子集合的評估指標的標準差，用不同的評估組大小來重複這個操作，並且畫出評估組大小與標準差的關係圖表。圖 6-3 是圖表的樣子。

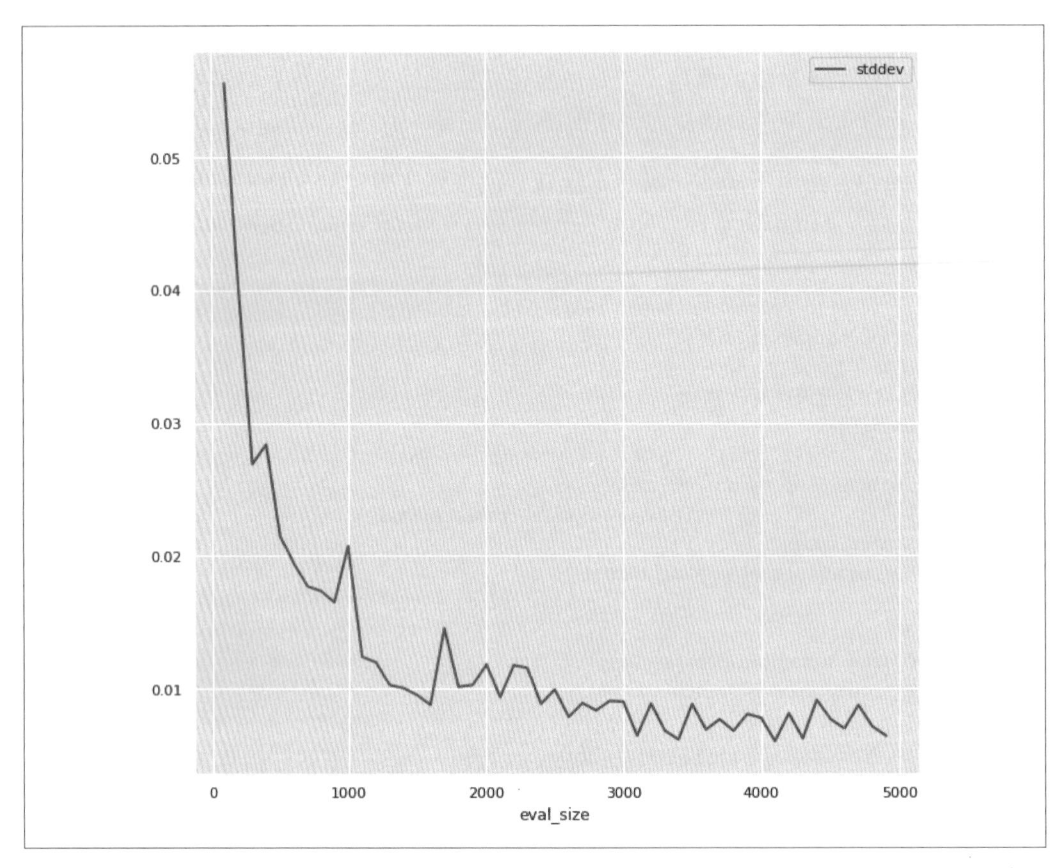

圖 6-3　用各種大小的子集合來評估生產模型，並且追蹤子集合大小對評估指標造成的變異度，來決定所需的評估樣本數量。在這裡，標準差在大約 2,000 個樣本進入平線狀態。

從圖 6-3 可以看到評估樣本的數量必須至少有 2,000 個，最好有 3,000 個以上。假設在接下來的討論，我們選擇用 2,500 個樣本來評估。

訓練組將持有其餘的 2,500 個新樣本（在保留 2,500 個來評估之後，可用的新資料量），並且用已經 bridge 為新格式的一些舊樣本來擴充。如何知道需要多少舊樣本？我們無法知道，這是我們必須調整的超參數。例如，在小費問題中，使用網格搜尋，我們可以從圖 6-4（在 GitHub 的 notebook 有完整的細節（*https://github.com/GoogleCloudPlatform/mldesign- patterns/blob/master/06_reproducibility/bridging_schema.ipynb*））看到評估指標急劇下降，直到 20,000 個樣本為止，然後進入平線狀態。

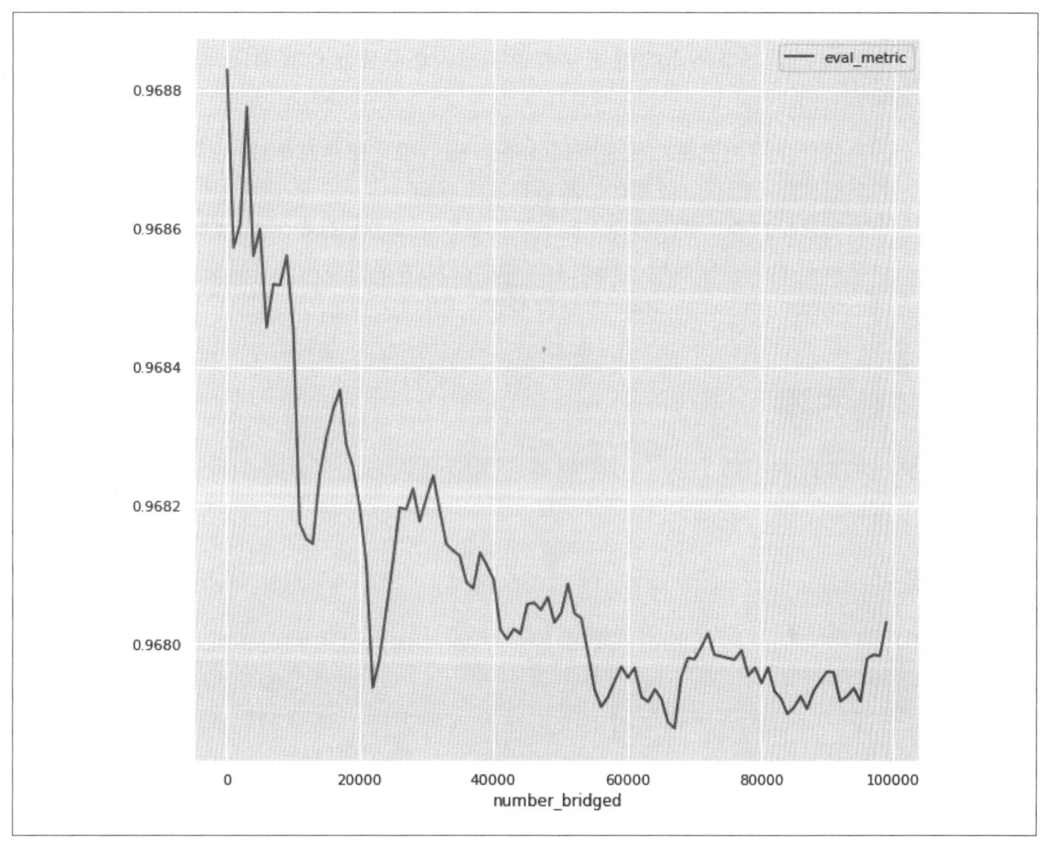

圖 6-4　藉著進行超參數調整來確定需要 bridge 的舊案例數量。在這個例子裡，顯然在使用 20,000 個 bridge 過的案例之後，收益開始減少。

為了獲得最好的結果，我們應該盡量避免使用舊案例——在理想情況下，隨著時間的過去和新案例的增加，我們將越來越不會依靠 bridge 過的案例。到了某個時刻，我們就可以完全擺脫舊樣本了。

值得注意的是，對這個問題而言，bridge 確實帶來好處，因為當我們不使用 bridge 過的案例時，評估指標會變差。如果情況不是如此，我們就要重新檢查插補（imputation）方法（選擇調整格式的靜態值）。下一節會建議另一種插補方法（串接）。

用驗證資料組來比較「以 bridge 過的樣本來訓練的新模型」和「舊的、未改變的模型」兩者的性能非常重要。因為新資訊也許還沒有足夠的價值。

因為我們使用評估資料組來測試 bridge 過的模型是否有價值，所以評估資料組絕對不能在訓練或超參數調整期間使用。因此，你不能使用早期停止或檢查點選擇之類的技術，而且要用正則化來控制過擬，並且將訓練損失當成超參數調整指標。關於如何藉著僅使用兩組資料來保留資料的細節，見第 4 章的 Checkpoints 設計模式。

代價與其他方案

讓我們來看一種常見的無效方法、一種複雜的調整替代方法，以及對於類似問題的延伸解決方案。

聯集格式

你可能很想單純建立舊的與新的格式的聯集。例如，我們可以將付費類型的格式定義成五種值：現金、卡片、儲值卡、銀行卡與信用卡。這可以讓歷史資料和新資料都有效，也是在資料倉儲中處理這一種變化的方法。透過這種方式，舊資料和新資料不需要做任何更改都可以使用。

不過，這種回溯相容的格式聯集方法不適用於機器學習。

在預測時，我們永遠都不會得到「卡片」這種付費類型，因為輸入程式已經升級了。實際上，這些訓練實例都是沒有用處的。為了維持再現性（這就是這種模式被分類為再現性模式的原因），我們必須將舊格式 bridge 成新格式，不能建立兩者的聯集。

串接方法

在統計學裡，插補是一組技術，可用來將缺漏的資料換成某個有效的值。有一種常見的插補技術是將訓練資料的 NULL 值換成該欄位的平均值。為什麼選擇平均值？因為，在沒有更多資訊，並且假設那些值是常態分布的情況下，平均值是有可能的值。

在主解決方案裡指定先驗頻率的靜態方法也是一種插補方法。我們假設分類變數是按照頻率圖（這是我們用訓練資料來估計的）分布的，並且將 one-hot 編碼平均值（根據那個頻率分布）插入「缺漏」的分類變數。

還有沒有別的方法可以用幾個案例來估計未知值？？當然有！機器學習。我們可以訓練模型的串接（見第 3 章，第 105 頁的「設計模式 8：Cascade」）。讓第一個模型接收用來訓練模型預測卡片類型的新案例。如果原始的小費模型有五個輸入，這個模型會有四個輸入。第五個輸入（付款類型）將是這個模型的標籤。然後用第一個模型的輸出來訓練第二個模型。

在獲得足夠的新資料之前，Cascade 模式這個臨時方案太複雜了。靜態方法實際上是最簡單的機器學習模型——它是當我們有無資訊（uninformative）輸入時，我們會得到的模型。我們建議使用靜態方法，只在靜態方法不夠好時，才用 Cascade。

處理新特徵

另一種可能需要調整的情況是輸入供應方在輸入中加入額外資訊。例如，在計程車車資範例中，我們可能會開始收到計程車的雨刷有沒有打開，或車輛有沒有移動的資料。這些資料可以用來建立特徵，指出計程車開始移動時有沒有下雨、計程車停止的時間占整個行駛時間的比例，等等。

如果我們想要立刻開始使用新輸入特徵，我們應該藉著為新特徵插入值來 bridge 舊資料（在舊資料裡，這個新特徵是缺漏的）。我們建議使用的插補值有：

- 特徵的平均值，如果特徵是數值，而且是常態分布的
- 特徵的中位值，如果特徵是數值，而且是傾斜的，或是有許多異常值
- 特徵的中位值，如果特徵是類別而且可排序的
- 特徵的模數，如果特徵是類別，而且不可排序的
- 特徵是 true 的頻率，如果它是布林

如果特徵是「是否下雨」，而且是布林，那麼插補值將是類似 0.02 的值，如果訓練資料組有 2% 是下雨的話。如果特徵是停在路上的分鐘數的比率，可以使用中位值。在這些情況下仍然可以使用 Cascade 模式，但靜態插補比較簡單，而且通常是夠用的。

處理精確度增加

當輸入供應方提高資料流的精確度時，採用 bridge 方法來建立包含更高解析度的資料的訓練資料組，並且用一些舊資料來擴增。

在處理浮點值時，不需要明確地 bridge 舊資料來讓它符合新資料的精確度。為了讓你了解原因，假如有一些資料最初是以十分位來提供的（例如 3.5 或 4.2），但現在使用百分位（例如 3.48 或 4.23）。如果舊資料裡面的 3.5 是由在新資料的 [3.45, 3.55] 之中的均勻分布[1]的值組成的，靜態插補的值將是 3.5，正好是舊資料裡面的值。

在處理分類值時，例如，舊資料使用州或省的代碼來儲存位置，而新資料提供縣或區的代碼，此時，可使用主解決方案介紹的方法，用縣在州裡面的頻率分布來進行靜態插補。

設計模式 24：Windowed Inference

Windowed Inference 設計模式處理模型需要不斷收到實例才可以進行推理的情況。這種模式的工作方式是將模型狀態外部化（externalize），並從串流分析管道呼叫模型。當機器學習模型需要以一段時間窗口的集合體計算出來的特徵時，這種模式也很有用。藉著將狀態往外送給串流管道，Windowed Inference 設計模式可以確保動態、時間相依地計算出來的特徵可以在訓練和伺服之間正確地重複。這是在遇到時態集合體（temporal aggregate）特徵的情況下，避免訓練 / 伺服傾斜的方法。

問題

圖 6-5 是 Dallas Fort Worth（DFW）機場在 2010 年 5 月中的某幾天的抵達誤點情況（GitHub 有完整的 notebook（*https://github.com/ GoogleCloudPlatform/ml-design-patterns/blob/master/06_reproducibility/state ful_stream.ipynb*））。

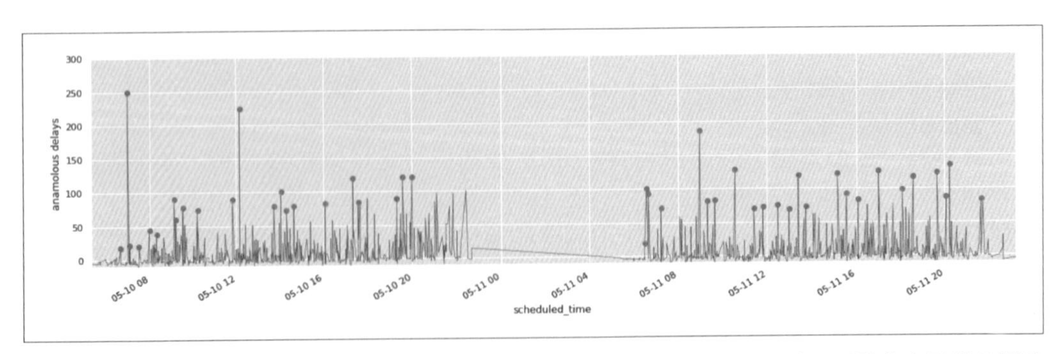

圖 6-5　2020 年 5 月 10–11 日，Dallas Fort Worth（DFW）機場的抵達誤點。圓點代表異常的抵達誤點。

1　注意，整體的機率分布函數不需要是均勻的——我們只希望原始的組別夠窄，好讓我們能夠用一個階梯函數來近似機率分布函數。如果沒有在舊資料中充分採樣，而造成高度傾斜的分布，這個假設就失效了。在這種情況下，3.46 或許比 3.54 更有可能，bridge 過的資料組必須反映這種情況。

抵達延遲呈現相當大的變異性，但是我們仍然可以看異常大的抵達誤點（圓點處）。注意，「異常」的定義因背景而異。在清晨（圖的左邊角落），大部分的班機都是準時的，所以即使是小尖峰也是異常的。到了中午（5 月 10 日中午 12 點以後），變異性開始顯現，25 分鐘的誤點很常見，但 75 分鐘的誤點仍然是異常的。

具體的誤點是否異常取決於時間背景，例如，在過去兩小時內看到的抵達誤點。若要確定誤點是異常的，我們要先根據時間對 dataframe 進行排序（如圖 6-5 所示，以下面的 pandas 展示做法）：

```
df = df.sort_values(by='scheduled_time').set_index('scheduled_time')
```

然後對一個滑動的兩小時窗口使用異常檢測函式：

```
df['delay'].rolling('2h').apply(is_anomaly, raw=False)
```

異常檢測函數 `is_anomaly` 可能非常複雜，但是我們舉一個簡單的例子——當一個值超出這個兩小時窗口的平均值四個標準差時，就丟棄那個極值，並稱它為異常：

```
def is_anomaly(d):
    outcome = d[-1] # 最後一個項目

    # 丟棄最小 & 最大值 & 目前的（上一個）項目
    xarr = d.drop(index=[d.idxmin(), d.idxmax(), d.index[-1]])
    prediction = xarr.mean()
    acceptable_deviation = 4 * xarr.std()
    return np.abs(outcome - prediction) > acceptable_deviation
```

這種做法很適合歷史（訓練）資料，因為我們手上有整個 dataframe。當然，當我們在生產模型進行推理時，我們沒有整個 dataframe。在生產環境裡，我們會在班機抵達時，一個接著一個收到班機抵達資訊。所以，我們擁有的只是一個時戳誤點值：

```
2010-02-03 08:45:00,19.0
```

上面的航班（2 月 3 日 08:45）誤點了 19 分鐘，它是不是異常的？通常，我們只需要航班的特徵就可以對它進行 ML 推理了。但是在這個例子裡，模型需要 DFW 機場 06:45 到 08:45 的所有航班資訊：

```
2010-02-03 06:45:00,?
2010-02-03 06:?:00,?
...
2010-02-03 08:45:00,19.0
```

我們不可以一次對一個航班進行推理。我們必須提供所有之前的航班的資訊給模型。

當模型需要的不是只有一個實例，而是一系列的實例時，如何進行推理？

解決方案

解決方案是執行有狀態串流處理，也就是會隨著時間的推移追蹤模型狀態：

- 對航班抵達資料使用一個滑動窗口。這個窗口將覆蓋 2 小時，但窗口可以更頻繁地關閉，例如每 10 分鐘。在這種情況下，每 10 分鐘就會計算前 2 個小時的匯整值。
- 每次有新航班抵達時，就要用航班資訊來更新模型內部狀態（可能是航班串列），從而建立一個 2 小時的航班資料歷史紀錄。
- 每次窗口關閉時（在這個例子是每 10 分鐘），就用 2 小時的航班清單來訓練時間序列 ML 模型。然後用這個模型來預測未來的航班誤點，以及這個預測的信心範圍。
- 將時間序列模型參數存入外部變數。我們可能會使用時間序列模型，例如自我回歸整合移動平均（ARIMA）或長短期記憶（LSTM），此時，模型參數將是 ARIMA 模型係數，或 LSTM 模型權重。為了讓程式碼容易被人理解，我們將使用零階回歸模型 [2]，因此模型參數將是過去兩小時的班機誤點平均值，和變異數。
- 當班機抵達時，將它的抵達誤點分類為是否異常，並使用外部化的模型狀態——不需要擁有過去 2 小時的完整班機清單。

我們可以使用 Apache Beam 來將管道串流化，因為如此一來，同樣的程式碼就可以處理歷史資料和新抵達的資料。在 Apache Beam 裡設定滑動窗口的做法如下（GitHub 有完整程式（*https://github.com/Google CloudPlatform/ml-design-patterns/blob/master/06_reproducibility/find_anomalies_model.py*））：

```
windowed = (data
        | 'window' >> beam.WindowInto(
                beam.window.SlidingWindows(2 * 60 * 60, 10*60))
```

更新模型時，我們合併過去兩小時收集到的所有班機資料，並將它傳給 `ModelFn` 函式：

```
model_state = (windowed
        | 'model' >> beam.transforms.CombineGlobally(ModelFn()))
```

`ModelFn` 會用班機資訊來更新模型內部狀態。在這裡，模型內部狀態是以 pandas dataframe 組成的，它會被窗口裡的班機更新：

2 換句話說，我們要計算平均值。

```
class ModelFn(beam.CombineFn):
    def create_accumulator(self):
        return pd.DataFrame()

    def add_input(self, df, window):
        return df.append(window, ignore_index=True)
```

每次有窗口關閉時，我們就提取輸出。這裡的輸出（我們稱之為外部化的模型狀態）是由模型參數組成的：

```
    def extract_output(self, df):
        if len(df) < 1:
            return {}
        orig = df['delay'].values
        xarr = np.delete(orig, [np.argmin(orig), np.argmax(orig)])
        return {
            'prediction': np.mean(xarr),
            'acceptable_deviation': 4 * np.std(xarr)
        }
```

外部化的模型狀態每隔 10 分鐘就會被更新，根據一個 2 小時的滾動窗口：

窗口關閉時間	預測	acceptable_deviation
2010-05-10T06:35:00	-2.8421052631578947	10.48412597725367
2010-05-10T06:45:00	-2.6818181818181817	12.083729926046008
2010-05-10T06:55:00	-2.9615384615384617	11.765962341537781

這個提取模型參數的程式碼與 panda 案例類似，但是它是在 Beam 管道中完成的。這可讓程式碼在串流中工作，但模型狀態只有在滑動窗口的背景裡可供使用。為了對每一個抵達的航班進行推理，我們要將模型狀態外部化（類似我們在 Stateless Serving Function 模式中將模型權重匯出到檔案，來切斷與計算這些權重的訓練程式之間的關係）：

```
model_external = beam.pvalue.AsSingleton(model_state)
```

然後就可以用這個外部化的狀態來檢測特定的航班是否異常了：

```
def is_anomaly(flight, model_external_state):
    result = flight.copy()
    error = flight['delay'] - model_external_state['prediction']
    tolerance = model_external_state['acceptable_deviation']
    result['is_anomaly'] = np.abs(error) > tolerance
    return result
```

接著用 is_anomaly 函式來處理滑動窗口的最後一個窗格（pane）裡面的每一個項目：

```
anomalies = (windowed
        | 'latest_slice' >> beam.FlatMap(is_latest_slice)
        | 'find_anomaly' >> beam.Map(is_anomaly, model_external))
```

代價與其他方案

上述的解決方案可以有效地計算高產出量的資料串，但如果 ML 模型的參數可以線上更新，它還可以進一步改善。這個模式也適用於有狀態的 ML 模型（例如遞迴神經網路），以及當無狀態模型需要有狀態輸入特徵時。

降低計算開銷

在問題一節中，我們使用下面的 pandas 程式：

```
dfw['delay'].rolling('2h').apply(is_anomaly, raw=False);
```

然而，在解決方案一節中，Beam 程式長這樣：

```
windowed = (data
        | 'window' >> beam.WindowInto(
                beam.window.SlidingWindows(2 * 60 * 60, 10*60))
model_state = (windowed
        | 'model' >> beam.transforms.CombineGlobally(ModelFn()))
```

由於 is_anomaly 函式被呼叫的頻率，以及模型參數（平均值與標準差）必須再次計算的頻率，在 pandas 裡面的滾動窗口，和在 Apache Beam 裡面的滑動窗口有著有意義的區別。我們接著來討論。

逐元素 vs. 一個時段　pandas 程式用資料組的每一個實例來呼叫 is_anomaly 函式。異常檢測程式會計算模型參數，並且立即對窗口的最後一個項目套用它。在 Beam 管道裡，每一個滑動窗口裡面也會建立模型狀態，但是這個例子的滑動窗口是基於時間，因此，模型參數只會每隔 10 分鐘計算一次。

異常檢測本身是對每一個實例執行的：

```
anomalies = (windowed
        | 'latest_slice' >> beam.FlatMap(is_latest_slice)
        | 'find_anomaly' >> beam.Map(is_anomaly, model_external))
```

注意，這種做法小心地將「計算成本高昂的訓練」與「計算成本低廉」的推理區分開來。昂貴的部分只會每 10 分鐘計算一次，同時允許將每一個實例分類為異常與否。

高產出量的資料串流　資料量持續增加，其中很大一部分是由於即時資料的資料量的增加。因此，這種模式必須用於高產出量的資料串流，也就是每秒的元素數量可能超過數千個項目的串流。例如來自網站的點擊串流，或來自電腦、穿戴設備或汽車的機器活動串流。

使用串流管道的好處在於，它可以避免用每一個實例來對模型進行重新訓練，也就是在「問題」一節的 pandas 程式碼所做的事情。然而，我們建議的解決方案會幫所有收到的紀錄建立 in-memory dataframe，所以這些好處會被抵消。如果我們每秒收到 5,000 個項目，那麼 10 分鐘內的 in-memory dataframe 會有 3 百萬筆紀錄。因為在每一個時間點都有 12 個滑動窗口需要維護（10 分鐘的窗口，每一個都跨越 2 小時），所以記憶體的需求變得不可忽視。

為了在窗口的結尾計算模型參數而儲存收到的紀錄可能會造成問題。當資料串流有高產出量時，用每一個元素來更新模型參數的能力就非常重要了。這可以藉著改變 `ModelFn` 來實現（GitHub 有完整的程式（*https://github.com/GoogleCloudPlatform/ml-design-patterns/blob/master/06_reproducibility/find_anomalies_model.py*））：

```
class OnlineModelFn(beam.CombineFn):
    ...
    def add_input(self, inmem_state, input_dict):
        (sum, sumsq, count) = inmem_state
        input = input_dict['delay']
        return (sum + input, sumsq + input*input, count + 1)

    def extract_output(self, inmem_state):
        (sum, sumsq, count) = inmem_state
        ...
            mean = sum / count
            variance = (sumsq / count) - mean*mean
            stddev = np.sqrt(variance) if variance > 0 else 0
            return {
                'prediction': mean,
                'acceptable_deviation': 4 * stddev
            }
        ...
```

關鍵的差異在於記憶體保存的東西只有用來提取輸出模型狀態的三個浮點數（`sum`、`sum`^{2}、`count`），而不是收到的實例的整個 dataframe。一次更新一個模型參數實例稱為**線上更新**（*online update*），只能在模型的訓練不需要遍歷整個資料組時進行。因此，上面的實作儲存 x^2 的總和來進行變異數的計算，如此一來，我們就不需要在計算平均值之後，再度遍歷資料了。

串流 SQL

如果我們的基礎設施有能夠處理資料串流的高性能 SQL 資料庫，或許可以使用匯整窗口，以另一種方式實作 Windowed Inference 模式（GitHub 有完整的程式（*https://github.com/GoogleCloudPlatform/ml-design-patterns/blob/master/06_reproducibility/find_anomalies_model.py*））。

我們從 BigQuery 取出航班資料：

```
WITH data AS (
  SELECT
    PARSE_DATETIME('%Y-%m-%d-%H%M',
                   CONCAT(CAST(date AS STRING),
                   '-', FORMAT('%04d', arrival_schedule))
                   ) AS scheduled_arrival_time,
     arrival_delay
  FROM `bigquery-samples.airline_ontime_data.flights`
  WHERE arrival_airport = 'DFW' AND SUBSTR(date, 0, 7) = '2010-05'
),
```

接下來，計算兩小時前到一秒前的時間窗口之間的模型參數，來建立 `model_state`：

```
model_state AS (
  SELECT
    scheduled_arrival_time,
    arrival_delay,
    AVG(arrival_delay) OVER (time_window) AS prediction,
    4*STDDEV(arrival_delay) OVER (time_window) AS acceptable_deviation
  FROM data
  WINDOW time_window AS
    (ORDER BY UNIX_SECONDS(TIMESTAMP(scheduled_arrival_time))
     RANGE BETWEEN 7200 PRECEDING AND 1 PRECEDING)
)
```

最後，對每一個實例使用異常檢測演算法：

```
SELECT
  *,
  (ABS(arrival_delay - prediction) > acceptable_deviation) AS is_anomaly
FROM model_state
```

結果如表 6-1 所示，54 分鐘的抵達誤點被標為異常，因為之前的所有航班都提早抵達。

表 6-1　用 BigQuery 查詢確定傳來的航班資料是否異常的結果

scheduled_arrival_time	arrival_delay	prediction	acceptable_deviation	is_anomaly
2010-05-01T05:45:00	-18.0	-8.25	62.51399843235114	false
2010-05-01T06:00:00	-13.0	-10.2	56.878818553131005	false
2010-05-01T06:35:00	-1.0	-10.666	51.0790237442599	false
2010-05-01T06:45:00	-9.0	-9.28576	48.86521793473886	false
2010-05-01T07:00:00	54.0	-9.25	45.24220532707422	true

與 Apache Beam 解決方案不同的是，高效的分散式 SQL 可讓我們計算以各個實例為中心的 2 小時時間窗口（而不是 10 分鐘窗口的解析度）。但是，它的缺點是 BigQuery 往往具有相對較高的延遲（以秒為單位），因此不能在即時控制應用中使用。

序列模型

Windowed Inference 模式（將過往實例的滑動窗口傳給推理函式）的用途不是只有異常檢測或時間序列模型，具體來說，它可用於任何一種模型，例如需要歷史狀態的 Sequence（序列）模型。例如，翻譯模型要看過幾個連續的單字才能進行翻譯，如此一來才考慮到單字的上下文。單字「left」、「Chicago」與「road」在「I left Chicago by road」與「Turn left on Chicago Road」這兩個句子裡面會翻譯成不一樣的文字。

出於性能原因，翻譯模型是無狀態的，需要用戶提供上下文。例如，如果模型是無狀態的，那麼模型的實例就可以自動擴展，以回應提升的流量，並且可以平行呼叫，以進行更快的翻譯。因此，將莎士比亞的哈姆雷特著名的獨白翻譯成德語時，可以採取以下步驟，在句子中的粗體單字是要翻譯的單字：

輸入（9 個單字，左右兩邊各 4 個）	輸出
The undiscovered country, from whose bourn No traveller returns	dessen
undiscovered country, from whose bourn No traveller returns, puzzles	Bourn
country, from whose bourn No traveller returns, puzzles the	Kein
from whose bourn No traveller returns, puzzles the will,	Reisender

因此，用戶端需要使用串流管道。這個管道可以接收英文文本，對它進行分詞，一次送出 9 個語義單元，收集輸出，再將它們接成德文句子和段落。

大部分的序列模型，例如遞迴神經網路與 LSTM，都需要使用串流管道來進行高性能推理。

有狀態的特徵

如果模型的輸入特徵需要狀態，Windowed Inference 模式也很有用，即使模型本身是無狀態的。例如，假如我們要訓練一個模型來預測抵達誤點，而且模型的一個輸入是出發誤點。我們可能想要將「過去兩小時從該機場起飛的平均航班出發誤點」當成模型的輸出。

在訓練期間，我們可以用 SQL window 函式來建立資料組：

```
WITH data AS (
  SELECT
     SAFE.PARSE_DATETIME('%Y-%m-%d-%H%M',
                    CONCAT(CAST(date AS STRING), '-',
                    FORMAT('%04d', departure_schedule))
                    ) AS scheduled_depart_time,
     arrival_delay,
     departure_delay,
     departure_airport
  FROM `bigquery-samples.airline_ontime_data.flights`
  WHERE arrival_airport = 'DFW'
),

  SELECT
    * EXCEPT(scheduled_depart_time),
    EXTRACT(hour from scheduled_depart_time) AS hour_of_day,
    AVG(departure_delay) OVER (depart_time_window) AS avg_depart_delay
  FROM data
  WINDOW depart_time_window AS
    (PARTITION BY departure_airport ORDER BY
     UNIX_SECONDS(TIMESTAMP(scheduled_depart_time))
     RANGE BETWEEN 7200 PRECEDING AND 1 PRECEDING)
```

現在訓練資料組包含平均誤點，作為另一個特徵：

Row	arrival_delay	departure_delay	departure_airport	hour_of_day	avg_depart_delay
1	-3.0	-7.0	LFT	8	-4.0
2	56.0	50.0	LFT	8	41.0
3	-14.0	-9.0	LFT	8	5.0
4	-3.0	0.0	LFT	8	-2.0

但是，在推理期間，我們需要一個串流管道來計算這個平均出發誤點，以便將它送給模型。為了限制訓練 / 伺服傾斜，最好在串流管道的窗口函式中使用相同的 SQL，而不是試圖將 SQL 轉換為 Scala、Python 或 Java。

分批處理預測請求

另一種即使模型是無狀態的，我們也可能想要使用 Windowed Inference 的場景是：模型被部署在雲端，但用戶端是在設備上，或是在內部部署。在這種情況下，向雲端模型一個接著一個發送推理請求的網路延遲可能會非常大，你可以使用第 5 章，第 224 頁的「設計模式 19：Two-Phase Predictions」，在第一階段使用管道來收集一些請求，在第二階段將它們成批送給服務。

這種做法只適合可以容忍延遲的案例。如果收集輸入實例的時間超過 5 分鐘，那麼用戶端就必須容忍 5 分鐘的延遲，才能收到回傳的預測。

設計模式 25：Workflow Pipeline

在 Workflow Pipeline 設計模式裡，我們藉著將機器學習步驟容器化並協調它們，來處理「建立完整的可再現管道」的問題。我們可以明確地進行容器化，或使用簡化這個程序的框架。

問題

每一位資料科學家都可以在一個腳本或 notebook 裡從頭到尾執行資料預先處理、訓練和模型部署步驟（如圖 6-6 所示），然而，隨著 ML 流程的每個步驟變得越來越複雜，以及組織中越來越多的人希望為基礎程式做出貢獻，用一個 notebook 來運行的這些步驟將無法擴展。

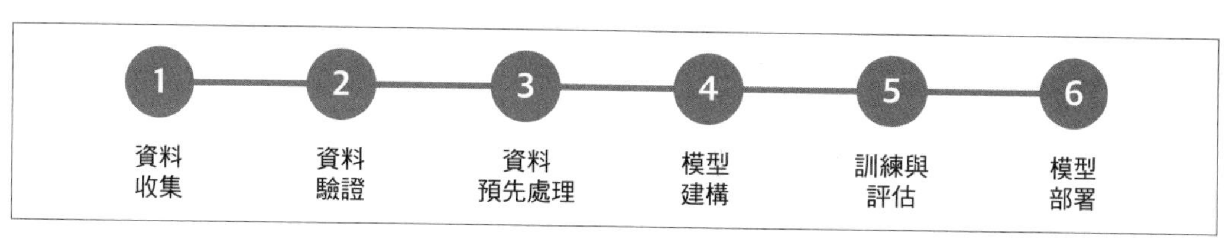

圖 6-6　典型的 ML 工作流程步驟。這不包含所有內容，只是指出 ML 開發程序中最常見的步驟。

在傳統的程式設計中，**單體應用程式**是指應用程式的所有邏輯都是由單一程式處理的。為了測試單體 app 裡的一個小功能，你必須執行整個程式。部署或除錯單體 app 也一樣。為了部署對於一小段程式的修改，你必須部署整個 app，這很快就會變得很沒效率。當整個基礎程式以不可分割的方式連接在一起時，個別的開發者就很難進行除錯，並獨立地處理應用程式的各個部分。近年來，單體 app 已經被微服務架構取代了，其中，商業邏輯的各個部分都會被建構並部署成獨立的程式碼（微型）包裝。藉由微服務，大型應用程式可以分成更小的、更容易管理的部分，讓開發者能夠獨立地建構、除錯和部署應用程式的各個部分。

以上關於單體 vs. 微服務的討論也可以用來比擬 ML 工作流程的擴展、支援協作，以及確保 ML 步驟在不同的工作流程裡是可再現與可重複使用的。當你自行建構 ML 模型時，採取「單體」的做法或許可以加快迭代速度，因為只有一個人積極地進行開發和維護每個部分（資料收集與預先處理、模型開發、訓練與部署），所以單體做法經常是有效的。然而，在擴展這個工作流程時，組織裡的不同人員或小組可能會負責不同的步驟。為了擴展 ML 工作流程，我們要設法讓團隊建構模型來進行試驗，並且能夠獨立於資料預先處理步驟之外。我們也要追蹤管道的每一個步驟的性能，並管理流程的每一個部分產生的輸出檔案。

此外，當每一個步驟的初始開發完成時，我們希望安排重新訓練等操作的時間，或是讓管道可被事件觸發並運行，以回應環境的變更，例如有新的訓練資料被加入一個 bucket。在這種情況下，解決方案必須能夠讓我們一次從頭到尾運行整個工作流程，同時仍然可以追蹤單一步驟的輸出和錯誤。

解決方案

為了處理擴展機器學習程序帶來的問題，我們可以將 ML 工作流程的每一步都變成一個單獨的、容器化的服務。容器可以在不同的環境中運行相同的程式碼，並且在每一次的運行都可以看到一致的行為。然後我們可以將這些單獨的容器化步驟連接起來，形成一個可以透過 REST API call 來運行的**管道**。因為管道步驟是在容器裡運行的，所以我們可以在開發筆電上、在內部的基礎設施上，或是在託管的雲端服務上運行它們。這個管道工作流程可讓團隊成員獨立地建構管道步驟。容器也可以讓你使用可重複的方式來從頭到尾運行整個管道，因為它們可以保證程式庫版本和執行期環境的一致性。此外，由於容器化的管道步驟可讓你分離關注點，所以個別步驟可以使用不同的執行環境和語言版本。

目前有許多工具可用來建立管道，它們也提供內部和雲端選項，包括 Cloud AI Platform Pipelines（*https://oreil.ly/nJo1p*）、TensorFlow Extended（*https://oreil.ly/OznI3*）（TFX）、Kubeflow Pipelines（*https://oreil.ly/BoegQ*）（KFP）、MLflow（*https://mlflow.org*） 與 Apache Airflow（*https://oreil.ly/63_GG*）。為了在這裡展示 Workflow Pipeline 設計模式，我們將使用 TFX 來定義管道，並在 Cloud AI Platform Pipelines 上運行它，Cloud AI Platform Pipelines 是一個託管服務，可在 Google Cloud 上運行 ML 管道，並且在底層使用 Google Kubernetes Engine (GKE) 這種容器基礎設施。

在 TFX 管道裡面的步驟稱為組件（component），你可以使用預建的和自訂的組件。通常，在 TFX 管道中的第一個組件是從外部來源接收資料的組件。它稱為 `ExampleGen` 組件，其中 example 是機器學習術語，指的是用來訓練的有標籤實例。`ExampleGen`（*https://oreil.ly/Sjx9F*）組件可讓你從 CSV 檔、TFRecords、BigQuery 或自訂來源獲取資料。例如，`BigQueryExampleGen` 可讓你用一個抓取資料的查詢來將 BigQuery 儲存的資料連接到你的管道。然後，它會將那些資料以 TFRecords 儲存在 GCS bucket 裡，讓下一個組件可以使用它。這是一個可以藉著傳遞查詢來自訂的組件。這些 `ExampleGen` 組件可以解決圖 6-6 的 ML 工作流程的資料收集階段。

這個工作流程的下一步是資料驗證。當我們收到資料之後，在訓練模型之前，我們可能會將它傳給其他組件來進行轉換或分析。`StatisticsGen`（*https://oreil.ly/kX1QY*）組件可以從 `ExampleGen` 步驟接收資料，並產生資料的統計摘要。`SchemaGen`（*https://oreil.ly/QpBlu*）可以輸出從我們接收的資料推理出來的資料格式（schema）。使用 `SchemaGen` 的輸出，`ExampleValidator`（*https://oreil.ly/UD7Uh*）可以對資料組執行異常檢測，檢查資料漂移或潛在的訓練 / 伺服傾斜的跡象[3]。`Transform`（*https://oreil.ly/xsJYT*）組件也可以接收 `SchemaGen` 的輸出，它就是執行特徵工程，將輸入的資料轉換成正確的格式讓模型使用的地方。這可能包括將自由格式的文本輸入轉換成 embedding、將數值輸入標準化，等等。

當資料就緒，可以傳入模型時，我們就可以將它傳給 `Trainer`（*https://oreil.ly/XFtR_*）組件。當我們設定 `Trainer` 組件時，我們會指出一個定義模型碼的函式，並且指定要在哪裡訓練模型。在這裡，我們將展示如何以這個組件來使用 Cloud AI Platform Training。最後，`Pusher`（*https://oreil.ly/qP8GU*）組件處理模型部署。TFX 還提供許多其他的預建組件（*https://oreil.ly/gHv_z*），我們只在這裡列舉一些將在管道範例中使用的。

3 要進一步了解資料驗證，請參考第 7 章 *Responsible AI*，第 333 頁的「設計模式 30：Fairness Lens」。

在這個例子裡，我們將使用 BigQuery 的 NOAA 颶風資料組來推理颶風的 SSHS 碼[4]。我們會盡量精簡特徵、組件與模型程式碼，讓你將注意力放在管道工具上。下面是管道的步驟，大致上與圖 6-6 的工作流程相同：

1. 資料收集：執行查詢，從 BigQuery 取得颶風資料。
2. 資料驗證：使用 `ExampleValidator` 組件來識別異常值，並檢查資料漂移。
3. 資料分析和預先處理：產生一些資料的統計數據，並定義格式（schema）。
4. 模型訓練：用 AI Platform 來訓練 `tf.keras` 模型。
5. 模型部署：將訓練好的模型部署到 AI Platform Prediction[5]。

完成管道之後，我們就可以用一個 API call 來呼叫之前列舉的完整程序了。我們先來討論典型 TFX 管道的搭建，以及在 AI Platform 上運行它的過程。

建構 TFX 管道

我們將使用 `tfx` 命令列工具來建立和呼叫管道。對於管道的新呼叫稱為**運行**（*run*），它與修改管道本身不同，例如加入新組件。我們可以用 TFX CLI 來做這兩件事。我們可以在一個 Python 腳本裡面定義管道的骨架，它有兩個重要部分：

- 一個 tfx.orchestration.pipeline（*https://oreil.ly/62kf3*）的實例，我們會在裡面定義管道，和它的組件。
- 一個來自 tfx（*https://oreil.ly/62kf3*）程式庫的 kubeflow_dag_runner（*https://oreil.ly/62kf3*）實例。我們將用它來建立和執行管道。除了 Kubeflow 執行器之外，目前也有使用 Apache Beam（*https://oreil.ly/hn0vF*）來執行 TFX 管道的 API，我們可以用它在本地執行管道。

我們的管道（GitHub 有完整的程式（*https://github.com/GoogleCloudPlatform/ml-design-patterns/tree/master/06_reproducibility/workflow_pipeline*））有上述的五個步驟或組件，我們可以這樣定義管道：

```
pipeline.Pipeline(
      pipeline_name='huricane_prediction',
      pipeline_root='path/to/pipeline/code',
```

4 SSHS 代表 Saffir–Simpson Hurricane Scale（*https://oreil.ly/62kf3*），它有 1 至 5 級，用來測量颶風的強度和嚴重程度。注意，這個 ML 模型不能預測颶風稍後的嚴重程度。它只會學習在 Saffir–Simpson 等級中使用的風速閾值。

5 雖然在管道範例中，部署是最後一個步驟，但生產管道通常包含更多步驟，例如將模型存入共享的 repository，或執行個別的服務管道，用它們進行 CI/CD 與測試。

```
        components=[
            bigquery_gen, statistics_gen, schema_gen, train, model_pusher
        ]
    )
```

為了使用 TFX 的 BigQueryExampleGen 組件，我們提供將會抓取資料的查詢。我們可以用一行程式來定義這個組件，裡面的 query 就是 BigQuery SQL 查詢，使用字串格式：

```
bigquery_gen = BigQueryExampleGen(query=query)
```

使用管道的另一個好處是，它提供工具來讓你追蹤輸入、產物，以及各個組件的 log。例如，statistics_gen 組件的輸出是資料組的摘要，如圖 6-7 所示。statistics_gen（*https://oreil.ly/wvq9n*）是 TFX 提供的預建的組件，它使用 TF Data Validation 來產生資料組的統計摘要。

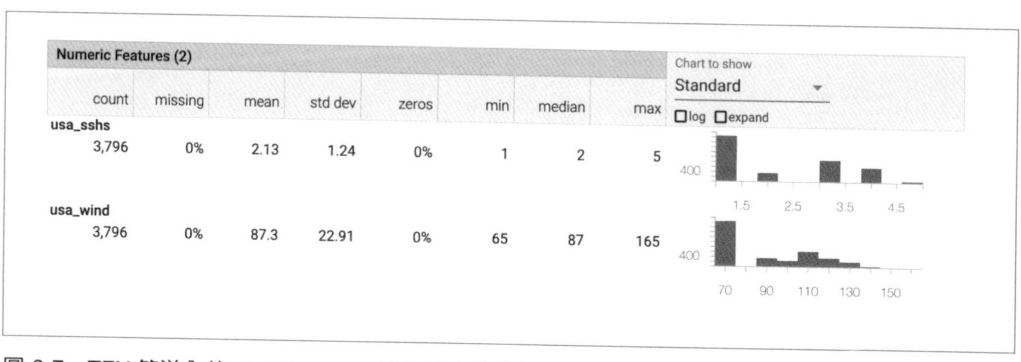

圖 6-7 TFX 管道內的 statistics_gen 組件輸出的產物。

在 Cloud AI Platform 執行管道

我們可以在 Cloud AI Platform Pipelines 上面執行 TFX 管道，它會幫我們管理基礎設施的低階細節。為了將管道部署到 AI Platform，我們將管道程式碼包成 Docker 容器（*https://oreil.ly/rdXeb*），並把它放在 Google Container Registry（*https://oreil.ly/m5wqD*）（GCR）[6]。將容器化的管道程式碼送到 GCR 之後，我們使用 TFX CLI 來建立管道：

```
tfx pipeline create  \
--pipeline-path=kubeflow_dag_runner.py \
--endpoint='your-pipelines-dashboard-url' \
--build-target-image='gcr.io/your-pipeline-container-url'
```

6 注意，為了在 AI Platform 執行 TFX 管線，現在你要將你的程式碼放在 GCR，而且不能使用其他的容器登錄服務，例如 DockerHub。

在上面的命令中，endpoint 對應 AI Platform Pipelines 儀表板的 URL。完成之後，我們會在管道儀表板看到剛才建立的管道。create 命令會建立一個管道資源，我們可以藉著建立一個 run 來引用它：

```
tfx run create --pipeline-name='your-pipeline-name' --endpoint='pipeline-url'
```

執行這個命令之後，我們可以看到一張隨著管道經歷每一個步驟而即時更新的圖。從 Pipelines 儀表板，我們可以進一步檢查各個步驟，查看它們的任何產物、參考資訊等。我們可以在圖 6-8 中看到單一步驟的輸出範例。

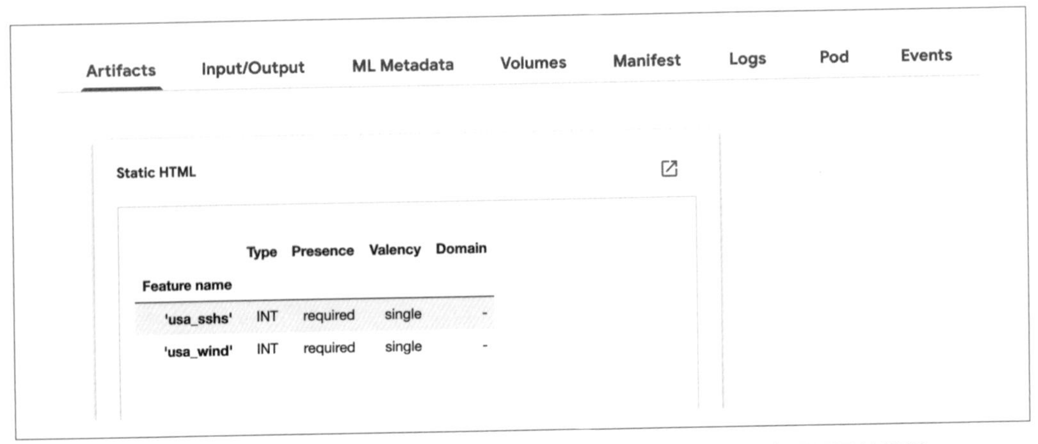

圖 6-8　ML 管道的 schema_gen 組件的輸出。最上面的選單是每一個管道步驟可用的資料。

我們可以在 GKE 的容器化管道中直接訓練模型，但是 TFX 提供了一個工具，可將 Cloud AI Platform Training 當成程序的一部分來使用。TFX 也有一個擴展版本，可將訓練好的模型部署到 AI Platform Prediction。我們將會在管線中使用這兩種整合。AI Platform Training 可讓我們利用專用的硬體來訓練模型，例如 GPU 或 TPU，以經濟實惠的方式。它也提供使用分散式訓練的選項，這可以加速訓練時間，並將訓練成本最小化。我們可以在 AI Platform 控制台裡面追蹤個別的訓練工作及其輸出。

使用 TFX 或 Kubeflow Pipelines 來建構管道的優勢之一是，我們不會被鎖在 Google Cloud 裡面。我們可以在 Azure ML Pipelines（*https://oreil.ly/A5Rxe*）、Amazon SageMaker（*https://oreil.ly/H3p3Y*）或是在內部使用 Google 的 AI Platform Pipelines 來執行這裡展示的程式碼。

為了在 TFX 裡實作訓練步驟，我們將使用 Trainer 組件（*https://oreil.ly/TGKcP*），並將作為模型輸入的訓練資料資訊與模型訓練程式碼一起傳給它。TFX 提供一個擴展版本，可以在 AI Platform 上執行訓練步驟，我們可以藉著匯入 tfx.extensions.google_cloud_ai_platform.trainer，並且在 AI Platform 訓練組態提供細節來使用它。這些細節包括專案名稱、地區，與包含訓練程式碼的容器的 GCR 位置。

類似地，TFX 也有一個 AI Platform Pusher（*https://oreil.ly/wS6lc*）組件（*https://oreil.ly/bJavO*），可以將訓練好的模型部署到 AI Platform Prediction。為了一起使用 Pusher 組件與 AI Platform，我們提供模型的名稱和版本，以及一個服務函式來告訴 AI Platform 它應該為我們的模型接收的輸入資料格式。如此一來，我們就有了一個完整的管道，可以接收資料、分析資料、執行資料轉換，最後使用 AI Platform 來訓練和部署模型。

有效的原因

如果沒有用管道來執行 ML 程式碼，別人就很難可靠地重現我們的工作成果。他們必須取得我們的預先處理、模型開發、訓練和伺服程式碼，並且試著複製我們在運行程式時的環境，同時考慮程式庫依賴項目、驗證等因素。如果我們根據上游組件的輸出，使用邏輯來控制下游組件的選擇，他們也必須正確地複製那個邏輯。Workflow Pipeline 設計模式可讓其他人在內部環境和雲端環境中，從頭到尾運行和監視我們的整個 ML 工作流程，同時仍然能夠對個別步驟的輸出進行除錯。將管道的每一個步驟都容器化，可以確保別人能夠重現用來建構管道的環境，以及取得管道內的整個工作流程，也可以讓我們在幾個月後複製環境，以支援法規（regulatory）需求。使用 TFX 與 AI Platform Pipelines 時，儀表板也提供 UI 來讓我們追蹤每一次的管道執行的產物。第 307 頁的「代價與其他方案」會進一步討論這個部分。

此外，由於每個管道組件都在它自己的容器中，不同的團隊成員可以平行地建構和測試管道的不同部分。這可以加快開發速度，並且將單體 ML 程序帶來的風險降到最低，那種程序的步驟是不可分割地相連的。例如，建構資料預先處理步驟所需的程式包和程式碼可能與部署模型的依賴項目和程式碼有很大的不同。將這些步驟做成管道的各個部分時，我們可以在單獨的容器裡建構每一個部分，連同它自己的依賴項目，並且在完成之後，合併到更大的管道中。

總之，Workflow Pipeline 模式帶來有向非循環圖（DAG）的好處，以及 TFX 等管道框架提供的內建組件。因為管道是 DAG，所以我們可以選擇執行單一步驟，或從頭到尾運行整個管道。我們也可以在不同的執行回合記錄和監視管道的每一個步驟，並且在一個集中的位置追蹤每一個步驟和執行管道的產物。預先建構的組件為 ML 工作流程的共同組件提供獨立的、隨時可用的步驟，包括訓練、評估和推理。無論我們選擇在哪裡執行管道，這些組件都是以獨立容器來運行的。

代價與其他方案

管道框架的主要替代方案就是以臨時的方法來運行 ML 工作流程的步驟，並追蹤與每個步驟有關的 notebook 與輸出。當然，將 ML 工作流程的各個部分轉換成有組織的管道會產生一些開銷。在這一節中，我們要來看 Workflow Pipeline 設計模式的一些變體和擴展：人工建立容器、使用持續整合及持續交付（CI/CD）的工具來將管道自動化、從開發遷往生產工作流程管道的程序，以及建構與協調管道的其他工具。我們也會探索如何使用追蹤參考資訊的管道。

建立自訂的組件

我們可以定義自己的容器來當成組件來使用，或是將 Python 函式轉換成組件，而不是使用預先建構的，或可自訂的 TFX 組件來建構管道。

為了使用 TFX 提供的容器組件（*https://oreil.ly/5ryEn*），我們使用 `create_container_component` 方法，將組件的輸入與輸出、Docker 基礎映像，以及容器的入口點指令傳給它。例如，下面的容器組件會呼叫命令列工具 bq 來下載 BigQuery 資料組：

```
component = create_container_component(
    name='DownloadBQData',
    parameters={
        'dataset_name': string,
        'storage_location': string
    },
    image='google/cloud-sdk:278.0.0',
,
    command=[
        'bq', 'extract', '--compression=csv', '--field_delimiter=,',
        InputValuePlaceholder('dataset_name'),
        InputValuePlaceholder('storage_location'),
    ]
)
```

我們最好可以使用已經擁有我們需要的大部分依賴項目的基礎圖像。我們使用 Google Cloud SDK 映像，它提供了 bq 命令列工具。

它也可以使用 @component decorator 來將自訂的 Python 函式轉換成 TFX 組件。為了展示，假設我們用一個步驟來準備整個管道使用的資源，並且在裡面會建立一個 Cloud Storage bucket。我們可以使用下面的程式來定義這個自訂的步驟：

```
from google.cloud import storage
client = storage.Client(project="your-cloud-project")

@component
def CreateBucketComponent(
    bucket_name: Parameter[string] = 'your-bucket-name',
    ) -> OutputDict(bucket_info=string):
  client.create_bucket('gs://' + bucket_name)
  bucket_info = storage_client.get_bucket('gs://' + bucket_name)

  return {
    'bucket_info': bucket_info
  }
```

接下來，我們可以將這個組件加入管道定義：

```
create_bucket = CreateBucketComponent(
    bucket_name='my-bucket')
```

將 CI/CD 與管道整合起來

除了透過儀表板或透過 CLI 或 API 以程式來引用管道之外，我們可能也希望在投入生產時，將管道的執行自動化。例如，我們可能希望在有一定數量的新訓練資料時引用管道。或者，我們可能希望在管道的原始碼有所更改時觸發管道的運行。在 Workflow Pipeline 裡面加入 CI/CD 可以協助連接運行管道的事件觸發機制。

現在有很多代管服務可以設定觸發機制，在你想要用新資料來重新訓練模型時，觸發管道的執行。我們可以使用代管的排程服務，來按照時間表引用管道，或使用 Cloud Functions（*https://oreil.ly/rVyzX*）之類的無伺服器事件式服務，在有新資料被加入儲存位置時，使用管道。我們可以在函數中指定條件來建立新的管道運行——例如指定一個需要進行重新訓練的新資料量。一旦有足夠的新訓練資料，我們就可以實例化一個管道的執行，來重新訓練和重新部署模型，如圖 6-9 所示。

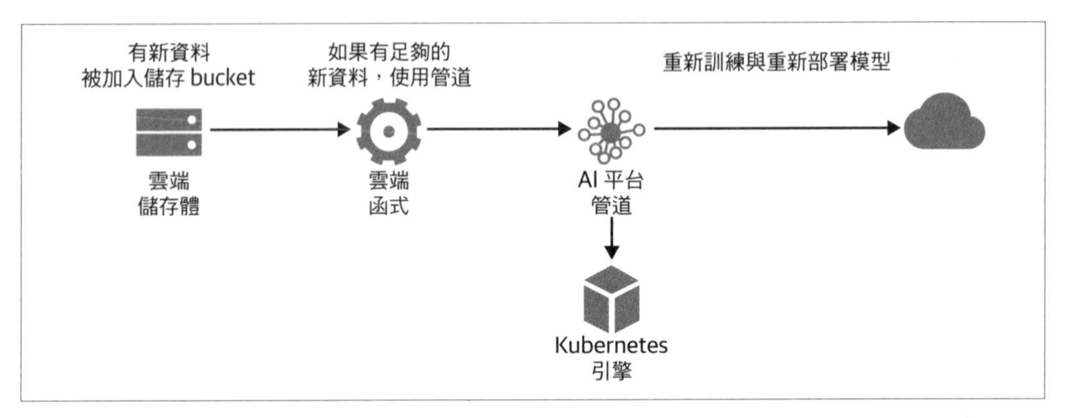

圖 6-9 一旦有足夠的新資料被加入儲存位置，就使用 Cloud Functions 來呼叫管道的 CI/CD 工作流程

如果我們想要根據對於原始碼的修改來觸發管道，那麼像 Cloud Build（*https://oreil.ly/kz8Aa*）這類的代管 CI/CD 服務可以提供幫助。當 Cloud Build 執行我們的程式碼時，它會以一系列的容器化步驟來運行。這種做法很適合管道的背景。我們在管道程式碼所在的 repository 將 Cloud Build 接到 GitHub Actions（*https://oreil.ly/G2Xwv*）或 GitLab Triggers（*https://oreil.ly/m_dYr*）。當程式碼被 commit 出去時，Cloud Build 會基於新程式碼來建立與管道連接的容器，並且建立一個運行（run）。

Apache Airflow 與 Kubeflow Pipelines

除了 TFX 之外，Apache Airflow（*https://oreil.ly/rQlqK*）與 Kubeflow Pipelines（*https://oreil.ly/e_7zJ*）都是實作 Workflow Pipeline 模式的替代方案。如同 TFX，Airflow 與 KFP 都將管道視為 DAG，用 Python 腳本來定義每一個步驟的工作流程。它們會用這個腳本，並提供 API，讓你在指定的基礎設施上處理排程與協調圖（orchestrating the graph）。Airflow 與 KFP 都是開源的，因此可以在內部和在雲端上運行。

很多人使用 Airflow 來做資料工程，所以你可以考慮用它來處理組織的資料 ETL 工作。然而，儘管 Airflow 提供了可靠的工具來執行工作，但它是通用的解決方案，在設計時沒有考慮到 ML 工作負擔。另一方面，KFP 是專門為 ML 而設計的，在比 TFX 更低階的層面上操作，提供更大的靈活性來定義管道步驟。TFX 實作了它自己的協調方法，而 KFP 可讓我們選擇如何透過它的 API 來協調管道。圖 6-10 是 TFX、KFP 與 Kubeflow 之間的關係。

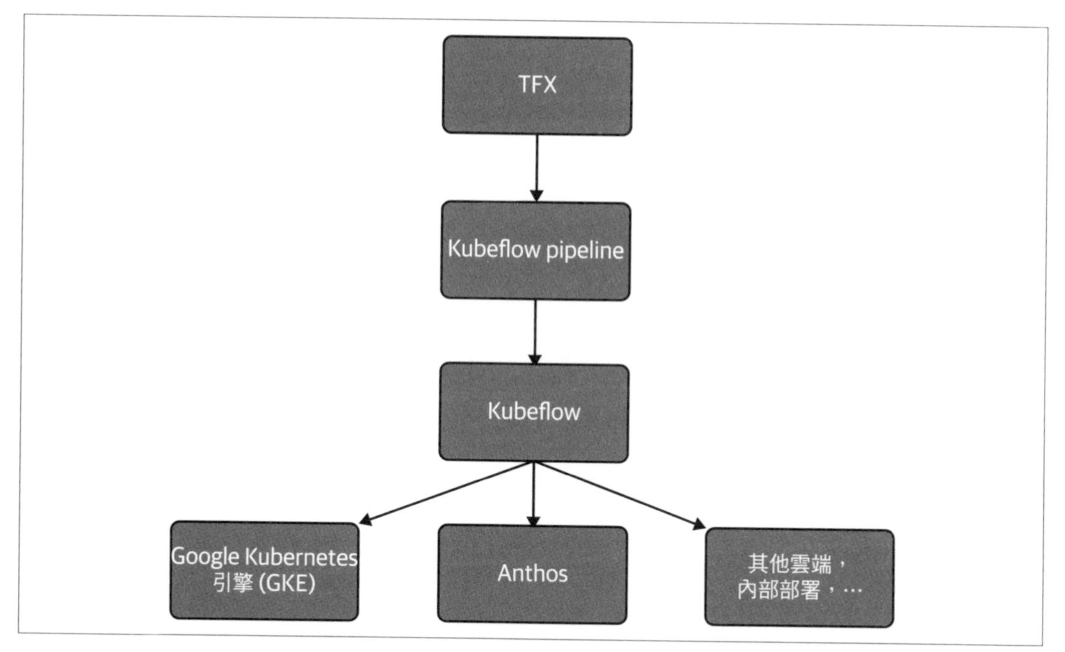

圖 6-10 TFX、Kubeflow Pipelines、Kubeflow 和底層基礎設施之間的關係。TFX 在 Kubeflow Pipelines 之上的最高層級上運行，有預先建構的組件，可為通用的工作流程步驟提供特定的方法。Kubeflow Pipelines 提供了用來定義和協調 ML 管道的 API，可讓你更靈活地實作每個步驟。TFX 和 KFP 都在 Kubeflow 之上運行，Kubeflow 是在 Kubernetes 之上運行容器化 ML 工作負載的平台。圖中的所有工具都是開源的，所以運行管道的底層基礎設施可由用戶決定，選項包括 GKE、Anthos、Azure、AWS 或內部部署。

開發 vs. 生產管道

管道的引用方式通常會隨著從開發到生產的轉變而改變。我們可能希望用 notebook 來建構管道的雛型，在這個 notebook 中，我們可以藉著執行一個 notebook cell 來重新引用管道、除錯，和更新程式碼，全部都在相同的環境中處理。到了可以投入生產時，我們可以將組件程式和管道定義移到一個腳本內。在腳本內定義管道可讓我們排程運行（run），並且讓其他組織的人更容易以可重複的方式引用管道。Kale 是將管道生產化的工具之一（*https://github.com/kubeflow-kale/kale*），它可以將 Jupyter notebook 程式碼轉換成腳本，使用 Kubeflow Pipelines API。

生產管道也可以對 ML 工作流程進行**協調**（*orchestration*）。在這裡，協調的意思是在管道裡加入邏輯來確定哪些步驟將會執行，以及這些步驟的結果將會是什麼。例如，我們可能決定只將準確率在 95% 以上的模型部署到生產環境。當新的資料觸發管道的運行，並訓練出新的模型時，我們可以加入邏輯來檢查評估組件的輸出，如果準確度高於我們的閾值，就執行部署組件，否則結束管道的運行。本節介紹過的 Airflow 與 Kubeflow Pipelines 都提供 API 來執行管道協調。

在 ML 管道中的歷程追蹤

管道也可以用來追蹤模型的參考資訊與產物，也稱為**歷程追蹤**（*lineage tracking*）。每次我們引用管道時，就會產生一系列的產物。這些產物可能包含資料組摘要、匯出的模型、模型評估結果、特定管道引用的參考資訊，等等。歷程追蹤可讓我們將模型版本的歷史，以及其他相關的模型產物視覺化。例如，在 AI Platform Pipelines 裡，我們可以使用管道儀表板來查看一個模型版本使用哪一組資料來訓練，並且用資料格式和日期來解析。圖 6-11 是在 AI Platform 上運行的 TFX 管道的 Lineage Explorer 儀表板。它可讓我們追蹤特定模型的輸入與產物。

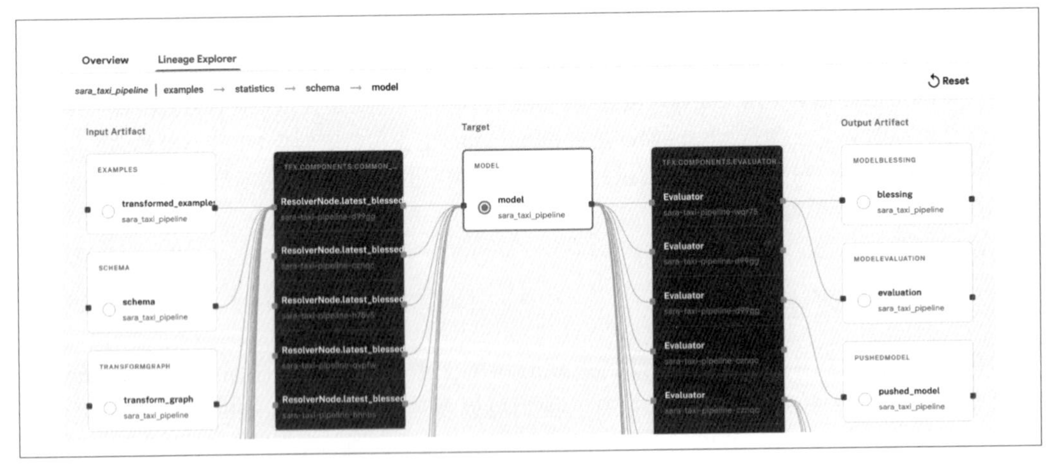

圖 6-11　一個 TFX 管道的 AI Platform Pipelines 儀表板的 Lineage Explorer 部分。

使用歷程追蹤來管理管道運行期間的產物有一個好處在於，它同時支援雲端和內部環境。它可以讓我們靈活地選擇模型的訓練與部署地點，以及模型參考資訊的儲存地點。歷程追蹤也是讓 ML 管道具備可重複性的重要因素，因為它可以讓你比較來自不同的管道運行回合的參考資訊和產物。

設計模式 26：Feature Store

Feature Store 設計模式可以簡化不同專案之間的特徵管理和重複使用，其做法是將特徵建立程序與使用這些特徵來進行的模型開發工作分開。

問題

優秀的特徵工程對許多機器學習解決方案而言都是成功的關鍵。但是，它也是模型開發過程中，最耗時的部分之一。有些特徵需要大量的領域知識才能正確地計算，而且商業策略的改變可能會影響特徵的計算方式。為了確保特徵是以一致的方式計算的，比較好的做法是讓領域專家控制這些特徵，而不是讓 ML 工程師。有些輸入欄位可以選擇不同的資料表示法（見第 2 章），來讓它們更適合用於機器學習。ML 工程師或資料科學家通常會試驗多種不同的轉換，以找出哪些是有用的，哪些不是，再決定要在最終模型裡使用哪些特徵。很多時候，讓 ML 模型使用的資料的來源不只一個。或許有些資料來自資料倉儲，有些資料是在 bucket 裡面的無結構的資料，有些資料是用串流即時收集的。每個資料源之間的資料結構也可能不同，因此每一個輸入都有它自己的特徵工程步驟，之後再傳給模型。這個開發通常是用 VM 或個人電腦進行的，導致特徵的建立與建構模型的軟體環境綁在一起，而且模型越複雜，這些資料管道也會越複雜。

雖然根據 ML 專案的需求，以隨機應變的方式建立特徵對一次性的模型開發和訓練可能有用，但隨著組織的擴展，這種特徵工程方法會變得不切實際，並且會導致重大的問題：

- 隨機應變的特徵不容易重複使用。特徵會被不斷重複建立，無論是由個人用戶還是團隊，或是永遠無法離開建立它們的管道（或 notebook）。這對比較高階且比較難以計算的特徵來說特別是個問題。這可能是因為它們是用昂貴的程序產生的，例如受過訓練的用戶，或是登記項目 embedding。其他時候，特徵可能是從上游程序獲得的，例如商務優先等級、契約的有效性，或市場細分。複雜性的另一個根源是，當比較高級的特徵需要在一段時間內匯整時，例如顧客在過去一個月的訂單數量。為每一個新專案從頭建立相同的特徵是很浪費時間和勞力的事情。
- 如果各個 ML 專案用敏感資料來計算特徵的方式各不相同，資料管制（data governance）會非常困難。
- 視情況製作的特徵不容易在不同團隊或不同專案之間共享。在許多組織裡，同一列資料會被多個團隊使用，但不同的團隊可能用不同的方式定義特徵，而且不容易取得特徵文件。這也會阻礙團隊之間的交叉協作，導致團隊各自閉車造車，以及沒必要的重複工作。

- 用來訓練與伺服的臨時特徵是不一致的，也就是訓練 / 伺服傾斜。訓練通常使用歷史資料來進行，這種資料有許多特徵是離線建立的。但是伺服通常是在線上執行的。如是訓練的特徵管道與伺服生產中使用的管道完全不同（例如，不同的程式庫、預先處理程式，或語言），我們就有訓練 / 伺服傾斜的風險。
- 將特徵生產化（productionize）很難。在投入生產時，沒有標準化的框架可為線上 ML 模型提供特徵，並且為離線模型訓練提供批次特徵。模型是用成批的程序建立的特徵來離線訓練的，但是在生產環境中服務時，這些特徵的建立通常比較強調低延遲，而不是高產出量。特徵生成和儲存框架的靈活性不足以處理這些情況。

總之，臨時性的特徵工程方法會降低模型開發速度，並且導致重複的工作，以及工作流程效率低下。而且，在訓練和推理時建立的特徵會不一致，導致訓練 / 伺服傾斜的風險，或意外地將標籤資訊傳入模型輸入管道，造成資料洩漏。

解決方案

解決方案是建立一個共享的特徵倉庫，用這個集中的位置來儲存與記錄將會用來建立機器學習模型的特徵資料組，並且讓各個專案與團隊共享。特徵倉庫是資料工程師建立特徵的管道與資料科學家使用這些特徵建構模型的工作流程之間的介面（圖 6-12）。如此一來，我們就有一個中央的倉庫，用來存放預先計算的特徵，從而加快開發時間，並有助於發現特徵。它也可以讓你對做出來的特徵執行版本控制、文件化和存取控制等基本軟體工程原則。

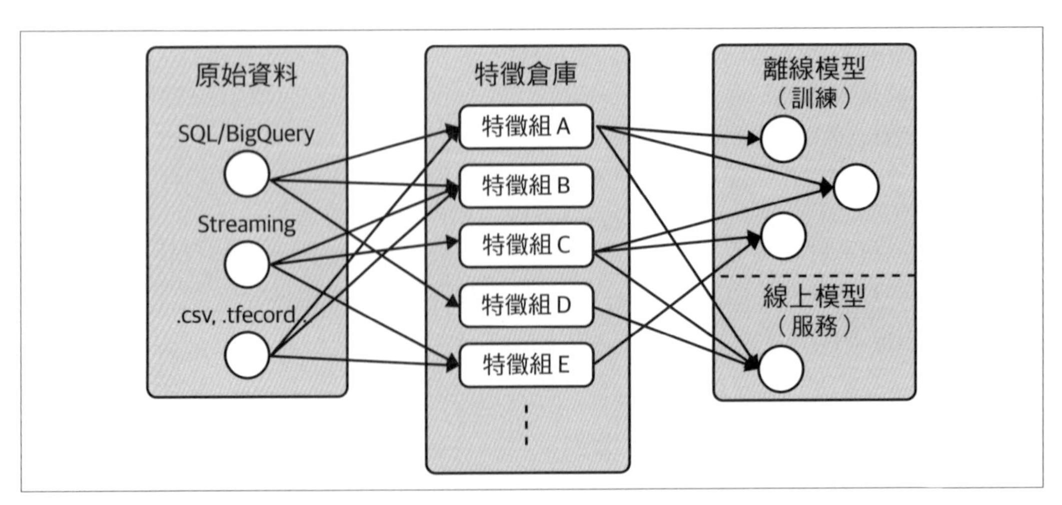

圖 6-12　特徵倉庫在原始資料源和模型的訓練及伺服之間架起一座橋樑。

典型的特徵倉庫是用兩個關鍵的設計特性建構的：快速處理大型特徵資料組的工具，以及同時支援低延遲存取（用於推理）和大批存取（用於模型訓練）的特徵儲存方法。它也有一個參考資訊層，用來簡化不同特徵組的文件和版本控制，以及一個 API，用來管理特徵資料的載入和取得。

資料或 ML 工程師的典型工作流程是從資料源讀取原始資料（結構化的或串流的），使用他們喜歡的處理框架，對資料進行各種轉換，並將轉換後的特徵存在特徵倉庫中。與建立特徵處理管道來支援單一 ML 模型不同的是，Feature Store 模式可以斷開特徵工程與模型開發之間的關係。特別是，在建構特徵倉庫時，我們經常使用 Apache Beam、Flink 或 Spark 等工具，因為它們可以用批次的方式和串流的方式來處理資料。這也可以降低訓練 / 伺服傾斜的發生率，因為特徵資料來自用同一個特徵建立管道。

當特徵被建立出來之後，它們會被保存在資料倉庫中，以便在訓練和伺服時提取。提取特徵的速度是經過優化的。在生產環境中支援某個線上應用程式的模型必須在幾毫秒內產生即時的預測，因此低延遲非常重要。但是，在訓練時，較高的延遲不是問題，此時強調的是高產出量，因為我們會拉入大批的歷史特徵來進行訓練。為了處理這兩種用例，特徵倉庫讓線上和離線的存取使用不同的資料倉庫。例如，特徵倉庫可能使用 Cassandra 或 Redis 作為資料倉庫，在線上特徵提取時使用，並且使用 Hive 或 BigQuery 來提供歷史的、大批的特徵組。

最終，典型的特徵倉庫會儲存許多不同的特徵組，裡面有從無數的原始資料源建立的特徵。我們會建立一個參考資訊層來記錄特徵組，並且提供一個註冊表（registry），讓人們容易發現特徵，以及讓團隊可以交叉協作。

Feast

舉一個運行這個模式的範例，Feast（*https://github.com/feast-dev*）是一種開放原始碼的機器學習特徵倉庫，它是 Google Cloud 與 Gojek 開發出來的（*https://oreil.ly/PszIn*）。它是基於 Google Cloud 服務（*https://oreil.ly/ecJou*）來建構，使用 Big Query 來進行離線模型訓練，使用 Redis 來進行低延遲的線上伺服（圖 6-13）。Apache Beam 的用途是建立特徵，可以讓你用相同的資料管道來處理批次和串流。

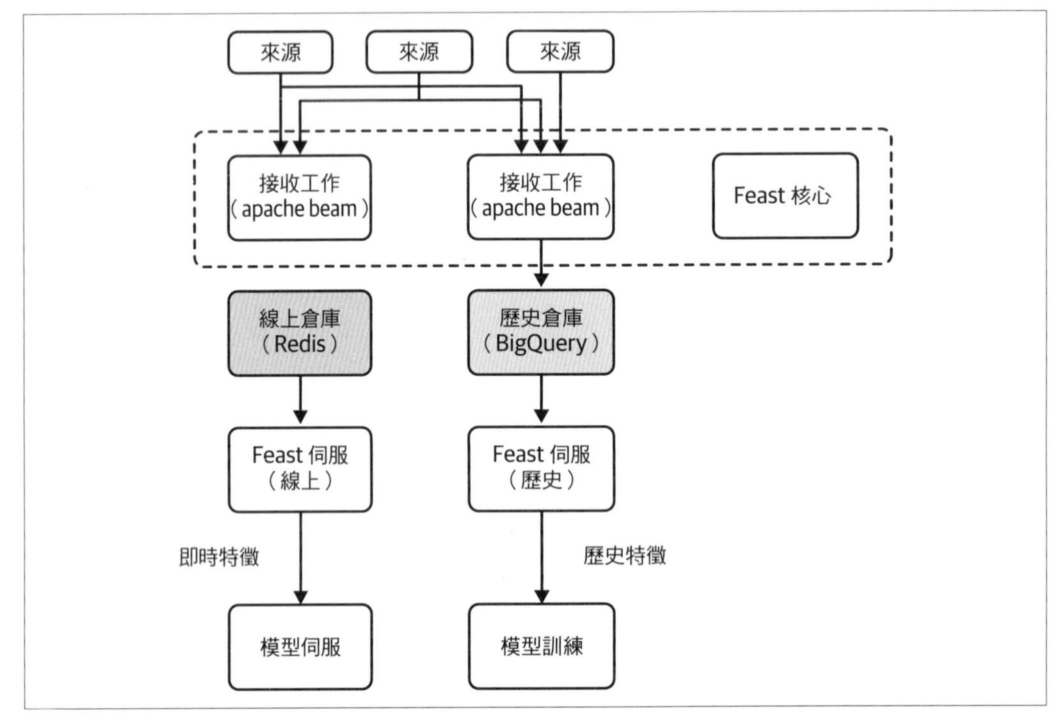

圖 6-13 Feast 特徵倉庫的高階架構 Feast 是用 Google BigQuery、Redis 與 Apache Beam 來建構的。

為了實際觀察它的運作，我們將使用一種公用的 BigQuery 資料組，它儲存了紐約市的計程車載客資訊[7]。表的每一列都有一個上車時戳、上車緯度與經度、下車緯度與經度、乘客數量，以及計程車車資。ML 模型的目標是使用這些特徵來預測計程車的車資，標為 `fare_amount`。

我們要用原始資料來設計額外的特徵，以訓練出好模型。例如，由於計程車的行程是根據載客的距離和持續時間，預先計算上下車之間的距離可以產生實用的特徵。當我們用資料組來算出這個特徵之後，我們可以將它存入一個特徵集合（feature set），以供將來使用。

---

7 資料可以在這個 BigQuery 表取得：*bigquery-public-data.new_york_taxi_trips.tlc_yellow_trips_2016*。

將特徵資料加入 Feast 資料是用 FeatureSets 存入 Feast 的。FeatureSet 裡面有資料格式（schema）與資料源資訊，無論它來自 pandas dataframe 還是 Kafka 串流主題。Feast 會從 FeatureSets 知道該到哪裡取得特徵所需的資料、如何接收它，以及一些關於資料型態的基本特性。你可以一起接收與儲存一群特徵，特徵集合提供有效率的儲存空間，並且在這些倉庫裡，用符合邏輯的方式定義資料的名稱空間。

註冊特徵集合之後，Feast 會啟動一個 Apache Beam 工作來將來源傳來的資料填入特徵倉庫。它會用特徵集合來產生離線與線上特徵倉庫，確保開發者用相同的資料來訓練和伺服他們的模型。Feast 會確保原始資料符合特徵集合的預期格式。

把特徵資料放入 Feast 的步驟有四個，如圖 6-14 所示。

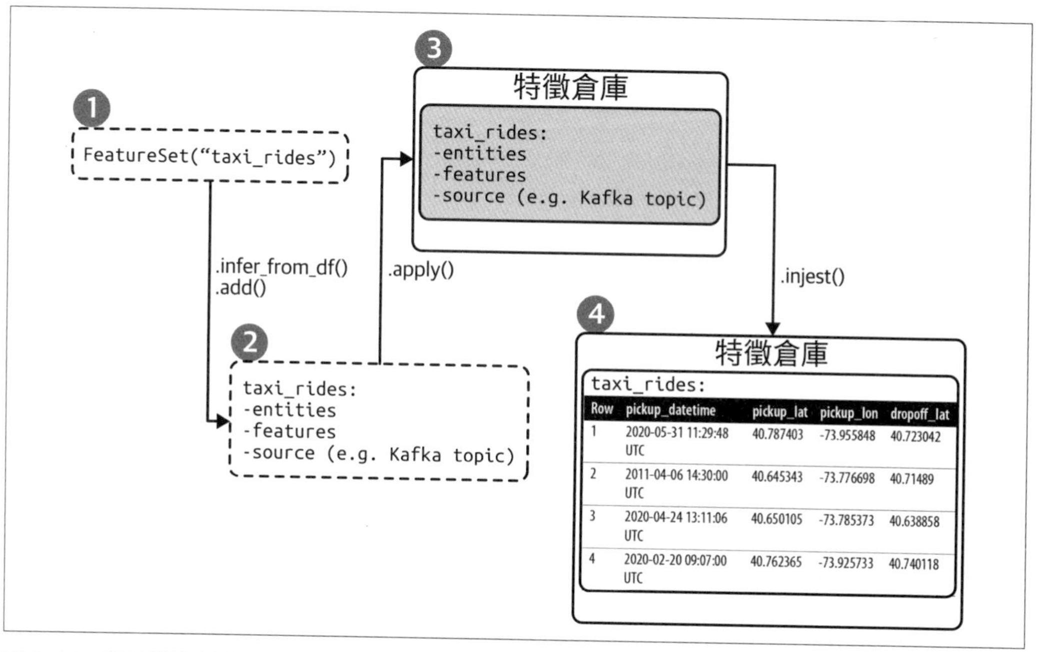

圖 6-14　將特徵資料放入 Feast 的步驟有四個：建立 FeatureSet，加入實體（entity）與特徵、註冊 FeatureSet，以及將特徵資料放入 FeatureSet。

這四個步驟是：

1. 建立 FeatureSet，特徵集合指定了實體、特徵與來源。
2. 將實體與特徵加入 FeatureSet。
3. 註冊 FeatureSet，這會在 Feast 裡建立一個有名稱的特徵集合，這個特徵集合裡面沒有特徵資料。
4. 將特徵資料載入 FeatureSet。

本書的 repository 的 notebook 裡面有這個範例的完整程式碼（*https://github.com/GoogleCloudPlatform/ml-design-patterns/blob/master/06_reproducibility/feature_store.ipynb*）。

建立 FeatureSet　我們使用 Python SDK 來設定一個用戶端，以連接至 Feast 部署：

```
from feast import Client, FeatureSet, Entity, ValueType

# 連接到既有的 Feast 部署
client = Client(core_url='localhost:6565')
```

我們可以用命令 client.list_feature_sets() 來印出既有的特徵集合，來檢查用戶端是否已經連接。如果這是個新部署，它會回傳一個空串列。我們呼叫 FeatureSet 類別，並指定特徵集合的名稱，來建立新的特徵集合：

```
# 建立特徵集合
taxi_fs = FeatureSet("taxi_rides")
```

將實體與特徵加入 FeatureSet　在 Feast 的背景之中，FeatureSets 包含實體（entity）與特徵。實體被當成尋找特徵值的鍵，並且在建立訓練或伺服資料組時，用來連接不同特徵集合的特徵。實體是在資料組之中的任何相關特徵的識別碼。它是一個可以建模（modeled）與儲存資訊的物件。在叫車服務或送餐服務的背景之下，個體可能是 customer_id、order_id、driver_id 或 restaurant_id。在顧客流失模型（churn model）的背景之下，個體可能是 customer_id 或 segment_id。在本例子，個體是 taxi_id，它是一個代表每一趟車的計程車行的唯一代號。

在這個階段，我們建立的特徵集 taxi_rides 裡面沒有個體或特徵。我們可以使用 Feast 核心用戶端，用一個包含原始輸入資料與個體的 pandas dataframe 來指定它們，見表 6-2。

表 6-2　計程車行程資料組裡面有紐約計程車行程的資訊。個體是 taxi_id，它是一個代表每一趟車的計程車行的唯一代碼

Row	pickup_datetime	pickup_lat	pickup_lon	dropoff_lat	dropoff_lon	num_pass	taxi_id	fare_amt
1	2020-05-31 11:29:48 UTC	40.787403	-73.955848	40.723042	-73.993106	2	0	15.3
2	2011-04-06 14:30:00 UTC	40.645343	-73.776698	40.71489	-73.987242	2	0	45.0
3	2020-04-24 13:11:06 UTC	40.650105	-73.785373	40.638858	-73.9678	2	2	32.1
4	2020-02-20 09:07:00 UTC	40.762365	-73.925733	40.740118	-73.986487	2	1	21.3

在建立特徵集合時，定義串流資料來源

用戶可以在建立特徵集合時定義串流資料來源。當特徵集合註冊來源之後，Feast 會將這個來源送來的資料自動填入它的倉庫。這一個特徵集範例有用戶提供的來源，可從一個 Kafka 主題接收串流資料：

```
feature_set = FeatureSet(
    name="stream_feature",
    entities=[
        Entity("taxi_id", ValueType.INT64)
    ],
    features=[
        Feature("traffic_last_5min", ValueType.INT64)
    ],
    source=KafkaSource(
        brokers="mybroker:9092",
        topic="my_feature_topic"
    )
)
```

這裡的 `pickup_datetime` 時戳很重要，因為它在取出批次特徵時必須用到，而且被用來確保批次特徵的時間正確連結（time-correct joins）。若要建立額外的特徵，例如 Euclidean 距離，可將資料組載入 pandas dataframe，並計算特徵：

```
# 載入 dataframe
taxi_df = pd.read_csv("taxi-train.csv")

# 計算特徵，Euclidean 距離
taxi_df['euclid_dist'] = taxi_df.apply(compute_dist, axis=1)
```

我們可以用 .add(...) 來將實驗與特徵加入特徵集合。或者，.infer_fields_from_df(...) 方法可以直接用 pandas dataframe 來為我們的 FeatureSet 建立個體與特徵。我們只要指定代表個體的欄位名稱即可。FeatureSet 的特徵的格式與資料型態會從 dataframe 推論出來：

```
# 用 pandas DataFrame 推論特徵集合的特徵
    taxi_fs.infer_fields_from_df(taxi_df,
                entities=[Entity(name='taxi_id', dtype=ValueType.INT64)],
replace_existing_features=True)
```

註冊 FeatureSet　建立 FeatureSet 之後，我們可以用 client.apply(taxi_fs) 向 Feast 註冊它。為了確定特徵集合已被正確註冊，或為了探索另一個特徵集合的內容，我們可以用 .get_feature_set(...) 取出它：

```
print(client.get_feature_set("taxi_rides"))
```

它會回傳一個 JSON 物件，裡面有 taxi_rides 特徵集合的資料格式：

```
{
  "spec": {
    "name": "taxi_rides",
    "entities": [
      {
        "name": "key",
        "valueType": "INT64"
      }
    ],
    "features": [
      {
        "name": "dropoff_lon",
        "valueType": "DOUBLE"
      },
      {
        "name": "pickup_lon",
        "valueType": "DOUBLE"
      },
      ...
    ...
    ],
    }
}
```

將特徵資料放入 FeatureSet　選好格式之後，我們可以使用 .ingest(...) 將 dataframe 特徵資料放入 Feast。我們指定 FeatureSet，稱為 taxi_fs，以及要填入特徵資料的 dataframe，稱為 taxi_df。

```
# 為這個特徵集合將特徵資料載入 Feast
client.ingest(taxi_fs, taxi_df)
```

填寫的進度會顯示在螢幕上，指出我們已經將 28,247 列填入 Feast 的 taxi_rides 特徵集合：

```
100%|██████████|28247/28247 [00:02<00:00, 2771.19rows/s]
Ingestion complete!

Ingestion statistics:
Success: 28247/28247 rows ingested
```

在這個階段，呼叫 client.list_feature_sets() 會列出我們剛才建立的特徵集合 taxi_rides，並回傳 [default/taxi_rides]。這裡的 default 代表在 Feast 裡的特徵集合的專案範圍（project scope）。你可以在實例化特徵集合時修改它，讓一些特徵集合可被專案存取。

資料組可能會隨著時間而改變，導致特徵集合也跟著改變。在 Feast 裡，當特徵集合被建立出來之後，你只能對它做一些改變。例如，你可以做這些改變：

- 加入新特徵。
- 移除既有的特徵。（特徵會被墓碑化（tombstoned），並保留在紀錄中，所以它們不會被完全移除。這會影響新特徵能否使用之前被刪除的特徵的名稱。）
- 改變特徵的格式（schema）。
- 改變特徵集合的來源，或特徵集合案例的 max_age。

這些更改是不允許的：

- 改變特徵集合的名稱。
- 改變實體。
- 改變既有特徵的名稱。

從 Feast 提取資料

當特徵集合被放入特徵之後，我們就可以提取歷史或線上特徵了。用戶與生產系統可透過 Feast 伺服資料存取層來取得特徵資料。因為 Feast 支援離線與線上倉庫，一般人通常會為兩者部署 Feast，見圖 6-15。兩個特徵倉庫會儲存同樣的特徵資料，以確保訓練與伺服的一致性。

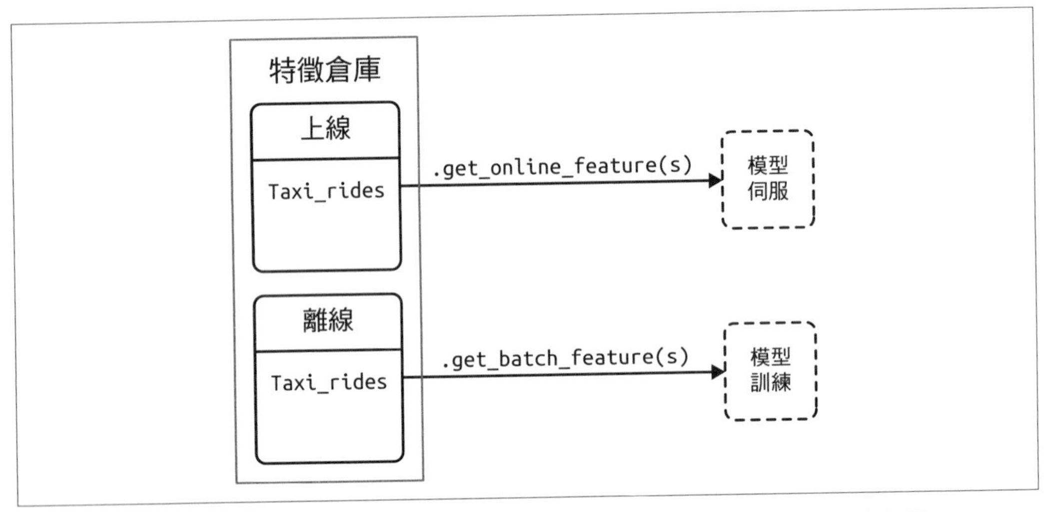

圖 6-15　特徵資料可以離線取得，使用歷史特徵來進行模型訓練，或線上取得，用來伺服。

這些部署是透過不同的線上和批次用戶端來訪問的：

```
_feast_online_client = Client(serving_url='localhost:6566')
_feast_batch_client = Client(serving_url='localhost:6567',
                             core_url='localhost:6565')
```

批次伺服　在訓練模型時，歷史特徵提取是由 BigQuery 支援的，使用 `.get_batch_features(...)` 和批次伺服用戶端來讀取。在這個例子裡，我們提供一個 pandas dataframe 給 Feast，裡面有將要連接的特徵資料的實體與時戳，可讓 Feast 根據被請求的特徵產生特定時間的資料組：

```
# 建立一個 df 實體，裡面有所有個體與時戳
entity_df = pd.DataFrame(
    {
        "datetime": taxi_df.datetime,
        "taxi_id": taxi_df.taxi_id,
    }
)
```

在提取歷史特徵時，你要用特徵集合名稱與特徵名稱來參考特徵集合裡面的特徵，在中間加上冒號，例如 `taxi_rides:pickup_lat`：

```
    FS_NAME = taxi_rides
model_features = ['pickup_lat',
                  'pickup_lon',
                  'dropoff_lat',
                  'dropoff_lon',
                  'num_pass',
                  'euclid_dist']
    label = 'fare_amt'

    features = model_features + [label]

# 從 Feast 提取訓練資料組
dataset = _feast_batch_client.get_batch_features(
    feature_refs=[FS_NAME + ":" + feature for feature in features],
    entity_rows=entity_df).to_dataframe()
```

現在 dataframe dataset 裡面有所有特徵與標籤可供模型使用，它們是直接從特徵倉庫中拉出來的。

線上伺服　在進行線上伺服時，Feast 只會儲存最新的個體值，而不像在歷史伺服時，將所有歷史值都存起來。Feast 的線上伺服在設計上具有很低的延遲時間，而且 Feast 提供了 Redis 支援的 gRPC API（*https://redis.io*）。例如，要提取線上特徵，在使用訓練好的模型來進行線上預測時，我們使用 `.get_online_features(...)` 來指定我們想要抓取的特徵與個體：

```
# 取出一個 taxi_id 的線上特徵
online_features = _feast_online_client.get_online_features(
    feature_refs=["taxi_rides:pickup_lat",
"taxi_rides:pickup_lon",
    "taxi_rides:dropoff_lat",
"taxi_rides:dropoff_lon",
                    "taxi_rides:num_pass",
"taxi_rides:euclid_dist"],
    entity_rows=[
        GetOnlineFeaturesRequest.EntityRow(
            fields={
                "taxi_id": Value(
                    int64_val=5)
            }
        )
    ]
)
```

它會將 online_features 存為一個對映串列，在串列內的每一個項目裡面有你提供的個體的最新特徵值，在此是 taxi_id = 5：

```
field_values {
  fields {
    key: "taxi_id"
    value {
      int64_val: 5
    }
  }
  fields {
    key: "taxi_rides:dropoff_lat"
    value {
      double_val: 40.78923797607422
    }
  }
  fields {
    key: "taxi_rides:dropoff_lon"
    value {
      double_val: -73.96871948242188
    }
  ...
```

若要用這個範例進行線上預測，我們要用 predict_df 這個 pandas dataframe 來將在 online_features 裡面回傳的物件的欄位值傳給 model.predict：

```
predict_df = pd.DataFrame.from_dict(online_features_dict)
model.predict(predict_df)
```

有效的原因

特徵倉庫之所以有效，是因為它們把特徵工程與特徵的使用之間的關係斷開，在模型開發期間，將「特徵的開發與建立」與「特徵的使用」彼此分開。當特徵被加入特徵倉庫時，它們就立即可以用來訓練和伺服，並且被存放在一個位置。這可以確保模型的訓練和伺服之間的一致性。

例如，直接面對顧客的應用程式的模型可能只會從用戶端接收 10 個輸入值，但是在發送到模型之前，這 10 個輸入可能要透過特徵工程，轉換成更多特徵。這些轉換出來的特徵會被存放在特徵倉庫裡。重點在於，在開發期間提取特徵的管道與伺服模型時的管道是相同的。特徵倉庫可以確保那個一致性（圖 6-16）。

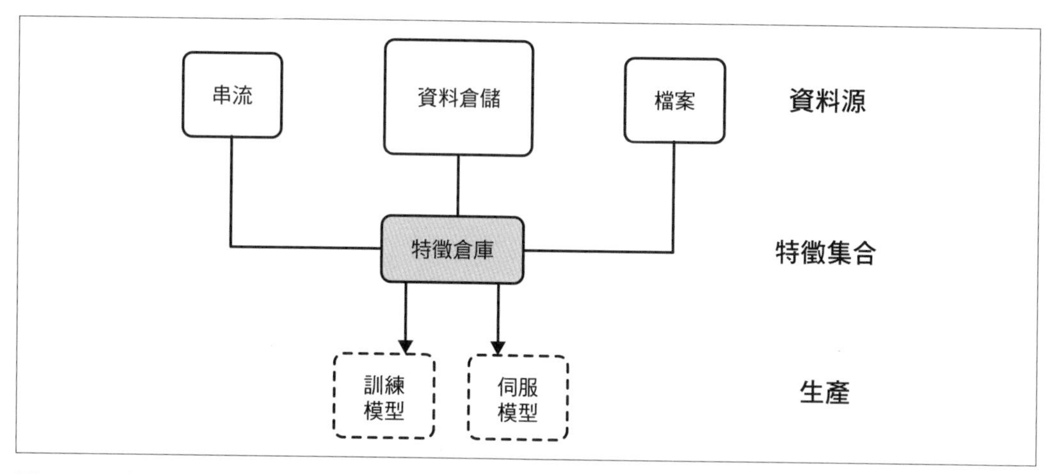

圖 6-16　特徵倉庫可以確保特徵工程管道在模型訓練和伺服之間保持一致。亦見 *https://docs.feast.dev/*。

Feast 實現這種做法的方式是在後端使用 Beam 作為特徵接收管道，將特徵值寫入特徵集合，並且使用 Redis 與 BigQuery 來進行線上與離線（分別）特徵提取（圖 6-17）[8]。與任何特徵倉庫一樣的是，接收管道也可以處理部分失效（partial failure）或競賽條件，它們可能造成一些資料在某個存放區，但是不在另一個存放區。

8　見 Gojek 的部落格，「Feast: Bridging ML Models and Data (*https://oreil.ly/YVta5*)」。

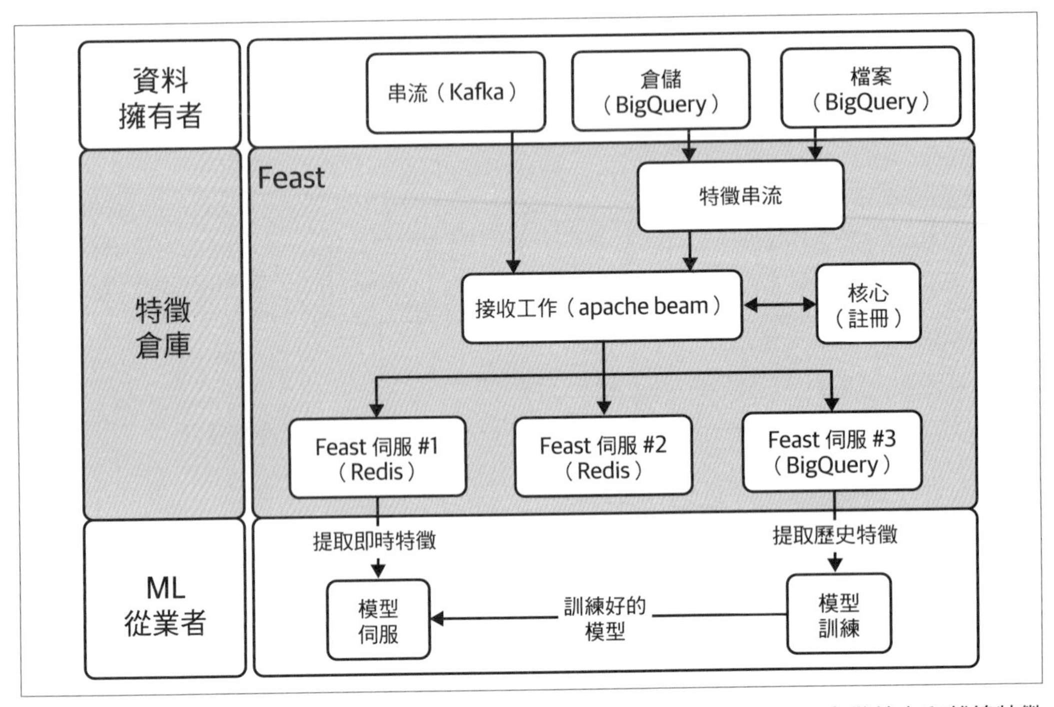

圖 6-17　Feast 在後端使用 Beam 來接收特徵，並且使用 Redis 與 BigQuery 來做線上和離線特徵提取。

不同的系統可能以不同的速度產生資料，特徵倉庫有足夠的靈活度，可以處理不同的節奏，無論是在接收還是在提取期間（圖 6-18）。例如，感應器資料可能是即時生成的，每秒鐘抵達一次，也可能是每個月一次的檔案，檔案由外部系統產生，用來報告上個月的交易的摘要。這些資料都必須處理並收到特徵倉庫裡。同樣的道理，從特徵倉庫提取資料的時段可能有所不同。例如，直接面對用戶的線上應用程式可能以極低的延遲運作，使用即時的特徵，但是在訓練模型時，特徵是在離線的情況下以大批次拉出去的，但有較大的延遲。

沒有一種資料庫可以同時擴展到幾 TB 的資料量，以及以毫秒為單位的極低延遲。特徵倉庫的做法是分成線上與離線特徵倉庫，並確保在這兩種場景之下，特徵是以一致的方式來處理的。

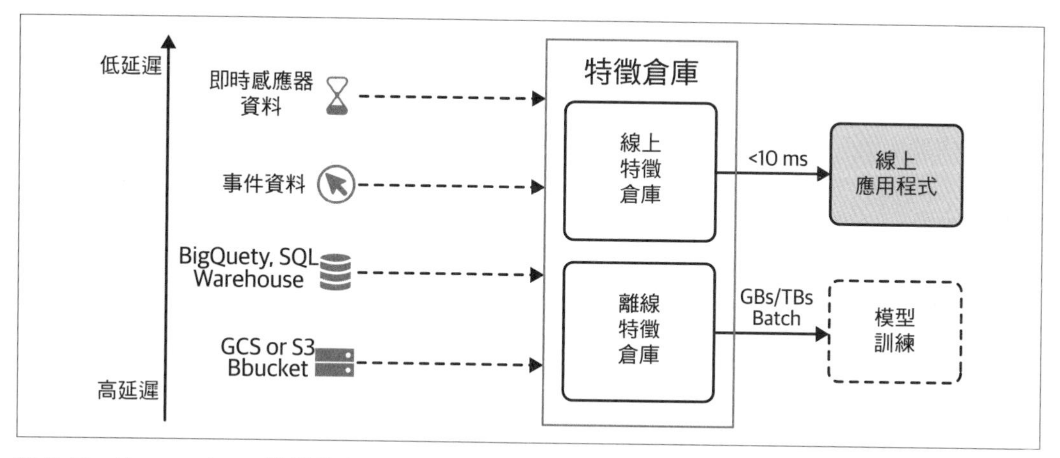

圖 6-18 Feature Store 設計模式既可以處理在訓練期間使用大批資料的高度資料擴展需求，也可以處理伺服線上應用程式時的極度低延遲的需求。

最後，特徵倉庫可以當成特徵資料組的版本控制庫，可讓你將開發程式和模型的同一種 CI/CD 實踐法用在特徵工程程序裡。這意味著在開始一項新 ML 專案時，我們會從一個目錄選擇特徵，而不是從新開始做特徵工程，可讓組織實現規模經濟效應——隨著新特徵被建立並加到特徵倉庫，重複使用這些特徵來建構模型會變得更簡單且更快速。

代價與其他方案

我們討論過的 Feast 框架是用 Google BigQuery、Redis 與 Apache Beam 來建構的。但是，有些特徵倉庫需要依靠其他的工具與技術堆疊。而且，雖然我們建議使用特徵倉庫來管理大規模的特徵，但 `tf.transform` 提供另一種解決方案來處理訓練 / 伺服傾斜的問題，但它無法重複使用特徵。特徵倉庫還有一些我們沒有介紹的用途，例如特徵倉庫如何處理來自不同來源的資料，以及以不同節奏抵達的資料。

其他的實作

許多大型的科技公司，例如 Uber、LinkedIn、Airbnb、Netflix 和 Comcast 都有自己的特徵倉庫版本，儘管架構和工具各不相同。Uber 的 Michelangelo Palette 是用 Spark/Scala 來建構的，使用 Hive 來進行離線特徵建立，使用 Cassandra 來處理線上特徵。Hopsworks 提供了取代 Feast 的另一種開源特徵倉庫，它是用 Spark 和 pandas 以 dataframe 來建構的，用 Hive 來進行離線特徵存取，用 MySQL Cluster 來進行線上特徵存取。Airbnb 在 ML 生產框架 Zipline 裡建立了他們自己的特徵倉庫。它使用 Spark 與 Flink 來處理特徵工程工作，用 Hive 來儲存特徵。

無論使用哪一種技術堆疊，特徵倉庫的主要組件都是一樣的：

- 一種用來快速處理大型特徵工程的工具，例如 Spark、Flink 或 Beam。
- 一個儲存組件，用來存放建立出來的特徵集合，例如 Hive、雲端存放區（Amazon S3、Google Cloud Storage）、BigQuery、Redis、BigTable 與 / 或 Cassandra。Feast 使用的組合（BigQuery 與 Redis）是為了離線 vs. 線上（低延遲）特徵提取而優化的。
- 一個參考資訊層，用來記錄特徵版本資訊、文件，以及特徵註冊表，來讓特徵集合的發現和共享更容易。
- 一個用來將特徵放入特徵倉庫和提取特徵的 API。

Transform 設計模式

如果訓練和推理期間的特徵工程程式碼不一樣，就會有兩者的程式源不一致的風險。這會導致訓練 / 伺服傾斜，模型預測的結果可能不可靠，因為特徵可能不一樣。特徵倉庫處理這種問題的方法是讓它們的特徵工程將特徵資料同時寫入線上與離線資料庫。而且，雖然特徵倉庫本身不執行特徵轉換，但它提供一種方法來將上游的特徵工程步驟與模型伺服分開，並提供時間點正確性。

本章介紹過的 Transform 設計模式也可讓你將特徵轉換獨立出來，並且讓它可重複。例如，你可以用 `tf.transform` 來預先處理資料，使用同樣的程式來訓練模型，以及在生產環境進行預測，從而排除訓練 / 伺服傾斜。這可以確保訓練與伺服特徵工程管道是一致的。

然而，特徵倉庫提供了 `tf.transform` 所沒有的額外優勢 —— 重複使用特徵。雖然 `tf.transform` 管道可確保再現性，但特徵只是為了那個模型而建立和開發的，無法讓其他的模型和管道輕鬆地共享和重複使用。

另一方面，`tf.transform` 特別關注在伺服期間，特徵是在加速硬體上建立的，因此它是伺服圖的一部分。現在的特徵倉庫通常不提供這種功能。

設計模式 27：Model Versioning

在 Model Versioning 設計模式裡，我們透過使用不同的 REST 端點來將修改過的模型部署成微服務，以實現回溯相容。這是本章談到的許多其他模式的必要前提。

問題

正如我們在**資料漂移**中看到的（見第 1 章），模型可能會隨著時間的推移而老化，需要定期更新，以確保可以反映組織不斷變化的目標，以及與訓練資料有關的環境。將模型的更新部署到生產環境必定會影響模型處理新資料的行為，這會帶來一個挑戰——我們要設法維持生產模型的最新狀態，同時也要確保既有的模型用戶的回溯相容性。

對既有的模型進行更新可能包括更改模型的架構以提高準確性，或是用最新的資料重新訓練模型，以解決漂移問題。雖然這種更改或許不需要別種模型輸出格式，但它們會影響用戶從模型獲得的預測結果。舉例來說，假設我們要建構一個模型，根據書籍的敘述來預測書籍的類型，並使用預測出來的類型向用戶進行推薦。我們的初始模型是用一個舊的經典書籍資料組來訓練的，但是現在可以取得成千上萬的最新書籍的新資料來進行訓練。用這個新資料組來訓練可以提高整體模型的準確性，但是也會稍微降低對舊的「經典」書籍的準確性。為了處理這個問題，我們要讓用戶可以選擇舊版的模型，如果他們喜歡的話。

或者，模型的終端用戶可能需要得到更多關於模型如何做出特定預測的資訊。在醫療用例中，醫生可能要看到造成模型預測有疾病的 x 光區域，而不是只依靠預測出來的標籤。在這種情況下，我們要更新已部署的模型的回應，加入這些特別標注的區域。這個程序稱為**可解釋性**，第 7 章會進一步說明。

當我們部署更新後的模型時，我們可能也想要追蹤模型在生產環境中的表現如何，並且拿它與之前的迭代相比。我們或許也想要用一小組的用戶來測試新模型。如果每次我們進行更新時，都用一個生產模型來替換，那麼無論是監視性能還是分組測試，以及其他可能的模型變更都難以進行。這樣做也會破壞期望模型的輸出符合特定格式的應用程式。為了處理這種情況，我們需要設法持續更新模型，同時又不破壞既有的用戶。

解決方案

使用不同的 REST 端點來部署多個模型版本可以優雅地處理模型的更新。這可以確保回溯相同性，藉著同時部署多個版本的模型，依靠舊版的用戶仍然可以使用服務。版本控制可以讓你在不同版本之間進行細膩的性能監視與分析追蹤。我們可以比較準確度與使用統計數據，並且用它來決定何時要讓特定的版本下線。如果我們有一次模型更新，並且只想要讓一小部分的用戶測試它，Model Versioning 設計模式可讓我們進行 A/B 測試。

此外，透過模型版本控制，每一個部署的模型版本都是一個微服務——從而斷開模型的更改與前端應用程式之間的關係。如果團隊的應用程式開發者想要支援新版本，他們只要更改指向模型的 API 端點的名稱即可。當然，如果新的模型版本更改了模型的回應格式，我們就要修改應用程式以配合這種情況，但是模型和應用程式碼仍然是分開的。因此，資料科學家或 ML 工程師可以自己部署和測試新的模型版本，而不用擔心破壞生產環境的應用程式。

模型用戶的類型

我們所指的模型「終端用戶」包含兩組不同的人。如果我們開放模型 API 端點讓組織外部的 app 開發者使用，我們可以將那些開發者視為一種模型用戶，他們建構的 app 會依靠我們的模型來為別人提供預測服務。模型版本控制帶來的回溯相容性好處對這些用戶來說是最重要的。如果模型的回應格式改變了，應用程式開發者可能想要使用舊版的模型，直到他們更新應用程式碼，來支援最新的回應格式為止。

當用戶的應用程式會呼叫我們部署的模型時，那種用戶是另一種終端用戶。他可能是依賴我們的模型來預測照片中出現的疾病的醫生，可能是使用我們的圖書推薦應用程式的人，也可能是我們組織的業務部門，用我們建立的收入預測模型來分析輸出，等等。這一種用戶比較不會遇到回溯相容問題，但是他們可能想要選擇何時開始使用應用程式的新功能。此外，如果我們可以將用戶分成不同的族群（也就是根據他們使用應用程式的情況），我們就可以根據他們的偏好，為每一個族群提供不同的模型版本。

使用代管服務來進行模型版本控制

為了展示版本控制，我們要建立一個模型來預測航班誤點，並將這個模型部署到 Cloud AI Platform Prediction（*https://oreil.ly/-GAVQ*）。因為我們已經在之前的章節學過 TensorFlow 的 SavedModel 了，所以我們將在這裡使用 XGBoost 模型。

當我們訓練好模型之後，我們就可以匯出它，來讓它可以開始提供服務：

```
model.save_model('model.bst')
```

為了將這個模型部署到 AI Platform，我們要在 Cloud Storage Bucket 裡面建立一個將會指向這個 model.bst 的模型版本。

在 AI Platform 裡，一個模型資源可以有許多版本。我們在 Terminal 執行這些命令，使用 gcloud CLI 來建立一個新版本：

```
gcloud ai-platform versions create 'v1' \
  --model 'flight_delay_prediction' \
  --origin gs://your-gcs-bucket \
  --runtime-version=1.15 \
  --framework 'XGBOOST' \
  --python-version=3.7
```

部署這個模型之後，你就可以在連接專案的 HTTPS URL 裡使用 */models/flight_delay_predictions/versions/v1* 端點來使用它了。因為它是我們到目前為止部署的唯一版本，所以它是預設的，這代表如果我們沒有在 API 請求裡指定版本，預測服務將會使用 v1。現在我們用模型期望的格式將一個案例傳給已部署的模型來進行預測，在這個例子中，那個案例是個包含 110 個元素的虛擬機場代碼陣列（GitHub 的 notebook 有完整的程式（*https://github.com/GoogleCloudPlatform/ml-design-patterns/blob/master/06_reproducibility/model_versioning.ipynb*））。模型會回傳一個 sigmoid 輸出，它是一個介於 0 與 1 之間的浮點值，指出特定航班誤點 30 分鐘以上的機率。

我們用下面的 gcloud 命令來對已部署的模型發出一個預測請求，其中的 *input.json* 是一個檔案，裡面有用換行符號分隔的案例，準備送給模型預測：

```
gcloud ai-platform predict --model 'flight_delay_prediction'
--version 'v1'
--json-request 'input.json'
```

如果我們傳送五個樣本來預測，我們會得到一個包含五個元素的陣列，裡面的 sigmoid 輸出對映各個測試樣本，例如：

```
[0.019, 0.998, 0.213, 0.002, 0.004]
```

將一個可以工作的模型投入生產之後，假設我們的資料科學團隊決定將模型從 XGBoost 改成 TensorFlow，因為它可以改善準確度，並且可讓他們使用 TensorFlow 生態系統的額外工具。這個模型有相同的輸入與輸出格式，但是它的架構與匯出的資產格式已經改變了，現在不是匯出 *.bst* 檔案，而是 TensorFlow SavedModel 格式。在理想情況下，我們可以將底層的模型資產與前端應用程式分開——這可以讓應用程式開發者專注於應用程式的功能，不需要更改不會影響終端用戶與模型的互動方式的模型格式。這就是模型版本控制可以幫助的地方。我們在同一個 `flight_delay_prediction` 模型資源底下，將 TensorFlow 模型部署成第二個版本。終端用戶只要改變 API 端點內的版本號碼，就可以升級成新的版本，以獲得改善的性能。

為了部署第二個版本，我們匯出這個模型，並將它複製到之前使用的 bucket 裡的一個新的子目錄。我們可以使用與上面相同的部署命令，將版本名稱換成 v2，並指向新模型的 Cloud Storage 位置。如圖 6-19 所示，現在我們可以在 Cloud 控制台看到兩個已部署的版本了。

Model Details　NEW VERSION

Name
flight_delay_prediction

Default version
v2

VERSIONS

Filter by prefix...

Name	Create time	Last used
v1	Jul 19, 2020, 11:46:44 AM	Jul 19, 2020, 11:48:16 AM
v2 (default)	Jul 19, 2020, 11:57:06 AM	Jul 19, 2020, 12:01:16 PM

圖 6-19　在 Cloud AI Platform 控制台裡，用來管理模型和版本的儀表板。

注意，我們也將 v2 設成新的預設版本，所以如果用戶沒有指定版本，它們會得到 v2 的回應。因為模型的輸入與輸出格式相同，用戶端可以進行升級，而不需要擔心破壞性變更。

Azure 與 AWS 有相似的模型版本控制服務可供使用。在 Azure，你可以用 Azure Machine Learning（*https://oreil.ly/Q7NWh*）來部署模型與控制版本。在 AWS，SageMaker（*https://oreil.ly/r98Ve*）有這些服務可以使用。

將新版模型部署成 ML 模型端點的 ML 工程師可能想要使用 API 閘道（例如 Apigee）來確定要呼叫那一個模型版本。這樣做的原因有很多，包括對新版本進行對比測試（split testing）。在進行對比測試時，他們或許想要隨機選擇 10% 的 app 用戶來測試模型的更新，並追蹤模型如何影響他們對 app 的整體參與情況。API 閘道會根據用戶的 ID 或 IP 位址來決定要呼叫哪一個已部署的模型版本。

如果你部署多個模型版本，AI Platform 可讓你進行跨版本的監控與分析。這可讓我們追蹤特徵版本的錯誤、監視流量，以及將它們與我們在 app 裡面收集到的其他資料結合起來。

> **用版本控制來處理新的資料**
>
> 除了處理對於模型本身的更改之外，使用版本控制的另一個原因是有新的訓練資料可以使用。假如新資料所使用的格式與訓練原始模型的資料相同，追蹤新訓練的版本所使用的每一個資料是**何時**抓取的非常重要。追蹤這件事的其中一種方法是將每一個訓練資料組的時戳範圍放在模型版本的名稱裡面。例如，如果模型的最新版本是用 2019 年的資料來訓練的，我們可以將版本取名為 `v20190101_20191231`。
>
> 我們可以同時使用這種方法與第 212 頁（第 5 章）的「設計模式 18：Continued Model Evaluation」來決定何時將舊模型版本下線，或訓練資料應該回溯到多遠。持續評估或許可以協助我們發現用過去兩年的資料訓練出來的模型的表現最好，協助我們決定刪除的版本，以及在訓練新版本時，要使用多少資料。

代價與其他方案

雖然我們建議使用 Model Versioning 設計模式，而不是只維護一個模型版本，但是對於上述的解決方案還有一些其他的實作方案。在這裡，我們將介紹可用於此模式的其他無伺服器和開源工具，以及建立多個伺服函式的方法。我們也會討論何時該建立全新的模型資源，而不是一個版本。

其他的無伺服版本控制工具

之前使用專門為了控制 ML 模型的版本而設計的代管服務，但是我們也可以使用其他無伺服器的產品來取得類似的結果。在底層，每個模型版本都是一個無狀態函式，有指定的輸入和輸出格式，部署在 REST 端點後面。因此，我們可以使用像 Cloud Run 之類的服務（*https://oreil.ly/KERBV*），在單獨的容器中建構和部署每一個版本。每一個容器都有不同的 URL，可以用 API 請求來引用。這種方法可以讓我們更靈活地設置模型部署環境，能夠讓我們增加「對模型的輸入進行伺服器端預先處理」之類的功能。在上面的航班範例中，我們可能不想要求用戶端使用 one-hot 編碼分類值，而是讓用戶端以字串來傳送分類值，並且在容器裡處理預先處理。

為什麼我們要使用像 AI Platform Prediction 這樣的代管 ML 服務，而不是更通用的無伺服器工具？由於 AI Platform 是專門為了 ML 模型的部署而建構的，因此它內建支援以針對 ML 優化的 GPU 來部署模型。它也可以處理依賴項目管理。當我們部署上面的 XGBoost 模型時，我們不需要擔心是否安裝正確的 XGBoost 版本或其他依賴程式庫。

TensorFlow Serving

除了使用 Cloud AI Platform 或其他雲端式無伺服器產品來管理模型版本之外，我們也可以使用 TensorFlow Serving 之類的開源工具（*https://oreil.ly/NzDA9*）。我們建議透過最新的 `tensorflow/serving`（*https://oreil.ly/G0_Z7*）Docker 映像來使用 Docker 容器來實作 TensorFlow Serving。使用 Docker 時，我們可以用我們喜歡的任何硬體來伺服模型，包括 GPU。TensorFlow Serving API 內建支援模型版本控制，採取和「解決方案」一節類似的做法。除了 TensorFlow Serving 之外，我們還有其他開源模型伺服選項可用，包括 Seldon（*https://oreil.ly/Cddpi*）與 MLFlow（*https:// mlflow.org*）。

多伺服函式

部署多個版本的另一個替代方法是為一個匯出的模型的單一版本定義多個伺服函式。第 193 頁（第 5 章）的「設計模型 16：Stateless Serving Function」曾經解釋如何將訓練好的模型匯出為無狀態函式，以便在生產環境中服務。當模型的輸入需要預先處理，來將用戶端送來的資料轉換成模型期望的格式時，這種做法特別有用。

為了處理各種模型終端用戶族群的需求，我們可以在匯出模型時定義多個伺服函式。這些伺服函式是匯出的模型版本的一部分，該模型被部署在一個 REST 端點。在 TensorFlow，伺服函式是用模型簽章來實作的，它定義了模型期望的輸入與輸出格式。我們可以用 `@tf.function` 裝飾器來定義多個伺服函式，並且將一個輸入簽章傳給每一個函式。

在應用程式裡面，當我們呼叫已部署的模型時，我們要根據用戶端送來的資料，決定要使用哪一個伺服函式。例如，這個請求：

```
{"signature_name": "get_genre", "instances": … }
```

要送給稱為 `get_genre` 的匯出簽章，而這種請求：

```
{"signature_name": "get_genre_with_explanation", "instances": … }
```

要送給稱為 `get_genre_with_explanation` 的匯出簽章。

因此，部署多個簽章可以解決回溯相容問題。不過有一個明顯的差異——模型只有一個，而且當模型部署之後，所有的簽章都會同時更新。在原始的範例中，也就是將「只提供一種類型（genre）的模型」改成提供許多類型的那一個，模型的架構有所改變。這個多簽章的方法不適合那個範例，因為我們有兩種不同的模型。當我們希望把模型的版本分開，並且在一段時間之後棄用舊版本時，多簽章解決方案也不適用。

如果你希望繼續維持**兩個**模型簽章，那麼使用多個簽章比使用多個版本更好。當有些用戶端只想要得到最好的答案，但有些用戶端想要得到最好的答案與解釋時，使用新的模型來更新所有的簽章有額外的好處—這樣你就不需要在每一次重新訓練與部署模型時，都要一個一個更新版本了。

什麼情況需要同時維護兩個模型版本？在使用文本分類模型時，或許有一些用戶端需要傳送原始文本給模型，有些用戶端則是能夠將原始文本轉換成矩陣，再取得預測。模型框架可以根據來自用戶端的請求資料，決定該使用哪一個伺服函式。將文本 embedding 矩陣傳給模型比預先處理原始文本更便宜，這是一種「使用多伺服函式可以降低伺服器端處理時間」的情況。同樣值得注意的是，我們可以讓多個模型版本**擁有**多個伺服函式，儘管這可能會產生太大的複雜性。

新模型 vs. 新模型版本

有時你很難決定究竟要建立另一個模型版本，還是建立一個全新的模型資源。我們建議在模型的預測任務改變時建立新模型。新的預測任務通常會導致不同的模型輸出格式，格式的更改可能會破壞既有的用戶端。如果你不確定是否使用新版本或模型，你可以想一下要不要升級既有的用戶端。如果答案是肯定的，很可能我們已經在不改變預測任務的情況下改善過模型了，因此建立新的版本就足夠了。如果我們讓用戶決定要不要進行更新來更改模型，那麼我們可能需要建立一個新的模型資源。

舉個實際的例子，我們回到航班預測模型。目前的模型已經定義了它認為的延遲（30 分鐘以上的延遲），但是我們的終端用戶可能有不同的意見。有些用戶認為只要遲到 15 分鐘就算是誤點了，有些人則認為延誤一個多小時才算誤點。假如我們想要讓用戶加入他們自己對延遲的定義，而不是使用我們的定義。此時，我們會使用第 78 頁（第 3 章）的「設計模式 5：Reframing」來將它改成回歸模型。這個模型的輸入格式是一樣的，但是輸出是一個代表誤點預測的數值。

模型用戶解讀這個回應的方式明顯與第一個版本不同。在最新的回歸模型中，app 開發者可能會選擇在用戶搜索航班時，顯示預計的航班誤點，而不是像第一個版本所顯示的「這趟航班通常會誤點 30 分鐘以上」。在這個場景中，最好的解決方案是建立新的模型資源，可能稱為 `flight_model_regression`，以反映更改。透過這種方式，app 開發人員可以選擇使用哪一種模型，我們也可以透過部署新版本，繼續更新每一個模型的性能。

小結

本章主要討論關於再現性的各種層面的設計模式。我們從 *Transform* 設計開始看起，認識如何使用這個模式來確保模型訓練管道和模型伺服管道之間的資料準備依賴關係的再現性，具體做法是明確地描述將輸入轉換成特徵的轉換機制。*Repeatable Splitting* 設計模式將資料分成訓練、驗證和測試組，以確保在訓練時使用的案例不會被用來評估或測試的方式，即使資料組所有增長。

Bridged Schema 設計模式處理當訓練資料組混合了不同格式的新資料和舊資料時，如何確保再現性。它可以用一致的方式結合兩個格式相異的資料組來進行訓練。接下來，我們討論了 *Windowed Inference* 設計模式，當特徵是以動態的、時間相依的方式計算的時，這個模式可以確保它們在訓練和伺服之間正確地重複。當機器學習模型需要使用一個時間窗口之內的集合值算出來的特徵，這種設計模式特別有用。

Workflow Pipeline 設計模式藉著將機器學習工作流程裡面的步驟容器化並協調它們，來建立從頭到尾可重複的管道。接下來，我們看了如何使用 *Feature Store* 設計模式來處理不同機器學習任務中，特徵的再現性和可重用性。最後，我們看了 *Model Versioning* 設計模式，這個模式使用不同的 REST 端點來將變更後的模型部署成微服務，來實現回溯相容性。

下一章將介紹有助於可靠地實現 AI 的設計模式。

第七章

Responsible AI

到目前為止，我們討論的設計模式都是為了協助資料和工程團隊準備、訓練與擴展生產環境模型。這些模式主要針對直接參與 ML 模型開發過程的團隊。一旦模型投入生產，它的影響範圍就遠遠超出建構它的團隊了。在這一章，我們將討論模型的其他關係人，包括組織內部和外部的關係人。**關係人**可能包括執行者（他們設定的商業目標會決定模型目標）、模型的終端用戶、審計人員和法規監管者。

本章會提到以下幾組模型關係人：

模型建構者

直接參與 ML 模型建構的資料科學家與 ML 研究員。

***ML* 工程師**

直接涉及 ML 模型部署的 ML Ops 團隊成員。

商業決策者

決定是否將 ML 模型併入商業流程，或直接接觸顧客的 app 中，而且評估該模型是否符合目的。

***ML* 系統的終端用戶**

使用 ML 模型產生的預測。模型的終端用戶有許多不同的類型：顧客、員工和這些類型的混合。例如，從模型獲得電影推薦的顧客，使用視覺檢查模型來確定產品是否損壞的工廠員工，或使用模型來協助診斷的醫生。

監管和法規認證機構

從合規性的角度，對模型的決策方式進行行政面的判斷的人員和組織，包括財務審計員、政府機構，或組織內的管理團隊。

本章介紹的設計模式將處理模型對於模型建構團隊和組織之外的個人和團體造成的影響。*Heuristic Benchmark* 設計模式可以將模型的性能放在最終用戶和決策者能夠理解的背景之下。*Explainable Predictions* 設計模式藉著更加了解模型用來進行預測的訊號，來改善人們對 ML 系統的信任程度。*Fairness Lens* 設計模式旨在確保模型在不同的用戶子集合和預測場景中，有公平的表現。

綜上所述，本章的模型式都屬於 Responsible AI 實踐法（*https://oreil.ly/MlJkM*）。這是一個仍在積極研究的領域，關注如何讓人工智慧系統具備公平性、可解釋性、隱私性和安全性。Responsible AI 的推薦實踐法包括採取以人為本的設計方法，在整個專案開發過程中，與各種不同的用戶和用例場景溝通交流，了解資料組和模型的局限性，並在部署後繼續監視和更新 ML 系統。Responsible AI 模式並不限於本章介紹的三種——之前章節的許多模式（例如 Continuous Evaluation、Repeatable Splitting 與 Neutral Class）都提供實作這些推薦法的做法，讓 AI 系統具備公平性、可解釋性、隱私性和安全性。

設計模式 28：Heuristic Benchmark

Heuristic Benchmark 模式藉著拿 ML 模型與簡單、容易理解的經驗法則進行比較，來向商業決策者解釋模型的性能。

問題

假設有一個自行車出租機構想要使用期望的租用時間來建立一個動態定價方案。在訓練 ML 模型來預測自行車的出租時間之後，他們用一個測試資料組來評估模型，算出訓練出來的 ML 模型的平均絕對誤差（MAE）是 1,200 秒。當他們向商業決策者介紹這個模型時，他們可能會被問到：「MAE 1,200 秒是好還是不好？」這是當我們向商業關係人展示模型時，必須預做準備的問題。如果我們用產品目錄裡面的項目來訓練圖像分類模型，得到的 mean average precision（MAP）是 95%，我們可能會被問到：「MAP 95% 是好還是不好？」

只是揮揮手，說「這取決於問題本身」沒有任何好處。那麼，對於紐約市的自行車出租問題，好的 MAE 是多少？倫敦呢？在產品目錄圖像分類任務中，什麼是好的 MAP ？

模型的性能通常是用冷冰冰的、艱澀的數字來描述的，終端用戶很難將這些數字和問題背景聯繫起來。解釋 MAP、MAE 等等的公式無法提供商業決策者所要求的直覺性。

解決方案

如果 ML 模型是為了某項任務開發的第二個模型，最簡單的做法是拿該模型的性能與目前正在運維的版本進行比較。說現在的 MAE 少 30 秒或 MAP 高 1% 很容易，即使當前的生產工作流程不使用 ML，這也是可行的做法。只要該項任務已經在生產環境中進行了，而且你已經在收集評估指標了，你就可以拿新 ML 模型的性能與當前的生產方法進行比較。

但是，如果沒有現成的生產方法可用，而且我們正在為一個新領域的任務建立第一個模型呢？在這種情況下，解決方案是建立一個簡單的標杆解決方案，它唯一的目的是與新開發的 ML 模型進行比較。我們將它稱為 heuristic benchmark（啟發式標杆）。

好的啟發式標杆是可以直覺地理解的，算法相對簡單。如果你為啟發式標杆所使用的演算法進行辯解或除錯，你就要尋找更簡單的、更容易理解的標杆。好的啟發式標杆包括常數、經驗法則，或大數統計數據（例如平均值、中位數，等等）。不要用資料組來訓練較簡單的機器學習模型（例如線性回歸）並將它當成標杆，線性回歸通常不夠直覺，尤其是當我們開始使用分類變數、大量的輸入，或經過設計的特徵時。

如果已經有正在運作的做法了，那就不要使用啟發式標杆，而是要拿你的模型與既有的標準做比較。正在運作的做法不一定要使用 ML，任何一種目前用來解決問題的技術都可以。

表 7-1 列出好的啟發式標杆與我們可能使用它們的情況。本書的 GitHub repository 有實作這些啟發式標杆的程式碼（*https://github.com/GoogleCloudPlatform/ ml-design-patterns/blob/master/07_responsible_ai/heuristic_benchmark.ipynb*）。

表 7-1　特定場景使用的啟發式標杆（程式在 GitHub *https://oreil.ly/WoESU*）

場景	啟發式標杆	任務範例	任務範例的實作
回歸問題，且公司不太理解它的特徵和特徵之間的互動。	訓練資料的標籤的平均值或中位值。 如果異常值很多，則選擇平均值。	一個 Stack Overflow 問題需要等多久才會被回答。	預測它都會花 2,120 秒。 2,120 秒是整個訓練資料組裡，第一個回答出現的中位時間。
二元分類問題，且公司不太了解特徵與特徵之間的互動。	在訓練資料中，陽性的整體比例。	在 Stack Overflow 裡，被接受的回答是否會被編輯。	對所有回答而言，預測的機率都是 0.36。 0.36 是被接受的回答被編輯的比例。
多標籤分類問題，且公司不太了解特徵與特徵間的互動。	訓練資料裡的標籤值的分布情況。	Stack Overflow 的問題會被來自哪些國家的用戶回答。	預測法國是 0.03，印度是 0.08，等等。 它們是法國人、印度人等等寫下回答的比率。
回歸問題，而且有單一、非常重要的數值特徵。	直覺上最重要的單一特徵的線性回歸。	用上下車地點預測計程車車資。直覺上，兩個地點之間的距離是關鍵特徵。	每公里的車資 = $4.64。 $4.64 是用訓練資料的所有里程算出來的。
有一個或兩個重要特徵的回歸問題。特徵可能是數值的或分類的，但應該是過往常用的。	查詢表，每一格對映的關鍵特徵（必要時會離散化）與預測是用訓練資料為那一格計算的平均標籤。	預測自行車租用時間。這個問題的兩個關鍵特徵是，租用自行車的站點，以及是否為通勤尖峰時刻。	每一站的平均租用時間查詢表，包含尖峰時間和離峰時間。
有一或兩個重要特徵的分類問題。特徵可能是數值或類別。	與上面一樣，不過每一格的預測是在那一格裡面的標籤的分布。 如果你的目標是預測一個類別，那就在每一格計算標籤的模數。	預測 Stack Overflow 問題會不會在一天之內被回答。 最重要的特徵是主標籤（primary tag）。	為每一個標籤計算問題在一天之內被回答的百分比。
預測時間序列未來值的回歸問題。	持續性或線性趨勢。將季節性因素考慮進去。對於年度資料，比較上一年的同日 / 週 / 季度。	預測週銷售量。	預測下一週的銷售量 = s_0，其中 s_0 是本週的銷售量。 （或） 下一週的銷售量 = $s_0 + (s_0 - s_{-1})$，其中 s_{-1} 是上一週的銷售量。 （或） 下一週的銷售量 = s_{-1y}，其中 s_{-1y} 是去年同一週的銷售量。 不要結合這三個選項，因為它們的相對權重並不直觀。

場景	啟發式標杆	任務範例	任務範例的實作
目前人類專家正在解決的分類問題。這在圖像、視訊與文本任務中很常見，包括由於成本太高而無法由人類專家解決問題的情況。	人類專家的效率。	用視網膜掃描來檢測眼部疾病。	讓三位以上醫生檢查每張圖像。將占大多數的醫生看法視為正確的，看看 ML 模型在人類專家中的百分位排名。
預防性或預測性維護。	按照固定的時間表進行維護。	汽車預防性保養。	每三個月把汽車開來保養一次。 3 個月是汽車自從上一次保養日期到出現故障的平均時間。
異常檢測。	從訓練資料組算出的第 99 個百分位數。	識別來自網路流量的阻斷服務攻擊（DoS）攻擊。	從歷史資料中找出每分鐘請求數的第 99 個百分位數。如果在任何一分鐘之內，請求的數量超過這個數字，就將它標為 DoS 攻擊。
推薦模型。	推薦顧客上次購買的類別中最受歡迎的商品。	推薦電影給用戶。	如果用戶看過 Inception（科幻電影），就向他們推薦 Icarus（他們還沒有看過，且最受歡迎的科幻電影）。

表 7-1 的許多場景都提到「重要特徵」，它們之所以是重要特徵是因為它們在商業領域被廣泛接受，因為它們對於問題的預測有廣為人知的影響。要強調的是，這些特徵不是用特徵重要性方法（feature importance methods）來處理訓練資料組得到的特徵，例如，計程車業普遍認為，決定車資最重要的因素是距離，而且旅程越長，車資越高。這就是距離是重要特徵的原因，它不是來自特徵重要性研究結果。

代價與其他方案

我們經常發現，啟發式標杆的功能不是只有「解釋模型性能」這個主要目的。在某些情況下，啟發式標杆可能需要收集特殊的資料。最後，有時，光是使用啟發式標杆可能不夠，因為在進行比較時還需要背景。

開發檢查

啟發式標杆除了解釋 ML 模型的性能之外，通常還有其他的用途。在開發期間，它也可以協助以特定的模型方法來診斷問題。

例如，假設我們要建立一個模型來預測租用時間，而且我們的標杆是用車站名稱和當時是否為上下班尖峰時間來查詢平均租用時間的查詢表：

```
CREATE TEMPORARY FUNCTION is_peak_hour(start_date TIMESTAMP) AS
    EXTRACT(DAYOFWEEK FROM start_date) BETWEEN 2 AND 6 -- weekday
    AND (
       EXTRACT(HOUR FROM start_date) BETWEEN 6 AND 10
       OR
       EXTRACT(HOUR FROM start_date) BETWEEN 15 AND 18)
;

SELECT
   start_station_name,
   is_peak_hour(start_date) AS is_peak,
   AVG(duration) AS predicted_duration,
FROM `bigquery-public-data.london_bicycles.cycle_hire`
GROUP BY 1, 2
```

在開發模型時，拿 ML 模型的效果來與這個標杆進行比較是很好的做法。為了做這件事，我們會用評估資料組的不同層理（stratification）來評估模型的性能。我們在評估模型時，使用 start_station_name 與 is_peak 來分層（stratified）。藉此，我們可以輕鬆地診斷出模型是否過分強調了訓練資料中繁忙、熱門的站點，而忽略了冷門站點。如果出現這種情況，我們可以嘗試增加模型的複雜度，或者平衡資料組，以增加冷門站點的權重。

人類專家

我們建議，在處理眼科疾病診斷等由人類專家進行的分類問題時，標杆應該包含由這類專家組成的小組。藉著讓三個以上的醫生檢查每張圖像，我們就有機會認識人類醫生犯錯的程度，並且比較模型和人類專家的錯誤率。在這種圖像分類問題中，這種做法是標注階段的延伸，因為眼部疾病的標籤是人類建立的。

即使我們有實際的基準真相，有時使用人類專家也是有好處的，例如，在建立模型來預測事故之後的汽車維修成本時，我們可以查詢歷史資料並找到實際的維修成本。我們通常不會用人類專家來解決這個問題，因為基準真相可以直接從歷史資料組中取得。然而，為了溝通標杆方案，讓保險業務員評估車損金額，並且拿我們的模型估計出來的值與業務員的估計出來的值進行比較可能有所幫助。

人類專家不是只能處理眼科疾病或車損估計等無結構資料。例如，如果我們要建構一個模型來預測一筆貸款是否會在一年內獲得再融資，資料將是表格式的，基準真相可以從歷史資料中取得。然而，即使在這種情況下，我們可能也會要求人類專家確認可能會獲得再融資的貸款，以便呈現該領域的貸款業務員的正確作業率。

實用價值

即使我們有一個運維中的模型或傑出的啟法基準可以做比較，我們一樣要解釋模型提供的改善造成的影響。指出 MAE 少 30 秒或 MAP 高 1% 應該是不夠的。下一個問題可能是「1% 的改善好嗎？將 ML 模型投入生產而不是使用簡單的經驗法則是否值得？」

如果可以的話，務必將模型性能的改善轉換成模型的實用價值。這個價值可以是金錢上的，也可以對映其他的實用性指標，例如更好的搜尋結果，更早檢測出疾病，或是因為提高生產效率而減少浪費。這個實用價值在決定是否部署模型時很有幫助，因為部署或更改生產模型一定會帶來一定程度的可靠性和錯誤方面的預算。例如，如果我們使用圖像分類模型來預先填寫一張訂單，我們可以計算出，1% 的改善可以轉化成每天減少 20 張廢棄訂單，相當於一定數量的金錢。如果它超過我們的網站可靠性工程團隊設定的閾值，我們就部署模型。

在自行車租用問題中，我們可以使用這個模型來測量對業務造成的影響。例如，我們可以在動態定價解決方案中使用模型來計算自行車妥善率的增加或利潤的增加。

設計模式 29：Explainable Predictions

Explainable Predictions 設計模式藉著讓用戶了解模型如何以及為何進行某些預測，來提高用戶對 ML 系統的信任程度。雖然決策樹之類的模型可以透過設計來解釋，但深度神經網路的架構使得這種網路天生就難以解釋。對所有模型而言，能夠解釋預測以便理解影響模型行為的特徵組合是很有用的。

問題

在評估機器學習模型，以確定它是否可以投入生產時，像準確度、precision、recall 和均方誤差這類的指標只能說明問題的一個方面。雖然它們可以讓你知道模型的預測與測試組的基準真相相較之下多麼**正確**，但它們無法讓你知道模型**為何**做出這些預測。在許多 ML 場景裡，用戶可能會猶豫是否接受模型預測出來的表面值。

為了了解這個情況，我們來看一個模型，它可以用視網膜照片來預測糖尿病視網膜病變（DR）的嚴重程度（*https://oreil.ly/5W-2n*）[1]。這個模型會回傳一個 softmax 輸出，指出一張照片屬於 5 個 DR 嚴重程度之一的機率——從 1（沒有 DR）到 5（增生性 DR，最壞的情況）。假設，這個模型對於一張照片回傳照片裡有增生性 DR，信心度是 95%。雖然這看起來是一個高信心度、準確的結果，但是如果醫療人員僅僅接受這個模型輸出來診斷病人，他們仍然無法洞察模型是**如何**做出這個預測的。也許模型在照片中認出象徵 DR 的正確區域，但模型的預測也可能來自不代表疾病跡象的照片像素。例如，或許資料組的一些照片裡面有醫生的注釋。模型可能錯誤地使用了注釋的存在來進行預測，而不是使用照片中的患病區域[2]。目前的模型形式仍然無法將預測的結果歸因於照片中的區域，讓醫生很難信任模型。

醫學照片只是一個例子——在許多產業、場景和模型類型中，缺乏關於模型決策過程的見解會導致用戶的信任度出現問題。如果 M L 模型被用來預測個人的信用評分或其他財務健康指標，人們可能想知道為什麼他們得到某個分數。是因為拖欠繳費嗎？信用額度太高？信用卡持有時間太短？也許這個模型只是依靠人口統計數據來進行預測，進而在我們不知情的情況下，將偏見導入模型。如果只有分數，我們就無法知道模型是如何做出預測的。

除了模型的終端用戶之外，另一組關係人是涉及 ML 模型的法規和遵從標準的人，因為有些產業的模型需要審核，或額外的透明性，與審核有關的關係人可能需要關於模型如何做出預測的高階摘要，才能證明它的適用性和影響力，此時，準確度這種指標是沒有用的——如果人們不了解模型**為什麼**做出一項預測，那麼使用這種指標會出現問題。

最後，身為資料科學家和 ML 工程師，如果不了解模型賴以進行預測的特徵，我們只能將模型的品質提升到有限的程度。我們要設法驗證模型是否按照我們期望的方式運行。例如，假設我們用表格資料來訓練模型，預測班機是否延誤。這個模型是用 20 個特徵來訓練的。在底層，或許它只用了其中的 2 個特徵，而且當我們移除其餘的特徵時，我們可以大幅改善系統的性能。或者，或許這 20 個特徵都是達到我們需要的準確度所必備的。如果不知道模型使用了哪些特徵，我們就很難掌握情況。

1 DR 是一種影響全球數百萬人的眼疾。它可能導致失明，但如果早期發現，它可被成功治療。要進一步了解與尋找資料組，請參考（*https://oreil.ly/ix21h*）。

2 這一個研究解釋了辨識和糾正放射學照片中的注釋的方法（*https://oreil.ly/qowNO*）。

解決方案

為了處理 ML 固有的未知數，我們要設法理解模型在底層是如何工作的。理解和傳達 ML 模型如何及為何做出一些預測仍然是個活躍的研究領域。可解釋性（explainability）也稱為 interpretability 或 model understanding（模型理解），它是一個快速變遷的 ML 領域，根據模型的架構與它的訓練資料類型，可能有各式各樣的形式。可解釋性也可以協助揭露 ML 模型的偏差，我們將在本章討論 Fairness Lens 模式時談到這個部分。在這裡，我們先把焦點放在使用特徵歸因來解釋深度神經網路上。為了在某個背景之下了解這個技術，我們先用架構比較簡單的模型來討論可解釋性。

像決策樹這種簡單的模型比深度模型更容易直接地解釋，因為它們通常**在設計上是可解釋的**。這意味著他們學到的權重可以直接提供模型如何進行預測的見解。如果線性回歸模型使用獨立數值輸入特徵，它的權重可能也是可解釋的。我們以一個預測汽車燃油效率的線性回歸模型為例[3]。在 scikit-learn（*https://oreil.ly/V9GT5*），我們可以用下面的方法取得線性回歸模型學到的係數：

```
model = LinearRegression().fit(x_train, y_train)
coefficients = model.coef_
```

圖 7-1 是在模型內的各個特徵的係數。

	Learned coefficients
cylinders	-0.926610
displacement	0.037055
horsepower	-0.017953
weight	-0.007286
acceleration	0.164976
model year	0.723584
origin_1	-1.779775
origin_2	0.781041
origin_3	0.998735

圖 7-1　線性回歸燃油效率模型學到的係數，它預測汽車每英里的油耗是幾加侖。我們用 pandas 的 get_dummies() 來將原始特徵轉換成布林欄，因為它是分類的。

3　這裡介紹的模型是用公用的 UCI 資料組（*https://oreil.ly/cNixp*）訓練出來的。

這些係數讓我們知道每一個特徵與模型的輸出（所預測的每英里幾加侖，MPG）之間的關係，舉例來說，我們可以從這些係數得到一個結論：模型預測出來的 MPG 會隨著汽車 cylinder（汽缸）數量的增加而下降。我們的模型也學到，新推出的車種（「model year」特徵代表的）通常有較高的燃油效率。我們可以從這些係數中了解關於模型特徵和輸出之間的關係，而且了解的程度比從深度神經網路的隱藏層權重了解的還要高很多。這就是為什麼上面的模型通常被稱為**可解釋的設計**。

雖然幫線性回歸和決策樹模型學到的權重指定意義是很誘人的想法，但是在這樣做時要非常小心。上述的結論仍然是對的（也就是氣缸數量和燃油效率的反比關係），但是，舉例來說，我們不能從係數的大小得出「對模型而言，origin 類別或 cylinders 的數量比 horsepower 或 weight 還要重要」這個結論。首先，這些特徵都是用不同的單位來表示的。一個氣缸不等於一磅——這個資料組的汽車最多有 8 個氣缸，但重量超過 3,000 磅。此外，origin 是用虛擬值來表示的分類特徵，因此每個 origin 值只會是 0 或 1。這些係數也無法說明模型中的特徵之間的關係。更多氣缸往往與更多馬力有關，但我們不能從學到的權重得出這個結論[4]。

當模型比較複雜時，我們使用**事後**解釋方法（post hoc explainability）來近似模型的特徵與輸出之間的關係。通常，用事後方法執行這種分析不會依靠模型的內在，例如學到的權重。這是一個還在持續研究的領域，很多人提出各種解釋方法，也有許多將這些方法加入 ML 工作流程的工具可用。我們將要討論的解釋方法類型稱為**特徵歸因**（*feature attributions*）。這些方法的目的是將模型的輸出（無論它是圖像、分類，還是數值）歸因至其特徵，藉著為各個特徵指定歸因值，來指出該特徵影響輸出的程度。特徵歸因有兩種：

實例級的

解釋模型的單獨的預測的特徵歸因。例如，在預測某人是否可以取得信用額度的模型中，實例級的特徵歸因可讓你了解為何某個人的申請被拒絕。在圖像模型中，實例級歸因可能會指出讓模型預測裡面有一隻貓的像素。

全域

全域特徵歸因會分析模型在處理一個集合時的行為，以做出模型整體行為的結論。做法通常是計算測試資料組的實例級特徵歸因的平均值。在預測航班是否會延誤的模型中，全域歸因可能告訴我們，整體而言，極端天氣是預測航班誤點最重要的特徵。

4 scikit-learn 文件（*https://oreil.ly/DAmIm*）更詳細地討論如何正確地解釋線性模型學到的權重。

表 7-2 列出我們將要探索[5]的兩種特徵歸因方法，並提供可在實例級和全域解釋中使用的各種方法。

表 7-2　各種解釋方法，及其研究論文的連結

名稱	說明	論文
Sampled Shapley	根據 Shapley Value 值的概念[a]，這種做法藉著對多個特徵值組合進行分析，計算加入和刪除一項特徵對於預測的影響程度，以確定一個特徵的邊際貢獻。	*https://oreil.ly/ubEjW*
Integrated Gradients (IG)	IG 使用預先定義的模型基線，來計算從該基線到特定輸入的路徑上的導數（梯度）。	*https://oreil.ly/sy8f8*

[a] Shapley Value 是 Lloyd Shapley 在 1951 年發表的論文中提出的（*https://oreil.ly/xCrqU*），它的根據是賽局理論。

雖然我們可以從零開始實作這些方法，但是目前有一些工具可以簡化特徵歸因的過程。使用開源和雲端的可解釋性工具可讓我們把注意力放在除錯、改善和總結模型上面。

模型基線

為了使用這些工具，我們要先了解**基線**的概念，因為使用特徵歸因來解釋模型時可以使用它。任何可解釋性方法的目標都是回答這個問題：「為何模型預測出 X ？」特徵歸因試圖藉著為每一個特徵提供一個數值來表示該特徵對最終輸出的貢獻來做這件事。例如，有個模型可以用人口統計和健康資料來預測一位病人是否患有心臟病。對於測試資料組的一個案例，假設病人的膽固醇特徵的歸因值是 0.4，血壓的歸因值是 −0.2。在沒有參考背景的情況下，這些歸因值沒有太大意義，我們的第一個問題可能是「0.4 與 −0.2 和什麼有關？」那個「什麼」就是模型的**基線**。

每一個特徵歸因值都是與預先定義的模型預測基線值進行比較的。基線預測可能是**資訊性的**（*informative*），或**非資訊性的**（*uninformative*）。非資訊性的基線通常是與訓練資料組的一些平均案例進行比較。在圖像模型中，非資訊性的基線可能是一張純黑色或白色圖像。在文本模型中，非資訊性的基線可能是 0 值的 embedding 矩陣，或「the」、「is」、「and」等停用詞。在使用數值輸入的模型中，有一種常見的基線選擇方法，就是使用模型的每個特徵的中位值來產生預測。

5　我們之所以關注這兩種可解釋性方法是因為它們被廣泛使用，而且涵蓋各式各樣的模型，但是除此之外也有許多其他方法和框架，例如 LIME（*https://oreil.ly/0c4uB*）與 ELI5（*https://github.com/TeamHG-Memex/eli5*）。

確定基線

選擇基線的方式會因為模型處理的任務是回歸還是分類而有所不同。回歸任務的模型只有一個數值基線預測值。在汽車里程範例中，假設我們決定使用中位數方法來計算基線。在資料組裡面的八個特徵的中位數是下列陣列：

```
[151.0, 93.5, 2803.5, 15.5, 76.0, 1.0, 0.0, 0.0]
```

當我們將它傳給模型時，預測出來的 MPG 是 22.9。因此，對於這個模型做出來的每一個預測，我們都會使用 22.9 MPG 作為基線，來比較預測結果。

假如我們採取 Reframing 模式，將這個問題從回歸改成分類問題，所以將燃油效率定義成「低」、「中」和「高」三個類別，因此模型會輸出一個三元素 softmax 陣列，代表特定汽車對應每一個類別的機率。如果採取和上述一樣的中位數基線輸入，分類模型會為我們的基線預測回傳下面的結果：

```
[0.1, 0.7, 0.2]
```

如此一來，每一個類別都有**不同的**基線預測值。假設我們用測試組的一個案例來產生一個新的預測，模型輸出下面的陣列，預測那一輛車有 90% 的機率具備「低」燃油效率：

```
[0.9, 0.06, 0.04]
```

特徵歸因值必須解釋為何與基線預測中的「低」類別的 0.1 相比，模型預測出 0.9。我們還可以藉著查看其他類別的特徵歸值來理解，例如，為什麼模型預測同一輛車有 6% 的機率屬於「中」燃油效率類別。

圖 7-2 是預測自行車騎乘時間的模型的實例級特徵歸因。這個模型的無資訊基線是 13.6 分鐘的騎乘時間，它是用資料組的每一個特徵的中位值來進行預測產生的結果。當模型的預測少於基線預測值時，預期大多數的歸因值都是負的，反之亦然。

```
Baseline prediction:  13.61
Predicted duration:  10.71

Name           Feature value    Attribution value
------------  ---------------  --------------------
distance         1395.51           -2.44478
start_hr           18              -1.29039
max_temp           20.7239          0.690506
temp               16.168           0.12629
dew_point           7.83396         0.0110318
prcp                0.03           -0.00134132
weekday             1               0
wdsp                0               0
rain_drizzle        0               0
```

圖 7-2　在預測自行車騎乘時間的模型裡，關於一個案例的特徵歸因值。用各個特徵值中位數算出來的模型基線是 13.6 分鐘，歸因值顯示各個特徵影響預測的程度。

另一方面，資訊性基線會拿模型的預測與特定的備選方案進行比較。在識別詐騙交易的模型中，一個資訊性基線可能回答這個問題：「為什麼該筆交易被標記為詐騙而不是非詐騙？」與使用整個訓練資料組的中位數特徵值來計算基線不同的是，我們只取非詐騙值的中位數。在圖像模型中，訓練圖像可能有大量的純黑色和白色像素，將它們當成基線會導致不準確的預測。在這種情況下，我們需要找出一張不同的資訊性基線圖像。

啟發式標杆與模型基線

模型基線與 Heuristic Benchmark 設計模式有什麼關係？啟發式標杆通常是在實作可解釋性之前，當成全域等級的模型總結的起點。在使用可解釋性時，我們選擇的基線類型（資訊的與非資訊的）和計算它的方法都取決於我們自己。Heuristic Benchmark 模式介紹的技術也可以用來決定與解釋方法一起使用的模型基線。

啟發式標杆與模型基線都提供一個回答這個問題的框架：「為何模型做 X 而不是 Y？」啟發式標杆是分析模型的第一步，它代表一種或許可以計算基線的方法。本節特別使用**基線**來代表在可解釋性方法中當成參考點的值。

SHAP

開源程式庫 SHAP（*https://github.com/slundberg/shap*）提供一種 Python API 來取得許多類型的模型的特徵歸因，基於表 7-2 的 Shapley Value 概念。SHAP 會計算增加或移除每一個特徵對於模型的預測提供多少貢獻，來確定特徵歸因值。它會分析許多不同的特徵值和模型輸出的組合。

SHAP 是獨立於框架之外的，可以處理用圖像、文本或表格資料來訓練的模型。為了解釋 SHAP 是如何實際工作的，我們使用之前談過的燃油效率資料組，這一次，我們用 Keras `Sequential` API 來建構一個演度模型：

```
model = tf.keras.Sequential([
  tf.keras.layers.Dense(16, input_shape=(len(x_train.iloc[0])),
  tf.keras.layers.Dense(16, activation='relu'),
  tf.keras.layers.Dense(1)
])
```

在使用 SHAP 時，我們要先建立一個 `DeepExplainer` 物件，並將模型以及訓練資料組的案例子集合傳給它。然後我們可以得到測試組的 10 個案例的歸因值：

```
import shap
explainer = shap.DeepExplainer(model, x_train[:100])
attribution_values = explainer.shap_values(x_test.values[:10])
```

SHAP 有一些內建的視覺化方法，可讓你更容易理解產生的歸因值。我們在下面的程式中使用 SHAP 的 `force_plot()` 方法來為測試組的第一個案例畫出歸因值：

```
shap.force_plot(
  explainer.expected_value[0],
  shap_values[0][0,:],
  x_test.iloc[0,:]
)
```

在上面的程式中，`explainer.expected_value` 是模型的基線。SHAP 使用你在建立 explainer 時傳入的資料組（在這個例子是 `x_train[:100]`）產生的模型輸出的平均值作為基線，你也可以將自己的基線值傳給 `force_plot`。這個案例的基準真相是每加侖 14 英里，我們的模型預測出 13.16。因此，我們的解釋會用特徵歸因值來解釋模型為何預測 13.16。在這個例子中，歸因值是以模型基線 24.16 MPG 為基準。因此，歸因值加起來大約是 11，它是這個模型的基線與這個案例的預測之間的差。我們可以從絕對值最大的特徵認出它是最重要的特徵。圖 7-3 是這個範例的歸因值結果圖。

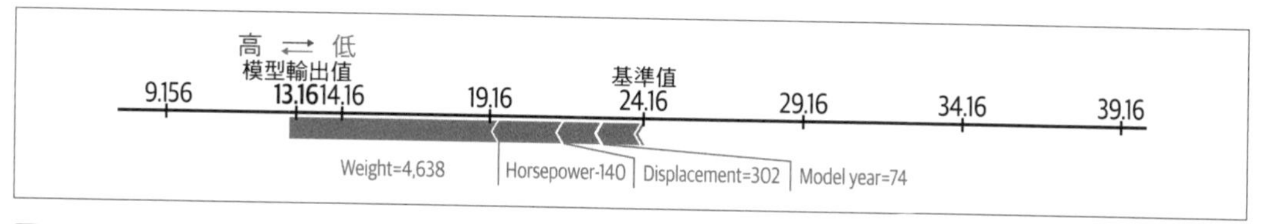

圖 7-3　燃油效率預測模型預例一個案例時的特徵歸因值。在這個例子中，車重是最明顯的 MPG 指標，它的特徵歸因值大約是 6。如果模型的預測大於基線 24.16，我們看到的歸因值大部分都是負的。

在這個例子中，最重要的燃油效率指標是 weight，將模型的預測從基線往下拉大約 6 MPG。接下來是 horsepower、displacement 然後是汽車的 model year。我們可以用這段程式取得測試組的前 10 個樣本的特徵歸因值摘要（或全域解釋）：

```
shap.summary_plot(
  shap_values,
  feature_names=data.columns.tolist(),
  class_names=['MPG']
)
```

它可以產生圖 7-4。

在實務上，我們會使用更大的資料組，而且會用更多案例來計算全域級的歸因。我們可以用這種分析法來總結模型的行為，向組織內部和外部的關係人報告。

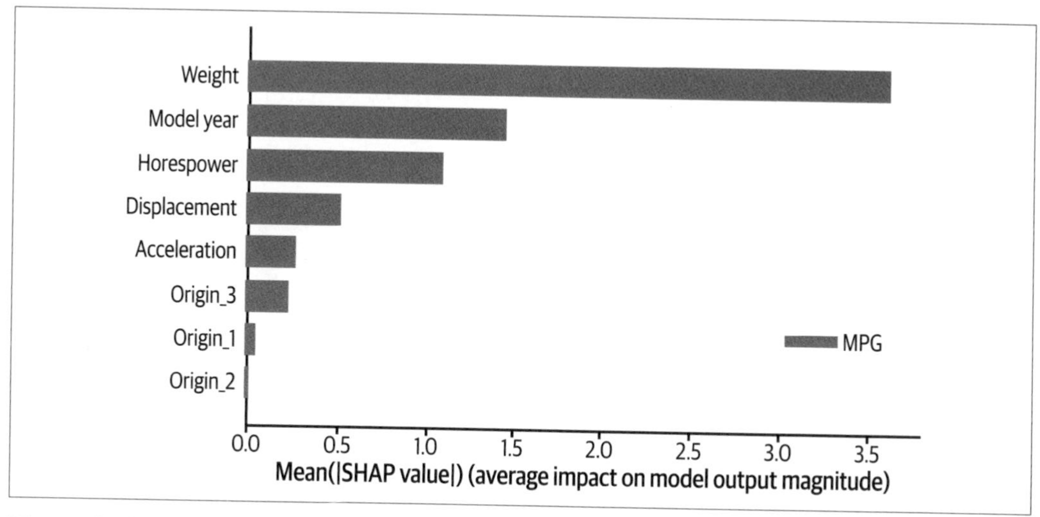

圖 7-4　燃油效率模型的全域級特徵歸因案例，用測試資料組的前 10 個樣本來計算。

用已部署模型來解釋

SHAP 提供一種直覺的 API 來讓你用 Python 取得歸因，通常會在腳本或 notebook 環境中使用。它在模型開發期間的效果很好，但是有時你想要取得已部署的模型的解釋，包含模型預測的輸出。此時，雲端解釋工具是最好的選項。在這裡，我們將展示如何使用 Google Cloud 的 Explainable AI（*https://oreil.ly/lDocn*）來取得特徵歸因。在行文至此時，Explainable AI 可以處理自訂的 TensorFlow 模型，以及使用 AutoML 建立的表格資料模型。

我們要將一個圖像模型部署到 AI Platform 來展示解釋功能，但我們也可以使用 Explainable AI 來處理用表格或文本資料訓練的 TensorFlow 模型。首先，我們要部署一個用 ImageNet 資料組訓練的 TensorFlow Hub（*https://oreil.ly/Ws8jx*）模型。如此一來，我們就可以把注意力放在取得解釋上，我們不會對模型做任何遷移學習，並且會使用 ImageNet 原始的 1,000 標籤類別：

```
model = tf.keras.Sequential([
    hub.KerasLayer(".../mobilenet_v2/classification/2",
                   input_shape=(224,224,3)),
    tf.keras.layers.Softmax()
])
```

為了將提供解釋的模型部署到 AI Platform 上，我們先建立一個參考資訊檔案，解釋服務會用這個檔案來計算特徵歸因。參考資訊是用 JSON 檔案來提供的，裡面有我們想要使用的基線的資訊，以及我們想要解釋的模型部分。為了簡化程序，Explainable AI 提供一種 SDK，可以用下面的程式來產生參考資訊：

```
from explainable_ai_sdk.metadata.tf.v2 import SavedModelMetadataBuilder

model_dir = 'path/to/savedmodel/dir'

model_builder = SavedModelMetadataBuilder(model_dir)
model_builder.set_image_metadata('input_tensor_name')
model_builder.save_metadata(model_dir)
```

這段程式沒有指定模型基線，這代表它會使用預設選項（對圖像模型而言，這是黑色與白色圖像）。我們也可以將 `input_baselines` 參數加入 `set_image_metadata` 來指定自訂基線。執行上面的 `save_metadata` 方法會在模型目錄裡面建立一個 *explanation_metadata.json* 檔案（GitHub repository 有完整的程式（*https://github.com/GoogleCloudPlatform/ml-design-patterns/blob/master/07_stakeholder_management/explainability.ipynb*））。

在透過 AI Platform Notebooks 使用這個 SDK 時，我們也可以在本地的 notebook 實例裡面產生解釋，而不需要將模型部署到雲端。我們可以用 `load_model_from_local_path` 方法來做這件事。

有了匯出的模型與 Storage bucket 裡面的 *explanation_metadata.json* 檔案之後，我們就可以建立新的模型版本了，在過程中，我們會指定想要使用的解釋模型。

為了將模型部署到 AI Platform，我們可以將模型目錄複製到 Cloud Storage bucket，並使用 gcloud CLI 來建立模型版本。AI Platform 有三種解釋方法可以選擇：

Integrated Gradients (IG)

　　它實作了 IG 論文（*https://oreil.ly/FJhMd*）介紹的方法，並且可以和任何可微的 TensorFlow 模型一起使用，無論是圖像、文本，還是表格。對於部署在 AI Platform 的圖像模型，IG 會回傳一張凸顯一些像素的圖像，指出提示模型進行預測的區域。

Sampled Shapley

　　根據 Sampled Shapley 論文（*https://oreil.ly/EAS8T*），它使用類似 SHAP 開源程式庫的做法。在 AI Platform，我們可以使用這種方法來處理表格與文本 TensorFlow 模型。因為 IG 只能處理可微模型，AutoML Tables 使用 Sampled Shapley 來計算所有模型的特徵歸因。

XRAI

　　這種做法（*https://oreil.ly/niGVQ*）是在 IG 之上建構的，並且使用平滑化，來回傳區域性歸因。XRAI 只能處理部署在 AI Platform 上的圖像模型。

在 gcloud 命令裡，我們指定想要使用的解釋方法，以及在計算歸因值時，我們希望該方法使用的完整步驟數量或路徑[6]。`steps parameter` 是為每一個輸出採樣的特徵組合數量。一般來說，增加這個數字可以改善解釋準確度：

```
!gcloud beta ai-platform versions create $VERSION_NAME \
--model $MODEL_NAME \
--origin $GCS_VERSION_LOCATION \
--runtime-version 2.1 \
--framework TENSORFLOW \
--python-version 3.7 \
--machine-type n1-standard-4 \
--explanation-method xrai \
--num-integral-steps 25
```

6　要進一步了解這些解釋方法和它們的實作，見 Explainable AI（*https://oreil.ly/PYn8P*）白皮書。

部署模型之後，我們可以使用 Explainable AI SDK 來取得解釋：

```
model = explainable_ai_sdk.load_model_from_ai_platform(
  GCP_PROJECT,
  MODEL_NAME,
  VERSION_NAME
)
request = model.explain([test_img])

# 印出有像素歸因的圖像
request[0].visualize_attributions()
```

在圖 7-5 裡，我們可以看到 Explainable AI 為 ImageNet 模型回傳的 IG 與 XRAI 解釋的比較圖。突出顯示的像素區域是對於模型做出「husky」這個預測貢獻最多的像素。

一般來說，我們建議你用 IG 來處理「非自然」圖像，例如在醫療、工廠或實驗室環境中拍攝的照片。XRAI 通常比較適合在自然環境拍攝的照片，例如哈士奇狗的照片。為了解釋為何 IG 比較適合非自然圖像，見圖 7-6 中糖尿病視網膜病變照片的 IG 歸因。在這種醫學案例中，它有助於在細膩的像素等級上顯示歸因。另一方面，在狗照片裡，了解導致模型預測「哈士奇」的確切像素並不重要，XRAI 提供了重要區域的高階摘要。

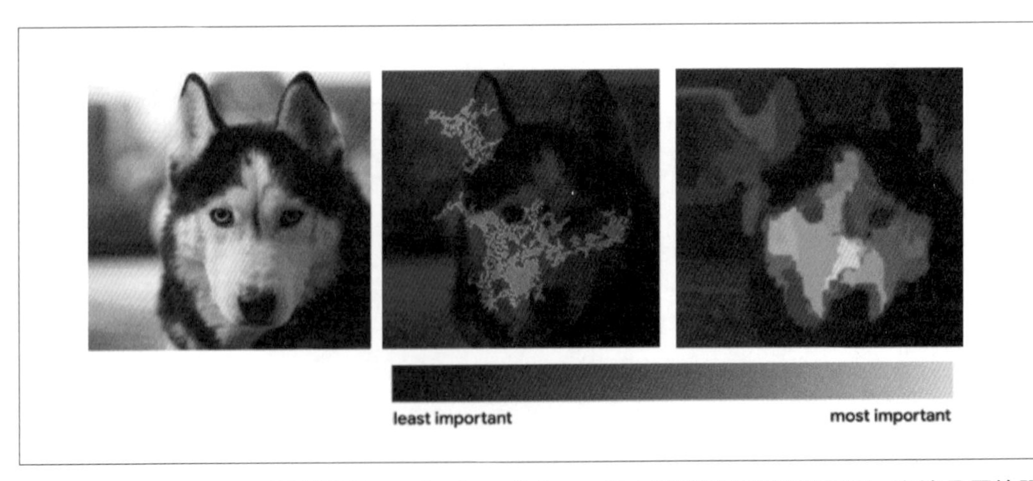

圖 7-5　Explainable AI 處理部署在 AI Platform 的 ImageNet 模型回傳的特徵歸因。左邊是原始照片。中間是 IG 歸因，右邊是 XRAI 歸因。下面的關鍵資訊是 XRAI 對映的區域，較亮的區域是最重要的，較暗的區域是最不重要的區域。

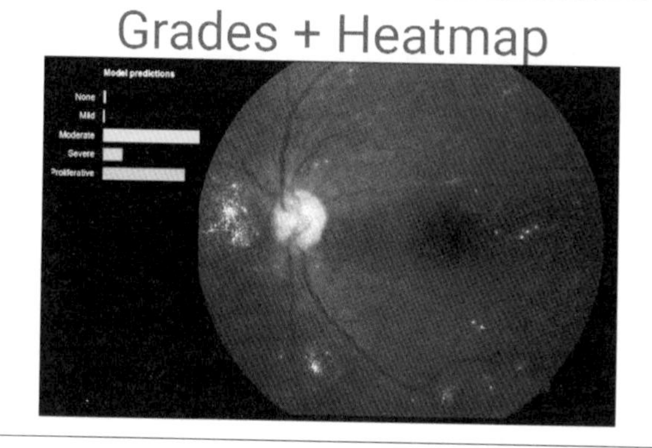

圖 7-6　在 Rory Sayres 和他的同事在 2019 年進行的一項研究（*https://oreil.ly/Xp_vp*）中，他們讓不同組別的眼科醫生在三種場景之下評估照片中的 DR 程度：沒有模型預測的照片，有模型預測的照片，以及有預測和像素歸因的照片（如上所示）。你可以看到像素歸因有助於提升模型預測的信心度。

Explainable AI 也可以在 AutoML Tables（*https://oreil.ly/CSQly*）裡面運作，AutoML Tables 是一種訓練與部署表格資料模型。AutoML Tables 可以進行資料預先處理，並且為資料選出最好的模型，這意味著你不需要編寫任何模型程式碼。用 AutoML Tables 訓練出來的模型預設啟用 Explainable AI 特徵歸因，並且同時提供全域和實例級的解釋。

代價與其他方案

雖然解釋技術可以讓你觀察模型如何做出決策，但它們最多只能與模型的訓練資料、模型的品質與你選擇的基線一樣好。本節將討論一些解釋技術的限制，以及特徵歸因的一些替代方案。

資料選擇偏差

很多人說機器學習是「garbage in, garbage out（垃圾入，垃圾出）」。換句話說，模型最多只能與用來訓練它的資料一樣好。如果我們訓練一個圖像模型來識別 10 個不同的貓品種，它就只能認識這 10 種貓。如果我們讓模型看一張狗照片，它充其量只能將狗分類成當時用來訓練的 10 種貓之中的一種。它甚至可能以高信心度完成這件事。也就是說，模型是訓練資料的直接表示法。

如果我們在訓練模型之前沒有抓出資料的不平衡，像特徵歸因這類的解釋方法可以幫助你曝光資料選擇偏差。舉個例子，假如我們要建立一個模型來預測照片中的船的類型，如果它正確地將測試組的一張照片標記為「kayak（獨木舟）」，但是使用特徵歸因之後，發現模型是用船槳來預測「kayak」而不是船的外形。這意味著在資料組裡，每一個類別的訓練圖像可能沒有足夠的變化——我們可能需要加入更多以不同角度拍攝的 kayaks 圖像，包含有槳的和沒有槳的。

反事實分析與舉例解釋

除了特徵歸因（「解決方案」小節介紹的）之外，我們也可以用許多其他方法來解釋 ML 模型的輸出。本節無法提供全部的解釋技術的細節，因為這個領域正在快速變遷。在這裡，我們會簡單地介紹兩種其他的方法：反事實分析與舉例解釋。

反事實分析（counterfactual analysis）是一種實例級的解釋技術，它會從資料組裡找出有類似的特徵，但是讓模型產生不同預測的案例。這種技術的其中一種做法是使用 What-If Tool（*https://oreil.ly/Vf3D-*），這是一種開源的工具，用來評估和視覺化 ML 模型的輸出。我們會在 Fairness Lens 設計模式裡更詳細地介紹 What-If Tool，在這裡，我們先關注它的反事實分析功能。當我們用 What-If Tool 來將測試組裡面的資料點視覺化時，可以顯示與我們選擇的資料點最接近的反事實資料點，進而比較這兩個資料點的特徵值與模型的預測，讓我們更了解模型最重視的特徵。在圖 7-7 裡，我們可以看到抵押貸款申請資料組的兩個資料點的反事實比較。粗體的部分是這兩個資料點不一樣的特徵，在下面，我們可以看到模型處理它們的輸出。

舉例解釋（example-based explanations）則是拿新樣本與它們的預測和訓練資料組的類似案例進行比較。這一種解釋特別適合用來了解為何訓練資料組影響模型的行為。舉例解釋最適合處理圖像或文本資料，而且可能會比特徵歸因或反事實分析更直覺，因為它們可以將模型的預測直接對映到用來訓練的資料。

為了進一步解釋這種做法，我們來看一下 Quick, Draw 這個遊戲（*https://oreil.ly/-QsHl*）[7]！這個遊戲要求玩家畫出一個物體，然後用一個深度神經網路來即時猜測他們畫的是什麼，該深度神經網路已經被其他人用過數千幅畫訓練過了。在玩家畫完一幅圖後，他們可以藉著觀察訓練資料組的案例，來了解神經網路是如何進行預測的。在圖 7-8 中，我們可以看到模型成功識別的薯條圖片的舉例解釋。

7　關於 Quick, Draw! 的細節與舉例解釋，見論文（*https://oreil.ly/Yvexy*）。

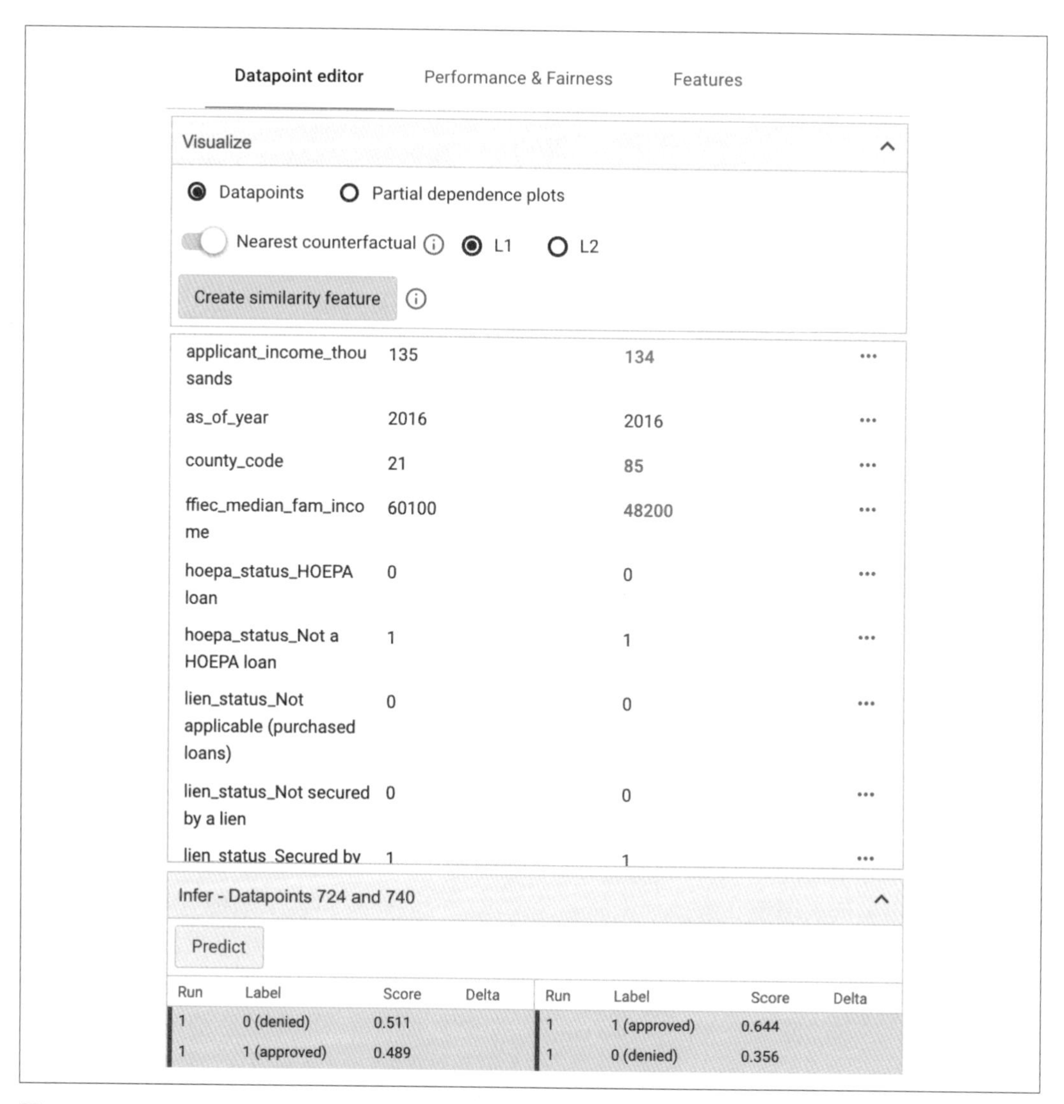

圖 7-7 What-If Tool 對美國抵押貸款申請資料組的兩個資料點進行反事實分析。粗體是這兩個資料點的差異。本章的 Fairness Lens 模式有這個資料組的更多資訊。

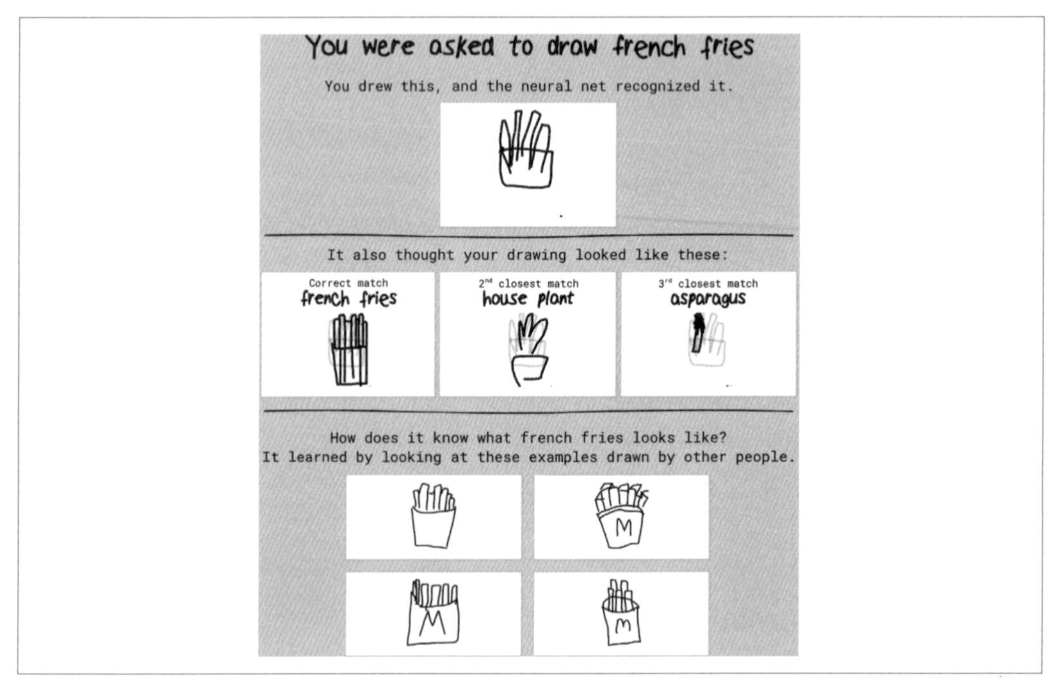

圖 7-8 Quick, Draw! 遊戲的舉例解釋展示模型如何用訓練資料組的案例來正確地預測一幅畫是「薯條」。

解釋技術的限制

解釋技術的出現代表理解和解讀模型的一大進步，但我們應該謹慎地避免過度信任模型的解釋，或假設它們可以完美地洞察模型。任何形式的解釋技術都直接反映了訓練資料、模型和基線。也就是說，如果訓練資料組無法準確地代表模型所反映的群體，或是，如果我們選擇的基線不適合我們要解決的問題，我們就不能期望解釋是高品質的。

此外，可以被解釋技術認出來的「特徵和輸出的關係」只能代表我們的資料與模型，不一定代表這個範疇之外的環境。舉個例子，假如我們訓練一個模型來識別詐騙性信用卡交易，而且它發現一筆這種交易，在進行全域級特徵歸因時，那筆交易的金額是最能夠說明詐騙的特徵，據此做出「金額一定是信用卡詐騙的最大指標」這個結論是不對的，這個論點只在我們的訓練資料組、模型與基線值的範疇裡成立。

我們可以將解釋技術視為附加在準確度、誤差，以及用來評估 ML 模型的其他指標之上的重要方法。它們可以幫助洞察模型的品質與潛在的偏差，但不應該單獨用來決定模型的品質高低。我們建議你將解釋技術當成一種模型評估準則，連同各種資料與模型評估方法，以及本章和之前章節介紹的許多其他模式一起使用。

設計模式 30：Fairness Lens

Fairness Lens 設計模式建議使用預先處理和後續處理技術來確保模型的預測對不同的用戶群組和場景而言是公平、公正的。在機器學習中，公平是一項不斷發展的研究領域，目前沒有讓模型「公平」的統一解決方案或定義。用公平的鏡頭（fairness lens）來評估整個 ML 工作流程（從資料收集到模型部署）對建構成功、高品質的模型來說至關重要。

問題

由於機器學習模型這個名稱裡面有「機器」，所以我們很容易假設它不會有偏見。畢竟，模型就是電腦學到的模式結果，不是嗎？這種想法的問題在於，模型用來學習的資料組是**人類**創造的，不是電腦，但人類充滿偏見（bias，視上下文有時譯為偏差、偏誤）。這種人類固有的偏見是難免的，但是這不一定是壞事。以一個用來訓練金融詐騙檢測模型的資料組為例——因為詐騙在大多數情況下相對罕見，所以這些資料可能會嚴重不平衡，詐騙樣本很少。這是一種自然的偏差，因為它反映了原始資料組的統計屬性。一旦偏差以不同的方式影響不同的人群，它就開始**有害**了。這種情況稱為**問題偏差**（*problematic bias*），這也是本節的重點。如果你沒有注意這種偏差，它會就進入模型，造成不利影響，因為在生產環境中的模型會直接反映資料中的偏差。

問題偏差也有可能在你意想不到的情況下出現。舉個例子，假如我們要建立一個模型來識別各種類型的服裝和裝飾品，我們要收集鞋子照片來製作訓練組。特別注意當你想到鞋子時，腦海中第一個浮現的東西，它是網球鞋？樂福鞋（Loafer）？涼鞋？細高跟鞋？假如我們住在全年溫暖的地區，我們認識的大多數人總是穿著涼鞋。當我們想到鞋子的時候，涼鞋是第一個出現在腦海的東西。因此，我們收集了各式各樣的的涼鞋照片，包含不同類型的帶子、鞋底厚度、顏色，等等。我們將這些資料放入更大型的服飾資料組裡，當我們用朋友的鞋子照片組成的資料組來測試這個模型時，它的「shoe」標籤有 95% 準確度。這個模型看起來充滿希望，但當住在不同地區的同事用他們的高跟鞋和運動鞋照片來測試這個模型時，問題出現了。對於他們的照片，模型根本不會回傳「shoe」標籤。

這個鞋子的例子展示了訓練資料分布的偏差，儘管這種類型的偏差看起來非常簡單，但是它在生產環境中經常發生。當我們收集的資料不能準確地反映使用模型的全部人口時，就會出現資料分布偏差。如果我們的資料組是以人為中心的，當資料組沒有平等地表示年齡、種族、性別、宗教、性取向和其他身分特徵時，這種類型的偏差就會特別明顯[8]。

即使資料組看起來平衡地表示這些身分特徵，資料表示這些族群的方式可能也會有偏差。假設我們要訓練一個情緒分析模型，將餐廳評論按照 1（極端負面）到 5 （極端正面）的等級進行分類。我們特別小心地在資料中平衡表示不同類型的餐館。然而，事實證明，海鮮餐廳的評價大多數是正面的，而素食餐廳的評價大多數是負面的。這種關於資料表示的偏差會被我們的模型直接表示出來。每當有新的素食餐廳評論被加入時，他們被歸類為負面的可能性就會大大增加，這可能會影響人們去那些餐廳的可能性。這種情況也稱為**報告偏差**，因為資料組（在這裡是「報告的」資料）不能準確地反映真實世界。

在處理資料偏差問題時，很多人誤以為將資料組中的偏差區域移除就可以修正問題了，假設我們要建立一個模型來預測一個人貸款違約的可能性。如果我們發現模型不公平地對待不同種族的人，我們可能會以為只要將資料組裡面的種族特徵刪掉就可以解決這個問題了，這樣做的問題在於，由於系統性偏見，種族和性別這類的特徵常常會隱性地反映在郵遞區號或收入這類的特徵上面。這種情況稱為**隱性**（*implicit*）或**代理**（*proxy*）**偏差**。刪除明顯可能有偏差的特徵，例如種族和性別，往往比保留它們更糟糕，因為這會讓你更難以識別和修正模型的偏差實例。

另一種在收集和準備資料時可能引入偏差的領域是資料的標注方式。團隊經常將大型資料組的標注工作外包出去，但你一定要了解標注員如何將偏差引入資料組，尤其是標注很主觀時。這種情況稱為**實驗者偏差**（*experimenter bias*）。假如我們要建立一個情緒分析模型，並且把標注工作外包給了 20 個人——他們的工作是在 1（負面）到 5（正面）的範圍之內，為每一篇文章附加標籤。這種類型的分析是非常主觀的，會被一個人的文化、教養和許多其他因素影響。在使用這些資料來訓練模型之前，我們應該確保這 20 位標注員代表多樣化的群體。

8 要進一步了解種族和性別偏見如何進入圖像分類模型，可參考 Joy Buolamwini 與 Timmit Gebru 的 "Gender Shades: Intersectional Accuracy Disparities in Commercial Gender Classification"（*https://oreil.ly/1zw3e*），*Proceedings of Machine Learning Research* 81 (2018): 1-15。

除了資料之外，我們選擇的目標函數也可能在訓練模型時引入偏差。例如，如果我們優化了模型，並取得總體的準確度，模型的性能可能無法準確地反映在所有資料片段上。如果資料組本質上是不平衡的，只將準確性當成指標來使用可能會忽略模型無法正確處理的情況，或是模型對資料中的少數群體做出不公平決策的情況。

在本書中，我們看到了 ML 能夠提高生產力、增加商業價值，以及將以前手工完成的任務自動化。身為資料科學家和 ML 工程師，我們有共同的責任，確保我們建構的模型不會對它們的用戶群造成不利的影響。

解決方案

為了處理機器學習的問題偏差，我們要在訓練模型之前找出具有有害偏差的資料區域，並透過公平的鏡頭來評估訓練出來的模型。Fairness Lens 設計模式提供了建構能夠平等對待所有用戶群組的資料組和模型的方法。我們將使用 What-If Tool（*https://oreil.ly/Sk36z*）來展示兩種類型的分析技術，What-If Tool 是一種開源的資料組和模型評估工具，可以在許多 Python notebook 環境中運行。

在繼續使用本節介紹的工具之前，你應該分析資料組和預測任務，以確定有沒有潛在的問題偏差。你要更仔細地觀察哪些人會被模型影響，以及那些群體會怎麼被影響。如果可能出現問題偏差，本節介紹的技術是減輕這類偏差的好起點。另一方面，如果資料組的偏差包含自然發生的偏差，而且那些偏差不會對不同的族群造成不利的影響，第 118 頁（第 3 章）的「設計模式 10：Rebalancing」有處理本質上不平衡的資料的解決方案。

在這一節，我們將使用美國抵押貸款申請公用資料組（*https://oreil.ly/azFUV*）。美國的貸款機構必須報告個人申請貸款的資訊，例如貸款的類型、申請人的收入、處理貸款的機構、以及申請的狀態。為了展示公平的不同方面，我們用這個資料組來訓練一個貸款申請批准模型。據我們所知，任何貸款機構都不會使用這個資料組來訓練 ML 模型，因此我們提出的公平性警告只是假設的。

我們做了這個資料組的一個子集合，並進行了一些預先處理，將它轉換成二元分類問題——申請被批准還是拒絕。圖 7-9 是這個資料組的預覽。

as_of_year	agency_code	loan_type	property_type	loan_purpose	occupancy	loan_amt_thousands	preapproval	county_code	applicant_income_thousands	purchaser_type	hoepa_status	lien_status	population
2016	Consumer Financial Protection Bureau (CFPB)	Conventional (any loan other than FHA, VA, FSA...	One to four-family (other than manufactured ho...	Refinancing	1	110.0	Not applicable	119.0	55.0	Freddie Mac (FHLMC)	Not a HOEPA loan	Secured by a first lien	5930.0
2016	Department of Housing and Urban Development (HUD)	Conventional (any loan other than FHA, VA, FSA...	One to four-family (other than manufactured ho...	Home purchase	1	480.0	Not applicable	33.0	270.0	Loan was not originated or was not sold in cal...	Not a HOEPA loan	Secured by a first lien	4791.0
2016	Federal Deposit Insurance Corporation (FDIC)	Conventional (any loan other than FHA, VA, FSA...	One to four-family (other than manufactured ho...	Refinancing	2	240.0	Not applicable	59.0	96.0	Commercial bank, savings bank or savings assoc...	Not a HOEPA loan	Secured by a first lien	3439.0
2016	Office of the Comptroller of the Currency (OCC)	Conventional (any loan other than FHA, VA, FSA...	One to four-family (other than manufactured ho...	Refinancing	1	76.0	Not applicable	65.0	85.0	Loan was not originated or was not sold in cal...	Not a HOEPA loan	Secured by a subordinate lien	3952.0

圖 7-9　本節使用的美國貸款申請資料組的一些欄位。

在訓練之前

因為 ML 模型是用來訓練它們的資料的直接表示法，所以我們可以在建構或訓練模型之前，執行徹底的資料分析，用分析結果來調整資料，從而減輕大量的偏差。在這個階段，我們的重點是找出「問題」一節指出的資料收集或資料表示偏差。表 7-3 是根據資料類型以及偏差類型，需要考慮的一些問題。

表 7-3　不同類型的資料偏差

	定義	分析時的注意事項
資料分布偏差	資料無法平等地代表可能在生產環境中使用模型的所有族群	• 資料有沒有平衡地包含所有相關的人口統計案例（性別、年齡、種族、宗教等）？ • 標籤的所有變化是否有平衡的數量？（例如，在「問題」一節裡的鞋子案例。）
資料表示偏差	雖然資料是平衡的，但是沒有平等地表示不同的資料部分	• 對分類模型而言，標籤在所有相關的特徵之間有沒有平衡地分布？例如，在預測信用價值的資料組中，被標記為不可能償還貸款的人的性別、種族和其他身分特徵有沒有被平等地表示？ • 資料表示不同人口統計族群的方式有沒有偏差？對預測情緒或評分的模型來說，這一點特別重要。 • 資料標注員有沒有引入主觀偏差？

檢查資料並修正偏差之後，當你將資料分成訓練、測試和驗證組時也要考慮同樣的因素。也就是說，當我們讓全部的資料組平衡之後，我們的訓練、測試和驗證組也必須保持同樣的平衡。回到鞋子照片範例，假設我們已經改善資料組，在裡面放入 10 種鞋子的各種照片。在訓練組裡面，每一種鞋子的百分比必須類似測試和驗證組。這可以確保模型能夠反映真實場景，並且在真實場景中進行評估。

為了展示實際的資料組分析情況，我們將對上面介紹的抵押貸款資料組使用 What-If Tool。它可以將各種資料片段的平衡狀態視覺化。What-If Tool 可以和模型一起使用，也可以不和模型一起使用。因為我們還沒有建立模型，我們藉著傳入資料來將 What-If Tool widget 初始化：

```
config_builder = WitConfigBuilder(test_examples, column_names)
WitWidget(config_builder)
```

圖 7-10 是傳入資料組的 1,000 個案例時，這個工具在進行載入時的樣子。第一個標籤是「Datapoint editor」，它可以提供資料的概覽，並且讓你查看個別案例。在這個視覺化中，資料點的顏色依標籤而不同——抵押貸款申請有沒有被批准。這張圖也突出顯示一個單獨的案例，我們可以看到它的特徵值。

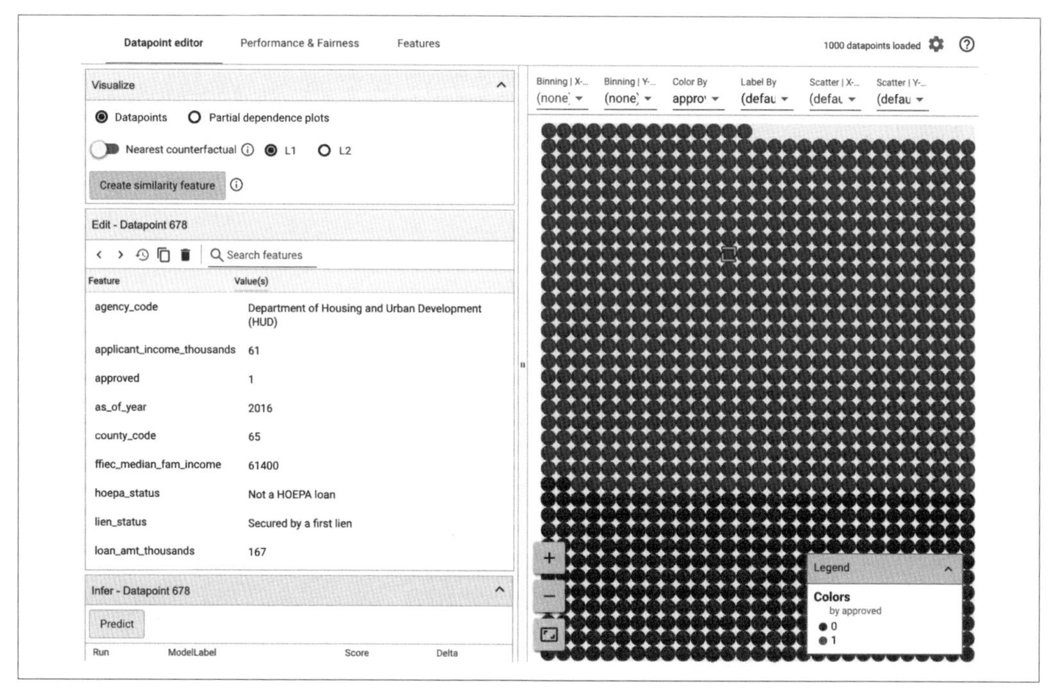

圖 7-10　What-If Tool 的「Datapoint editor」，我們可以從裡面看到資料以標籤類別來分割的狀況，並且查看個別案例的特徵。

在 Datapoint 編輯器裡面有很多選項可以讓你自訂視覺化，協助你了解資料組是如何分割的。在使用顏色來代表標籤的情況下，當我們在 Binning | Y-Axis 選單中選擇 agency_code 欄時，工具會顯示一張圖表，展示對於每一個貸款申請的承辦機構，資料組的平衡程度如何。見圖 7-11。假如這 1,000 個資料點可以代表資料組的其餘部分，圖 7-11 顯示了一些潛在偏差實例：

資料表示偏差

在我們的資料中，向 HUD 申請被拒絕的機率高於其他機構。模型很有可能會學到這件事，導致它對於 HUD 發起的申請更常預測「not approved（未批准）」。

資料收集偏差

源自 FRS、OCC、FDIC 或 NCUA 的貸款資料可能不足，因此無法在模型中準確地使用 agency_code 特徵。我們要確保在資料組裡面，向每一個機構申請的百分比能夠反映真實世界的比例。例如，如果向 FRS 和 HUD 申請的貸款數量相似，那麼在資料組中，這兩個機構應該有相同數量的案例。

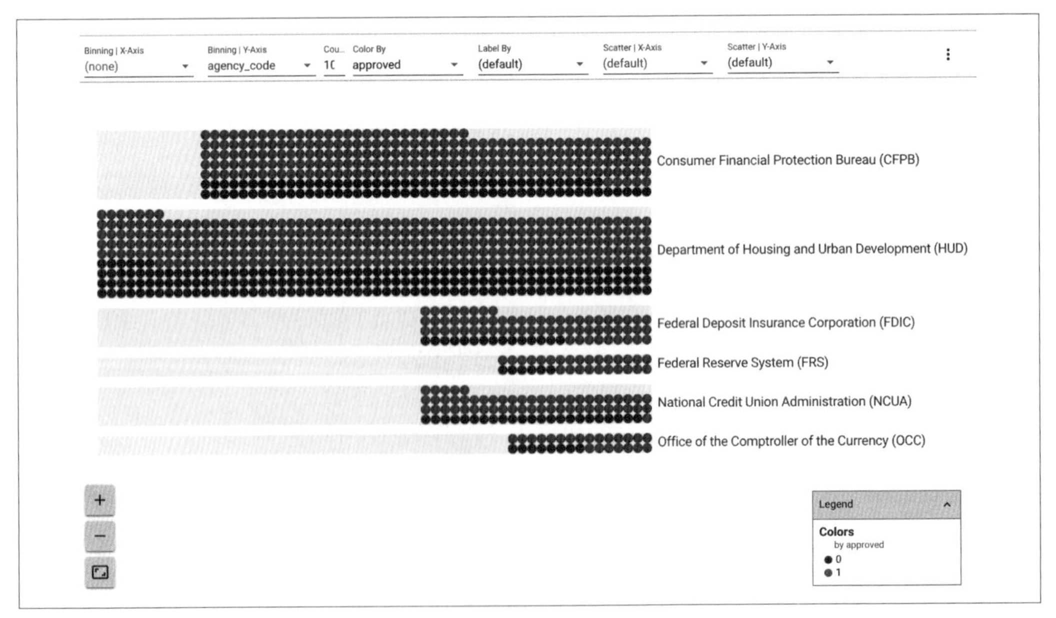

圖 7-11　美國抵押貸款資料組的子集合，用資料組的 agency_code 欄來分組。

我們可以對資料的其他欄位重複做這種分析，並根據結論來添加案例，和改善資料。在 What-If Tool 裡面還有許多建立自訂視覺化的選項，請參考 GitHub 的完整程式（*https://github.com/GoogleCloudPlatform/ml-design-patterns/blob/master/07_responsible_ai/fairness.ipynb*），以獲得更多靈感。

使用 What-If Tool 來了解資料的另一種方法是使用 Features 標籤，如圖 7-12 所示。它展示資料組的各個欄位的平衡狀況。從這張圖，我們可以知道該在哪裡添加或移除資料，或改變我們的預測任務[9]。例如，也許我們想將模型限制成只對再融資或購屋貸款進行預測，`loan_purpose` 欄應該沒有足夠的資料可以代表其他可能的值。

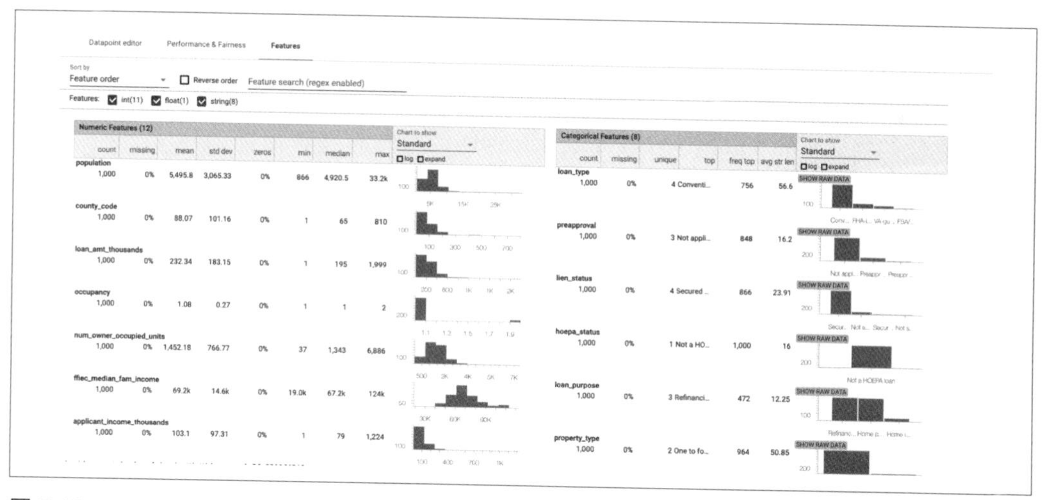

圖 7-12　What-If Tool 的 Features 標籤，它會顯示資料組的各個欄位的平衡狀態直方圖。

改善資料組和預測任務之後，我們就可以考慮在訓練模型期間需要優化的任何其他事項了。例如，也許我們最關心的是模型預測出「approved」時的準確度，所以在訓練模型期間，我們會優化這個二元分類模型的「approved」類別的 AUC（或其他指標）。

當我們已經竭盡所能地消除了資料收集偏差，卻發現特定的類別沒有足夠的資料時，我們可以進行第 118 頁的「設計模式 10：Rebalancing」（第 3 章）。這種模式討論了建構模型來處理不平衡的資料的技術。

9　要進一步了解更改預測任務，見第 78 頁的「設計模式 5：Reframing」，以及第 113 頁的「設計模式 9：Neutral Class」（第 3 章）。

其他形式的資料偏差

儘管我們在這裡展示的是表格資料組，但偏差在其他類型的資料中也同樣常見。Jigsaw 提供的 Civil Comments 資料組（*https://oreil.ly/xaocx*）提供一個很好的例子，指出文本資料可能出現偏差的地方。這個資料組會根據評論的毒舌程度（從 0 到 1）來標注評論，已經有人用它來建構模型，用來標記毒舌的線上評論。資料組中的每個評論都被標記是否存在一組身份屬性，例如提到宗教、種族或性向。如果我們打算使用這些資料來訓練模型，一定要注意資料表示偏差。也就是說，在評論裡面的身分詞彙**不應該**影響評論的毒舌程度，在訓練模型之前，你應該要考慮任何這種偏見。

以這個虛構的評論為例：「Mint chip is their best ice cream flavor, hands down.」如果我們將「Mint chip」換成「Rocky road」，這個評論會被標注同樣的毒舌分數（理想分數是 0）。類似地，如果評論是「Mint chip is the worst. If you like this flavor you're an idiot,」，我們可以預期它有較高的毒舌分數，那個分數應該與將「Mint chip」換成不同的口味名稱一樣。我們在這個例子使用冰淇淋，但可想而知，在使用具爭議性的身分詞彙時會有什麼結果，尤其是在以人為本的資料組時，這就是所謂的反事實公平。

在訓練之後

即使有嚴格的資料分析，偏差也有可能進入訓練過的模型，可能是模型架構、優化指標或是在訓練前沒有發現的資料偏差造成的。為了解決這個問題，我們必須從公平的角度評估模型，並深入挖掘除了整體模型準確度之外的指標。訓練後分析的目標是為了了解「模型準確度」與「模型的預測對不同族群造成的影響」之間的平衡。

What-If Tool 是後模型（post-model）分析的選項之一。為了展示如何對著訓練過的模型使用它，我們以抵押貸款資料組為例。根據之前的分析，我們改善了資料組，讓它裡面只有再融資和購屋貸款[10]，並訓練一個 XGBoost 模型來預測申請會不會被批准。因為我們使用 XGBoost，所以我們使用 pandas 的 `get_dummies()` 方法，將所有分類特徵轉換為布林欄。

10 我們還可以對這個資料組進行更多訓練前的優化。只選擇一個是為了展示可能性。

我們在之前的 What-If Tool 初始程式加入一些東西，這一次傳入一個呼叫訓練好的模型的函式，以及指定標籤欄與各個標籤的名稱的設定（config）：

```
def custom_fn(examples):
  df = pd.DataFrame(examples, columns=columns)
  preds = bst.predict_proba(df)
  return preds

config_builder = (WitConfigBuilder(test_examples, columns)
  .set_custom_predict_fn(custom_fn)
  .set_target_feature('mortgage_status')
  .set_label_vocab(['denied', 'approved']))
WitWidget(config_builder, height=800)
```

將模型傳給工具之後，產生的畫面如圖 7-13 所示，它根據 y 軸的模型預測信心度來畫出測試資料點。

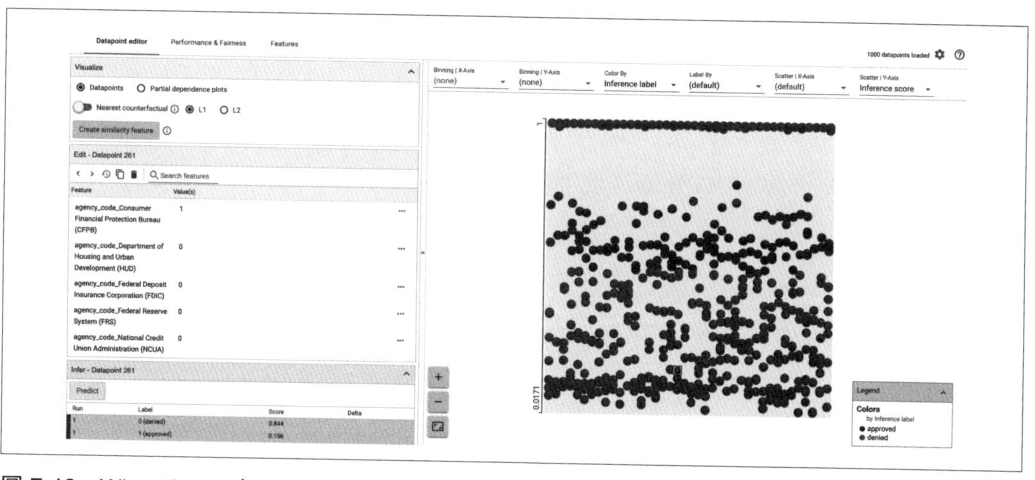

圖 7-13　What-If Tool 處理二元分類模型的 Datapoint 編輯器。y 軸是模型對每個資料點的預測輸出，從 0（拒絕）到 1（批准）。

What-If Tool 的 Performance & Fairness 標籤可讓我們評估模型處理不同資料片段的公平性。我們可以藉著選擇其中一個模型特徵來「切片」，來比較模型處理該特徵的不同值的結果。在圖 7-14 中，我們用 agency_code_HUD 特徵來切片，它是個布林值，指出一個申請是否被 HUD 承保（0 代表非 HUD 貸款，1 代表 HUD 貸款）。

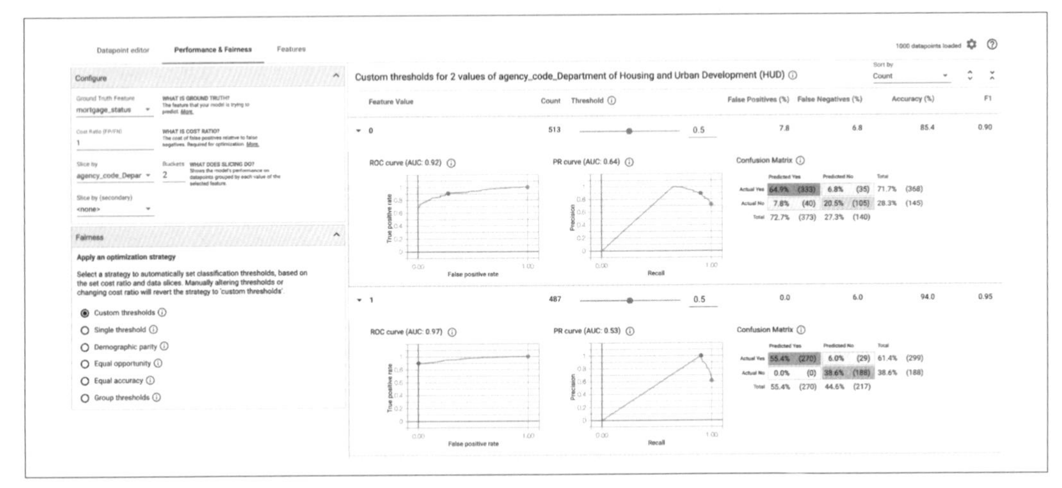

圖 7-14 What-If Tool Performance & Fairness 標籤，顯示 XGBoost 模型處理不同特徵值的性能。

從這些 Performance & Fairness 圖，我們可以看到：

- 我們的模型對於受 HUD 監督的貸款的準確性明顯較高，94% 比 85%。
- 根據混淆矩陣，非 HUD 貸款的批准機率較高，72% 比 55%，原因可能是上一節發現的資料表示偏差（我們故意讓資料組保持這種情況，以顯示模型會如何放大資料的偏差）。

我們可以採取一些方法來處理這些見解，如圖 7-14 的「Optimization strategy」框所示。這些優化方法包括改變模型的分類閾值，也就是導致模型輸出陽性類別的閾值。在這個模型中，當信心閾值是多少時，我們才願意將一份申請標注為「approved」？如果模型對一項申請被批准的信心度超過 60%，我們應該批准它嗎？還是只有當模型的信心度超過 98% 時，我們才可以批准申請？這個決定在很大程度上取決於模型的背景和預測任務。如果我們要預測照片裡面有沒有貓，即使模型只有 60% 的信心度，我們也可以回傳「貓」標籤。然而，如果模型的工作是預測醫學照片裡有沒有疾病，我們很可能使用更高的閾值。

What-If Tool 可協助我們根據各種優化來選擇閾值。例如，「Demographic parity」這個優化會確保模型批准 HUD 與非 HUD 貸款的百分比相同[11]。另外，使用 equality of opportunity（機會平等）[12] 公平性指標可以確保無論資料點來自 HUD 或是非 HUD，只要測試組的基準真相值是「approved」，都有相同的機會被模型預測出「approved」。

注意，改變模型的預測閾值只是對公平性評估指標做出反應的一種方式，此外還有許多其他方法，包括重新平衡訓練資料、重新訓練一個模型並針對不同的指標進行優化，等等。

What-If Tool 與特定模型無關，可以處理任何類型的模型，無論它的架構或框架是什麼。它可以處理在 notebook 或是在 TensorBoard（*https://oreil.ly/xWV4_*）中載入的模型、透過 TensorFlow Serving 提供服務的模型，以及部署到 Cloud AI Platform Prediction 的模型。What-If Tool 團隊也幫文本模型建立一種稱為 Language Interpretability Tool（LIT）的工具（*https://oreil.ly/CZ60B*）。

關於訓練後評估的另一項重要注意事項是使用平衡的樣本集合來測試模型。如果我們認為某些特定的資料切片會造成模型的問題，例如輸入可能會被資料收集或表示偏差影響，我們就要確保測試組包含足夠多的這些案例。在拆開資料之後，我們對著**每一組**資料（訓練、驗證與測試）使用曾經在本節的「在訓練之前」使用過的分析類型。

從這個分析中可以看出，對模型公平性而言，沒有一種放之四海皆準的解決方案或評估指標。它是一種連續的、迭代的過程，應該在整個 ML 工作流程中使用——從資料收集到已部署的模型。

代價與其他方案

除了在「解決方案」一節中討論的訓練前和訓練後的技術之外，我們還有許多方法可以達成模型公平性。在這裡，我們將介紹一些實現公平模型的替代工具和程序。ML 公平性是一個快速發展的研究領域——本節無法完整列出所有工具，只能介紹一些目前可用來改善模型公平性的技術和工具。我們也會討論 Fairness Lens 和 Explainable Predictions 設計模式之間的差異，因為它們是相關的，也經常一起使用。

11 這篇文章（*https://oreil.ly/wFx_W*）更詳細地介紹 What-If Tool 的公平性優化策略的選項。

12 關於將 equality of opportunity 當成公平性指標的更多細節可參考 *https://oreil.ly/larIS*。

Fairness Indicators

Fairness Indicators（*https://github.com/tensorflow/fairness-indicators*）（FI）是一套開源工具，設計上是為了協助在訓練前了解資料的分布，以及使用公平性指標來評估模型的效果。TensorFlow Data Validation（TFDV）與 TensorFlow Model Analysis（TFMA）都內建這一套工具。Fairness Indicators 最常被當成 TFX 管道的組件來使用（詳情見第 275 頁的「設計模式 25：Workflow Pipeline」（第 6 章）），或透過 TensorBoard。TFX 有兩種內建的組件使用 Fairness Indicator 工具：

- 在 TFDV 使用 ExampleValidator 來做資料分析、偵測漂移和訓練 / 伺服傾斜。
- 使用 TFMA 程式庫，用資料組的子集合來評估模型的評估器。圖 7-15 是 TFMA 產生的互動式視覺化。它查看資料裡的一個特徵（height），並且為該特徵的每一個分類值解析模型的偽陰率。

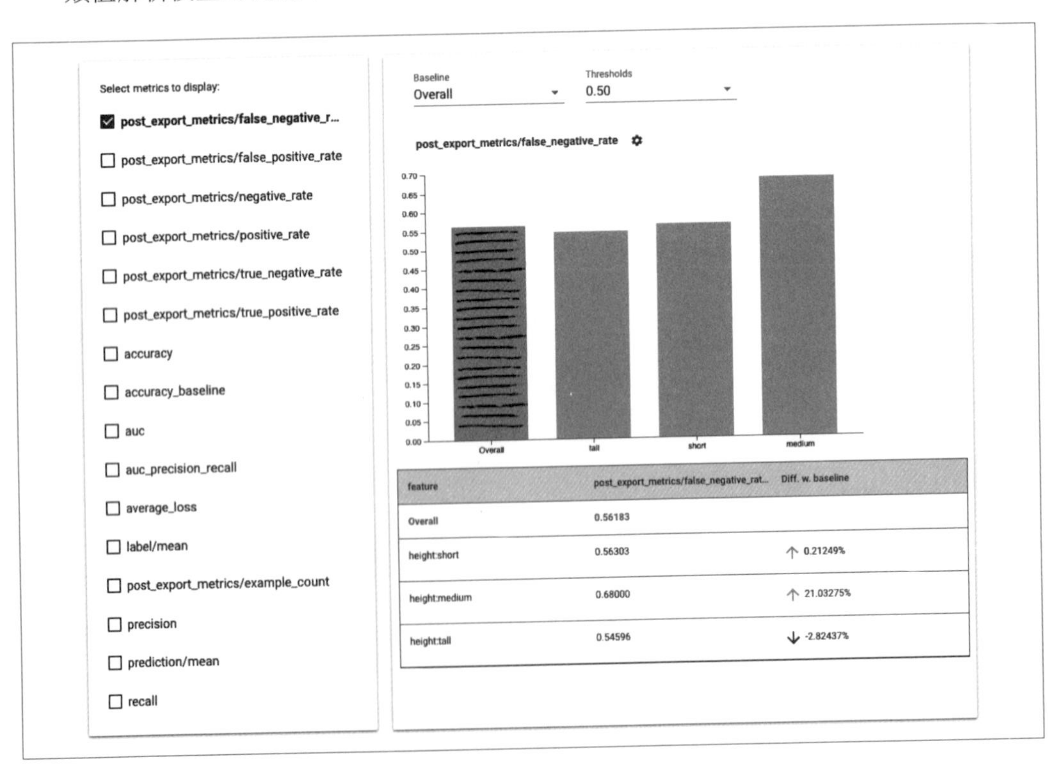

圖 7-15　用不同的資料子集合比較模型的偽陰率。

使用 Fairness Indicators Python 程式包（*https://oreil.ly/pYM1j*），你也可以將 TFMA 當成一個獨立的工具，用來處理 TensorFlow 和非 TensorFlow 模型。

將資料評估自動化

我們在「解決方案」一節討論的公平性評估方法主要集中在手工、互動式資料和模型分析。這一種分析非常重要，特別是在開發模型的初始階段。當我們將模型作業化，並將注意力轉移到維護和改善它時，設法將公平性評估自動化可以提高效率，並確保公平性被整合到 ML 程序中。我們可以採取第 212 頁的「設計模式 18：Continued Model Evaluation」（第 5 章）與第 275 頁的「設計模式 25：Workflow Pipeline」（第 6 章），並使用 TFX 提供的組件來做資料分析和模型評估。

允許和不允許清單

當我們無法直接修正資料或模型的固有偏差時，可以使用允許和不允許清單，在生產模型之上將規則寫死。這種做法主要適用於分類或生成模型，當我們不希望模型回傳某些標籤單字時。例如，Google Cloud Vision API 的標籤偵測功能會移除性別單字，例如「man」與「woman」（*https://oreil.ly/WY2vp*）。因為性別不能僅僅由外表來決定，當模型的預測僅僅根據視覺特徵時，回傳這些標籤會強化不公平的偏見。Vision API 改成回傳「person」。同樣的，Gmail 的 Smart Compose 功能在完成「I am meeting an investor next week. Do you want to meet ___?」之類的句子時，會避免使用性別代名詞（*https://oreil.ly/dtMhK*）。

這種允許和不允許清單可以用於 ML 工作流程的兩個階段之一：

資料收集

: 當你從零開始訓練模型，或使用 Transfer Learning 設計模式來添加自己的分類層時，你可以在資料收集階段，在訓練模型之前，定義模型的標籤組。

在訓練之後

: 如果我們依靠預訓模型來進行預測，並使用那個模型的同一組標籤，我們可以在生產階段實作允許和不允許清單——在模型回傳預測之後，但是在這些標籤出現在終端用戶眼前之前。這種做法也可以在文本生成模型中使用，對於那種模型，我們無法完全控制所有可能的模型輸出。

資料擴增

除了前面討論的資料分布和表示法解決方案之外，另一種將模型的偏差減到最小的方法是執行資料**擴增**。使用這種方法時，我們會在訓練之前改變資料，目的是移除潛在的偏差來源。有一種資料擴增稱為 ablation（摘除），它特別適合文本模型。例如，在文本情緒分析模型中，我們可以移除文本中的身分詞彙，以確保它們不會影響模型的預測。以本節用過的冰淇淋範例為例，在執行 ablation 之後，句子「Mint chip is their best ice cream flavor」會變成「BLANK is their best ice cream flavor」。然後在整個資料組裡，我們將不希望影響模型的情緒預測的所有其他單字都換成同一個單字（我們在這裡使用 BLANK，但是只要沒有出現在其餘的文本資料裡的單字都可以使用）。注意，雖然這種 ablation 技術對許多文本模型都很有效，但是當你要移除表格資料組的偏差區域時要很小心，正如「問題」一節所述。

另一種資料擴增方法涉及生成新資料，Google Translate 在翻譯中性語言和有性別差異的語言時，使用它來將性別偏差最小化（*https://oreil.ly/3Rkdr*）。解決方案包括重寫翻譯資料，以便在適用的情況下，同時以陰性和陽性的形式提供翻譯。例如，將中性的英文句子「We are doctors」翻譯成西班牙文會產生兩種結果，如圖 7-16 所示。在西班牙文裡，單字「we」可能有陽性和陰性兩種形式。

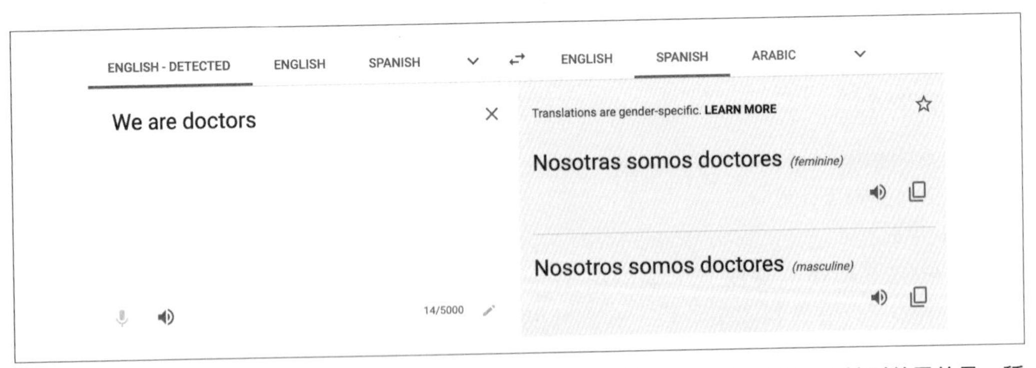

圖 7-16　在將某種語言的性別中性的單字（在這裡是英文的「we」）翻譯成該字有性別差異的另一種語言時，Google Translate 提供多個翻譯來將性別偏差最小化。

Model Cards

Model Cards 來自一篇研究論文（*https://oreil.ly/OAIcs*），它提供一個框架來回報模型的能力與限制。Model Cards 的目的是透過提供在什麼情況之下應該或不應該使用模型的細節，來提高模型的透明度，因為除非模型按照預期的方式來使用，否則減輕有問題的偏見不會有任何效果。透過這種方式，Model Cards 鼓勵在正確的背景中使用模型的義務。

第一個發表的 Model Cards（*https://oreil.ly/OwiJY*）為 Google Cloud 的 Vision API 的 Face Detection 和 Object Detection 功能提供摘要和公平性指標。若要幫我們自己的 ML 模型產生 Model Cards，TensorFlow 提供 Model Card Toolkit（*https://github.com/tensorflow/model-card-toolkit*）（MCT），可以當成獨立的 Python 程式庫來執行，或當成 TFX 管道的一部分。這個工具組會讀取匯出的模型資產，並產生一系列具有各種性能和公平性指標的圖表。

公平性 vs. 可解釋性

在 ML 中，公平性和可解釋性這兩種概念有時會被混為一談，因為它們經常一起使用，並且都是更大型的倡議，Responsible AI 的一部分。公平性特別適合在模型中識別和消除偏差，而解釋技術是診斷偏差的存在的**一種**方法。例如，對情緒分析模型使用解釋技術，可能會揭露該模型是依靠身分詞彙來做出預測的，但是它原本應該使用「worst」、「amazing」或「not」之類的單字。

解釋技術也可以在公平性的範疇之外使用，以揭露「模型指出某個詐騙交易」的原因，或指出導致模型預測醫學照片中有「生病」的像素。因此，解釋技術是提高模型透明度的方法。有時，透明度可以揭示模型對某些族群不公平的領域，但它也可以讓我們高層次地洞察模型的決策過程。

小結

雖然 Peter Parker 的名言「能力越大，責任越大」說的應該不是機器學習，但那句話確實很適合在這裡使用。ML 具備顛覆產業、提高生產力，和從資料中產生新見解的能力。因為有這種潛力，了解模型可能如何影響不同的關係人族群就顯得特別重要。模型關係人可能包括各種模型用戶、監管團隊、資料科學團隊或組織內的商務團隊。

本章介紹的 *Responsible AI* 模式是每一個 ML 工作流程的重要部分 —— 它們可以幫助我們理解模型產生的預測，並在將模型投入生產之前，抓到潛在的不良行為。我們從 *Heuristic Benchmark* 模式開始了解如何決定評估模型的初始指標。這個指標是個實用的比較基準，可讓我們了解後續的模型版本，以及向商業決策者提出模型行為摘要。在 *Explainable Predictions* 模式裡，我們展示如何使用特徵歸因來查看哪些特徵是提示模型進行預測的主角。特徵歸因是一種解釋方法，可用來評估針對一個案例的預測，以及對於一組測試輸入的預測。最後，*Fairness Lens* 設計模式提供了一些工具和指標來確保模型的預測可以平等、公平且無偏見地對待所有用戶群體。

第八章

連接模式

我們創作了一個機器學習設計模式目錄，以解決在設計、訓練和部署機器學習模型和管道時重複出現的問題。在這一章，我們要為這些模式提供一個快速的參考。

我們按照模式在典型的 ML 工作流程之中使用的地方來編排它們。因此，我們有一章討論輸入表示法，另一章討論模型選擇。然後我們討論了修改典型的訓練迴圈，以及讓推理更有復原力的模式。最後，我們介紹了促進負責任地使用 ML 系統的模式。這個順序類似編寫一本食譜，將開胃菜、湯、主菜和甜點分成不同的部分。然而，這種安排方式會讓你很難決定什麼時候該選擇什麼湯，以及哪一種甜點適合某些主菜。因此，在本章，我們要展示這些模式彼此之間的關係。最後，我們會討論模式如何互動來處理常見的 ML 任務類別，協助你制定「用餐計畫」。

模式參考

我們已經討論了許多不同的設計模式，以及如何使用它們來解決經常在機器學習中出現的挑戰。以下是它們的摘要。

章	設計模式	解決的問題	解決方案
表示資料	Hashed Feature	與分類特徵有關的問題，例如不完整的詞彙表、因為基數造成的模型大小，以及冷啟動。	將必然性和可移植的字串表示法的雜湊分組，並接受資料表示法的衝突。
	Embeddings	必須保留相近程度關係的高基數特徵。	學習一種資料表示法來將高基數資料對映到低維空間，以保留和學習問題有關的資訊。

章	設計模式	解決的問題	解決方案
	Feature Cross	模型的複雜度不足以學習特徵的關係。	明確地將每一個輸入值的組合做成個別的特徵，來協助模型快速地學習輸入之間的關係。
	Multimodal Input	如何從幾個潛在的資料表示法裡面做出選擇。	將所有可用的資料表示法連接起來。
表示問題	Reframing	包括這些問題：數值預測的信心度、有順序的類別、限制預測範圍，以及多任務學習。	改變機器學習問題的輸出表示法，例如，將回歸問題表示成分類（反之亦然）。
	Multilabel	一個訓練樣本有多個標籤。	使用 multi-hot 陣列來編碼標籤，並且將 k sigmoids 當成輸出層。
	Ensembles	對於小型與中型問題的偏差 / 變異數平衡。	結合多個機器學習模型，並匯整它們的結果，來進行預測。
	Cascade	將機器學習問題拆成一系列的 ML 問題時出現的維護性或漂移問題。	將 ML 系統視為進行訓練、評估和預測的統一工作流程。
	Neutral Class	有些樣本的類別標籤實質上是隨意指定的。	為分類模型加入額外的標籤，不與當前的標籤重疊。
	Rebalancing	高度不平衡的資料。	downsample、upsample 或使用加權損失函數，取決於不同的考量。
修改模型訓練過程的模式	Useful Overfitting	使用機器學習方法來學習物理模型或動態系統。	放棄一般的類推技術，故意過擬訓練資料組。
	Checkpoints	在長期運行的訓練工作中，因為機器故障而失去進度。	定期儲存模型的完整狀態，以便從中間點用部分訓練好的模型來恢復訓練，以免從零開始進行。
	Transfer Learning	缺乏訓練複雜的機器學習模型所需的大型資料組。	取得訓練好的模型的一部分，凍結權重，並且在解決類似問題的新模型裡面使用這些不可訓練的神經層。
	Distribution Strategy	訓練大型的神經網路可能會很久，降低試驗速度。	用多個 worker 來大規模執行訓練迴圈，利用快取、硬體加速與平行化技術。
	Hyperparameter Tuning	如何找出機器學習模型的最佳超參數。	將訓練迴圈插入優化方法來找出最佳超參數組合。
復原力	Stateless Serving Function	生產環境中的 ML 系統必須能夠每秒同步地處理上千到數百萬個預測請求。	將機器學習模型匯出為無狀態函式，讓多個用戶端用可擴展的方式共享。

章	設計模式	解決的問題	解決方案
	Batch Serving	使用一次只能處理一個請求的端點來為大量的資料進行預測會讓模型崩潰。	使用分散式資料處理經常使用的軟體基礎設施來一次為大量的實例非同步地執行推理。
	Continued Model Evaluation	已部署的模型的性能隨著時間而遞減，因為資料漂移、概念漂移，或是將資料傳給模型的管道有所改變。	持續監視模型的預測，並評估模型的性能，來檢測已部署的模型何時不適用了。
	Two-Phase Predictions	將大型、複雜的模型部署到邊緣或分散式設備時，必須維持其性能。	將用例拆成兩個階段，只在邊緣設備上執行比較簡單的階段。
	Keyed Predictions	在送出大型的預測工作時，如何將模型回傳的預測對映到相應的模型輸入。	允許模型在預測期間傳遞用戶端提供的鍵，用那個鍵來將模型輸入連接到模型預測。
再現性	Transform	為了建立模型期望的特徵，我們必須轉換模型的輸入，而且這個程序必須在訓練和伺服時一致。	明確地取得「將模型的輸入轉換成特徵的方法」，並儲存它。
	Repeatable Splitting	在分開資料時，必須有個輕量且可重複的方法，無論程式語言或隨機種子是什麼。	找出可以描述列之間的關係的一個欄位，並使用 Farm Fingerprint 雜湊演算法，來將資料拆成訓練、驗證和測試組。
	Bridged Schema	當你有新資料可用時，對於資料格式的任何改變都會阻礙你使用新的與舊的資料來進行重新訓練。	將資料從舊的、原始的資料格式改成符合新的、更好的資料格式。
	Windowed Inference	有一些模型需要不斷進來的實例來執行推理，或是你必須以避免訓練 / 伺服傾斜的方式，匯整一個時間窗口之內的特徵。	將模型狀態外部化，並且從串流分析管道呼叫模型，來確保那個以動態、時間相依的方式來計算的特徵可以在訓練和伺服之間正確地重複。
	Workflow Pipeline	在擴展 ML 工作流程，獨立執行試驗，並追蹤管道的每一步的性能。	將 ML 工作流程做成一個獨立的、容器化的服務，而且這些服務可以連接在一起，來做出一個可以用一次 REST API 呼叫來執行的管道
	Feature Store	臨時性的特徵工程方法會降低模型開發速度，並且導致團隊之間重複工作，以及工作流程效率低下。	建立一個共享的特徵倉庫，用這個集中的位置來儲存與記錄將會用來建立機器學習模型的特徵資料組，並且讓各個專案與團隊共享。

章	設計模式	解決的問題	解決方案
	Model Versioning	當生產環境有一個模型時，你很難執行性能監控，或是對模型的變更進行對比測試，或是在不危害既有的用戶的情況下更新模型。	使用不同的 REST 端點來將更改後的模型部署成微服務，讓已部署的模型有回溯相容性。
Responsible AI	Heuristic Benchmark	使用複雜的評估指標來解釋模型性無法提供商業決策者所需的直覺性。	拿 ML 模型與一個簡單的、容易理解的啟發方法做比較。
	Explainable Predictions	有時你需要知道為何模型做出某些預測，可能是為了除錯，或為了遵守法規和標準。	使用模型解釋技術來了解模型如何 / 為何進行那些預測，並且提升用戶對 ML 系統的信任度。
	Fairness Lens	偏差可能造成機器學習模型不平等對待所有用戶，而且可能對一些人群造成不利影響。	在訓練模型之前使用一些工具來找出資料組的偏差，並且用公平的鏡頭來評估訓練好的模型，以確保模型的預測對不同的用戶群組和不同的場景而言是公平的。

模式互動

設計模式不是單獨存在的，許多模式之間都有緊密的關係，無論是直接或是間接，而且往往是相輔相成的。圖 8-1 的互動圖總結了各種設計模式之間的相互依賴性和一些關係。如果你正在使用一種模式，那麼考慮如何採用與它有關的其他模式可能會對你有所幫助。

在這裡，我們將重點提示這些模式之間有什麼關係，以及在開發完整的解決方案時如何一起使用它們。例如，在處理分類特徵時，Hashed Feature 設計模式可以和 Embeddings 設計模式一起使用。這兩種模式可以一起處理高基數的模型輸入，例如處理文本。在 TensorFlow 裡面，我們可以將 categorical_column_with_hash_bucket 特徵欄位放在一個 embedding 特徵欄位裡面，來將稀疏的、分類的文本輸入轉換成密集表示法：

```
import tensorflow.feature_column as fc
keywords = fc.categorical_column_with_hash_bucket("keywords",
    hash_bucket_size=10K)
keywords_embedded = fc.embedding_column(keywords, num_buckets=16)
```

我們在討論 Embeddings 時，建議你在使用 Feature Cross 設計模式時使用這項技術。Hashed Features 與 Repeatable Splitting 設計模式經常出雙入對，因為 Farm Fingerprint 雜湊演算法可以用來進行資料拆分。而且，在使用 Hashed Features 或 Embeddings 設計模式時，我們經常使用 Hyperparameter Tuning 的概念來找出最佳雜湊組數，或正確的 embedding 維數。

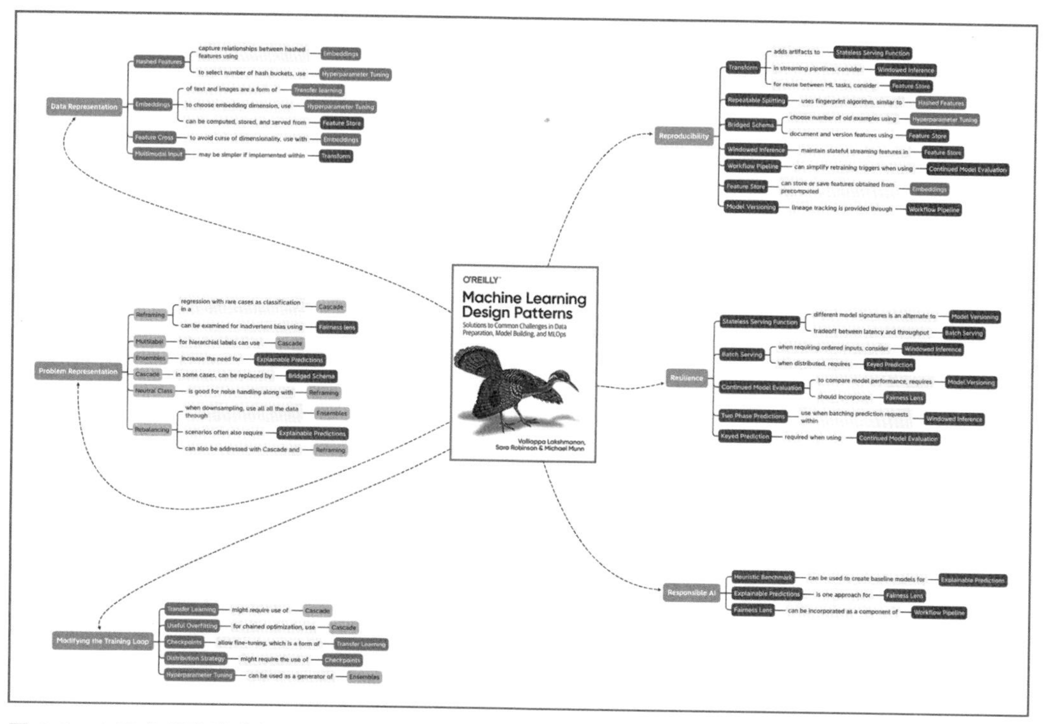

圖 8-1　本書介紹的許多模式都是相關的，或可以一起使用。這張圖像可在本書的 GitHub repository（*https://github.com/GoogleCloudPlatform/ml-design-patterns*）取得。

事實上，Hyperparameter Tuning 模式是機器學習工作流程常見的部分，而且通常與其他模式一起使用。例如，在實作 Bridged Schema 模式時，我們可能會使用超參數調整來決定所使用的舊樣本的數量。而且，在使用超參數調整時，我們一定要記住如何使用虛擬 epoch 和 Distributed Training 來設定模型檢查點（Checkpoints）。同時，Checkpoints 設計模式很自然地連接 Transfer Learning，因為在微調期間通常會使用之前的檢查點。

embedding 在機器學習過程中經常出現，所以 Embeddings 設計模式可能以很多種方式和其他模式互動。或許最值得一提的是 Transfer Learning，因為預訓模型的中間層產生的輸出實質上是學到的特徵 embedding。我們也看過在分類模型中採取 Neutral Class 設計模式（無論是以自然的方式，還是透過 Reframing 模式）可以改善這些學到的 embedding。再往下看，如果這些 embedding 被當成特徵使用，你可以使用 Feature Store 模式來儲存它們，以便輕鬆地取得它們，或是管理它們的版本。或者，在 Transfer Learning 的案例中，預訓模型的輸出可以視為 Cascade 模式的最初輸出。

我們也看了如何結合 Reframing 與 Cascade 設計模式來實作 Rebalancing 模式。Reframing 可讓我們將不平衡的資料組表示成「正常」和「異常」類別。該模型的輸出可以傳給二級的回歸模型，它是為了為任何一種資料分布進行預測而優化的。這些模式可能會導致 Explainable Predictions 模式的使用，因為在處理不平衡的資料時，確認模型能不能取得正確訊號來進行預測特別重要。事實上，當你在建構涉及多個模型串接的解決方案時，我們鼓勵你考慮採取 Explainable Predictions 模式，因為那種做法可能會限制模型的可解釋性。這種關於模型可解釋性的取捨會在 Ensemble 和 Multimodel Input 模式中再次出現，因為這些技術本身也不適合使用某些解釋方法。

在使用 Bridged Schema 模式時，Cascade 設計模式可能很有幫助，你可以將它當成一種替代模式來使用，方法是用一個初步模型來插補二級模式缺漏的值。然後，你可以結合這兩個模式，將產生的特性集合保存起來，以供以後使用，正如 Feature Store 模式所述。這個例子再次彰顯 Feature Store 模式的通用性，以及它經常與其他設計模式結合的情況。例如，特徵倉庫可以讓你輕鬆地維護和利用在 Windowed Inference 模式出現的串流模型特徵。當你在 Reframing 模式裡管理各種不同的資料組時，也會使用特徵倉庫，當你使用 Transform 模式時，它也可以用來提供可重複使用的技術。Feature Store 模式談到的特徵版本管理功能也可以在 Model Versioning 設計模式中發揮其作用。

另一方面，Model Versioning 與 Stateless Serving Function 和 Continued Model Evaluation 模式密切相關。在 Continued Model Evaluation 中，當你評估模型的性能隨著時間而退化的情況時，可能會使用不同的模型版本。類似地，伺服函式的各種模型簽章提供了建立各種模型版本的方法。這種用 Stateless Serving Function 模式來管理模型版本的做法可以連接 Reframing 模式，兩個不同的模型版本可以為兩種不同的模型輸出表示法提供它們自己的 REST API 端點。

我們也談到在使用 Continued Model Evaluation 模式時，探索 Workflow Pipeline 模式介紹的解決方案通常是有好處的，這兩種模式可以設定一個觸發機制，用來啟動重新訓練管道，以及為各種模型版本維護歷程追蹤。Continued Model Evaluation 也和 Keyed Predictions 模式密切相關，因為它可以提供一個機制來將基準真相和模型預測輸出連接起來。Keyed Predictions 模式也和 Batch Serving 模式有緊密的關係。Batch Serving 模式同樣會與 Stateless Serving Function 模式一起使用，來大規模執行預測工作，它們又在底層依靠 Transform 模式來維護訓練和服務之間的一致性。

在 ML 專案裡面的模式

機器學習系統可讓組織中的團隊大規模地建構、部署和維護機器學習解決方案。它們提供一個平台，讓你可以將 ML 生命週期的所有階段自動化，並且加快它們的速度，從管理資料到訓練模型、評估性能、部署模型、提供預測，以及監視性能。本書介紹的模式可在任何一種機器學習專案中看到。在這一節，我們將介紹 ML 生命週期的各個階段，以及各種模式可能在哪裡出現。

ML 生命週期

建構機器學習解決方案是一個循環的過程，最初要清楚地了解商業目標，最後要在生產環境中部署一個有利於實現該目標的機器學習模型。ML 生命週期的高階概覽（圖 8-2）提供了一個有用的路線圖，讓 ML 能夠為公司帶來價值。圖中的每一個階段都同樣重要，沒有完成任何一個步驟都會在晚期造成「產生誤導性的見解」或「做出無價值的模型」的風險。

如圖 8-2 所示，ML 生命週期由三個階段組成：發現、開發和部署。每一個階段的各個步驟都有一個典型的順序。然而，這些步驟是以迭代的方式完成的，我們可能會根據後期階段收集的結果和見解回到前面的步驟。

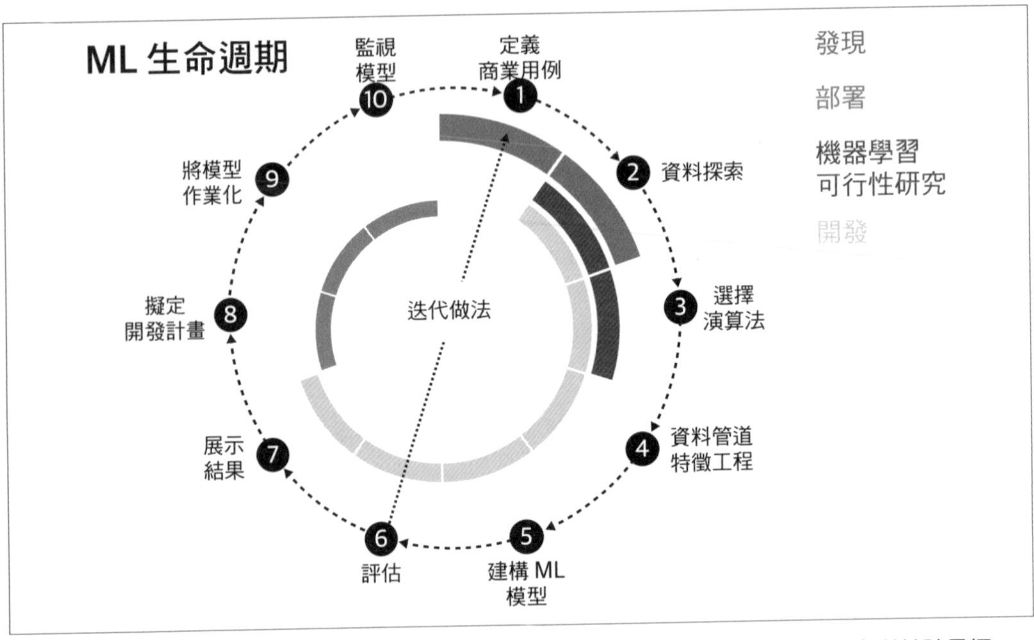

圖 8-2 ML 生命週期從定義商業用例開始，最後在生產環境部署一個機器學習模型來利益該目標。

發現

機器學習是解決問題的工具。ML 專案的發現階段是從定義商業用例開始的（圖 8-2 的步驟 1）。對於公司領導人和 ML 實踐者來說，這是關鍵的時刻，他們要掌握問題的具體細節，以及了解為了實現這個目標，ML 可以做什麼和不能做什麼。

在生命週期的每一個階段都一定要關注商業價值。在每一個階段都必須做出許多選擇和設計決策，而且通常沒有單一「正確」解答。最佳的選擇取決於如何使用模型來支援商業目標。雖然對研究專案來說，處理基準資料組時提升 0.1% 的準確度或許是可以接受的目標，但是這在業界是不可接受的。對為企業組織建構的生產模型來說，成功是與商務更密切的因素決定的，例如提高留客率、優化商務流程、提升顧客參與度，或降低流失率。此外，有些與商務有關的間接因素可能也會影響開發選擇，例如推理速度、模型大小，或模型可解釋性。任何一種機器學習專案最初都應該先徹底了解商機，以及機器學習模型如何確實地改善當前的運維。

成功的發現階段需要商業領域專家和機器學習專家之間的合作，以評估 ML 方法的可行性。讓了解商務和資料的人與了解技術挑戰和工程的團隊互相合作非常重要。如果開發資源的總投資額超過它為組織帶來的價值，那麼它就不是值得投資的解決方案。或許技術開銷和進行生產化的成本超過模型能提供的效益——該模型最終只改善流失率 0.1%。或許不會如此。如果組織的顧客基礎有 10 億人，那麼 0.1% 仍然是 100 萬位更快樂的顧客。

在發現階段列出任務的商業目標和範圍很重要。這也是決定要用哪個指標來衡量或定義成功的時刻。不同的組織對成功有不同的定義，甚至在同一個組織的不同團隊也會如此。例如，見第 10 頁的「機器學習常見的挑戰」(第 1 章) 對於多個目標的討論。在開始 ML 專案開始時定義良好的指標和關鍵績效指標 (KPI) 有助於確保每個人都有一致的目標。理想情況下，我們已經有一些程序可以提供方便的基線來衡量未來的進展。它可能是一個已經在生產環境中的模型，甚至只是一個目前正在使用的規則式啟發法。機器學習不能解決所有問題，有時規則式啟發法難以超越。我們不能為了開發而開發。無論基線模型多麼簡單，它都有助於在過程中指引設計決策，以及協助了解設計決策如何影響預先定義的評估指標。我們曾經在第 7 章討論 Heuristic Benchmark 的作用，以及其他與 Responsible AI 有關的主題，這些模式經常在和商業利益關係人溝通機器學習的影響時出現。

當然，這些對話應該在資料的背景之下進行。商業研究應該與資料研究同時進行 (見圖 8-2 的步驟 2)。如果沒有高品質的資料，就沒有專案可言，它帶來的益處與解決方案相當。或者，雖然有資料，但是由於資料隱私因素，我們無法使用它，或必須刪除模型需要的資訊。無論如何，專案的可行性和成功的潛力都與資料有關。因此，你一定要讓組織內的資料負責人儘早參與這些對話。

資料指引程序，了解資料的品質很重要。關鍵特徵如何分布？有多少缺漏值？如何處理缺漏值？有沒有異常值？有沒有輸入值是高度相關的？輸入資料裡面有什麼特徵？你要設計哪些特徵？許多機器學習模型都要用大量的資料組來訓練。資料夠嗎？如何擴增資料組？資料組有沒有偏差？這些都是重要的問題，而且它們只是皮毛。在這個階段可能做出的決定之一，就是在專案繼續進行之前收集更多的資料，或收集特定場景的資料。

資料探索是回答「有沒有品質合格的資料」這個問題的關鍵步驟。光是開會很難取代親自動手和試驗資料。在這個步驟中，視覺化扮演重要的角色。密度圖和直方圖可以協助你了解各種輸入值的分布。箱形圖可以幫助你識別異常值。散布圖可讓你發現和描述雙變數關係。百分位有助於識別數值資料的範圍。平均值、中位數和標準差可以協助描述集中趨勢。這些技術可以幫助你確定哪些特徵可能有利於模型，以及進一步了解需要做哪些資料轉換，來準備建立模型的資料。

在發現階段，你可以做一些建模試驗，來看看「雜訊中是否有訊號」。此時，進行機器學習可行性研究（第 3 步）可能有幫助。顧名思義，這通常是只有短短幾週的技術衝刺期，目的是評估解決問題所需的資料的可行性。這讓你有機會探索定義機器學習問題的選項、試驗各種演算法，以及了解哪些特徵工程步驟是最有益的。在發現階段裡面的可行性研究步驟也是創造 Heuristic Benchmark（見第 7 章）的好時機。

開發

取得關於關鍵評估指標與商業 KPI 的共識之後，我們就開始進入機器學習生命週期的開發階段了。許多機器學習資源都有詳細介紹開發 ML 模型的細節。我們在這裡只重點提示關鍵的元素。

在開發階段，我們先建構資料管道和設計特徵（圖 8-2 的步驟 4），以處理將會提供給模型的資料。從實際的應用程式收集的資料可能有許多問題，例如缺漏值、無效的樣本，或重複的資料點。我們要用資料管道來預先處理這些資料輸入，讓它們可被模型使用。特徵工程就是將原始的輸入資料轉換成特徵的程序，在過程中，我們讓那些特徵更符合模型的學習目標，並且使用可以傳入模型來進行訓練的格式。特徵工程技術包含將輸入分組、轉換資料格式、對文本進行分詞和詞幹提取、建立分類特徵或 one-hot 編碼、將輸入雜湊化、建立特徵叉和特徵 embedding，以及許多其他技術。本書的第 2 章曾經討論 Data Representation 設計模式，並介紹了這個 ML 生命週期階段中出現的許多資料層面。第 5 章和第 6 章介紹了與 ML 系統的復原力和再現性有關的模式，它們有助於建構資料管道。

這個步驟包含為問題設計標籤，以及關於如何表示問題的設計決策。例如，對於時間序列問題，這可能涉及建立特徵窗口，並試驗延遲時間和標籤的間隔大小。或者，或許將回歸問題重新定義成分類問題，並完全更改標籤的表示法會有所幫助。或者，如果輸出類別的分布過度集中在一個類別，我們可能要使用重新平衡技術。本書的第 3 章專門討論問題的表示法，並處理它們和與問題定義有關的其他重要設計模式。

開發階段的下一步（圖 8-2 中的步驟 5）的重點是建構 ML 模型。在這個開發步驟中，堅持在管道中採取 ML 工作流程最佳實踐法非常重要，見第 275 頁的「設計模式 25：Workflow Pipeline」（第 6 章）。這包括在開始進行任何模型開發工作之前，為訓練 / 驗證 / 測試組建立可重現的分割，以確保沒有資料洩漏。你可以訓練不同的模型演算法或演算法的組合，以評估它們處理驗證組的表現，並檢驗它們的預測品質。你要調整參數與超參數，採取正則化技術，並探索邊緣案例。第 4 章的開頭曾經詳細介紹典型的 ML 模型訓練循環，那裡也介紹了改變訓練迴圈來達成特定目標的設計模式。

ML 生命週期中的許多步驟都是反覆迭代的，在模型開發期間更是如此。很多時候，在做了一些實驗之後，你可能要再次檢視資料、商業目標和 KPI。對於新資料的見解是在模型開發階段收集的，這些見解可以進一步表明哪些可以做到（以及哪些不可能）。在模型開發階段花費很長的時間是很常見的情況，尤其是在開發自訂的模型時。第 6 章曾經介紹許多其他的再現性設計模式，那些模式可以解決在模型開發的迭代階段中出現的挑戰。

在整個模型開發過程中，我們要用在發現階段設定的評估指標來衡量每一個新調整或新方法。因此，成功執行發現階段非常重要，你也必須遵守該階段做出的決定。模型開發在最終的評估步驟中進入高潮（圖 8-2 的步驟 6）。此時，我們停止開發模型，並且根據預先決定的評估指標來評估模型的性能。

開發階段的關鍵結果之一，就是向公司內部的關係人和監管團隊解釋和展示結果（圖 8-2 的第 7 步）。為了向管理層傳達開發階段的價值，這種高層次的評估是至關重要且必要的。這一步的重點是建立初始報告的數據和視覺化，這些報告將會提交給組織中的關係人。第 7 章討論了一些確保 AI 被負責任地使用，以及幫助關係人進行管理的常見設計模式。通常，這是決定生命週期的最終階段（機器學習生產化和部署）能不能獲得更多資源的關鍵決策點。

部署

假設我們成功地完成模型開發，並證明結果是有希望的，下一個階段就是關注模型的生產化，第一步（圖 8-2 的第 8 步）是規劃部署。

訓練機器學習模型需要大量的工作，但是為了充分了解這項工作的價值，模型必須在生產環境中運行，以支援它當初被設計來改善的商業工作。你可以用幾種方法實現這個目標，根據用例和組織的不同，部署看起來也會不同。例如，生產化的 ML 資產可能是互動式儀表板、靜態 notebook、包裝在可重複使用的程式庫中的程式碼，或 web 服務端點。

將模型生產化時，你要考慮許多事項，並做出許多設計決策。與之前一樣，在發現階段做出的許多決定也會指引這個步驟。如何管理模型的重新訓練？輸入資料需要採取串流形式嗎？訓練是用新批次的資料來進行的，還是即時進行的？模型的推理呢？我們要規劃每週一次的批次推理工作，還是要支援即時預測？需要考慮特殊的產出量或延遲問題嗎？需要處理尖峰負載嗎？低延遲重要嗎？網路連線有問題嗎？第 5 章的設計模式討論了將 ML 模型作業化時會出現的一些問題。

這些都是重要的考慮事項，而這個最終階段往往是許多企業的最大障礙，因為它可能需要強力地協調組織的各個部門，並整合各種技術組件。這個困難性有一部分的原因在於，在生產化時，你要將機器學習模型新流程整合到既有的系統中。在過程中，可能要處理過往為了提供單一方法而開發的遺留系統，或是組織內部有複雜的變動控制和生產程序需要釐清。而且，既有的系統往往無法支援來自機器學習模型的預測，所以必須開發新的應用程式和工作流程。為這些挑戰做好心理準備很重要，開發一個全面性的解決方案需要來自商務運營方面的大量投資，來讓過渡期盡可能簡單，並且提升進入市場的速度。

部署階段的下一步是將模型作業化（圖 8-2 的步驟 9）。這個實踐領域通常稱為 MLOps（ML Operations），它涵蓋了關於自動化、監視、測試、管理和維護生產環境中的機器學習模型的層面。對任何一間希望提升組織內部的機器學習應用程式的數量的公司來說，它都是一個必要的成分。

作業化的模型有一個關鍵特性就是自動化的工作流程管道。ML 生命週期的開發階段是包含多個步驟的程序。建構管道來將這些步驟自動化可以實現更高效和可重複的流程，從而改善未來的模型開發，並提高解決問題的敏捷性。現今，Kubeflow（*https://oreil.ly/I_cJf*）等開源工具提供了這項功能，而且有許多大型的軟體公司已經開發出它們自己的完整 ML 平台，例如 Uber 的 Michelangelo（*https://oreil.ly/se4G9*），和 Google 的 TFX（*https://oreil.ly/OznI3*），它們也是開源的。

成功的作業化需要結合持續整合及持續交付（CI/CD）組件，它們都是軟體開發領域很熟悉的最佳實踐法。這些 CI/CD 實踐法關注程式開發中的可靠性、可再現性、速度、安全性和版本管理。ML/AI 工作流程也可以受益於同樣的考量，儘管它們之間有一些顯著的差異。例如，除了用來開發模型的程式之外，對資料採取這些 CI/CD 原則也很重要，包括資料清理、版本管理，以及協調資料管道。

在部署階段需要考慮的最後一步是監視和維護模型。一旦模型已經作業化並投入生產，你就一定要監視模型的性能。資料的分布會隨著時間而變化，導致模型開始老化。模型老化（見圖 8-3）有很多原因，包括顧客行為的改變和環境的變遷。出於這個原因，你一定要用適當的機制來有效地監控機器學習模型，以及對它的性能有所幫助的各種組件，從資料收集到服務期間的預測品質。第 212 頁的「設計模式 18：Continued Model Evaluation」（第 5 章）詳細地討論了這種常見的問題及其解決方案。

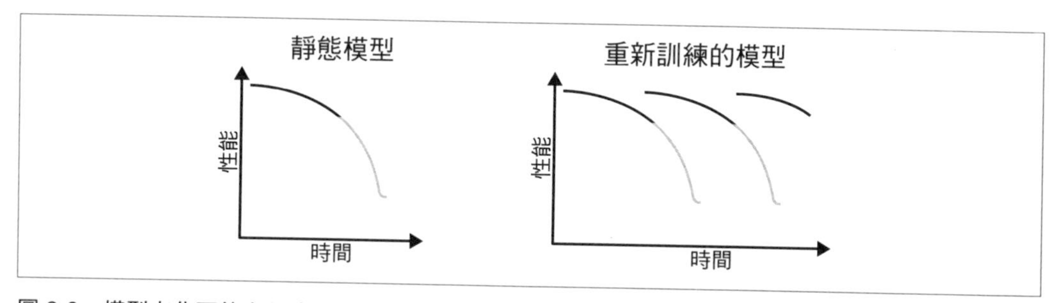

圖 8-3 模型老化可能有很多原因。定期重新訓練模型有助於隨著時間的過去改善它們的性能。

例如，你一定要監視特徵值的分布，以便與開發步驟中使用的分布進行比較。監視標籤值的分布也很重要，這可以確保某些資料漂移不會導致標籤分布的不平衡或偏移。通常，機器學習模型需要使用來自外部的資料。也許我們的模型依靠第三方的交通 API 來預測搭車的等待時間，或是將天氣 API 的資料當成輸入來預測航班誤點。這些 API 都不是我們的團隊負責管理的。如果 API 故障，或它們的輸出格式有了重大變化，它就會影響我們的生產模型。在這種情況下，你一定要設定監視機制來檢查這些上游資料源之中的更改。最後，務必設置監視預測分布的系統，並在可能的情況下，在生產環境中測量這些預測的品質。

在完成監視步驟之後，回顧商業用例，並客觀、準確地評估機器學習模型如何影響商業績效是有幫助的。也許這會導致新的見解，並啟動新的 ML 專案，再次開始生命週期。

AI Readiness

我們發現，致力於建構機器學習解決方案的各種組織都處於 AI Readiness（人工智慧齊備狀態）的各種階段。根據 Google Cloud 發表的白皮書（*https://oreil.ly/5GljC*），一家公司將人工智慧融入業務的成熟度通常可以分成三個階段：戰術、戰略和轉型。這三個階段使用的機器學習工具包括戰術階段的手動開發所使用的工具，到戰略階段使用的管道，到轉型階段的完全自動化。

戰術階段：手動開發

AI Readiness 的戰術階段通常出現在剛開始探索以 AI 來進行交付的潛力，專注於進行短期專案的組織裡面。在這裡，AI/ML 用例往往比較狹窄，比較關注於證明概念或雛型；不一定會明確地直接連結商業目標。在這個階段中，雖然組織認可高階分析工作的前途，但這項工作主要是由個人貢獻者進行的，或是完全外包給合作夥伴，你很難在組織內取得大規模、高品質的資料組。

通常在這個階段中，組織不會用連貫的程序擴展解決方案，而且他們使用的 ML 工具（見圖 8-4）是視情況開發出來的。他們會離線儲存資料，或是將資料隔離在孤島裡面，在進行資料探索和分析時，必須手動讀取。他們沒有工具可以將 ML 開發週期的各個階段自動化，也沒有人想要開發可重複的工作流程程序。因此，組織的成員之間很難分享資產，也沒有開發專用的硬體可用。

MLOps 的範圍只限於訓練好的模型的存放區，測試和生產環境幾乎沒有不同，且最終的模型可能被部署為 API。

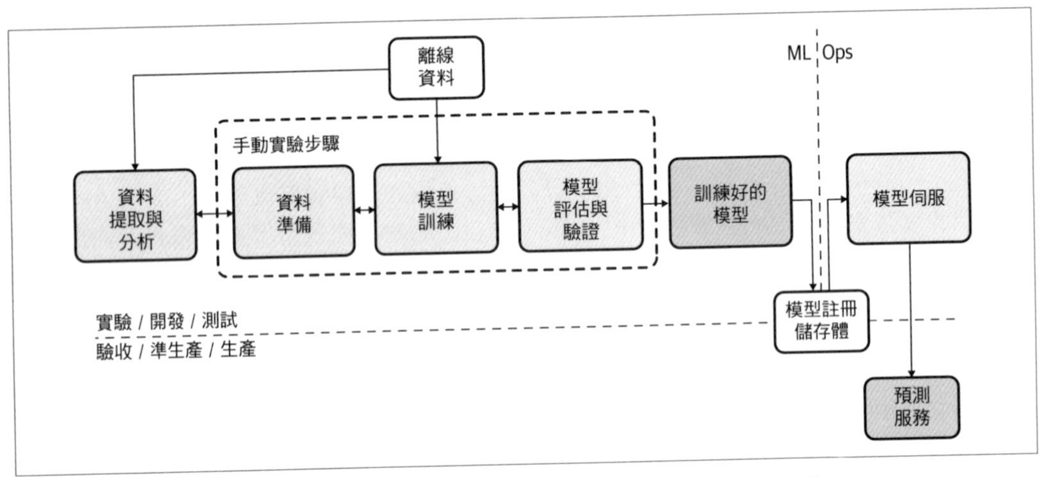

圖 8-4　手動開發 AI 模型。本圖摘自 Google Cloud 文件（*https://oreil.ly/aC1HP*）。

戰略階段：利用管道

處於戰略階段的組織已經讓 AI 工作符合商業目標和優先順序，ML 已被視為商務的關鍵加速器。因此，ML 專案通常有高階管理層的贊助和專門的預算，並且由經驗豐富的團隊和戰略合作夥伴執行。這些團隊已經有基礎設施可以輕鬆地共享資產和開發 ML 系統，可利用現成的和自訂的模型。他們的開發環境和生產環境有明顯的區別。

團隊通常已經具備了在描述性分析和預測分析中，和資料專家一起進行資料角力（data wrangling）的能力。他們將資料存放在企業資料倉儲中，而且有一個統一的模式，用來管理集中的資料和 ML 資產。他們開發模型的過程看起來就像一場精心策劃的實驗。他們會將 ML 資產與這些管道的原始碼存放在一個集中的原始碼庫中，可讓組織的成員輕鬆地共享。

用來開發 ML 模型的資料管道是自動化的，使用全面代管的、無伺服器的資料服務來接收和處理資料，而且是按照行程或根據事件來驅動的。此外，用來訓練、評估和進行批次預測的 ML 工作流程是由自動化的管道管理的，因此 ML 生命週期的各個階段，從資料驗證到準備到模型訓練和驗證（見圖 8-5），都是由性能監控觸發機制執行的。這些模型被存放在一個集中的已訓練模型註冊儲存體（registry）中，並且能夠根據預先決定的模型驗證指標來自動部署。

他們可能在生產環境中部署和維護了多個 ML 系統，這些系統都具備記錄、性能監視和通知功能。ML 系統會使用一種模型 API，可以處理即時資料串流，無論是為了推理還是收集資料，並將資料傳入自動化的 ML 管道，以便在以後的訓練中更新模型。

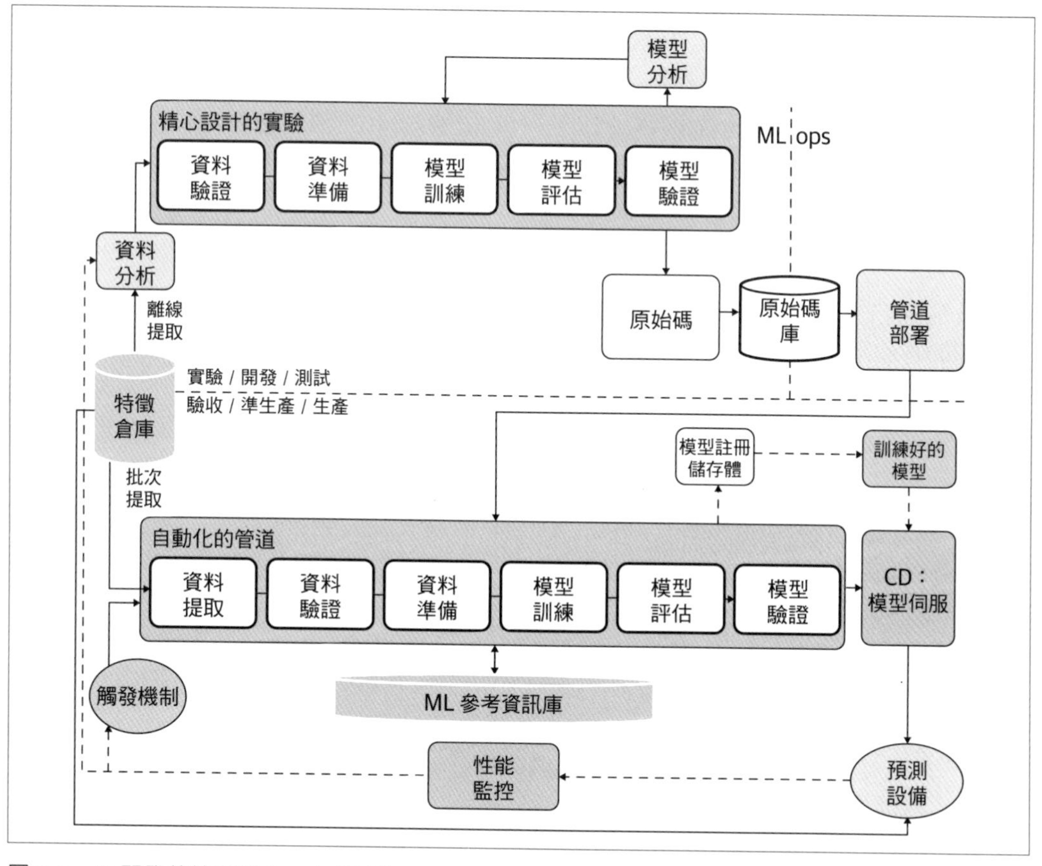

圖 8-5　AI 開發的管道階段。本圖摘自 Google Cloud 文件（*https://oreil.ly/sMNo7*）。

轉型階段：完全自動化的程序

處於 AI Readiness 的轉型階段的組織會積極地使用 AI 來刺激創新、支援敏捷性，並培養不斷試驗和學習的文化。他們在公司內使用戰略夥伴來創新、共同創造，以及增加技術資源。在這個 AI Readiness 階段會出現第 5 章與第 6 章的再現性和復原力相關設計模式。

在這個階段，公司通常會在較廣泛的產品團隊之中安排專門負責產品的 AI 團隊，並且讓高級分析團隊支援他們。如此一來，ML 專業知識就可以分散到組織內的各個業務線。組織的團隊之間可以輕鬆地分享為了加速 ML 專案而開發的共同模式和最佳實踐法以及標準工具和程式庫。

他們將資料組存放在一個平台中，所有團隊都可以進入該平台，因此資料組和 ML 資產很容易被發現、共享和重複使用。這種公司有標準化的 ML 特徵庫，並且鼓勵跨越整個組織進行協作。完全自動化的組織會運行一個 ML 實驗和生產整合平台，在上面建構和部署模型，並且讓組織內的所有人都可以取得 ML 實踐法。那個平台採取可擴展和無伺服器計算來進行批次和線上資料接收與處理。組織可以隨時提供 GPU 與 TPU 等 ML 加速器，而且有針對完整的資料和 ML 管道精心設計的實驗。

他們的開發和生產環境類似管道階段（見圖 8-6），但是也將 CI/CD 實踐法納入 ML 工作流程的各個階段。這些 CI/CD 最佳實踐法的重點是產生 ML 模型的程式碼以及資料和資料管道及其協調機制的可靠性、再現性和版本管理。它可讓他們建構、測試和包裝各種管道組件。模型版本管理是由 ML 模型註冊儲存體維護的，它也儲存了必要的 ML 參考資訊和產物。

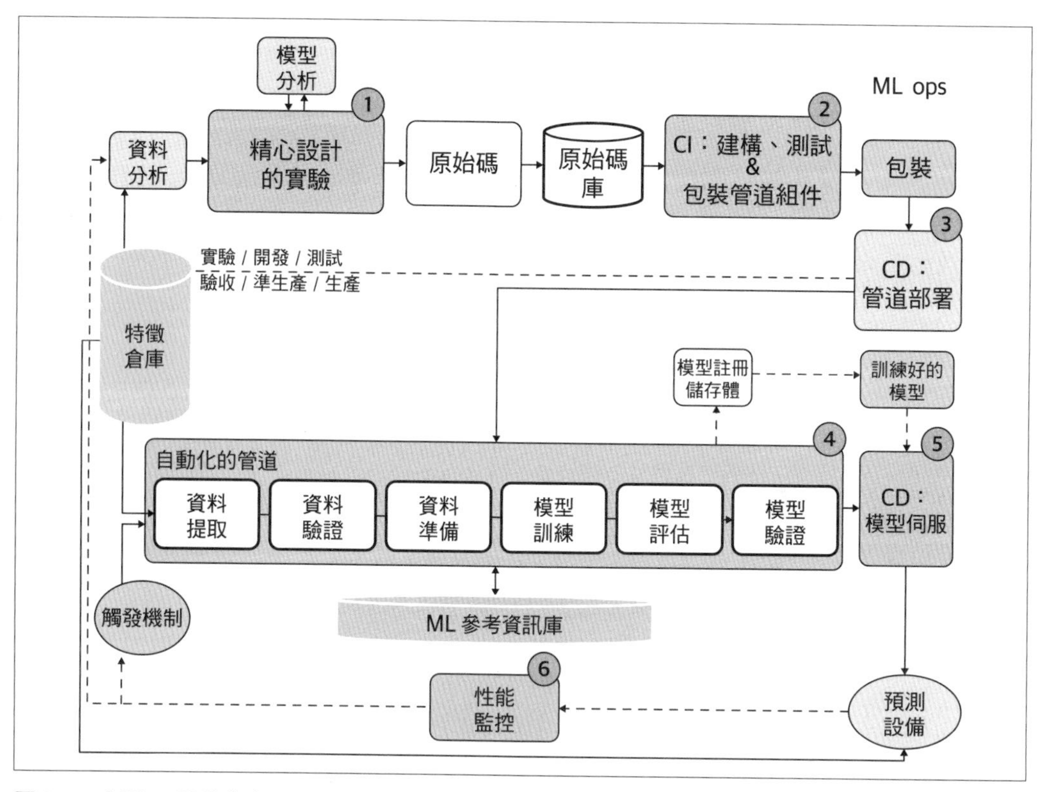

圖 8-6　支援 AI 開發的完全自動化程序。本圖摘自 Google Cloud 文件（*https://oreil.ly/VX31C*）。

按照用例和資料類型來為常見的模式分組

本書討論的許多設計模式在任何機器學習開發週期的整個過程中都可以使用，無論生產用例如何——例如 Hyperparameter Tuning、Heuristic Benchmark、Repeatable Splitting、Model Versioning、Distributed Training、Workflow Pipelines 或 Checkpoints。至於其他的模式，你或許可以發現，在某些場景特別有用。在這裡，我們按照流行的機器學習用例來為常用的設計模式進行分組。

自然語言理解

自然語言理解（NLU）是 AI 的一個分支，其重點在於訓練機器，讓它理解文本和語言背後的意義。NLU 被一些語音助理（例如 Amazon 的 Alexa、Apple 的 Siri，和 Google 的 Assistant）用來理解「What is the weather forecast this weekend?」之類的句子。許多用例都落在 NLU 的範疇之內，而且它們可以用於許多程序，例如文本分類（email 過濾）、個體提取、問題回答、語音辨識、文本摘要生成，以及情緒分析。

- Embeddings
- Hashed Feature
- Neutral Class
- Multimodal Input
- Transfer Learning
- Two-Phase Predictions
- Cascade
- Windowed Inference

電腦視覺

電腦視覺是訓練電腦了解視覺輸入（例如圖像、視訊、標誌，以及涉及像素的任何東西）的 AI 技術的總稱。電腦視覺模型的目的是將依靠人類視覺的任務自動化，從使用 MRI 來檢測肺癌，到自動駕駛汽車。電腦視覺的典型應用包括圖像分類、視訊運動分析、圖像分割和去除圖像雜訊。

- Reframing
- Neutral Class
- Multimodal Input
- Transfer Learning
- Embeddings
- Multilabel
- Cascade

- Two-Phase Predictions

預測分析

預測模型使用歷史資料來發現模式，並確定某個事件在未來發生的可能性。預測模型可以在許多不同的產業領域中發現。例如，公司可能使用預測模型來更準確地預測收入或未來的產品需求。在醫界，預測模型可用來評估病人罹患慢性疾病的風險，或預測病人何時可能不會如期赴約。其他案例包括能源預測、顧客流失預測、金融建模、天氣預測和預測性維護。

- Feature Store
- Feature Cross
- Embeddings
- Ensemble
- Transform
- Reframing
- Cascade
- Multilabel
- Neutral Class
- Windowed Inference
- Batch Serving

IoT 分析也是預測分析的一個大類別。IoT 模型使用以網際網路連接的感測器（稱為 IoT 設備）收集的資料。假設有一架商用飛機安裝了數千個感測器，每天收集超過 2 TB 的資料。用 IoT 感測器資料來進行機器學習產生的預測模型可以在設備故障之前發出警報。

- Feature Store
- Transform
- Reframing
- Hashed Feature
- Cascade

- Neutral Class
- Two-Phase Predictions
- Stateless Serving Function
- Windowed Inference

推薦系統

推薦系統是機器學習在商業領域中最廣泛的應用之一，當用戶與商品進行互動時，通常就會出現推薦系統。推薦系統會透過過往行為的特徵和相似的用戶來推薦最有關係的項目給特定的用戶。例如，YouTube 會根據你的觀看紀錄來推薦一系列的影片供你觀看，或是 Amazon 會根據購物車內的商品推薦購物。推薦系統在許多企業中都很流行，尤其是在產品推薦、個人化和動態行銷以及串流影片或音樂平台等領域。

- Embeddings
- Ensemble
- Multilabel
- Transfer Learning
- Feature Store
- Hashed Feature
- Reframing
- Transform
- Windowed Inference
- Two-Phase Predictions
- Neutral Class
- Multimodal Input
- Batch Serving

詐騙和異常檢測

許多金融機構都使用機器學習來進行詐騙檢測，以保證顧客帳戶的安全。這些經過訓練的機器學習模型可以根據從資料中學到的特徵或模式，指出貌似詐騙的交易。

更廣泛的異常檢測是一種用來發現資料組中的異常行為或異常元素的技術。異常可能是偏離正常模式的尖峰或低谷，也可能是較長期的異常趨勢。異常檢測會出現在機器學習的許多用例中，甚至可能與單獨的用例一起使用。例如，從圖像中辨識異常火車軌道的機器學習模型。

- Rebalancing
- Feature Cross
- Embeddings
- Ensemble
- Two-Phase Predictions
- Transform
- Feature Store
- Cascade
- Neutral Class
- Reframing

索引

※ 提醒您：由於翻譯書排版的關係，部份索引名詞的對應頁碼會和實際頁碼有一頁之差。

A

B

C

D

E

F

G

H

I

J

K

L

M

N

O

P

Q

R

S

T

U

V

W

X

Z

作者簡介

Valliappa (Lak) Lakshmanan 是 Google Cloud 的 Global Head for Data Analytics and AI Solutions。他的團隊使用 Google Cloud 的資料分析和機器學習產品來建構商業問題的軟體解決方案。他創辦了 Google 的 Advanced Solutions Lab ML Immersion 專案。Lak 在進入 Google 前，曾經是 Climate Corporation 的資料科學總監，以及 NOAA 的研究科學家。

Sara Robinson 是 Google 的 Cloud Platform 團隊的 Developer Advocate，工作重點是機器學習。她透過示範、線上內容和舉辦活動，來鼓勵開發人員和資料科學家將 ML 整合到他們的應用程式中。Sara 擁有 Brandeis 大學的學士學位。在進入 Google 之前，她是 Firebase 團隊的 Developer Advocate。

Michael Munn 是 Google 的 ML Solutions Engineer，她在那裡和 Google Cloud 的顧客一起工作，以協助他們設計、實作與部署機器學習模型。他也在 Advanced Solutions Lab 教導 ML Immersion Program。Michael 擁有紐約市立大學的數學博士學位。在加入 Google 之前，他是一位研究教授。

封面記事

本書封面上的動物是日鳽（sunbittern，*Eurypyga helia*），一種在美洲熱帶地區棲息的鳥類，範圍從瓜地馬拉到巴西。與日鳽血緣最近的動物是鷺鶴（kagu），這種鳥類棲息於西太平洋的新喀里多尼亞群島。

日鳽具有隱匿色，也就是說牠們身上黑色、灰色和棕色的微妙圖案是牠們的保護色。牠們的飛行羽毛有紅色、黃色和黑色，當翅膀完全展開時，那些羽毛看起來很像眼點。牠們會在求偶時展示這些斑點，也會在受到威脅時，用來驚嚇掠食者。這種鳥類的身上有屑羽，這是一種只有少數的鳥類具有的特殊羽毛。

雄日鳽和雌日鳽會輪流孵蛋和餵養牠們的幼雛。牠們的食物包含各式各樣的動物，包括昆蟲、甲殼綱動物、魚類和兩棲動物。有人看到日鳽使用魚餌在來吸引獵物進入攻擊距離，雖然這種行為只有從圈養的日鳽被目擊過。

日鳽的保護狀態是無危的。許多 O'Reilly 封面的動物都是瀕臨絕種的，牠們對這個世界來說都很重要。

封面插圖的作者是 Karen Montgomery，取材自 Elements of Ornithology 的黑白版畫。

機器學習設計模式

作　　者：Valliappa Lakshmanan, Sara Robinson,
　　　　　Michael Munn
譯　　者：賴屹民
企劃編輯：蔡彤孟
文字編輯：詹祐甯
設計裝幀：陶相騰
發 行 人：廖文良

發 行 所：碁峰資訊股份有限公司
地　　址：台北市南港區三重路 66 號 7 樓之 6
電　　話：(02)2788-2408
傳　　真：(02)8192-4433
網　　站：www.gotop.com.tw
書　　號：A665
版　　次：2021 年 05 月初版
建議售價：NT$680

國家圖書館出版品預行編目資料

機器學習設計模式 / Valliappa Lakshmanan, Sara Robinson, Michael Munn 原著；賴屹民譯. -- 初版. -- 臺北市：碁峰資訊, 2021.05
面；　公分
譯自：Machine learning design patterns
ISBN 978-986-502-788-9(平裝)
1.機器學習
312.831　　110005628

讀者服務

- 感謝您購買碁峰圖書，如果您對本書的內容或表達上有不清楚的地方或其他建議，請至碁峰網站:「聯絡我們」\「圖書問題」留下您所購買之書籍及問題。(請註明購買書籍之書號及書名，以及問題頁數，以便能儘快為您處理)
http://www.gotop.com.tw

- 售後服務僅限書籍本身內容，若是軟、硬體問題，請您直接與軟體廠商聯絡。

- 若於購買書籍後發現有破損、缺頁、裝訂錯誤之問題，請直接將書寄回更換，並註明您的姓名、連絡電話及地址，將有專人與您連絡補寄商品。